Der Satz vom ausgeschlossenen Dritten

Franz von Kutschera

Der Satz vom ausgeschlossenen Dritten

Untersuchungen über die Grundlagen der Logik

W DE G

Walter de Gruyter · Berlin · New York
1985

Gedruckt auf alterungsbeständigem Papier
(säurefrei = pH 7, neutral)

CIP-Kurztitelaufnahme der Deutschen Bibliothek

Kutschera, Franz von:
Der Satz vom ausgeschlossenen Dritten: Unters. über d. Grundlagen d. Logik / Franz von Kutschera. – Berlin; New York: de Gruyter, 1985
ISBN 3-11-010254-4

Satz: Dörlemann-Satz, Lemförde
Druck: Mercedes-Druck, Berlin
Buchbinder: Lüderitz & Bauer, Berlin

Inhalt

Einleitung

In ihrer heutigen Gestalt ist die formale Logik vor allem von Gottlob Frege (1848–1925) begründet worden. In Leibniz, Bolzano, Boole und de Morgan hatte er zwar bedeutende Vorgänger, aber schon das Logiksystem, das er in seinem ersten Buch, der „Begriffsschrift" (1879) entwickelte – ein System der höheren Prädikatenlogik –, war sehr viel leistungsfähiger als alle früheren Systeme.

Freges Hauptziel war von Anfang an eine logische Begründung der Arithmetik, d.h. eine Definition der arithmetischen Grundbegriffe durch logische Begriffe und ein rein logischer Beweis der Grundgesetze der Arithmetik mithilfe dieser Definitionen. Um dieses logizistische Programm durchführen zu können, hat er das erste umfassende formale System der Klassenlogik entwickelt. Durch seine umsichtigen und scharfsinnigen intuitiven Untersuchungen und durch einen formalen Aufbau von einer bis dahin beispiellosen Präzision schien diese Logik, die er in abschließender Form im 1. Band der „Grundgesetze der Arithmetik" (1893) veröffentlichte, so gut gesichert, daß Freges Aussage in der Einleitung zu diesem Band völlig berechtigt erschien: „Es ist von vornherein unwahrscheinlich, daß ein solcher Bau sich auf einem unsicheren, fehlerhaften Grunde aufführen lassen sollte... Und nur das würde ich als Widerlegung anerkennen können, wenn jemand durch die That zeigte, daß auf anderen Grundüberzeugungen ein besseres, haltbareres Gebäude errichtet werden könnte, oder wenn jemand mir nachwiese, daß meine Grundsätze zu offenbar falschen Folgesätzen führten. Aber das wird Keinem gelingen."

Und doch lesen wir schon im Anhang zum 2. Band des gleichen Werkes: „Einem wissenschaftlichen Schriftsteller kann kaum etwas Unerwünschteres begegnen, als daß ihm nach Vollendung einer Arbeit eine der Grundlagen seines Baues erschüttert wird. In diese Lage wurde ich durch einen Brief des Herrn Bertrand Russell versetzt, als der Druck dieses Bandes sich seinem Ende näherte." Dieser Brief Russells an Frege – datiert vom 16. 6. 1902 – enthält die Konstruktion der Antinomie, die als „Russellsche Antinomie" in die Literatur eingegangen ist. Sie ist die einfachste der mengentheoretischen Antinomien: Es sei *r* die Menge aller Mengen, die sich selbst nicht (als Element) enthalten. Dann ist *r* gemäß dieser Definition Element von *r* genau dann, wenn *r* eine Menge ist, die sich selbst nicht enthält, d. h. wenn *r* nicht Element von *r* ist. Die Annahme, *r sei* Element von *r*, führt damit ebenso zu einem Widerspruch wie die Annahme, *r* sei *nicht* Element von *r*. Da nach dem Prinzip vom Ausgeschlossenen Dritten *(tertium non datur)*, das der klassischen Logik zugrundeliegt, eine der beiden Annahmen richtig sein muß, ist so der kontradiktorische Satz beweisbar: „*r* ist Element von *r*, und *r* ist nicht Element von *r*."

Während noch Cantor in Ermangelung eines wirklich exakten und voll formalisierten Systems der Mengenlehre zwei von ihm schon früher (1895 und 1899) entdeckte andere Antinomien als merkwürdige, aber nicht wirklich ernst zu nehmende Erscheinungen ansehen konnte, mußte die Konstruktion einer Antinomie im System Freges unweigerlich die Aufgabe dieses Systems selbst erzwingen. Erst für ihn, der die strengen Maßstäbe, denen formale Systeme genügen müssen, selbst entwickelt hatte, erzeugte die Antinomie jene Bestürzung, von der er im Antwortbrief an Russell vom 22. 6. 1902 schreibt.

Das System der „Grundgesetze" – die klassische oder „naive" Mengenlehre, wie man rückblickend auch sagt – war angesichts dieser Antinomie nicht mehr haltbar. Da in ihm das Prinzip *ex contradictione quodlibet* gilt, wird mit einem einzigen Widerspruch jeder Satz beweisbar. Frege erkannte bald, daß nicht irgendeine leicht zu korrigierende und für das Ganze unwesentliche Annahme am Auftreten der Antinomie schuld war, sondern daß der Fehler in den Grundvoraussetzungen des Systems lag. Das wurde auch dadurch deutlich, daß man nun in rascher Folge viele weitere Antinomien entdeckte. So setzte die Kritik an der klassischen Mengenlehre und Logik auf breiter Front ein.

Mit der Entdeckung der logischen Antinomien erwachte auch das Interesse an den semantischen Antinomien wieder, die z. T. schon in der Antike und im Mittelalter diskutiert wurden und die mit Mengenlehre nichts zu tun haben. Die älteste semantische Antinomie, die des „Lügners" wurde schon zur Zeit von Aristoteles lebhaft erörtert: Der Satz „Dieser Satz ist falsch" ist zugleich wahr und falsch: Denn ist er wahr, so trifft das zu, was er behauptet, er ist also falsch. Da so die Annahme, er sei wahr, auf einen Widerspruch führt, muß er falsch sein. Ist er aber falsch, so trifft das nicht zu, was er behauptet, er ist also wahr. Der Satz ist also sowohl wahr wie falsch.

Die durch die Antinomien ausgelöste Diskussion über die Grundlagen von Logik und Mathematik ist bis heute zu keinem Abschluß gelangt. Es gibt bisher keine allgemein akzeptierte Erklärung für das Auftreten der Antinomien und keine Einigkeit darüber, wie die Logik angesichts der Antinomien zu reformieren ist. Es sind vielmehr verschiedene, konkurrierende Logiksysteme entwickelt worden, die beweisbar widerspruchsfrei sind, oder in denen sich jedenfalls die bisher bekannten Antinomien nicht mehr auf den bisher bekannten Wegen ableiten lassen. Nur im Fall der semantischen Antinomien folgt man fast allgemein dem Vorschlag von A. Tarski, sie durch eine Unterscheidung von Sprachstufen zu vermeiden: Die Sprache *S*, über die man redet, wird als *Objektsprache* von der *Metasprache* unterschieden, in der man über *S* redet. Namen für Ausdrücke von *S* gehören zur Metasprache und ebenso semantische Prädikate wie „ist wahr" oder „ist ein Name für", die auf Ausdrücke von *S* angewendet werden. Semantisch *geschlossene* Sprachen, die ihre eigene Metasprache enthalten, Sprachen also, in denen wir über sie selbst reden können, werden verboten. Das bedeutet freilich eine erhebliche und intuitiv kaum überzeugende Restriktion formaler gegenüber natürlichen Sprachen, die in diesem Sinn geschlossen sind, da wir z. B. deutsch über die deutsche Sprache reden können. Daß man sich auf diese starke Beschränkung des Ausdrucksreichtums formaler Sprachen einigen konnte, erklärt sich vor allem daraus, daß man zunächst – bis in den 70er Jahren unseres Jahrhunderts natürliche Sprachen zum zweiten großen Anwendungsbereich der Logik wurden – vor allem an der Mathematik interessiert war, in der keine Aussagen über sprachliche Ausdrücke vorkommen.

Tarski wollte mit seinem Vorschlag keine Erklärung für das Auftreten der semantischen Antinomien verbinden. Sein Rezept ist vielmehr ein Beispiel für eine pragmatische Reaktion auf die Antinomien: Man interessiert sich nicht für die Gründe ihres Auftretens, sondern allein für Maßnahmen zu ihrer Vermeidung. Man beschränkt sich auf die Aufgabe, ein schwächeres System anzugeben, in dem einerseits die bisherige Konstruktion der bisher entdeckten Antinomien nicht mehr möglich ist, das andererseits aber möglichst leistungsfähig ist. Gelingt sogar ein Widerspruchsfreiheitsbeweis für das modifizierte System, so sind alle Ambitionen erfüllt.

Ein zweites Beispiel für eine pragmatische Reaktion auf die Antinomien ist die axiomatische Mengenlehre in jener Gestalt, in der sie von E. Zermelo und A. Fraenkel seit 1904 entwickelt wurde. In ihr wird das Komprehensionsprinzip, nach dem jedem Prädikat eine Klasse als Umfang des Prädikats entspricht, durch eine Reihe speziellerer Prinzipien ersetzt und damit so beschränkt, daß sich zwar jene Klassen bilden lassen, die man in der Mathematik benötigt, nicht aber die umfassenden Klassen (die Allklasse, die Klasse aller Klassen, die sich selbst nicht enthalten oder die Klasse aller Ordinalzahlen), die zu Antinomien führen.

Eine solche pragmatische Haltung, eine Beschränkung auf die Suche nach Wegen zur Vermeidung der Antinomien wird meist damit gerechtfertigt, daß die Frage nach ihren Ursachen nicht sinnvoll oder jedenfalls nicht eindeutig zu beantworten sei. Tatsächlich begegnet diese Frage folgenden Schwierigkeiten:

Von einem Fehler kann man nur relativ zu vorausgesetzten Standards der Korrektheit reden. Ein Rechenfehler ist z. B. ein Rechenschritt, der gegen die anerkannten Gesetze der Arithmetik verstößt. Bei der Konstruktion der Antinomien wird aber nicht gegen Regeln der vorausgesetzten Logik verstoßen, die Antinomien entstehen vielmehr durch eine völlig korrekte Anwendung dieser Regeln. Sie ergeben sich nicht dadurch, daß man im vorausgesetzten System falsch geschlossen hätte, sondern aus den vorausgesetzten Prinzipien und Regeln selbst. Mit der vorausgesetzten Logik – im Fall der mengentheoretischen Antinomien also: der klassischen Mengenlehre – entfällt aber zugleich der einzige explizite Standard logischer Korrektheit, den man hat. Wenn also ein „Fehler" in der Konstruktion der Antinomien und damit in der klassischen Mengenlehre aufgewiesen werden soll, so muß man auf andere Kriterien logischer Richtigkeit rekurrieren. Damit man sich aber auf diese neuen Kriterien verlassen kann, müßten sie intuitiv begründet werden, und zwar besser als die mit ihnen kritisierten Prinzipien der klassischen Logik.

Dabei ergibt sich nun die zweite Schwierigkeit: Die Prinzipien der klassischen Mengenlehre sind intuitiv alle eminent plausibel. Die klassische Prädikatenlogik, die ihr zugrundeliegt – das kann man jedenfalls in guter Näherung sagen – ist die normale Logik, die wir beim inhaltlichen Schließen verwenden. Die Natürlichkeit dieser Logik zeigt sich z. B. darin, daß sie auch beim Aufbau nichtklassischer Logiksysteme in der Metatheorie oft ganz naiv verwendet wird. Für sich allein ist diese Prädikatenlogik auch widerspruchsfrei. Was in der klassischen Mengenlehre zu ihr hinzugefügt wird, ist aber ein ebenfalls höchst plausibles Prinzip, das Komprehensionsprinzip, nach dem jede Eigenschaft einen Umfang hat, so daß es zu jeder Eigenschaft *F* eine Menge gibt, deren Elemente genau die Objekte mit der Eigenschaft *F* sind. Auch dieses Prinzip allein kann nicht als die Ursache des Auftretens der Antinomien angesehen werden: Es spielt keine Rolle bei der Konstruktion der semantischen Antinomien, und es gibt beweisbar widerspruchsfreie Systeme mit einem unbeschränkten Komprehensionsprinzip.

Das ist nun die dritte Schwierigkeit bei der Suche nach einer Ursache der Antinomien: Sie sind das Resultat des Zusammenwirkens mehrerer Faktoren, die für sich allein jeweils harmlos sind. Erst die Kombination von klassischer Prädikatenlogik, allgemeinem Komprehensionsprinzip und Annahme nur einer Kategorie von Objekten, zu der alle Mengen gehören, ergibt die mengentheoretischen Antinomien. Läßt man eines dieser drei Ingredienzien weg, so ergeben sich nachweislich oder vermutlich widerspruchsfreie Systeme wie z. B. die typenfreie Logik von W. Ackermann, die axiomatische Mengenlehre und die einfache Typentheorie. Mit dieser Sachlage rechtfertigt man die These, die Frage nach einer Ursache der Antinomien sei sinnlos oder zumindest nicht eindeutig zu beantworten. Da alle drei Voraussetzungen für sich genommen plausibel seien und keine allein zu den Antinomien führe, sei kein Weg zur Elimination der mengentheoretischen Antinomien durch grundsätzliche, intuitive Gründe ausgezeichnet; man könne sie nur ihrer Leistungsfähigkeit nach vergleichen.

Zugegeben: Das Kriterium intuitiver Plausibilität ist durch das Auftreten von Antinomien in einem intuitiv so plausiblen System wie der klassischen Mengenlehre fragwürdig geworden. Aber damit kann natürlich die Intuition nicht ein für allemal diskreditiert sein. Da die Argumentationen in jeder Metatheorie intuitiv sind – formalisiert man die Metatheorie, so muß man in der Meta-Metatheorie intuitiv argumentieren usf. –, bleibt logische Intuition Grundlage aller formalisierten Logik. Die Antinomien können daher nur Anlaß sein, sie zu reformieren, nicht aber sie zu diskreditieren. Ohne sich auf eine logische Intuition zu verlassen, kann man keine formale Logik treiben. Eine Intuition, die man als verläßlich ansieht, bietet aber auch eine Basis zur Kritik der Annahmen, die zu den Antinomien führen. Für eine logisch-mathematische Grundlagenforschung oder eine Philosophie von Logik und Mathematik sind jedenfalls intuitive Überlegungen und intuitive Rechtfertigungen der grundlegenden logischen Prinzipien unverzichtbar. Widerspruchsfreiheit und Leistungsfähigkeit können auch aus folgenden Gründen nicht einzige Maßstäbe sein: Erstens setzt jeder Widerspruchsfreiheitsbeweis für einen Kalkül K metatheoretische Mittel voraus. Diese Mittel müssen nach dem Resultat von K. Gödel in (1931) stärker sein als die in K formalisierten Mittel, so daß ein Widerspruchsfreiheitsbeweis problematische Annahmen nur mit noch problematischeren Annahmen rechtfertigt. Wonach ist zweitens die Leistungsfähigkeit eines Systems zu bemessen? Kein widerspruchsfreies System kann die ganze klassische Mengenlehre enthalten. Es kann also nur um die Rekonstruktion von Teilen dieser Mengenlehre gehen, die man als in sich widerspruchsfrei und vernünftig ansieht. Worauf gründet sich aber die Ansicht, dieser oder jener Teil sei vernünftig, wenn nicht auf intuitive Überlegungen? Wir werden im folgenden freilich sehen, daß intuitive und pragmatische Überlegungen eine Tendenz zur Konvergenz haben, daß sich auch Systeme, die zunächst durch Vermeidungsstrategien motiviert werden, intuitiv rechtfertigen lassen. Das gilt sowohl für die Typenlogik als auch für die axiomatische Mengenlehre und für ein typenfreies System von W. Ackermann. Philosophisch ist aber die intuitive Rechtfertigung solcher Systeme die Bedingung ihrer Akzeptabilität, nicht bloß ein zusätzliches *commodum.*

Die Wege, die zur Vermeidung der Antinomien eingeschlagen worden sind, lassen sich in drei Hauptgruppen einteilen:

1. Man beschränkt die Sprache der klassischen Systeme so, daß sich in ihnen u. a. jene Sätze nicht mehr formulieren lassen, die zu Antinomien führen. Diesen Weg schlägt z. B. die Typentheorie ein oder die Sprachstufenunterscheidung nach Tarski.
2. Man beschränkt die klassische Prädikatenlogik, etwa so, daß das *tertium non datur* nicht mehr gilt. Das ist z.B. der Weg der typenfreien Systeme von W. Ackermann.

3. Man beschränkt das klassische Komprehensionsprinzip wie in der axiomatischen Mengenlehre.

In dieser Arbeit wollen wir den zweiten Weg beschreiten. Wir werden eine Logik aufbauen und intuitiv begründen, die nicht auf dem Prinzip der *Wahrheitsdefinitheit* (oder *Bivalenz*) beruht, nach dem jeder (Aussage-)Satz entweder wahr oder falsch ist.[1] Wir wollen untersuchen, wohin dieser Weg führt und was er leistet.

Daß die Preisgabe dieses Prinzips die Ableitbarkeit der mengentheoretischen wie der semantischen Antinomien zumindest infrage stellt, ist klar: In ihnen wird ja meist für einen bestimmten Satz *A* bewiesen, daß gilt

a) *A* ist wahr genau dann, wenn *A* falsch ist.

Da also sowohl die Annahme, *A* sei wahr, wie die Annahme, *A* sei falsch, zum Widerspruch „*A* ist sowohl wahr wie falsch" führt, folgt aus dem Prinzip der Wahrheitsdefinitheit, nach dem eine der beiden Annahmen gelten muß, die Beweisbarkeit dieses Widerspruchs. Läßt man jedoch Sätze zu, die weder wahr noch falsch sind, so folgt aus (a) allein noch kein Widerspruch. Man müßte vielmehr die Wahrheit oder die Falschheit von *A* beweisen, und da sich im Fall der Antinomien die eine Annahme nur mithilfe der anderen beweisen läßt, gelingt das nicht.

Ganz so einfach, wie wir es hier dargestellt haben, ist die Sache freilich nicht, aber hier geht es ja zunächst auch noch nicht um die Durchführbarkeit des Ansatzes – darüber kann man erst sprechen, wenn er im Detail entwickelt worden ist –, sondern darum, die Wahl unseres Weges zu motivieren. Dazu müssen wir aber nicht nur zeigen, daß er eine erfolgversprechende Vermeidungsstrategie darstellt, sondern müssen seine intuitive Plausibilität deutlich machen.

Dem steht folgender Einwand entgegen: Jeder bedeutungsvolle Satz drückt einen bestimmten Sachverhalt aus. Ein Sachverhalt besteht aber oder er besteht nicht. Unter einer Situation, in der er weder besteht noch nicht besteht, kann man sich genau so wenig etwas vorstellen wie unter einer Situation, in der er besteht und zugleich nicht besteht. Nun haben wir es aber in der Logik und speziell bei den Antinomien nicht mit bedeutungslosen Sätzen zu tun wie z. B. „Lontine koryllieren". Jeder bedeutungsvolle Satz drückt also einen bestimmten

[1] Dieses semantische Prinzip ist grundsätzlich vom objektsprachlichen Prinzip *tertium non datur* „*A* oder *nicht-A*" zu unterscheiden: Das letztere hängt von der Deutung von „oder" und „nicht" ab. Es gibt Deutungen, bei denen es auch ohne Bivalenz gilt, und solche, bei denen es auch bei Bivalenz nicht gilt. Im normalen Verständnis der Ausdrücke „oder" und „nicht" gilt das objektsprachliche Prinzip aber genau dann, wenn das semantische gilt. Daher konnten wir auch im Titel dieser Arbeit vom Satz vom Ausgeschlossenen Dritten sprechen, obwohl es genau genommen um das Prinzip der Wahrheitsdefinitheit geht.

Sachverhalt aus; dieser besteht oder er besteht nicht, und je nach dem ist der Satz wahr oder falsch. Jeder bedeutungsvolle Satz ist also wahr oder falsch – *tertium non datur.*

Dagegen ist zu sagen: Es gibt durchaus bedeutungsvolle Sätze, die man weder als wahr, noch als falsch bezeichnen kann. Ein im Einklang mit den Regeln der Syntax gebildeter Ausdruck ist bedeutungsvoll, wenn in ihm keine Ausdrücke vorkommen, die semantisch nicht erklärt sind. Das gilt aber auch für Sätze wie

1. Der gegenwärtige König von Frankreich ist Brillenträger.
2. Fritz weiß, daß Regensburg an der Isar liegt.
3. Dieser Ball (dessen Farbe an der Grenze zwischen Rot und Orange liege) ist rot.

Sätze mit nicht erfüllten Präsuppositionen haben keine Wahrheitswerte: Sowohl (1) wie die Behauptung „Der gegenwärtige König von Frankreich ist kein Brillenträger" setzen voraus, daß es (genau) einen gegenwärtigen König von Frankreich gibt.[1] Ebenso ist weder der Satz (2) wahr noch seine Negation: „Fritz weiß nicht, daß Regensburg an der Isar liegt", da beide voraussetzen, daß Regensburg tatsächlich an der Isar liegt. Im Beispiel (3) endlich reichen die sprachlichen Kriterien für die Verwendung des Prädikats „rot" nicht aus, um für alle Objekte eindeutig sagen zu können, sie seien rot oder sie seien nicht rot. Diese „Offenheit", dieser Vagheitshorizont findet sich bei sehr vielen empirischen Prädikaten.

Wir müssen also zwischen Bedeutungslosigkeit und *Indeterminiertheit* als Fehlen eines Wahrheitswertes („wahr" oder „falsch") unterscheiden und können nicht behaupten, nur bedeutungslose Sätze seien indeterminiert. Die Beispiele (1) bis (4) zeigen nun auch, daß die klassische Logik nicht einfachhin die Logik des normalen Schließens und der normalen Sprache ist. Es gilt eben nicht „Fritz weiß, daß Regensburg an der Isar liegt, oder Fritz weiß nicht, daß Regensburg an der Isar liegt". Eine Logik, die das Bivalenzprinzip nicht voraussetzt, ist also auch abgesehen von den Antinomien zur Behandlung solcher Indeterminiertheiten von Interesse.

Man könnte nun sagen, Indeterminiertheiten oder *Wahrheitswertlücken* stellten lediglich einen Mangel der Sprache dar, einen Mangel, der behebbar sei und also behoben werden sollte.

Darauf ist zu erwidern: In unseren Beispielen ließen sich die Wahrheitswertlücken in der Tat leicht beseitigen. Schon Frege hat Kennzeichnungsterme so gedeutet, daß sie immer ein bestimmtes Ob-

[1] Die Frage, ob es eine Person gibt, die der Ausdruck „der gegenwärtige König von Frankreich" bezeichnet, ist keine Bedeutungsfrage, sondern eine empirische Frage. Die Absetzung des letzten französischen Königs oder die Ernennung eines neuen sind keine Vorgänge, welche die semantischen Regeln der deutschen Sprache verändern.

jekt bezeichnen: Gibt es nicht genau ein Objekt mit der Eigenschaft *F*, so soll der Kennzeichnungsausdruck „Dasjenige Ding, für das gilt: es hat die Eigenschaft *F*" die Klasse der *F*'s bezeichnen. Danach bezeichnet der Ausdruck „Der gegenwärtige König von Frankreich" die leere Menge, und da Mengen keine Brillen tragen, ist der Satz (1) falsch. Im Beispiel (2) kann man „wissen" so erklären, daß eine Aussage der Form „Die Person *a* weiß, daß ..." falsch ist, wenn „... " falsch ist, wie man das in der Epistemischen Logik tut. Und im Fall (3) kann man den Sinn des Prädikats „rot" unter Bezugnahme auf Wellenlängen des Lichts so präzisieren, daß man von allen Objekten eindeutig sagen kann, sie seien rot oder sie seien nicht rot. Daraus folgt aber nicht, daß sich die semantischen Regeln *jeder* Sprache so ergänzen lassen, daß in ihr keine Wahrheitslücken auftreten. Das wäre vielmehr für die einzelnen Sprachen zu beweisen, und die Antinomien zeigen gerade, daß es fraglich ist, ob sich so etwas im Fall von klassenlogischen Sprachen beweisen läßt oder von Sprachen, die ihre eigene Metasprache enthalten.

Ist also der Einwand, Indeterminiertheiten seien eliminierbar, schlicht unbewiesen, so führt der folgende auf grundsätzlichere Probleme. Danach ist es Aufgabe der Sprache, eine objektive Realität zu beschreiben. Objektiv real ist aber nur, was von uns, von unserem Denken, Reden und Erkennen unabhängig ist. Wir können also eine Sprache nur dann als Sprache über eine objektive Realität auffassen, wenn wir – falls nötig nach Ergänzung ihrer semantischen Regeln – all ihre Aussagesätze als wahrheitsdefinit (also als wahr oder als falsch) ansehen können, unabhängig davon, ob wir ihren Wahrheitswert festzustellen vermögen oder nicht. Wir können z. B. nicht mehr feststellen, ob es am 21. 3. 484 v. Chr. in Athen regnete; klar ist aber, daß es entweder regnete oder nicht regnete. Die Annahme, es habe weder geregnet noch nicht geregnet, gibt keinen vernünftigen Sinn. Ebenso in einem ganz anderen Bereich: Die große Fermatsche Vermutung, es gebe keine natürlichen Zahlen, *x*, *y*, *z* und *n*, für die gilt $n > 2$ *und* $x^n + y^n = z^n$ ist bis heute weder bewiesen noch widerlegt. Trotzdem sehen wir es als selbstverständlich an, daß sie entweder richtig ist oder falsch. Die Annahme, es gebe weder vier solche Zahlen noch gebe es sie nicht, macht keinen Sinn. Auch eine Logiksprache kann also nur als eine Sprache über eine wohlbestimmte Realität aufgefaßt werden, wenn in ihr das Prinzip der Bivalenz gilt. Daher ist nach diesem Einwand, der Weg aus den Antinomien durch Aufgabe dieses Prinzips nicht akzeptabel, denn auf ihm verzichtet man darauf, die Sprache der Logik als Sprache über etwas Reales zu verstehen. Damit verliert aber die Logik jede sachliche Relevanz.

Darauf ist zu erwidern: Der Einwand stützt sich auf eine Realitätskonzeption, die in vielen Anwendungsfällen sicher plausibel und nützlich ist, wenngleich sie strenggenommen nicht einmal auf die physische

Welt zutrifft. Darauf wollen wir hier jedoch nicht eingehen[1], sondern einmal voraussetzen, es gebe Realitäten oder Gegenstandsbereiche, die in dem Sinn vollständig, widerspruchsfrei und unabhängig von uns sind, wie das der Einwand annimmt. Die Frage ist aber, ob die Welt der Abstrakta: der Begriffe, Propositionen, Funktionen, Zahlen und speziell der Mengen eine solche Realität darstellt. Ihre Bejahung kennzeichnet den Platonismus oder Universalienrealismus, nach dem solche Abstrakta uns vorgegeben, nicht aber Produkte unseres Denkens sind. Diese Position ist jedoch nicht sehr plausibel; es liegt viel näher, von einer Bildung von Begriffen, Funktionen, Zahlen etc. durch unser Denken zu reden, also einen Konzeptualismus zu vertreten.[2]

Die Problematik des Platonismus zeigt sich z. B. in seiner Unverträglichkeit mit dem analytischen Charakter logischer Theoreme. Logische Theoreme werden nicht nur fast allgemein als analytische Wahrheiten angesehen, sondern sie bilden geradezu das Paradebeispiel für analytisch wahre Sätze. Ihr analytischer Charakter ergibt sich auch eindeutig aus Aufbau und Begründung der Logik. Betrachten wir als einfachstes Beispiel einer logischen Theorie die Aussagenlogik: Die logischen Ausdrücke (die aussagenlogischen Operatoren) werden hier definiert durch Angabe von Wahrheitsbedingungen für die mit ihnen gebildeten Sätze, und die logische Wahrheit eines Satzes ist eine Folge dieser Definitionen logischer Ausdrücke, eine Folge also semantischer Regeln. Die Axiome und Schlußregeln eines Kalküls der Aussagenlogik werden nicht einfach für evident erklärt, sondern sie werden dadurch gerechtfertigt (als korrekt erwiesen), daß man zeigt, daß alle Axiome logisch wahre Sätze sind (daß sich also ihre Wahrheit aus den Definitionen der logischen Ausdrücke ergibt) und daß die Schlußregeln von logisch wahren Prämissen immer nur zu logisch wahren Konklusionen führen. Die Gesetze der Aussagenlogik ergeben sich also aus den semantischen Regeln, mit denen wir jene Sprache deuten, in der sie formuliert sind, und ihre apriorische Evidenz ergibt sich daraus, daß ihre Geltung allein von unseren Festlegungen abhängt.

[1] Vgl. dazu Kutschera (1981), Kap. 8.

[2] Freges entschiedener Platonismus versteht sich wohl vor allem aus seiner Frontstellung gegen den Psychologismus seiner Zeit (vgl. dazu vor allem die Einleitung zum 1. Band der „Grundgesetze der Arithmetik“ sowie den 1. Teil der „Logischen Untersuchungen“ mit dem Titel „Der Gedanke“ [1918]) und aus seiner Annahme, ein Konzeptualismus würde im Psychologismus versinken. Auch Frege nahm jedoch keine Unabhängigkeit der Welt der Universalien von unserer Vernunft (unserem Denken) an. Er sagt: „So verstehe ich unter Objektivität eine Unabhängigkeit von unserem Empfinden, Anschauen und Vorstellen, von dem Entwerfen unserer Bilder aus den Erinnerungen früherer Empfindungen, aber nicht eine Unabhängigkeit von der Vernunft; denn die Frage beantworten, was die Dinge unabhängig von der Vernunft sind, hieße urteilen, ohne zu urteilen, den Pelz waschen, ohne ihn naß zu machen“ („Grundlagen der Arithmetik“, S. 36).

Wäre die Welt der Universalien hingegen in ähnlicher Weise von uns unabhängig wie die physische Welt, so wären Sätze über sie – daß es z. B. zu jedem Objekt eine Menge gibt, die nur dieses Objekt enthält, oder daß es zu jeder Zahl eine größere gibt – synthetischer Natur: Diese Welt wäre eine unter mehreren möglichen geistigen Welten, und die semantischen Regeln unserer Logiksprachen würden nur jene Sätze als (analytisch) wahr auszeichnen, die in all diesen Welten gelten. Man kann auch nicht behaupten, hier läge eben eine gewissermaßen zufällige Koinzidenz von Realität und sprachlichem Horizont oder Denkmöglichkeit vor. Denn die Konventionen allein entscheiden eben schon über die Wahrheit und Falschheit der Sätze. Die Unabhängigkeit der Universalienrealität stellt also mindestens eine unbeweisbare Annahme dar.

Ein zweites Argument für die Unplausibilität des Platonismus ist dies: Die Fähigkeit zur Erkenntnis abstrakter Entitäten und ihrer Attribute, die der Platonismus anzunehmen hat, müßte recht ungewöhnliche Eigenschaften haben. Die Logik unterscheidet sich ja dadurch ganz wesentlich von den empirischen Wissenschaften, daß uns nicht nur partikuläre Sachverhalte evident sind, wie z. B. die Tatsache, daß es jetzt regnet, wenn es jetzt regnet, sondern auch generelle Sachverhalte wie jener, daß alle Sätze der Gestalt „Wenn *p*, dann *p*" wahr sind. Während generelle Sätze in den empirischen Wissenschaften immer nur Hypothesen darstellen, die wir vorbehaltlich evtl. neuer, ihnen widersprechender Beobachtungen akzeptieren, sehen wir in der Logik auch generelle Prinzipien als definitiv und unzweifelhaft richtig an, als nicht weniger sicher als partikuläre Sätze. Gäbe es aber eine platonistische Beobachtungsfähigkeit, wieso könnten wir dann ausschließen, daß wir einmal einen Sachverhalt *p* entdecken, für den die Behauptung „Wenn *p*, dann *p*" nicht gilt? Warum ist ferner die Sicherheit unserer Urteile über logische Fragen so viel größer als jene in empirischen Fragen? Was unabhängig von unserem Denken so ist, wie es ist, könnte von uns her gesehen auch ganz anders sein, als es uns erscheint, definitive Sicherheit kann es diesbzgl. ebensowenig geben wie in der Empirie.

Zusammenfassend können wir also sagen: Auch der dritte Einwand gegen unser Unternehmen, es mit einer Logik ohne *tertium non datur* zu versuchen, ist nicht stichhaltig. Es ist nicht plausibel anzunehmen, die Sprache der Logik beschreibe eine unabhängige Realität. Viel näher liegt eine konzeptualistische Auffassung, von der her man sagen kann, daß die Welt der Universalien mit der Sprache über sie gebildet wird. Es ist aber klar, daß semantische Regeln für eine Sprache so geartet sein können, daß sie manchen Sätzen keinen Wahrheitswert zuordnen oder evtl. auch anderen zwei Wahrheitswerte. Im Gegensatz zu einer unvollständigen oder inkonsistenten Realität haben unvollständige oder inkonsistente Systeme semantischer Regeln nichts Merkwürdiges an sich. Ergeben sich aber Wahrheit und Falschheit der Sätze der höheren Logik nicht aus der Beschaffenheit einer vorgegebenen Realität, sondern allein aus den Regeln der Sprache, so können Konsistenz und Wahrheitsdefinitheit nicht vorausgesetzt werden, sondern es muß bewiesen werden, daß die sprachlichen Regeln sie garantieren.[1]

Für eine konzeptualistische Position erscheint also der Weg, Logiken ohne *terium non datur* zu untersuchen, als sinnvoll. Es bleibt freilich die Frage, ob sich eine Sprache über Klassen, deren semantische Regeln mit der Annahme der Wahrheitsdefinitheit unverträglich sind, als Sprache über Gegenstände im normalen Sinn deuten läßt. Auf diese Frage wollen wir jedoch erst im Verlauf der Entwicklung der Klassenlogik eingehen, wenn sie sich genauer präzisieren läßt. Allgemein gilt: Die Überlegungen dieser Einleitung können noch nicht zeigen, daß unser Weg tatsächlich gangbar ist, daß sich also eine Logik mit Wahrheitswertlücken tatsächlich in intuitiv wie formal einwandfreier Weise entwickeln läßt. Das kann erst die Durchführung erweisen. Hier geht es wie gesagt nur darum, daß dieser Ansatz jedenfalls auf den ersten Blick vernünftig erscheint.

Wir wollen die im folgenden zu entwickelnden Logiksysteme semantisch begründen, so daß der analytische Charakter ihrer Theoreme deutlich wird. Die übliche Semantik setzt nun den Apparat der Klassenlogik voraus. Schon in der Aussagenlogik ist von Funktionen die Rede, die allen Sätzen Wahrheitswerte zuordnen, und es wird über die Gesamtheit all dieser Funktionen quantifiziert. Nun ist klar, daß man in der Metatheorie eines formalen Logiksystems – nicht nur in der Semantik, sondern schon in der Syntax – stärkere logisch-mathematische Mittel verwenden muß als im System selbst. Die Begründung der Logik ist kein Münchhausenscher Prozeß – sie zieht sich nicht selbst am eigenen Schopf aus dem Sumpf –, sondern ein Bohrscher Prozeß der Präzisierung mit unpräzisen Mitteln.[2] Trotzdem ist es problematisch, bei der Begründung der Logik so starke Mittel vorauszusetzen, insbesondere dann, wenn es um die Begründung der Klassenlogik selbst geht, und im Blick auf deren zunächst ja noch ungeklärte Problematik. Daher wollen wir uns hier auf eine Semantik von Wahrheitsregeln stützen, die Regeln statt Klassen und Funktionen voraussetzt. Diese Semantik kann man als „konstruktiv" bezeichnen, obwohl dieses Wort inzwischen sehr

[1] Frege hat im 1. Band der „Grundgesetze der Arithmetik" im § 31 einen solchen Beweis versucht. Seine Argumentation ist aber nicht korrekt – wäre sie es, so wäre seine Klassenlogik widerspruchsfrei.

[2] Wie Niels Bohr betonte, kann man schmutzige Gläser mit schmutzigem Wasser und schmutzigen Tüchern säubern. Von solcher Art sind Begründungen, bei denen man mit intuitiven Argumenten und der natürlichen Sprache ein exaktes, kunstsprachliches Logiksystem aufbaut. Die durch dieses System vermittelten logischen Einsichten wirken dann auf das intuitive Schließen zurück.

abgegriffen ist und wenig konkreten Inhalt mehr hat. Dieser Semantik hat G. Gentzen mit seinen „Untersuchungen über das logische Schließen" (1934) den Weg gebahnt, in denen er die semantischen Festlegungen in Ableitungsregeln von *Kalkülen des Natürlichen Schließens* transformierte. Weitere Ansätze auf diesem Weg finden sich in P. Lorenzen (1955) und H. B. Curry (1963). Wir schließen im folgenden an Kutschera (1969) an. Danach haben semantische Regeln generell die Gestalt von Wahrheitsregeln und diese zeichnen entweder einen Satz kategorisch als wahr oder als falsch aus, oder sie zeichnen ihn hypothetisch als wahr oder falsch aus, haben dann also die Gestalt „Sind die Sätze $A_1, \ldots, A_m$ wahr und die Sätze $B_1, \ldots, B_n$ falsch, so ist der Satz C wahr bzw. falsch". Systeme solcher Regeln bilden die Logikkalküle, mit denen wir uns befassen. Diese Kalküle stellen sich so als Kalküle des Natürlichen Schließens dar, als direkte Formalisierungen der Semantik. Daß in einem solchen System kein Satz zugleich als wahr oder als falsch ausgezeichnet wird, bzw. daß jeder Satz als wahr oder als falsch ausgezeichnet wird, ist dann zu beweisen. Die entsprechenden Sätze sind keine Gesetze der Logik, sondern metatheoretische Resultate, ebenso wie die Widerspruchsfreiheit und die Vollständigkeit normaler Kalküle. Die Prinzipien vom Ausgeschlossenen Dritten und vom Ausgeschlossenen Widerspruch sind also keine Theoreme der Logik, sondern ggf. nur zulässig im System – so daß mit ihnen nicht mehr beweisbar ist als ohne sie – oder mit dem System verträglich.

Wir werden freilich neben dieser konstruktiven Semantik (bis hin zu den typenlogischen Systemen) auch eine mengentheoretische Semantik angeben. Denn dadurch wird einerseits die intuitive Charakterisierung dieser Logiken abgerundet und zweitens ihr Vergleich mit der klassischen Logik erleichtert.

Welche Logik sollen wir nun in der Metatheorie der zu entwickelnden Logiksysteme verwenden? In der Metatheorie verwenden wir ja die natürliche Sprache und argumentieren intuitiv. Die normale Logik ist aber, wie schon betont wurde, die klassische Logik, und die normalen Prinzipien intuitiven Schließens sind deren Gesetze, u.a. auch das *tertium non datur.* Müßten wir nicht für einen konsequenten Aufbau nichtklassischer Logiken auch in der Metatheorie eine entsprechende nichtklassische Logik verwenden? Woher nehmen wir die aber, da sie ja erst (mithilfe der Metatheorie) präzisiert und begründet werden soll? Nun, erstens kann man auch mit klassischen Mitteln nichtklassische Logiken präzisieren – formal ist das überhaupt kein Problem. Damit man von einer *Begründung* reden kann, wird man freilich fordern müssen, daß metatheoretische Aussagen nicht unter Voraussetzung des *tertium non datur* in problematischen Fällen bewiesen werden, d.h. in Fällen wie sie den Anlaß zur Entwicklung der nichtklassischen Logiken gaben. Unser Argument gegen die Voraussetzung der Bivalenz betraf nun Logiken bzw. Anwendungen von Logiken, in denen der Gegenstandsbereich nicht vorgegeben ist, sondern mit dem Aufbau der Sprache konstituiert wird, also Anwendungen der Logik auf Abstrakta. Daher können wir zunächst in der Syntax, in Aussagen über Ausdrücke und Regeln über die Bildung oder Ableitbarkeit von Ausdrücken die normale, klassische Logik verwenden. In unserer Wahrheitsregel-Semantik setzen wir mehr aber gar nicht voraus. Auch das ist ein Grund, die Entwicklung nichtklassischer Logiken nicht auf die übliche mengentheoretische Semantik zu stützen, in der die Voraussetzung der Bivalenz bzgl. Aussagen über Mengen eben gerade problematisch ist, und in der eine Mannigfaltigkeit von Mengen verwendet wird, die sich nur aus dieser Voraussetzung ergibt. Es gibt freilich auch in der Syntax Fälle – speziell wo Regeln mit unendlich vielen Prämissen ins Spiel kommen –, in denen die Annahme der Wahrheitsdefinitheit fragwürdig wird. Auf dieses Problem werden wir bei der Einführung solcher Regeln zurückkommen.

Die Gliederung des Buches ergibt sich erstens daraus, daß wir zunächst eine nichtklassische Aussagenlogik aufbauen, in der schon die entscheidenden Unterschiede zur klassischen Logik deutlich werden, dann zur Prädikatenlogik übergehen und endlich zur Klassenlogik. Dementsprechend gliedert sich das Buch in drei Teile. Die Untergliederung dieser Teile ergibt sich im wesentlichen daraus, daß wir nicht nur *eine* Logik der Indeterminiertheit betrachten, sondern zwei, die wir *minimale* und *direkte Logik* nennen. Die direkte Logik ist zwar stärker als die minimale, die minimale Klassenlogik ist aber die einzige hier betrachtete Logik, bei der die Elimination des *tertium non datur* allein die Konsistenz der Mengenlehre garantiert, einer typenfreien Mengenlehre mit unbeschränktem Komprehensionsprinzip. Daher und als Vorbereitung der direkten Logik ist auch die minimale von Interesse. Neben den beiden nicht-klassischen Systemen wird immer auch das entsprechende klassische System betrachtet. Auf die Typenlogik (die hier als Formulierung der höheren Prädikatenlogik aufgefaßt wird) gehen wir nur in ihrer klassischen Version näher ein, um allzu häufige Wiederholungen zu vermeiden, denn die minimale und die direkte Version dieser Theorie verhalten sich zur klassischen ebenso wie im Fall der elementaren Prädikatenlogik.

Für die Lektüre des Buches werden logische Spezialkenntnisse nicht vorausgesetzt. Es richtet sich jedoch an Leser, die mit der normalen, klassischen Logik und ihrem Aufbau gut vertraut sind und insbesondere Übung im Umgang mit logischen Formalismen haben. Leser mit weitergehenden Logikkentnissen werden die Darstellung etwas breit finden. Für sie ist es aber einfacher, Beweise oder Abschnitte zu überschlagen, als für weniger Versierte, fehlende Beweise selbst zu führen.

Teil I: Aussagenlogik

1 Die Minimale Aussagenlogik

1.1 Die Sprache der Aussagenlogik

Die Sprache der Aussagenlogik – kurz A. L. – bezeichnen wir als Sprache **A**. Das Alphabet von **A** besteht aus den logischen Grundsymbolen $\neg$ und $\wedge$ (für „nicht" und „und"), runden Klammern als Hilfszeichen und unendlich vielen Satzkonstanten – kurz SK. Als (metasprachliche) Mitteilungszeichen für SK verwenden wir die Buchstaben p, q, r.

D1.1–1: Sätze von **A**

a) Jede SK von **A** ist ein (Atom-)Satz von **A**.
b) Ist A ein Satz von **A**, so auch $\neg A$.
c) Sind A und B Sätze von **A**, so auch $(A \wedge B)$.

Wir verwenden die Buchstaben A,B,C, . . . als Mitteilungszeichen für Sätze.

D1.1–2: Definitionen

a) $A \vee B := \neg(\neg A \wedge \neg B)$
b) $A \supset B := \neg A \vee B$
c) $A \equiv B := (A \supset B) \wedge (B \supset A)$

Klammerregeln: In der Reihe $\neg$, $\wedge$, $\vee$, $\supset$, $\equiv$ bindet jeder links von einem Operator stehende Operator stärker als dieser. Äußere Klammern können weggelassen werden.

Satzschemata sind metasprachliche Ausdrücke wie $A \wedge B$, die für Sätze einer gewissen Gestalt von **A** stehen.

Für das Folgende benötigen wir auch die Begriffe des Teilsatzes und des Grades eines Satzes:

D1.1–3: Teilsätze

a) A ist Teilsatz von A.
b) Die Teilsätze von A sind Teilsätze von $\neg A$.
c) Die Teilsätze von A wie jene von B sind Teilsätze von $A \wedge B$.

D1.1–4: Der *Grad* eines Satzes A ist die Anzahl der Vorkommnisse logischer Operatoren in ihm.

1.2 Wahrheitsregeln

Aufgabe der A.L. ist es, a.l. gültige Schlüsse auszuzeichnen. A.L. gültig sind jene Schlüsse, deren Gültigkeit sich aus der Definition der a.l. Operatoren ergibt. Die Definition der a.l. Operatoren wird in der üblichen, mengentheoretischen Semantik durch Wahrheitsbedingungen für die mit diesen Operatoren gebildeten Sätze angegeben (vgl. den Abschnitt 1.6), wobei der Wahrheitswert, d.h. Wahrheit oder Falschheit, des komplexen Satzes nur von den Wahrheitswerten der Teilsätze abhängt. Diese Wahrheitsbedingungen werden dabei als Postulate für Bewertungen formuliert, d.h. für Funktionen, die Sätzen von **A** Wahrheitswerte zuordnen. In der klassischen Logik setzt man dabei das Prinzip der Wahrheitsdefinitheit voraus, betrachtet also von vornherein nur Funktionen, die jedem Satz genau einen der beiden Wahrheitswerte zuordnen.

Im Sinne des in der Einleitung skizzierten Gedankens einer konstruktiven Semantik wollen wir hier die Wahrheitsbedingungen jedoch in Form von Regeln angeben, die entweder Sätze kategorisch als wahr oder als falsch auszeichnen, oder besagen, daß ein Satz als wahr bzw. falsch ausgezeichnet sein soll, falls andere Sätze als wahr bzw. falsch ausgezeichnet sind. Solche Regeln bezeichnen wir als *Wahrheitsregeln*. Die Semantik von **A** stellt sich dann als ein System solcher Wahrheitsregeln dar, so daß sie selbst schon die Gestalt eines formalen Kalküls annimmt.

Für solche Kalküle kann das Prinzip der Wahrheitsdefinitheit nicht vorausgesetzt werden. Seine Geltung in einem bestimmten System von Wahrheitsregeln, d.h. daß jedem Satz durch die Regeln genau ein Wahrheitswert zugeordnet wird, ist vielmehr zu beweisen. Die Erfüllung des Prinzips der Wahrheitsdefinitheit ist hier also eine Eigenschaft des Kalküls, die mit metatheoretischen Mitteln nachzuweisen ist, ähnlich wie Widerspruchsfreiheit und Vollständigkeit der normalen Satzkalküle. Man kann auch nicht Regeln angeben, die Sätze (kategorisch oder hypothetisch) nur als wahr auszeichnen, und festlegen, daß alle Sätze, die im Kalkül nicht als wahr ausgezeichnet sind, falsch sein sollen. Die Auszeichnung als falsch wäre dann nur mit metatheoretischen Mitteln möglich, also nicht im Kalkül selbst, und da die Negation eines Satzes seine Falschheit ausdrücken soll, wären dann im Kalkül keine negierten Sätze beweisbar.

Da wir Wahrheitsbedingungen für alle a.l. Operatoren, auch für die Negation angeben wollen, Falschheit für uns aber ein Grundbegriff ist, können wir Falschheit nicht von vornherein durch die Negation ausdrücken. Wir verwenden dazu das (metasprachliche) Zeichen $\sim$ und legen fest, daß mit der Regel $\vdash\ \sim A$ der Satz A kategorisch als falsch ausgezeichnet wird, wie er mit der Regel $\vdash$ A kategorisch als wahr ausgezeichnet wird. Die Regel $A_1, \ldots, A_m, \sim B_1, \ldots, \sim B_n \vdash C$ besagt dann: Sind die Sätze $A_1, \ldots, A_m$ als wahr und die Sätze $B_1, \ldots, B_n$ als falsch ausgezeichnet, so ist C als wahr ausgezeichnet. Nach der Regel $A_1, \ldots, A_m, \sim B_1, \ldots, \sim B_n \vdash \sim C$ ist C unter derselben Bedingung als falsch ausgezeichnet.

Die Wahrheitsregeln stellen sich so als Ableitungsregeln für *Formeln* dar, wenn wir definieren:

D1.2–1: a) Alle Sätze von **A** sind Formeln über **A**.
b) Ist A ein Satz von **A,** so ist $\sim A$ eine Formel über **A.**

Als Mitteilungszeichen für Formeln verwenden wir die Buchstaben S,T,U, . . . Formeln der Gestalt $\sim\sim A$ verwenden wir nicht. Ist S die Formel $\sim A$, so soll $\sim S$ der Satz A sein.

Als *Grad* der Formel $\sim A$ bezeichnen wir den Grad von A. Ist A ein Atomsatz, so bezeichnen wir ihn selbst wie auch $\sim A$ als *Atomformel.* Ist $S = A$ oder $= \sim A$, so bezeichnen wir A als *Satzkomponente* von S.

Es liegt nun nahe, die Operatoren $\neg$ und $\wedge$ durch folgende Wahrheitsregeln zu definieren:

1. $\sim A \vdash \neg A$
2. $A \vdash \sim \neg A$
3. $A, B \vdash A \wedge B$
4. $\sim A \vdash \sim A \wedge B$
   $\sim B \vdash \sim A \wedge B.$

Das sind hinreichende Bedingungen für die Wahrheit und Falschheit von Sätzen der Form $\neg A$ und $A \wedge B$.

Mit diesen Regeln lassen sich komplexe Sätze aus Atomsätzen, allgemein: komplexe Formeln aus Atomformeln ableiten. Ist **K** eine (entscheidbare) Menge von Atomformeln, so können wir aus ihnen als Axiomen (d. h. kategorisch als wahr bzw. falsch ausgezeichneten Sätzen) mit Hilfe unserer Regeln komplexe Sätze als wahr bzw. falsch auszeichnen. Einen logisch wahren Satz, d. h. einen Satz, der für beliebige **K** als wahr ausgezeichnet ist, gibt es dagegen nicht. Denn das wäre ein Satz, der sich auch aus einer leeren Formelmenge **K** gewinnen ließe, und so einen Satz gibt es offenbar nicht, da unsere Regeln alle hypothetisch sind und wir keine logischen Axiome angegeben haben.

Das ist nun zwar eine allgemeine Eigenschaft der Minimallogik, problematisch ist aber, daß wir mit den angegebenen Regeln nur hinreichende Wahrheitsbedingungen für komplexe Sätze angegeben haben, nicht aber notwendige. Damit stellen unsere Regeln noch keine Definitionen der a. l. Operatoren dar. Nun können wir natürlich die Umkehrungen von (1)–(3) zum System hinzunehmen, also die Regeln

5. $\neg A \vdash \sim A$ 6. $\sim\neg A \vdash A$
7. $A \wedge B \vdash A$
$A \wedge B \vdash B$.

Die Umkehrung von (4) läßt sich hingegen in unserem Formalismus nicht ausdrücken: Aus der Falschheit von $A \wedge B$ folgt ja weder die von A noch die von B. Als Ersatz bieten sich nur die Regeln $\sim A \wedge B, A \vdash \sim B$ und $\sim A \wedge B, B \vdash \sim A$ an. Sie sind aber schwächer als die Behauptung der Umkehrbarkeit von (4), denn $\sim A \wedge B$ ist eben nicht nur mithilfe von A oder von B beweisbar.

Es bleibt also nur eine Erweiterung des Formalismus übrig. Dazu bieten sich zwei Wege an. Man kann erstens statt Ableitungsbeziehungen zwischen Formeln solche zwischen *Formelreihen* betrachten, wie das zuerst W. Ackermann in (1952) getan hat. Die Auszeichnung einer Formelreihe $A_1, \ldots, A_m, \sim B_1, \ldots, \sim B_n$ besage, daß mindestens ein Satz A_i $(1 \leq i < m)$ als wahr oder mindestens ein Satz B_j $(1 \leq j < n)$ als falsch ausgezeichnet wird. Das Komma ist also im Sinn des (nichtausschließenden) „oder" zu verstehen. Bezeichnen wir Formelreihen durch Γ, so nimmt die Umkehrung von (4) die Gestalt an $\Gamma, \sim A \wedge B \vdash \Gamma, \sim A, \sim B$. (3) hat nun die Gestalt $\Gamma, A; \Gamma, B \vdash \Gamma, A \wedge B$. Das Semikolon trennt dabei Formelreihen und ist, wie früher das Komma in (3), im Sinn der Konjunktion zu verstehen.

Ein anderer, bekannterer Weg, die Umkehrung von (4) auszudrükken, ist folgender: Ist $\sim A \wedge B$ beweisbar und läßt sich aus $\sim A$ wie aus $\sim B$ eine Formel S ableiten, so ist S auch unabhängig von $\sim A$ wie $\sim B$ ableitbar. Eine solche Regel verwendet man in Kalkülen des Natürlichen Schließens, wie sie zuerst G. Gentzen in (1934) angegeben hat. Hier wird nun nicht eine Ableitbarkeit von Sätzen aus anderen Sätzen postuliert, sondern eine Ableitbarkeit von Sätzen aus anderen Sätzen und aus Ableitbarkeitsbeziehungen. Dieser Gedanke führt daher zum Aufbau von Systemen, mit deren Regeln Folgebeziehungen aus anderen Folgebeziehungen abgeleitet werden.

In beiden Fällen werden nun nicht Wahrheitsbedingungen für Sätze angegeben, sondern Sätze werden im Kontext gedeutet – beim ersten Weg im Kontext von Formelreihen, beim zweiten im Kontext von Schlüssen. Der zweite Weg ist nun erstens allgemeiner wie wir sehen werden; er wird uns zu einem Formalismus führen, in dem sich sämtliche hier betrachteten Logiksysteme einordnen lassen. Und er ist zweitens auch intuitiv überzeugender: Aufgabe der Logik ist es ja, gültige Schlüsse auszuzeichnen, und auf dem zweiten Wege stellt sich die Semantik dar als System von Regeln für gültige Schlüsse. Die Gültigkeit von Schlüssen wird hier nicht mehr aus Wahrheitsbedingungen für Sätze der Form $\neg A$ und $A \wedge B$ abgeleitet, sondern diese Sätze werden von vornherein im Kontext von Schlüssen gedeutet. Wir werden aber sehen, daß die Gültigkeitsbedingungen für Schlüsse, die solche Sätze enthalten, als Definitionen der a.l. Operatoren angesehen werden können.

1.3 Der Sequenzenkalkül **MA1**

Soll sich die Semantik nach den Überlegungen in 1.2 als System von Ableitungsregeln für Schlüsse darstellen, so müssen wir diese dabei als formale Ausdrücke behandeln. Diese Ausdrücke bezeichnen wir als *Sequenzen* (kurz SQ).

D1.3–1: SQ über **A** sind Ausdrücke der Gestalt $\Delta \rightarrow \Omega$, wobei Δ eine (evtl. auch leere) Reihe von Formeln über **A** ist und Ω eine Reihe von Formeln über **A**, die leer ist oder nur eine Formel enthält.

Neben Γ verwenden wir also auch Δ als Mitteilungszeichen für (evtl. leere) Formelreihen; Ω sei immer eine Formelreihe, die höchstens eine Formel enthält. Wir bezeichnen $S_1, \ldots, S_n$ als Vorderformeln (kurz VF) und T als Hinterformel (kurz HF) der SQ $S_1, \ldots, S_n \rightarrow T$ und nennen Δ *Antecedens* und Ω *Succedens* der SQ $\Delta \rightarrow \Omega$. Wir bauen also im Effekt über **A** eine Sprache auf mit dem Zeichen $\sim$ und $\rightarrow$ und mit dem Komma als Hilfszeichen. Die SQ über **A** sind die Sätze dieser Sprache.

$S_1, \ldots, S_n \rightarrow T$ drückt einen Schluß mit den Prämissen $S_1, \ldots, S_n$ und der Konklusion T aus, $S_1, \ldots, S_n \rightarrow$ besagt, daß aus $S_1, \ldots, S_n$ eine Kontradiktion folgt, daß also $S_1, \ldots, S_n$ unverträglich sind. Wir nehmen das Prinzip an, daß aus einer Kontradiktion beliebige Sätze folgen.

Aus dieser Deutung der SQ ergibt sich nun ein Axiom und folgende *formale* Regeln:

RF: $S \rightarrow S$ *(Reflexivität der Folgerungsbeziehung)*
VT: $\Delta, S, T, \Delta' \rightarrow \Omega \vdash \Delta, T, S, \Delta' \rightarrow \Omega$ *(Vertauschungsregel)*
VK: $\Delta, S, S \rightarrow \Omega \vdash \Delta, S \rightarrow \Omega$ *(Kontraktionsregel)*
VV: $\Delta \rightarrow \Omega \vdash \Delta, S \rightarrow \Omega$ *(Vordere Verdünnung)*
HV: $\Delta \rightarrow \ \vdash \Delta \rightarrow S$ *(Hintere Verdünnung)*
TR: $\Delta \rightarrow S; \Delta, S \rightarrow \Omega \vdash \Delta \rightarrow \Omega$ *(Schnittregel)*

Dabei fungieren nun die Zeichen $\vdash$ und ; als metasprachliche Symbole, wobei $\vdash$ für die Ableitbarkeit steht und ; die Prämissen einer Ableitungsregel trennt.

Alle Schlüsse der Gestalt RF sind offenbar gültig. VT und VK drücken aus, daß es auf die Reihenfolge und die Häufigkeit der Aufführung einer Prämisse in Schlüssen nicht ankommt. VV besagt, daß ein Schluß gültig bleibt, wenn man eine zusätzliche Prämisse hinzufügt.

HV ist das Prinzip *ex contradictione quodlibet*, und TR drückt die Transitivität der Folgebeziehung aus.

Als zweites (formales) Axiom nehmen wir folgendes *Widerspruchsprinzip* hinzu:

WS: $\Lambda, \sim A \rightarrow$.

Aus einer Kontradiktion folgt also im Blick auf HV jeder beliebige Satz. Damit wird ein Zusammenhang zwischen Wahrheits- und Falschheitszuordnungen hergestellt, der freilich sehr schwach ist (vgl. dazu 3.1).

Wir deuten nun a.l. Operatoren in diesem Formalismus durch folgende *logische* Regeln:

HN1: $\Delta \rightarrow \sim A \vdash \Delta \rightarrow \neg A$

VN1: $\Delta, \sim A \rightarrow \Omega \vdash \Delta, \neg A \rightarrow \Omega$

HK1: $\Delta \rightarrow A; \Delta \rightarrow B \vdash \Delta \rightarrow A \wedge B$

VK1: $\Delta, A, B \rightarrow \Omega \vdash \Delta, A \wedge B \rightarrow \Omega$

HN2: $\Delta \rightarrow A \vdash \Delta \rightarrow \sim \neg A$

VN2: $\Delta, A \rightarrow \Omega \vdash \Delta, \sim \neg A \rightarrow \Omega$

HK2: $\Delta \rightarrow \sim A \vdash \Delta \rightarrow \sim A \wedge B$
$\Delta \rightarrow \sim B \vdash \Delta \rightarrow \sim A \wedge B$

VK2: $\Delta, \sim A \rightarrow \Omega; \Delta, \sim B \rightarrow \Omega \vdash \Delta, \sim A \wedge B \rightarrow \Omega$

Die H-Regeln entsprechen den Regeln (1)–(4) aus 1.2, denn sie sind, wie man leicht erkennt, mit den SQ $\sim A \rightarrow \neg A$, $A \rightarrow \sim \neg A$, $A, B \rightarrow A \wedge B$, $\sim A \rightarrow \sim A \wedge B$ und $\sim B \rightarrow \sim A \wedge B$ äquivalent. Wie unten allgemein gezeigt wird, sind die V1-Regeln mit den Umkehrungen der H1-Regeln äquivalent und die V2-Regeln mit den Umkehrungen der H2-Regeln. Alle Regeln sind hier als *Einführungsregeln* formuliert, als Regeln zur Einführung der Formeln $(\sim)\neg A$ bzw. $(\sim)A \wedge B$ im Succedens und im Antecedens von SQ. Die logischen Regeln haben daher rein aufbauenden Charakter; sie führen immer komplexere Formeln ein.

Nach D1.1–2a ergeben sich folgende Regeln für die Disjunktion:

HD1: $\Delta \rightarrow A \vdash \Delta \rightarrow A \vee B$
$\Delta \rightarrow B \vdash \Delta \rightarrow A \vee B$

VD1: $\Delta, A \rightarrow \Omega; \Delta, B \rightarrow \Omega \vdash \Delta, A \vee B \rightarrow \Omega$

HD2: $\Delta \rightarrow \sim A; \Delta \rightarrow \sim B \vdash \Delta \rightarrow \sim A \vee B$

VD2: $\Delta, \sim A, \sim B \rightarrow \Omega \vdash \Delta, \sim A \vee B \rightarrow \Omega$.

Der Kalkül, der aus den Axiomen nach RF und WS besteht und den angegebenen formalen und logischen Regeln, ist ein Kalkül der *minimalen* A.L., den wir **MA1** nennen.[1] Ist **K** wieder eine (entscheidbare) Menge von Atomformeln, so sei **MA1K** die Anwendung von **MA1** auf **K**, d.h.

[1] Als „Minimallogik" wird meist eine Logik bezeichnet, die I. Johannson in (1937) entwickelt hat und die sich von der hier so genannten erheblich unterscheidet. Vgl. dazu den Abschnitt 3.5. Unsere Minimallogik entspricht hingegen dem a.l. Teil jener Erweiterungen der *basic logic*, die F. B. Fitch in (1948) angegeben hat.

der Kalkül, der aus **MA1** entsteht, wenn wir als Axiome alle SQ → S hinzunehmen, wo S ein Element von **K** ist. Statt auf Formelmengen können wir **MA1** auch auf *Basiskalküle* anwenden, auf (entscheidbare) Mengen von SQ, die nur Atomformeln enthalten.

Man wird nun sagen, daß ein n-stelliger a.l. Operator F durch Regeln für SQ im Kontext von Schlüssen definiert wird, wenn folgende Bedingungen erfüllt sind:

1. Die Regeln für F sind kontextfrei in dem Sinn, daß in den Regeln keine anderen a.l. Operatoren und keine speziellen SK vorkommen.
2. Für die Beweisbarkeit von SQ, die Sätze $F(A_1,\ldots,A_n)$ oder $\sim F(A_1,\ldots,A_n)$ als HF enthalten, werden hinreichende und notwendige Bedingungen angegeben. Regeln, die diese Formeln als VF einführen, sind mit den notwendigen Bedingungen für die Beweisbarkeit von SQ mit diesen Formeln als HF äquivalent.
3. Die F-Regeln sind *nichtkreativ,* d.h. mit ihnen lassen sich nur solche SQ beweisen, in denen F nicht vorkommt, die sich auch ohne die F-Regeln beweisen lassen.

Zusätzlich sollen die Regeln für a.l. Operatoren folgenden Bedingungen genügen:

4. Die Beweisbarkeit von SQ mit den Formeln $(\sim)F(A_1,\ldots,A_n)$ als VF bzw. HF hängt nach den F-Regeln nur ab von der Beweisbarkeit von SQ mit $(\sim)A_i$ $(1 \leq i \leq n)$ als VF bzw. HF. Das entspricht der Forderung der Wahrheitsfunktionalität der a.l. Operatoren: Der Wahrheitswert von $F(A_1,\ldots,A_n)$ soll nur von den Wahrheitswerten der A_i abhängen.
5. Die Widerspruchsfreiheit des Systems soll durch die F-Regeln nicht gestört werden, d.h. es soll gelten: Ist für kein i $(1 \leq i \leq n)$ zugleich $\Delta \to A_i$ und $\Delta \to \sim A_i$ beweisbar, so soll auch nicht zugleich $\Delta \to F(A_1,\ldots,A_n)$ und $\Delta \to \sim F(A_1,\ldots,A_n)$ beweisbar sein.
6. Eine evtl. Vollständigkeit des Systems soll durch die F-Regeln erhalten bleiben, d.h. es soll gelten: Ist für jedes A_i $\Delta \to A_i$ oder $\Delta \to \sim A_i$ beweisbar, so auch $\Delta \to F(A_1,\ldots,A_n)$ oder $\Delta \to \sim F(A_1,\ldots,A_n)$.

Aus diesen Bedingungen ergibt sich folgendes Schema für die F-Regeln:

HF1) $\Delta \to S_{11};\ldots;\Delta \to S_{1s_1} \quad \vdash \Delta \to F(A_1,\ldots,A_n)$

$$\vdots$$

$\Delta \to S_{t1};\ldots;\Delta \to S_{ts_t} \quad \vdash \Delta \to F(A_1,\ldots,A_n)$

Dabei seien die Satzkomponenten von $S_{11},\ldots,S_{ts_t}$ Sätze aus $A_1,\ldots,A_n$.

HF2) $\Delta \to \sim S_{1i_1};\ldots;\Delta \to \sim S_{ti_t} \vdash \Delta \to \sim F(A_1,\ldots,A_n)$
für alle t-tupel $i_1,\ldots,i_t$ mit $1 \leq i_j \leq s_j$ für $j = 1,\ldots,t$.

VF1) $\Delta, S_{11},\ldots,S_{1s_1} \to \Omega;\ldots;\Delta, S_{t1},\ldots,S_{ts_t} \to \Omega \vdash \Delta, F(A_1,\ldots,A_n) \to \Omega$

VF2) $\Delta, \sim S_{11}, \ldots, \sim S_{t1} \rightarrow \Omega; \ldots; \Delta, \sim S_{1i_1}, \ldots, \sim S_{ti_t} \rightarrow \Omega; \ldots; \Delta, \sim S_{1s_1}, \ldots, \sim S_{ts_t} \rightarrow \Omega \vdash \Delta, \sim F(A_1, \ldots, A_n) \rightarrow \Omega.$

Man prüft leicht nach, daß die N- und K-Regeln in dieses allgemeine Schema passen. Ein weiteres Beispiel für dieses Schema sind folgende Regeln für die Äquivalenz:

HÄ1) $\Delta \rightarrow A; \Delta \rightarrow B \vdash \Delta \rightarrow A \equiv B$
$\Delta \rightarrow \sim A; \Delta \rightarrow \sim B \vdash \Delta \rightarrow A \equiv B$
HÄ2) $\Delta \rightarrow \sim A; \Delta \rightarrow B \vdash \Delta \rightarrow \sim A \equiv B$
$\Delta \rightarrow A; \Delta \rightarrow \sim B \vdash \Delta \rightarrow \sim A \equiv B$
VÄ1) $\Delta, A, B \rightarrow \Omega; \Delta, \sim A, \sim B \rightarrow \Omega \vdash \Delta, A \equiv B \rightarrow \Omega$
VÄ2) $\Delta, \sim A, B \rightarrow \Omega; \Delta, A, \sim B \rightarrow \Omega \vdash \Delta, \sim A \equiv B \rightarrow \Omega$

Dabei lassen wir in HÄ2 die nach WS trivialerweise gültigen Regeln $\Delta \rightarrow \sim A; \Delta \rightarrow A \vdash \Delta \rightarrow \sim A \equiv B$ und $\Delta \rightarrow \sim B; \Delta \rightarrow B \vdash \Delta \rightarrow \sim A \equiv B$ weg, und in VÄ2 die analogen nach WS trivialerweise gültigen Prämissen $\Delta, A, \sim A \rightarrow \Omega$ und $\Delta, B, \sim B \rightarrow \Omega$.

Auch die Regeln

*1a) $\Delta \rightarrow A; \Delta \rightarrow \sim A \vdash \Delta \rightarrow A{*}B$
*1b) $\Delta \rightarrow \sim A \vdash \Delta \rightarrow \sim A{*}B$
$\Delta \rightarrow A \vdash \Delta \rightarrow \sim A{*}B$
*2a) $\Delta, A, \sim A \rightarrow \Omega \vdash \Delta, A{*}B \rightarrow \Omega$
*2b) $\Delta, \sim A \rightarrow \Omega; \Delta, A \rightarrow \Omega \vdash \Delta, \sim A{*}B \rightarrow \Omega$

entsprechen dem Schema. $A{*}B$ wird hier im Sinn von $A \wedge \neg A$ definiert.

Das Definitionsschema erfüllt die Bedingung (1) trivialerweise. Daß die Bedingung (2) erfüllt ist, sieht man so:

Die Umkehrung von HF1 lautet sinngemäß

HF1+: $\Delta \rightarrow F(A_1, \ldots, A_n); \quad \Delta, \quad S_{11}, \ldots, S_{1s_1} \rightarrow \Omega; \ldots; \quad \Delta, \quad S_{t1}, \ldots, S_{ts_t} \rightarrow \Omega \vdash \Delta \rightarrow \Omega.$

Daraus erhält man für $\Delta = \Delta', F(A_1, \ldots, A_n)$ aus $\Delta', S_{11}, \ldots, S_{1s_1} \rightarrow \Omega; \ldots; \Delta', S_{t1}, \ldots, S_{ts_t} \rightarrow \Omega$ mit VV und RF $\Delta', F(A_1, \ldots, A_n) \rightarrow \Omega$, also VF1. Und mit VF1 erhält man aus $\Delta, S_{11}, \ldots, S_{1s_1}; \ldots; \Delta, S_{t1}, \ldots, S_{ts_t} \rightarrow \Omega$, $\Delta, F(A_1, \ldots, A_n) \rightarrow \Omega$, mit $\Delta \rightarrow F(A_1, \ldots, A_n)$ und TR also $\Delta \rightarrow \Omega$, d.h. HF1+.

Die Umkehrung von HF2 lautet entsprechend:

HF2+: $\Delta \rightarrow \sim F(A_1, \ldots, A_n); \Delta, \sim S_{11}, \ldots, \sim S_{t1} \rightarrow \Omega; \ldots; \Delta, \sim S_{1s_1}, \ldots, \sim S_{ts_t} \rightarrow \Omega \vdash \Delta \rightarrow \Omega.$

Daraus erhält man für $\Delta = \Delta', \sim F(A_1, \ldots, A_n)$ aus $\Delta', \sim S_{11}, \ldots, \sim S_{t1} \rightarrow \Omega; \ldots; \Delta', \sim S_{1s_1}, \ldots, \sim S_{ts_t} \rightarrow \Omega$ mit VV und RF $\Delta', \sim F(A_1, \ldots, A_n) \rightarrow \Omega$, also VF2. Und mit VF2 erhält man aus den Prämissen von HF2+ mit Ausnahme der ersten Δ, $\sim F(A_1,\ldots,A_n) \rightarrow \Omega$, mit $\Delta \rightarrow \sim F(A_1,\ldots,A_n)$ und TR also $\Delta \rightarrow \Omega$.

Die Bedingung (3) ist ebenfalls erfüllt. Das ergibt sich aus der Definierbarkeit der a.l. Operatoren durch $\neg$ und $\wedge$, auf die wir gleich eingehen, und dem Theorem T1.3–6, das unten bewiesen wird. Die Bedingung (4) ist wieder trivialerweise erfüllt, und daß (5) und (6) gelten, ersieht man unmittelbar aus HF1 und HF2.

Man kann also auch bei der Einführung von Formeln der Gestalt $(\sim)F(A_1,\ldots,A_n)$ im Kontext von Schlüssen von einer Definition des a.l. Operators F sprechen.

Jeder nach dem obigen Schema definierte a.l. Operator läßt sich nun durch $\neg$, $\wedge$ und $\vee$ definieren, also auch durch $\neg$ und $\wedge$. Denn wir können setzen $F(A_1,\ldots,A_n) := \overline{S_{11}} \wedge \ldots \wedge \overline{S_{1s_1}} \vee \ldots \vee \overline{S_{t1}} \wedge \ldots \wedge \overline{S_{ts_t}}$. Dabei sei $\overline{A} = A$ und $\overline{\sim A} = \neg A$. Schreiben wir für das Definiens von $F(A_1,\ldots,A_n)$ kurz B, so gilt ja:

a) $B \rightarrow F(A_1,\ldots,A_n)$.
   Denn nach HF1 gilt $S_{11},\ldots,S_{1s_1} \rightarrow F(A_1,\ldots,A_n)$ und ... und $S_{t1},\ldots,S_{ts_t} \rightarrow F(A_1,\ldots,A_n)$, also nach VN1 und VK1 $\overline{S_{11}} \wedge \ldots \wedge \overline{S_{1s_1}} \rightarrow F(A_1,\ldots,A_n)$ und ... und $\overline{S_{t1}} \wedge \ldots \wedge \overline{S_{ts_t}} \rightarrow F(A_1,\ldots,A_n)$, also nach VD1 $B \rightarrow F(A_1,\ldots,A_n)$.
b) $F(A_1,\ldots,A_n) \rightarrow B$.
   Denn nach HK1, HN1, HD1 gilt $S_{11},\ldots,S_{1s_1} \rightarrow B,\ldots,S_{t1},\ldots,S_{ts_t} \rightarrow B$. also nach VF1 $F(A_1,\ldots,A_n) \rightarrow B$.
c) $\sim B \rightarrow \sim F(A_1,\ldots,A_n)$
   Nach HF2 gilt $\sim S_{11}, \sim S_{2i_2},\ldots,\sim S_{ti_t} \rightarrow \sim F(A_1,\ldots,A_n)$ und ... und $\sim S_{1s_1}, \sim S_{2i_2},\ldots,\sim S_{ti_t} \rightarrow \sim F(A_1,\ldots,A_n)$, also nach VK2 $\sim \overline{S_{11}} \wedge \ldots \wedge \overline{S_{1s_1}}, \sim S_{2i_2},\ldots,\sim S_{ti_t} \rightarrow \sim F(A_1,\ldots,A_n)$ für alle $i_2,\ldots,i_t$; schrittweise erhält man so $\sim \overline{S_{11}} \wedge \ldots \wedge \overline{S_{1s_1}},\ldots, \sim \overline{S_{t1}} \wedge \ldots \wedge \overline{S_{ts_t}} \rightarrow \sim F(A_1,\ldots,A_n)$, also nach VD2 $\sim B \rightarrow \sim F(A_1,\ldots,A_n)$.
d) $\sim F(A_1,\ldots,A_n) \rightarrow \sim B$.
   Nach VF2 gilt wegen $\sim S_{11},\ldots, \sim S_{t1} \rightarrow \sim B,\ldots, \sim S_{1s_1},\ldots, \sim S_{ts_t} \rightarrow \sim B$ (nach HD2) $\sim F(A_1,\ldots,A_n) \rightarrow \sim B$.

Schreiben wir $\vdash S \leftrightarrow T$ falls $S \rightarrow T$, $T \rightarrow S$, $\sim S \rightarrow \sim T$ und $\sim T \rightarrow \sim S$ beweisbar sind, so gilt also $\vdash B \leftrightarrow F(A_1,\ldots,A_n)$, und man kann daher $F(A_1,\ldots,A_n)$ durch B definieren, so daß das System der beiden Operatoren $\neg$ und $\wedge$ in diesem Sinn vollständig ist.

Es gilt folgendes *Ersetzungstheorem:*

T1.3–1: $A \leftrightarrow B \vdash C[A] \leftrightarrow C[B]$.

Dabei sei C[A] eine Formel, die an einer bestimmten Stelle A enthält, und C[B] entstehe daraus durch Ersetzung dieses Vorkommnisses von A durch B. Wir beweisen den Satz durch Induktion nach dem Grad g von C[A] minus dem Grad von A. Ist g=0, also C[A]=A und C[B]=B, so ist die Behauptung trivial. Ist nun die Behauptung bereits bewiesen für alle $g \leq n$, so gilt sie auch für $g=n+1$: Gilt $C[A] \leftrightarrow C[B]$, so auch $\sim C[A] \leftrightarrow \sim C[B]$, also nach den N-Regeln auch $\neg C[A] \leftrightarrow \neg C[B]$. Und gilt $C_1[A] \leftrightarrow C_1[B]$, so nach den K-Regeln auch $C_1[A] \wedge C_2 \leftrightarrow C_1[B] \wedge C_2$.

Es gilt ferner

T1.3–2: Ist $A \leftrightarrow B$ beweisbar, so auch $\Delta, (\sim)A \rightarrow \Omega \vdash \Delta, (\sim)B \rightarrow \Omega$ und $\Delta \rightarrow (\sim)A \vdash \Delta \rightarrow (\sim)B$.

Beweis:

$$\frac{(\sim)B \rightarrow (\sim)A;\ \Delta, (\sim)A \rightarrow \Omega}{\Delta, (\sim)B \rightarrow \Omega}\ \mathrm{TR} \qquad \frac{\Delta \rightarrow (\sim)A;\ (\sim)A \rightarrow (\sim)B}{\Delta \rightarrow (\sim)B}\ \mathrm{TR}$$

Bezeichnen wir A und B im Fall der Beweisbarkeit von $A \leftrightarrow B$ als *streng äquivalent,* so ergibt also die Substitution streng äquivalenter Sätze in anderen Sätzen nach T1.3–1 streng äquivalente Sätze, und in SQ nach T1.3–2 äquivalente SQ.

Das folgende *Eliminationstheorem* hat nun zentrale Bedeutung für den Kalkül **MA1**:

T1.3–3: In **MA1** ist die Schnittregel TR eliminierbar, d. h. jede in **MA1** beweisbare SQ ist ohne Anwendungen von TR beweisbar.

Das beweist man ebenso wie das entsprechende Theorem T1.4–3 im folgenden Abschnitt. Es gilt nicht für die angewandten Kalküle **MA1K**. Ist aber **K**+ die Menge von SQ, die zu jeder Formel S aus **K** die SQ$\rightarrow$ S enthält und die abgeschlossen ist bzgl. der Regeln $\rightarrow S \vdash\ \sim S \rightarrow$ und $\rightarrow S;\ \rightarrow \sim S \vdash\ \rightarrow$, und ist **MA1K**+ die Erweiterung von **MA1** um die Axiome aus **K**+, so ist **MA1K** offenbar mit **MA1K**+ äquivalent, und es gilt (vgl. den Abschnitt 1.4):

T1.3–4: In **MA1K**+ ist jede beweisbare SQ ohne TR-Anwendungen beweisbar.

Die Widerspruchsfreiheit von **MA1** wie **MA1K** läßt sich nun durch die Unbeweisbarkeit der SQ $\rightarrow$ ausdrücken. Denn ist $\rightarrow$ beweisbar, so nach HV für jeden Satz A auch die SQ$\rightarrow$ A und $\rightarrow \sim A$. Und sind für ein A die SQ $\rightarrow A$ und $\rightarrow \sim A$ beweisbar, so wegen WS und TR auch $\rightarrow$. Der Kalkül **MA1** ist nun trivialerweise widerspruchsfrei. Denn die Axiome von **MA1** enthalten sämtlich VF, und VF lassen sich nur mit TR eliminieren. Mit TR erhält man aber eine SQ $\rightarrow \Omega$ ohne VF (insbesondere also $\rightarrow$) nur aus einer anderen SQ ohne VF, z.B. aus Prämissen $\rightarrow$ S und $S \rightarrow \Omega$. SQ ohne VF sind also in **MA1** nicht beweisbar. In **MA1** wird also kein Satz als logisch wahr ausgezeichnet, weil keine SQ$\rightarrow$ S beweisbar ist. In **MA1** sind nur Schlüsse, nicht aber Sätze beweisbar.

Das gilt für die angewandten Kalküle **MA1K** nicht mehr, da sie Axiome der Gestalt → S enthalten. Es gilt aber:

T1.3–5: Ist **K** widerspruchsfrei (d.h. enthält **K** für keinen Satz A zugleich die Formel ~A), so auch **MA1K**.

Das ergibt sich aus T1.3–4. Denn ist **K** widerspruchsfrei, so enthält **K**+ die SQ → nicht, und diese SQ ist dann in **MA1K**+ ohne TR nicht beweisbar, also überhaupt nicht. Wegen der Äquivalenz von **MA1K**+ und **MA1K** ist sie dann auch im letzten Kalkül nicht beweisbar.

Die Nichtkreativität der Definitionen der a.l. Operatoren ergibt sich nun aus ihrer Definierbarkeit durch ¬ und ∧ und dem folgenden *Teilformeltheorem*, das eine Folge von T1.3–4 ist:

T1.3–6: Ist eine SQ Σ in **MA1K**+ beweisbar, so gibt es einen Beweis für Σ in **MA1K**+, dessen SQ nur Formeln enthalten, deren Satzkomponenten Teilformeln der Satzkomponenten der Formeln in Σ sind.

Denn man kann ein Formelvorkommnis (kurz FV) nur mit TR-Anwendungen eliminieren. Da es also in **MA1K**+ für jede beweisbare SQ einen Beweis ohne TR-Anwendungen gibt, gibt es auch einen Beweis der in T1.3–6 verlangten Art. Kommt daher ein Operator F nicht in der End-SQ vor, so gibt es einen Beweis dieser SQ, in dessen SQ F nicht vorkommt, der also von den F-Regeln keinen Gebrauch macht.

Für den Beweis des Theorems T1.4–2 im folgenden Abschnitt benötigen wir folgende Theoreme, deren Beweis sich jedoch leicht ergibt:

T1: A ∨ (B ∨ C) ↔ (A ∨ B) ∨ C
T2: A ∨ B ↔ B ∨ A
T3: A ∨ A ↔ A
T4: Δ, B → C ⊢ Δ, A ∨ B → A ∨ C
T5: A ∨ C, B ∨ C → A ∧ B ∨ C
T6: ¬A ∨ ¬B ↔ ¬(A ∧ B)

1.4 *Der Sequenzenkalkül* **MA2**

Wir wollen nun den Formalismus, in dem wir die minimale A.L. aufbauen, dadurch erweitern, daß wir auch SQ mit mehreren HF zulassen. Das empfiehlt sich aus technisch-formalen Gründen. Inhaltlich deuten wir SQ der Gestalt $\Delta \rightarrow S_1, \ldots, S_n$ im Sinn von SQ $\Delta \rightarrow \overline{S_1} \vee \ldots \vee \overline{S_n}$. Wir ersetzen also D1.3–1 durch die Definition:

D1.4–1: SQ über **A** sind Ausdrücke der Gestalt Δ → Γ, wobei Δ und Γ (evtl. leere) Reihen von Formeln über **A** sind.

Wir wollen zunächst die minimale A.L. in diesem Formalismus angeben und dann ihr Äquivalenz mit **MA1** beweisen.

MA2 sei der Kalkül, der aus folgenden Axiomen und Regeln besteht:

Axiome
RF: $S \rightarrow S$
WS: $A, \sim A \rightarrow$

Formale Regeln:
VT: $\Delta, S, T, \Delta' \rightarrow \Gamma \vdash \Delta, T, S, \Delta' \rightarrow \Gamma$
HT: $\Delta \rightarrow \Gamma, S, T, \Gamma' \vdash \Delta \rightarrow \Gamma, T, S, \Gamma'$
VK: $\Delta, S, S \rightarrow \Gamma \vdash \Delta, S \rightarrow \Gamma$
HK: $\Delta \rightarrow S, S, \Gamma \vdash \Delta \rightarrow S, \Gamma$
VV: $\Delta \rightarrow \Gamma \vdash \Delta, S \rightarrow \Gamma$
HV: $\Delta \rightarrow \Gamma \vdash \Delta \rightarrow S, \Gamma$
TR: $\Delta \rightarrow S, \Gamma; \Delta, S \rightarrow \Gamma \vdash \Delta \rightarrow \Gamma$

Logische Regeln:
HN1: $\Delta \rightarrow \sim A, \Gamma \vdash \Delta \rightarrow \neg A, \Gamma$ *HN2:* $\Delta \rightarrow A, \Gamma \vdash \Delta \rightarrow \sim \neg A, \Gamma$
VN1: $\Delta, \sim A \rightarrow \Gamma \vdash \Delta, \neg A \rightarrow \Gamma$ *VN2:* $\Delta, A \rightarrow \Gamma \vdash \Delta, \sim \neg A \rightarrow \Gamma$
HK1: $\Delta \rightarrow A, \Gamma; \Delta \rightarrow B, \Gamma \vdash \Delta \rightarrow A \wedge B, \Gamma$
HK2: $\Delta \rightarrow \sim A, \sim B, \Gamma \vdash \Delta \rightarrow \sim A \wedge B, \Gamma$
VK1: $\Delta, A, B \rightarrow \Gamma \vdash \Delta, A \wedge B \rightarrow \Gamma$
VK2: $\Delta, \sim A \rightarrow \Gamma; \Delta, \sim B \rightarrow \Gamma \vdash \Delta, \sim A \wedge B \rightarrow \Gamma$.[1]

Die spezifizierten FV der Prämissen bezeichnen wir als *Nebenformeln* (kurz NBF), das spezifizierte FV der Konklusion als *Hauptformel* (kurz HPF) der Regeln.

Man beweist wieder leicht, daß die V1- bzw. V2-Regeln mit den Umkehrungen der H1- bzw. H2-Regeln äquivalent sind. Und die Überlegungen zur Definition a.l. Operatoren im Kontext solcher SQ und zur Vollständigkeit des Systems der Operatoren $\neg$ und $\wedge$ verlaufen ganz ähnlich wie jene in 1.3, so daß wir darauf hier nicht mehr eingehen. Wie für **MA1** gilt auch hier das *Ersetzungstheorem:*

T1.4–1: $A \leftrightarrow B \vdash C[A] \leftrightarrow C[B]$.

Mit D1.1–2a ergeben sich folgende Disjunktionsregeln:

HD1: $\Delta \rightarrow A, B, \Gamma \vdash \Delta \rightarrow A \vee B, \Gamma$ *HD2:* $\Delta \rightarrow \sim A, \Gamma; \Delta \rightarrow \sim B, \Gamma \vdash \Delta \rightarrow \sim A \vee B, \Gamma$

VD1: $\Delta, A \rightarrow \Gamma; \Delta, B \rightarrow \Gamma \vdash \Delta, A \vee B \rightarrow \Gamma$ *VD2:* $\Delta, \sim A, \sim B \rightarrow \Gamma \vdash \Delta, \sim A \vee B \rightarrow \Gamma$.

[1] Würde man SQ mit mehreren HF so deuten, daß gilt $\vdash \Delta \rightarrow S_1, \ldots, S_n$ genau dann, wenn $\vdash \Delta \rightarrow S_i$ für mindestens ein i ($1 \leq i \leq n$), so würde VK2 nicht mehr gelten. Denn damit erhält man $\vdash \sim A \wedge B \rightarrow \sim A, \sim B$; es gilt aber nicht generell $\vdash \sim A \wedge B \rightarrow \sim A$ oder $\vdash \sim A \wedge B \rightarrow \sim B$.

Wir schreiben Beweise in Baumform, so daß die Prämissen einer Regelanwendung direkt über ihrer Konklusion stehen. Ein *Ast* eines Beweises $\mathfrak{B}$ ist eine Folge $\Sigma_1,\ldots,\Sigma_n$ von SQ aus $\mathfrak{B}$, so daß über der SQ Σ_1 und unter Σ_n in $\mathfrak{B}$ keine andere SQ steht und daß Σ_{i+1} in $\mathfrak{B}$ direkt unter Σ_i steht ($1 \leq i < n$). Anwendungen der *Strukturregeln* VT, HT, VK und HK geben wir im folgenden meist nicht explizit an.

Setzen wir $\overline{\Gamma} = \Gamma$, falls Γ keine Formel enthält, und $\overline{\Gamma} = \overline{S}_1 \vee \ldots \vee \overline{S}_n$ für $\Gamma = S_1,\ldots,S_n$, so gilt nun

T1.4–2: Die SQ $\Delta \rightarrow \Gamma$ ist in **MA2K** genau dann beweisbar, wenn die SQ $\Delta \rightarrow \overline{\Gamma}$ in **MA1K** beweisbar ist.

Für leeres **K** folgt daraus die Äquivalenz von **MA1** und **MA2** im angegebenen Sinn.

Beweis:

a) Ist $\Delta \rightarrow \Gamma$ in **MA2K** beweisbar, so $\Delta \rightarrow \overline{\Gamma}$ in **MA1K.** Es sei l die Länge des Beweises $\mathfrak{B}$ (d. h. die maximale Anzahl von SQ in einem Ast von $\mathfrak{B}$) von $\Delta \rightarrow \Gamma$ in **MA2K.** Ist $l = 1$, so ist $\Delta \rightarrow \Gamma$ Axiom von **MA2K.** Die Axiome von **MA2K** sind aber auch solche von **MA1K.** Es sei die Behauptung bereits bewiesen für alle $l \leq m$ und es sei nun $l = m+1$: Gilt die Behauptung für die Prämisse(n) einer Regel, so auch für die Konklusion: Das ist trivial für alle V_2-Regeln. (Zur Unterscheidung versehen wir die Bezeichnungen für die Regeln von **MA1** mit dem Index 1, die für die Regeln von **MA2** mit dem Index 2.) Für die übrigen Regeln finden wir, wobei wir immer T1.3–1 und T1.3–2 verwenden:

HT_2: Die Behauptung gilt nach T2.
HK_2: Nach T3.
HV_2: $\Delta \rightarrow \overline{\Gamma} \vdash \Delta \rightarrow \overline{\Gamma} \vee \overline{S}$ nach $HD1_1$. Ist Γ leer, so gilt $\Delta \rightarrow \ \vdash \Delta \rightarrow S$ nach HV_1.
TR_2: Aus $\Delta, S \rightarrow \overline{\Gamma}$ folgt in **MA1K** $\Delta, \overline{S} \rightarrow \overline{\Gamma}$, mit T4 also $\Delta, \overline{S} \vee \overline{\Gamma} \rightarrow \overline{\Gamma} \vee \overline{\Gamma}$, mit T3 also $\Delta, \overline{S} \vee \overline{\Gamma} \rightarrow \overline{\Gamma}$; mit $\Delta \rightarrow \overline{S} \vee \overline{\Gamma}$ und TR_1 erhalten wir also $\Delta \rightarrow \overline{\Gamma}$.
$HN1_2$: $\Delta \rightarrow \neg A \vee \overline{\Gamma} \vdash \Delta \rightarrow \neg A \vee \overline{\Gamma}$ gilt trivialerweise.
$HN2_2$: Gilt $\Delta \rightarrow A \vee \overline{\Gamma}$, so wegen $A \leftrightarrow \neg\neg A$ auch $\Delta \rightarrow \neg\neg A \vee \overline{\Gamma}$.
$HK1_2$: Aus $\Delta \rightarrow A \vee \overline{\Gamma}$ und $\Delta \rightarrow B \vee \overline{\Gamma}$ folgt nach T5 $\Delta \rightarrow A \wedge B \vee \overline{\Gamma}$.
$HK2_2$: Aus $\Delta \rightarrow \neg A \vee \neg B \vee \overline{\Gamma}$ folgt nach T6 $\Delta \rightarrow \neg(A \wedge B) \vee \overline{\Gamma}$.

b) Ist $\Delta \rightarrow \overline{\Gamma}$ in **MA1K** beweisbar, so auch in **MA2K,** denn alle Axiome und Regeln von **MA1K** sind Axiome und Regeln von **MA2K,** mit Ausnahme von $HK2_1$; das erhält man aber in **MA2K** mit HV_2 und $HK2_2$. Ist aber $\Delta \rightarrow \overline{\Gamma}$ in **MA2K** beweisbar, so auch $\Delta \rightarrow \Gamma$, denn wegen $\vdash A \vee B \rightarrow A, B$ – das erhält man aus $A \rightarrow A, B$ und $B \rightarrow A, B$ mit $VD1_2$ – gilt $\Delta \rightarrow \overline{S_1} \vee \ldots \vee \overline{S_n} \vdash \Delta \rightarrow \overline{S_1},\ldots,\overline{S_n}$, und wegen $\sim A \leftrightarrow \neg A$ gilt $\Delta \rightarrow \overline{S_1},\ldots,\overline{S_n} \vdash \Delta \rightarrow S_1,\ldots,S_n$.

Wir beweisen nun das *Eliminationstheorem für* **MA2**. Obwohl der Beweis gegenüber den bekannten Beweisen der Eliminationstheoreme für normale Sequenzkalküle keinen wesentlichen neuen Gedanken enthält, führen wir ihn hier in aller Ausführlichkeit, da später häufig auf ihn Bezug genommen wird.

T1.4–3: Jede in **MA2** beweisbare SQ ist ohne Anwendungen von TR beweisbar.

Beweis: TR ist äquivalent mit der „Mischregel":
TR+ : $\Delta \rightarrow \Gamma(S); \Delta'(S) \rightarrow \Gamma' \vdash \Delta, \Delta'_S \rightarrow \Gamma_S, \Gamma'$.

Dabei sei Γ(S) eine Formelreihe, die S (ein- oder mehrfach) enthält, und Γ_S sei die aus $\Gamma = \Gamma(S)$ durch Streichung aller Vorkommnisse von S entstehende Formelreihe.

TR+ erhält man mit TR so:

$$\dfrac{\begin{array}{ll} \Delta \rightarrow \Gamma(S) & \Delta'(S) \rightarrow \Gamma' \\ \Delta \rightarrow S, \Gamma_S & \Delta'_S, S \rightarrow \Gamma' \\ \Delta, \Delta'_S \rightarrow S, \Gamma_S, \Gamma' & \Delta, \Delta'_S, S \rightarrow \Gamma_S, \Gamma' \end{array}}{\Delta, \Delta'_S \rightarrow \Gamma_S, \Gamma'}\ \text{TR} \qquad \begin{array}{l} \\ \text{VK, HK} \\ \text{VV, HV} \end{array}$$

Und TR erhält man mit TR+ so:

$$\dfrac{\Delta \rightarrow S, \Gamma; \Delta, S \rightarrow \Gamma}{\Delta, \Delta_S \rightarrow \Gamma_S, \Gamma}\ \text{TR+}$$
$$\Delta \rightarrow \Gamma \qquad \text{VK, HK.}$$

Es wird nun die Eliminierbarkeit von TR+ bewiesen. Wir zeigen, daß der jeweils oberste Schnitt – wir bezeichnen auch Anwendungen von TR+ als „Schnitte" – in einem Beweis eliminierbar ist. Das wird durch Induktion nach dem Grad der Schnittformel (kurz SF) S und – in Basis wie Induktionsschritt – einer Induktion nach dem *Rang* $r = r_1 + r_2$ des Schnittes gezeigt. r_1, der linke Rang, ist die maximale Zahl aufeinander folgender SQ, die im Beweis über der linken Prämisse $\Sigma_1 = \Delta \rightarrow \Gamma(S)$ des Schnittes stehen, oder mit Σ_1 identisch sind, und die alle die SF S als HF enthalten. Analog wird der rechte Rang r_2 für $\Sigma_2 = \Delta'(S) \rightarrow \Gamma'$ bestimmt. Σ_3 sei die Konklusion $\Delta, \Delta'_S \rightarrow \Gamma_S, \Gamma'$ des Schnitts.

Wir beweisen die Behauptung unter den einzelnen Fällen gleich möglichst allgemein, um Wiederholungen zu vermeiden. $\mathfrak{B}$ sei der ursprüngliche Beweis von Σ_3, $\mathfrak{B}'$ der modifizierte.

1. *g = 0, r = 2*

Hier wird in jedem Fall der Schnitt direkt eliminiert.

a) *Δ enthält S* (für beliebige r, g):

Das ist speziell der Fall, wenn Σ_1 Axiom nach RF ist:

$$\frac{\Delta(S)\rightarrow\Gamma(S);\ \Delta'(S)\rightarrow\Gamma'}{\Delta(S),\ \Delta'_S\rightarrow\Gamma_S,\ \Gamma'} \Rightarrow \begin{array}{ll} \Delta'(S)\rightarrow\Gamma' & \\ \Delta(S),\ \Delta'(S)\rightarrow\Gamma_S,\ \Gamma' & \text{VV, VT, HV, HT} \\ \Delta(S),\ \Delta'_S\rightarrow\Gamma_S,\ \Gamma' & \text{VK, VT} \end{array}$$

Die für $\mathfrak{B}'$ angegebenen Regeln sind dabei ggf. anzuwenden und ggf. auch *mehrfach* anzuwenden. Das gilt auch für alle folgenden Fälle.

b) *Γ' enthält S* (für beliebige r, g):

Auch das gilt speziell, wenn Σ_2 Axiom nach RF ist.

$$\frac{\Delta\rightarrow\Gamma(S);\ \Delta'(S)\rightarrow\Gamma'(S)}{\Delta,\ \Delta'_S\rightarrow\Gamma_S,\ \Gamma'(S)} \Rightarrow \begin{array}{ll} \Delta\rightarrow\Gamma(S) & \\ \Delta,\ \Delta'_S\rightarrow\Gamma(S),\ \Gamma'(S) & \text{VV, HV, VT, HT} \\ \Delta,\ \Delta'_S\rightarrow\Gamma_S,\ \Gamma'(S) & \text{HK, HT} \end{array}$$

c) *Σ_1 entsteht durch HV mit S* (für beliebige r_2, g):

$$\frac{\begin{array}{c}\Delta\rightarrow\Gamma\\ \Delta\rightarrow S,\ \Gamma;\ \Delta'(S)\rightarrow\Gamma'\end{array}}{\Delta,\ \Delta'_S\rightarrow\Gamma,\ \Gamma'} \Rightarrow \begin{array}{ll} \Delta\rightarrow\Gamma & \\ \Delta,\ \Delta'_S\rightarrow\Gamma,\ \Gamma' & \text{VV, HV, VT, HT} \end{array}$$

(Für $r_1>1$ wird dieser Fall unter (2a2γ) behandelt.)

d) *Σ_2 entsteht durch VV mit S* (für beliebige r_1, g):

$$\frac{\begin{array}{c}\Delta'\rightarrow\Gamma'\\ \Delta\rightarrow\Gamma(S);\ \Delta',\ S\rightarrow\Gamma'\end{array}}{\Delta,\ \Delta'\rightarrow\Gamma_S,\ \Gamma'} \Rightarrow \begin{array}{ll} \Delta'\rightarrow\Gamma' & \\ \Delta,\ \Delta'\rightarrow\Gamma_S,\ \Gamma' & \text{VV, HV, VT, HT} \end{array}$$

(Für $r_2>1$ wird dieser Fall unter (2b2γ) behandelt.)

Andere Fälle können für $g=0$, $r=2$ nicht vorkommen: Σ_1 und Σ_2 müssen hier entweder Axiome sein – Σ_1 kann nur Axiom nach RF sein, so daß dann immer (a) vorliegt – oder (bei $r_1=1$, bzw. $r_2=1$) durch HV bzw. VV mit S entstehen (c, d).

Im folgenden setzen wir immer voraus, daß kein Fall vorliegt, der unter (1) behandelt wurde.

2. *$g=0$, $r>2$*

a) $r_1>1$ (für beliebige r_2, g)

a1) *Durch die Regel R, die zu Σ_1 führt, wird kein neues Vorkommnis von S eingeführt:*

α) *R hat zwei Prämissen, die beide S als HF enthalten.*

$$\frac{R\,\dfrac{\Delta''\rightarrow\Gamma''(S);\ \Delta'''\rightarrow\Gamma'''(S)}{\Delta\rightarrow\Gamma(S);\ \Delta'(S)\rightarrow\Gamma'}}{\Delta,\ \Delta'_S\rightarrow\Gamma_S,\ \Gamma'}$$

$$\Rightarrow R\ \frac{\dfrac{\Delta''\rightarrow\Gamma''(S);\ \Delta'(S)\rightarrow\Gamma'}{\Delta'',\Delta'_S\rightarrow\Gamma''_S,\Gamma'}\qquad\dfrac{\Delta'''\rightarrow\Gamma'''(S);\ \Delta'(S)\rightarrow\Gamma}{\Delta''',\Delta'_S\rightarrow\Gamma''_S,\Gamma'}}{\Delta,\Delta'_S\rightarrow\Gamma_S,\Gamma'}$$

Vor die Anwendung von R sind in $\mathfrak{B}'$ evtl. Anwendungen von VT, HT einzuschieben. Ist ein Vorkommnis von S als HF NBF bei R, so ist es in $\mathfrak{B}'$ durch HV vor der Anwendung von R wieder einzuführen. Bei den neuen Schnitten ist r um eins niedriger als beim ursprünglichen. Daher sind beide nach Induktionsvoraussetzung (kurz I. V.) eliminierbar.

β) *R hat 2 Prämissen, von denen nur eine S als HF enthält.*

Dieser Fall kann nicht auftreten, da sich die Prämissen von R (das als 2-Prämissen-Regel immer eine logische Regel ist) nur in den NBF unterscheiden dürfen. Es müßte also Γ'' bzw. Γ''' nur Vorkommnisse von S enthalten, die NBF von R sind. Dann würde aber S durch R eliminiert, da HPF immer von ihren NBF verschieden sind.

γ) *R hat eine Prämisse:*

$$R\ \frac{\dfrac{\Delta''\rightarrow\Gamma''(S)}{\Delta\rightarrow\Gamma(S);\ \Delta'(S)\rightarrow\Gamma'}}{\Delta,\Delta'_S\rightarrow\Gamma_S,\Gamma'}\quad\Rightarrow\quad\frac{\dfrac{\Delta''\rightarrow\Gamma''(S);\ \Delta'(S)\rightarrow\Gamma'}{\Delta'',\Delta'_S\rightarrow\Gamma''_S,\Gamma'}}{\Delta,\Delta'_S\rightarrow\Gamma_S,\Gamma'}\ R$$

Vor die Anwendung von R in $\mathfrak{B}'$ sind evtl. wieder Anwendungen von VT, HT einzuschieben. Ist ein Vorkommnis von S als HF NBF bei R, so ist es in $\mathfrak{B}'$ vor der R-Anwendung durch HV wieder einzuführen. Ist R die Regel HK mit S, so entfällt diese Regelanwendung in $\mathfrak{B}'$. Ebenso, wo R die Regel HT mit einem S ist. Bei dem neuen Schnitt ist wieder r um eins kleiner als im ursprünglichen.

a2) *Durch die Regel R, die zu Σ_1 führt, wird ein neues Vorkommnis von S eingeführt:*

α) *R hat zwei Prämissen, die beide S als HF enthalten.*

$$R\ \frac{\dfrac{\Delta''\rightarrow\Gamma''(S);\ \Delta'''\rightarrow\Gamma'''(S)}{\Delta\rightarrow S,\Gamma(S);\ \Delta'(S)\rightarrow\Gamma'}}{\Delta,\Delta'_S\rightarrow\Gamma_S,\Gamma'}$$

$$\Rightarrow R\ \dfrac{\dfrac{\Delta''\rightarrow\Gamma''(S);\ \Delta'(S)\rightarrow\Gamma'}{\Delta'',\Delta'_S\rightarrow\Gamma''_S,\Gamma'}\qquad\dfrac{\Delta'''\rightarrow\Gamma'''(S);\ \Delta'(S)\rightarrow\Gamma'}{\Delta''',\Delta'_S\rightarrow\Gamma'''_S,\Gamma'}}{\dfrac{\Delta,\Delta'_S\rightarrow S,\Gamma_S,\Gamma';\ \Delta'(S)\rightarrow\Gamma'}{\begin{array}{c}\Delta,\Delta'_S,\Delta'_S\rightarrow\Gamma_S,\Gamma'_S,\Gamma'\\ \Delta,\Delta'_S\rightarrow\Gamma_S,\Gamma'\end{array}}}\qquad \text{VK, HK, VT, HT}$$

Vor die Anwendung von R sind in $\mathfrak{B}'$ evtl. Anwendungen von VT, HT einzuschieben. Hier kann kein Vorkommnis von S in Γ'' oder Γ''' NBF von S sein (S ist HPF von R).

Bei den oberen Schnitten in $\mathfrak{B}'$ ist r um 1 kleiner als in $\mathfrak{B}$. Daher sind diese Schnitte nach I. V. eliminierbar. Für den unteren Schnitt gilt dann (er enthält nach Elimination der oberen Schnitte nun keinen Schnitt mehr über sich): r_2 ist ebenso wie in $\mathfrak{B}$, r_1 ist aber 1, so daß der Schnitt ebenfalls nach I. V. eliminierbar ist. Hier ist nun wichtig, daß S nicht in Γ' vorkommt. Denn sonst wäre r_1 für diesen letzten Schnitt nicht 1, sondern könnte größer sein als im ursprünglichen Schnitt. Enthält Γ' S, so ist der Schnitt also nach (1, b) zu eliminieren.

β) *R hat zwei Prämissen, von denen nur eine S als HF enthält.*

Dieser Fall kann nicht vorkommen. Denn dann müßten nach der Überlegung zu (a1, β) diese Vorkommnisse von S NBF von R sein, und S würde dann in Σ_1 nicht mehr auftreten, da die NBF von der HPF verschieden ist.

γ) *R hat eine Prämisse*

$$\dfrac{R\ \dfrac{\Delta''\rightarrow\Gamma''(S)}{\Delta\rightarrow S,\Gamma(S)};\ \Delta'(S)\rightarrow\Gamma'}{\Delta,\Delta'_S\rightarrow\Gamma_S,\Gamma'} \quad\Rightarrow\quad \dfrac{R\ \dfrac{\dfrac{\Delta''\rightarrow\Gamma''(S);\ \Delta'(S)\rightarrow\Gamma'}{\Delta'',\Delta'_S\rightarrow\Gamma''_S,\Gamma'}}{\Delta,\Delta'_S\rightarrow S,\Gamma_S,\Gamma'};\ \Delta'(S)\rightarrow\Gamma'}{\dfrac{\Delta,\Delta'_S,\Delta'_S\rightarrow\Gamma_S,\Gamma'_S,\Gamma'}{\Delta,\Delta'_S\rightarrow\Gamma_S,\Gamma'\quad \text{VK, HK, VT, HT}}}$$

Vor die Anwendungen von R in $\mathfrak{B}'$ sind evtl. Anwendungen von VT, HT einzuschieben. S kann nicht NBF von R sein, da S HPF von R ist. Ist R HV mit S, so entfällt die Anwendung von R in $\mathfrak{B}'$. Beim 1. Schnitt in $\mathfrak{B}'$ ist r um 1 kleiner als im ursprünglichen. Dieser Schnitt ist also nach I. V. eliminierbar. Für den 2. Schnitt ist r_2 unverändert, r_1 aber ist 1, so daß der Schnitt ebenfalls nach I. V. eliminierbar ist. Hier ist wieder wichtig, daß Γ' S nicht enthält, sonst wäre r_1 nicht 1, sondern könnte höher sein als in $\mathfrak{B}$. Enthält Γ' S so ist also der Schnitt nach (1, b) zu eliminieren.

b) $r_2 > 1$ (für beliebige r_1, g)

Die Überlegungen hierzu entsprechen genau jenen zu (a). Wir wiederholen sie hier trotzdem, um spätere Verweise zu erleichtern.

b1) *Durch die Regel R, die zu Σ_2 führt, wird kein neues Vorkommnis von S eingeführt:*

α) *R hat zwei Prämissen, die beide S als VF enthalten.*

$$\dfrac{\Delta\rightarrow\Gamma(S);\ \dfrac{\Delta''(S)\rightarrow\Gamma'';\ \Delta'''(S)\rightarrow\Gamma'''}{\Delta'(S)\rightarrow\Gamma'}\ R}{\Delta,\Delta'_S\rightarrow\Gamma_S,\Gamma'}$$

$$\Rightarrow \frac{\dfrac{\Delta\to\Gamma(S);\ \Delta''(S)\to\Gamma''}{\Delta,\Delta''_S\to\Gamma_S,\Gamma''} \qquad \dfrac{\Delta\to\Gamma(S);\ \Delta'''(S)\to\Gamma'''}{\Delta,\Delta'''_S\to\Gamma_S,\Gamma'''}}{\Delta,\Delta'_S\to\Gamma_S,\Gamma'}\ R$$

Vor die Anwendung von R in $\mathfrak{B}'$ sind ggf. Anwendungen von VT, HT einzuschieben. Ist ein Vorkommnis von S als VF NBF bei R, so ist es in $\mathfrak{B}'$ durch VV vor der Anwendung von R wieder einzuführen. Bei den neuen Schnitten ist r um 1 niedriger als im ursprünglichen. Sie können also nach I. V. eliminiert werden.

β) *R hat 2 Prämissen, von denen nur eine S als VF enthält.*

Dieser Fall kann aus den in (a1, β) genannten Gründen nicht auftreten.

γ) *R hat 1 Prämisse*

$$\frac{\Delta\to\Gamma(S);\ \dfrac{\Delta''(S)\to\Gamma''}{\Delta'(S)\to\Gamma'}}{\Delta,\Delta'_S\to\Gamma_S,\Gamma'} \Rightarrow \frac{\dfrac{\Delta\to\Gamma(S);\ \Delta''(S)\to\Gamma''}{\Delta,\Delta''_S\to\Gamma_S,\Gamma''}}{\Delta,\Delta'_S\to\Gamma_S,\Gamma'}\ R$$

Vor die Anwendung von R in $\mathfrak{B}'$ sind evtl. Anwendungen von VT und HT einzuschieben. Ist ein Vorkommnis von S als VF NBF von R, so ist es in $\mathfrak{B}'$ vor R mit VV wieder einzuführen. Ist R VK mit S, so entfällt R in $\mathfrak{B}'$. Ebenso wo R VT mit einem S ist.

Beim neuen Schnitt ist wieder r um 1 kleiner als im ursprünglichen. Der Schnitt ist also nach I. V. eliminierbar.

b2) *Durch die Regel R, die zu Σ_2 führt, wird ein neues Vorkommnis von S eingeführt:*

α) *R hat 2 Prämissen, die beide S als VF enthalten:*

$$\frac{\Delta\to\Gamma(S);\ \dfrac{\Delta''(S)\to\Gamma'';\ \Delta'''(S)\to\Gamma'''}{\Delta'(S),S\to\Gamma'}}{\Delta,\Delta'_S\to\Gamma_S,\Gamma'}$$

$$\Rightarrow \frac{\dfrac{\Delta\to\Gamma(S);\ \Delta''(S)\to\Gamma''}{\Delta,\Delta''_S\to\Gamma_S,\Gamma''} \qquad \dfrac{\Delta\to\Gamma(S);\ \Delta'''(S)\to\Gamma'''}{\Delta,\Delta'''_S\to\Gamma_S,\Gamma'''}}{\dfrac{\Delta\to\Gamma(S);\ \Delta,\Delta'_S,S\to\Gamma_S,\Gamma'}{\Delta,\Delta_S,\Delta'_S\to\Gamma_S,\Gamma_S,\Gamma'}}\ R$$

$$\Delta,\Delta'_S\to\Gamma_S,\Gamma' \qquad \text{VK, HK, VT, HT}$$

Vor die Anwendung von R in $\mathfrak{B}$ sind evtl. Anwendungen von VT, HT einzuschieben. Kein Vorkommnis von S in Δ'', Δ''' kann NBF von R sein, da S HPF von R ist. Bei den beiden oberen Schnitten in $\mathfrak{B}'$ ist r kleiner als in $\mathfrak{B}$. Daher sind diese Schnitte nach I.V. eliminierbar. Für den unteren Schnitt ist r_1 wie in $\mathfrak{B}$, r_2 aber ist 1. Dabei ist es wichtig, daß S nicht in Δ vorkommt, denn sonst wäre r_2 nicht 1, sondern könnte größer als in $\mathfrak{B}$ sein. Enthält also Δ S, so ist der Schnitt nach (1, a) zu eliminieren. S kann nicht NBF von R sein, da es HPF von R ist.

β) *R hat 2 Prämissen, von denen nur eine S als VF enthält:*

Dieser Fall kann aus den in (a2, β) genannten Gründen nicht auftreten.

γ) *R hat 1 Prämisse:*

$$\frac{\Delta \to \Gamma(S);\ \dfrac{\Delta''(S) \to \Gamma''}{\Delta'(S), S \to \Gamma'}}{\Delta, \Delta'_S \to \Gamma_S, \Gamma'} \Rightarrow \frac{\dfrac{\dfrac{\Delta \to \Gamma(S);\ \Delta''(S) \to \Gamma''}{\Delta, \Delta''_S \to \Gamma_S, \Gamma''}}{\Delta \to \Gamma(S);\ \Delta, \Delta'_S, S \to \Gamma_S, \Gamma'}}{\begin{array}{c}\Delta, \Delta_S, \Delta'_S \to \Gamma_S, \Gamma_S, \Gamma' \\ \Delta, \Delta'_S \to \Gamma_S, \Gamma'\end{array}} \quad \text{VK, HK, VT, HT}$$

Vor die Anwendung von R in $\mathfrak{B}'$ sind evtl. Anwendungen von VT, HT einzuschieben. S kann nicht NBF von R sein, da S HPF von R ist. Ist R VV mit S, so entfällt die Anwendung von R in $\mathfrak{B}'$. Beim 1. Schnitt in $\mathfrak{B}'$ ist r kleiner als in $\mathfrak{B}$. Dieser Schnitt ist also nach I.V. eliminierbar. Beim 2. Schnitt ist r_1 unverändert gegenüber $\mathfrak{B}$, r_2 aber ist 1, so daß dieser Schnitt ebenfalls nach I.V. eliminierbar ist. Hier ist wieder wichtig, daß Δ S nicht enthält; sonst wäre r_2 nicht 1, sondern könnte größer sein als in $\mathfrak{B}$. Enthält Δ S, so ist der Schnitt nach (1a) zu eliminieren.

3. *$g > 0$, $r = 2$*

Die Behauptung sei bereits für alle Schnitte mit $g \leq m$ und beliebige r bewiesen, und es sei nun $g = m + 1$. Im Blick auf die schon unter (1) behandelten Fälle, sind hier nur mehr folgende zu betrachten:

a) *Σ_1 und Σ_2 entstehen durch logische Regeln mit S als HPF:*

α) *S hat die Gestalt $\neg A$*

$$\frac{\begin{array}{c}\Delta \to \sim A, \Gamma \quad \Delta', \sim A \to \Gamma' \\ \Delta \to \neg A, \Gamma;\ \Delta', \neg A \to \Gamma'\end{array}}{\Delta, \Delta' \to \Gamma, \Gamma'} \Rightarrow \frac{\Delta \to \sim A, \Gamma;\ \Delta', \sim A \to \Gamma'}{\begin{array}{c}\Delta, \Delta'_{\sim A} \to \Gamma_{\sim A}, \Gamma' \\ \Delta, \Delta' \to \Gamma, \Gamma'\end{array}} \quad \text{VV, HV, VT, HT}$$

Hier ist in $\mathfrak{B}'$ $g \leq m$, so daß sich der Schnitt nach I.V. eliminieren läßt. Enthält Δ oder Γ' S, so läßt sich der Schnitt auch nach (1a, b) eliminieren. Wegen $r = 2$ enthalten Γ und Δ' S nicht. Analoges gilt in den folgenden Fällen unter (3).

β) *S hat die Gestalt $\sim \neg A$*

$$\frac{\begin{array}{c}\Delta \to A, \Gamma \quad \Delta', A \to \Gamma' \\ \Delta \to \sim \neg A, \Gamma;\ \Delta', \sim \neg A \to \Gamma'\end{array}}{\Delta, \Delta' \to \Gamma, \Gamma'} \Rightarrow \frac{\Delta \to A, \Gamma;\ \Delta', A \to \Gamma'}{\begin{array}{c}\Delta, \Delta'_A \to \Gamma_A, \Gamma' \\ \Delta, \Delta' \to \Gamma, \Gamma'\end{array}} \quad \text{VV, HV, VT, HT}$$

γ) *S hat die Gestalt $A \wedge B$*

$$\dfrac{\dfrac{\Delta \to A, \Gamma;\ \Delta \to B, \Gamma}{\Delta \to A \wedge B, \Gamma;}\quad \dfrac{\Delta', A, B \to \Gamma'}{\Delta', A \wedge B \to \Gamma'}}{\Delta, \Delta' \to \Gamma, \Gamma'} \Rightarrow \dfrac{\dfrac{\Delta \to A, \Gamma;\ \Delta', A, B \to \Gamma'}{\Delta \to B, \Gamma;\ \Delta, \Delta'_A, B \to \Gamma_A, \Gamma'}}{\begin{array}{c}\Delta, \Delta_B, \Delta'_{A,\,B} \to \Gamma_B, \Gamma_A, \Gamma' \\ \Delta, \Delta' \to \Gamma, \Gamma'\end{array}} \quad \begin{array}{r}\text{VK, VV, VT} \\ \text{HK, HV, HT}\end{array}$$

Bei beiden Schnitten in $\mathfrak{B}'$ ist $g \leq m$; sie sind also nach I.V. eliminierbar.

δ) *S hat die Gestalt $\sim A \wedge B$*

$$\dfrac{\dfrac{\Delta \to\ \sim A, \sim B, \Gamma}{\Delta \to\ \sim A \wedge B, \Gamma;} \qquad \dfrac{\Delta', \sim A \to \Gamma';\ \Delta', \sim B \to \Gamma'}{\Delta', \sim A \wedge B \to \Gamma'}}{\Delta, \Delta' \to \Gamma, \Gamma'}$$

$$\Rightarrow \dfrac{\dfrac{\Delta \to\ \sim A, \sim B, \Gamma;\ \Delta', \sim A \to \Gamma'}{\Delta, \Delta'_{\sim A} \to\ \sim B, \Gamma_{\sim A}, \Gamma';\ \Delta', \sim B \to \Gamma'}}{\begin{array}{c}\Delta, \Delta'_{\sim A}, \Delta'_{\sim B} \to \Gamma_{\sim A, \sim B}, \Gamma'_{\sim B}, \Gamma' \\ \Delta, \Delta' \to \Gamma, \Gamma'\end{array}} \quad \text{VK, VV, VT, HK, HV, HT}$$

Bei beiden Schnitten ist wieder $g \leq m$.

b) *Σ_1 entsteht durch Anwendung einer logischen Regel mit S als HPF, Σ_2 ist Axiom nach WS:*

α) *S hat die Gestalt $\neg A$*

$$\dfrac{\dfrac{\Delta \to\ \sim A, \Gamma}{\Delta \to \neg A, \Gamma;}\ \neg A, \sim \neg A \to}{\Delta, \sim \neg A \to \Gamma} \Rightarrow \dfrac{\Delta \to\ \sim A, \Gamma;\ A, \sim A \to}{\begin{array}{c}\Delta, A \to \Gamma_{\sim A} \\ \Delta, A \to \Gamma \\ \Delta, \sim \neg A \to \Gamma\end{array}} \quad \text{HV, HT}$$

β) *S hat die Gestalt $\sim \neg A$*

$$\dfrac{\dfrac{\Delta \to A, \Gamma}{\Delta \to\ \sim \neg A, \Gamma;}\ \neg A, \sim \neg A \to}{\Delta, \neg A \to \Gamma} \Rightarrow \dfrac{\Delta \to A, \Gamma;\ A, \sim A \to}{\begin{array}{c}\Delta, \sim A \to \Gamma_A \\ \Delta, \sim A \to \Gamma \\ \Delta, \neg A \to \Gamma\end{array}} \quad \text{HV, HT}$$

γ) *S hat die Gestalt $A \wedge B$*

$$\dfrac{\dfrac{\Delta \to A, \Gamma; \Delta \to B, \Gamma}{\Delta \to A \wedge B, \Gamma;}\ A \wedge B, \sim A \wedge B \to}{\Delta, \sim A \wedge B \to \Gamma} \Rightarrow \dfrac{\dfrac{\Delta \to A, \Gamma; A, \sim A \to}{\begin{array}{c}\Delta, \sim A \to \Gamma_A \\ \Delta, \sim A \to \Gamma\end{array}} \quad \dfrac{\Delta \to B, \Gamma; B, \sim B \to}{\begin{array}{c}\Delta, \sim B \to \Gamma_B \\ \Delta, \sim B \to \Gamma\end{array}} \text{ HV, HT}}{\Delta, \sim A \wedge B \to \Gamma}$$

δ) *S hat die Gestalt* $\sim A \wedge B$

$$\frac{\Delta \rightarrow\ \sim A, \sim B, \Gamma \qquad \Delta \rightarrow\ \sim A \wedge B, \Gamma; A \wedge B, \sim A \wedge B \rightarrow}{\Delta, A \wedge B \rightarrow \Gamma} \Rightarrow \frac{\dfrac{\Delta \rightarrow\ \sim A, \sim B, \Gamma; A, \sim A \rightarrow}{\Delta, A \rightarrow\ \sim B, \Gamma_{\sim A}; B, \sim B \rightarrow}}{\Delta, A, B \rightarrow \Gamma_{\sim A, \sim B}}$$

$$\Delta, A, B \rightarrow \Gamma \qquad \text{HV, HT}$$

$$\Delta, A \wedge B \rightarrow \Gamma$$

4. *g> 0, r> 2*

Wir haben die Fälle unter (2) schon für g > 0 bewiesen.

Damit ist gezeigt: Die obersten Anwendungen von TR+ in einem Beweis sind eliminierbar. Also sind alle TR+-Anwendungen eliminierbar, und daher auch alle TR-Anwendungen.

Aus dem Eliminationstheorem ergibt sich das folgende *Teilformeltheorem:*

T1.4-4: Zu jeder in **MA2** beweisbaren SQ Σ gibt es einen Beweis von Σ, dessen SQ nur Formeln enthalten, deren Satzkomponenten Teilsätze der Satzkomponenten der Formeln in Σ sind.

Beweis: Ist Σ in **MA2** beweisbar, so gibt es nach T1.4-2 einen schnittfreien Beweis 𝔅 für Σ. Da nur durch Anwendungen der Regel TR FV eliminiert werden, kommt also in 𝔅 keine Formel vor, deren Satzkomponente nicht Teilsatz der Satzkomponente einer Formel in Σ wäre.

Für die angewandten Kalküle **MA2K** gilt nun das Eliminationstheorem nicht mehr, denn aus einem Spezialaxiom → S (S ist Element von **K**) folgt z. B. mit WS und TR ∼S→, aber das erhält man nicht ohne TR, und aus Spezialaxiomen → A und → ∼A erhält man → mit WS und TR, aber nicht ohne TR. Wir können aber von einer (entscheidbaren) Menge **K** von atomaren SQ – SQ also, die nur Atomformeln enthalten – zur Obermenge **K**+ solcher SQ übergehen, die auch alle atomaren SQ nach RF und WS enthält und bzgl. Anwendungen der formalen Regeln von **MA2** geschlossen ist. (Man kann **K**+ als „atomare Konsequenzmenge von **K** bezeichnen.) **MA2K**+ ist dann mit **MA2K** äquivalent, und es gilt:

T1.4-5: In jedem Kalkül **MA2K**+ ist TR eliminierbar.

Daraus folgt:

T1.4-6: Zu jeder in **MA2K**+ beweisbaren SQ Σ gibt es einen Beweis, dessen SQ nur Formeln enthalten, deren Satzkomponenten Teilsätze der Satzkomponenten der Formeln in Σ sind.

Der Kalkül **MA2** ist nun aus denselben Gründen trivialerweise widerspruchsfrei wie **MA1**. Denn in **MA2** sind keine SQ ohne VF beweisbar.

Es gilt aber auch:

T1.4-7: Ist **K**+ widerspruchsfrei (d.h. enthält **K**+ nicht die SQ→), so auch **MA2K**+.

Beweis: Die SQ → ist kein Axiom, wenn **K**+ widerspruchsfrei ist, und → ist auch nur mögliche Konklusion der Regel TR. Nach T1.4-5 ist aber die SQ → nur dann beweisbar, wenn sie ohne TR beweisbar ist, was nicht der Fall ist.

1.5 Die Entscheidbarkeit der minimalen Aussagenlogik

Die Menge der in **MA2** beweisbaren SQ ist entscheidbar. Um das zu beweisen, ersetzen wir zunächst den Kalkül **MA2** durch den äquivalenten Kalkül **MA2'**. Er entsteht aus **MA2** durch Streichung von TR und Ersetzung der Axiomenschemata RF und WS durch

RF': Δ, S→ S, Γ
WS': Δ, A, $\sim$A→ Γ,

und der logischen Regeln durch solche, bei denen die HPF auch in den Prämissen steht. Aus VK2 wird also z.B. die Regel:

VK2': $\Delta, \sim A \wedge B, \sim A \rightarrow \Gamma; \Delta, \sim A \wedge B, \sim B \rightarrow \Gamma \vdash \Delta, \sim A \wedge B \rightarrow \Gamma$.

Die Äquivalenz von **MA2** und **MA2'** sieht man leicht ein: Die Axiome von **MA2** sind solche von **MA2'**, und die Axiome von **MA2'** erhält man in **MA2** aus den Axiomen durch Anwendungen von VV und HV. TR ist in **MA2** nach T1.4–3 entbehrlich und die anderen Regeln von **MA2** erhält man in **MA2'** durch Anwendungen von VV bzw. HV, und die Regeln von **MA2'** erhält man in **MA2** durch Anwendungen von VK bzw. HK.

In **MA2'** sind nun auch die Regeln VV, HV, VK und HK eliminierbar. Denn wird in einem Beweis VV so angewendet, daß dabei die Formel S eingeführt wird, so kann man diese Anwendung von VV streichen, wenn man in der Prämisse und allen über ihr stehenden SQ die VF S einsetzt; Axiome nach RF' und WS' bleiben dabei Axiome und die Anwendung der anderen Regeln bleiben korrekt. Es sind nur evtl. Anwendungen von VT einzuschieben, aber Anwendungen von VT und HT wollen wir hier ignorieren, also SQ, die sich nur durch die Reihenfolge ihrer VF und/oder HF unterscheiden, als gleich ansehen. Ebenso verfährt man im Fall von HV. Eine Anwendung von VK in einem Beweis 𝔅 – wir können nun voraussetzen, daß er keine Anwendungen von VV enthält –

$$\frac{\Delta, S, S \rightarrow \Gamma}{\Delta, S \rightarrow \Gamma}$$

kann man dadurch überflüssig machen, daß man in der Prämisse und allen SQ, die darüber stehen, ein Vorkommnis von S als VF streicht. Da kein Vorkommnis von S durch eine Regel in $\mathfrak{B}$ eingeführt worden ist – $\mathfrak{B}$ sollte keine Anwendungen von VV enthalten und die logischen V'-Regeln enthalten die HPF schon in der Prämisse – kommt S in all diesen SQ mindestens zweimal vor. Streicht man ein Vorkommnis von S, so bleiben also die Axiome von $\mathfrak{B}$ Axiome und die Regelanwendungen bleiben korrekt. Ebenso argumentiert man im Fall von HK.

Folgen von SQ, die durch das Zeichen ; getrennt sind, bezeichnen wir im folgenden als *Sequenzen-Sätze* (kurz SS). Als Mitteilungszeichen für SS verwenden wir Θ, Θ', ...

D1.5–1: Eine *Herleitung* aus der SQ Σ ist eine Folge Θ_1, Θ_2, . . . von SS, für die gilt:
a) Θ_1 ist Σ,
b) Θ_{n+1} geht aus Θ_n hervor durch (einmalige) Anwendung einer der Umkehrungen der logischen Regeln von **MA2'** (und beliebig viele Vertauschungen).

Die Bedingung (b) ist dabei so zu verstehen: Ist Σ_i^1 bzw. sind Σ_i^1 und Σ_i^2 die Prämissen einer logischen Regel von **MA2'** mit der Konklusion Σ_i $(1 \leq i \leq m)$, so geht der SS $\Sigma_1;\ldots;\Sigma_{i-1};\Sigma_i^1;\Sigma_{i+1};\ldots;\Sigma_m$ bzw. $\Sigma_i;\ldots$ $\Sigma_{i-1};\Sigma_i^1;\Sigma_i^2;\Sigma_{i+1};\ldots\Sigma_m$ durch einmalige Anwendung dieser Regel aus dem SS $\Sigma_1;\ldots;\Sigma_m$ hervor.

D1.5–2: Eine SQ ist *geschlossen,* wenn sie die Form RF' oder WS' hat (oder daraus mit VT oder HT entsteht). Ein SS ist geschlossen, wenn alle SQ in ihm geschlossen sind. Eine Herleitung ist geschlossen, wenn sie einen geschlossenen SS enthält.

D1.5–3: Eine *reguläre Herleitung* aus Σ ist eine Herleitung $\mathfrak{H} = \Theta_1$, Θ_2,. . . aus Σ, für die gilt:
a) In $\mathfrak{H}$ wird auf keine geschlossene SQ eine Regel angewendet.
b) Die HPF werden in den Konklusionen der umgekehrten Regeln von **MA2'** unterstrichen; auf unterstrichene Formeln werden keine Regeln angewendet.
c) Läßt sich auf eine SQ aus Θ_n nach (a), (b) noch eine Regel anwenden, so enthält $\mathfrak{H}$ ein Glied Θ_{n+1}.

Im Abschnitt 1.7 benötigen wir ferner folgenden Begriff:

D1.5–4: Ein *Faden* einer Herleitung $\mathfrak{H} = \Theta_1$, Θ_2,. . . ist eine Folge $\mathfrak{f} = \Sigma_1, \Sigma_2, \ldots$ von SQ, für die gilt:

a) $\mathfrak{f}$ enthält aus jedem SS Θ_i von $\mathfrak{H}$ genau eine SQ Σ_i.
b) Σ_{i+1} ist mit Σ_i identisch oder entsteht aus Σ_i in $\mathfrak{H}$ durch eine der Umkehrungen der logischen Regeln von **MA2'** (und/oder Vertauschungen).

Es gilt nun:

T1.5–1: Eine SQ Σ ist in **MA2** beweisbar gdw. eine Herleitung aus Σ geschlossen ist.

Beweis: Σ ist in **MA2** genau dann beweisbar, wenn Σ in **MA2'** ohne VV, HV, VK und HK beweisbar ist. Ein solcher Beweis für Σ in **MA2'** läßt sich aber von unten nach oben als geschlossene Herleitung aus Σ lesen, wenn wir zunächst den Beweis in **MA2'** statt als Baum als Folge von SS schreiben, so daß z. B. der Beweis

$$\frac{\genfrac{}{}{0pt}{}{\dfrac{\Sigma_1 \quad \Sigma_2}{\Sigma_3}}{\Sigma_4} \quad \dfrac{\Sigma_5 \quad \Sigma_6}{\Sigma_7}}{\Sigma_8} \qquad \text{in} \qquad \begin{array}{l} \Sigma_1; \Sigma_2; \Sigma_5; \Sigma_6 \\ \Sigma_3; \Sigma_5; \Sigma_6 \\ \Sigma_4; \Sigma_5; \Sigma_6 \\ \Sigma_4; \Sigma_7 \\ \Sigma_8 \end{array}$$

übergeht. Und umgekehrt läßt sich eine geschlossene Herleitung aus Σ als Beweis für Σ in **MA2'** lesen.

T1.5–2: Ist eine Herleitung aus Σ geschlossen, so auch jede reguläre Herleitung aus Σ.

Beweis: Die Restriktion (a) in D1.5–3 schadet offenbar nicht. Das gilt aber auch für (b). Denn gibt es eine geschlossene Herleitung aus Δ, S, S→ Γ bzw. Δ→ S, S, Γ, so auch aus Δ, S→ Γ bzw. Δ→ S, Γ. Das ergibt sich aus T1.5–1 und den Kontraktionsregeln in **MA2**. Eine doppelte Anwendung der Regeln zur Konstruktion von Herleitungen ergibt aber immer nur NBF, die schon in der Prämisse stehen. So erhält man unter Verletzung von (b) z.B. aus $\Delta \rightarrow \underline{A \wedge B}$, A, Γ den SS $\Delta \rightarrow \underline{A \wedge B}$, A, A, Γ; $\Delta \rightarrow \underline{A \wedge B}$, B, A, Γ. Gibt es aber eine geschlossene Herleitung aus diesem SS, so auch aus der ersten.

Endlich kommt es auf die Reihenfolge der Anwendungen der Regeln zur Konstruktion der Herleitungen nicht an. Da die logischen Regeln von **MA2** umkehrbar sind, so daß also die Prämissen genau dann beweisbar sind, wenn die Konklusion beweisbar ist, gibt es nach T1.5–1 immer geschlossene Herleitungen aus ihren Prämissen, wenn es eine geschlossene Herleitung aus der Konklusion gibt.

Jede reguläre Herleitung aus einer SQ ist nun endlich, so daß also die Konstruktion einer beliebigen regulären Herleitung aus Σ darüber entscheidet, ob Σ in **MA2** beweisbar ist: Endet sie mit einem geschlossenen SS, so ist Σ beweisbar, andernfalls nicht.

1.6 Partielle Bewertungen

Zum Abschluß der Darstellung der minimalen A. L. soll auch angegeben werden, wie sich die in ihr gültigen Schlüsse auf modelltheoretischem Weg auszeichnen lassen. Dazu führen wir partielle Bewertungen ein, die nicht jedem Satz von **A** einen Wahrheitswert zuordnen.

In der klassischen Logik werden Bewertungen – wir bezeichnen sie zur Unterscheidung von den partiellen als „totale Bewertungen“ – so definiert:

D1.6–1: Eine *totale Bewertung* von **A** ist eine Funktion V, welche die Menge der Sätze von **A** so in die Menge der Wahrheitswerte {w, f} abbildet, daß gilt
a) $V(\neg A) = w$ gdw. $V(A) = f$
b) $(A \wedge B) = w$ gdw. $V(A) = V(B) = w$.

Eine partielle Bewertung von **A** soll hingegen eine Funktion sein, die eine Teilmenge der Sätze von **A** in {w, f} abbildet. Ist V(A) undefiniert, so schreiben wir dafür auch $V(A) = u$. Solche Funktionen lassen sich nun in verschiedener Weise angeben, und wir wollen unsere Wahl durch intuitiv zu begründende Bedingungen auszeichnen. Dabei orientieren wir uns an den Überlegungen von K. Fine in (1975).

Partielle Bewertungen sollen zunächst einmal wie totale das Postulat der *Wahrheitsfunktionalität* erfüllen:

P1: Ist F ein n-stelliger a. l. Operator, so daß mit $A_1,\ldots,A_n$ auch $F(A_1,\ldots,A_n)$ ein Satz von **A** ist, so gilt für alle partiellen Bewertungen V und V': Ist $V'(A_i)=V(A_i)$ für alle $i=1,\ldots,m$, so ist $V'(F(A_1,\ldots,A_n))=V(F(A_1,\ldots,A_n))$.

Dabei soll $V'(A)=V(A)$ auch den Fall $V'(A)=u=V(A)$ einschließen.

Ferner sollen totale Bewertungen einen Spezialfall der partiellen darstellen. Daher sind die Wahrheitsbedingungen für a. l. Operatoren so zu definieren, daß $V(F(A_1,\ldots,A_n))$ für eine partielle Bewertung V erklärt ist, wenn $V(A_i)$ für alle $i = 1,\ldots,n$ erklärt ist, und in diesem Fall in klassischer Weise von den Wahrheitswerten $V(A_i)$ abhängt. Diese Bedingung bezeichnen wir mit K.Fine als *Fidelitätsbedingung.*

Im Blick auf P1 läßt sie sich einfach so formulieren:

P2: Jede totale Bewertung von **A** ist eine partielle Bewertung von **A**.

Denn daraus folgt nach P1: Ist V eine partielle und V' eine totale Bewertung und gilt $V(A_i)=V'(A_i)$ für alle i $(1 \leq i \leq n)$, so gilt auch $V(F(A_1,\ldots,A_n))=V'(F(A_1,\ldots,A_n))$.

Wir wollen mit partiellen Bewertungen die Sprache **A** ja nicht in einer von der klassischen Interpretation abweichenden Weise deuten, sondern nur die Wahrheitsdefinitheit nicht voraussetzen. In den klassischen Bedingungen D1.6–1,a,b spiegelt sich zudem das normalsprachliche Verständnis der Wörter „nicht“ und „und“, das wir auch mit partiellen Bewertungen erfassen wollen.

Sätzen der normalen Sprache wie z. B. „Fritz ist groß“ oder „Die Blüte ist rot“ können wir oft deshalb nicht eindeutig einen Wahrheitswert zuordnen, weil sie vage Terme enthalten, für die es keine festen Anwendbarkeitskriterien gibt. Männer, die kleiner als 170 cm sind, kann man nicht als „groß“ bezeichnen, solche, die größer als 185 sind, kann man sicher so bezeichnen. Im Zwischenbereich gibt es aber keine scharfen Grenzen für eine Anwendbarkeit des Wortes. Ebenso gibt es viele klare Fälle roter und nicht roter Dinge, im Bereich zwischen Rot und Orange oder Rot und Violett hingegen gibt es keine scharfen Grenzen. Für einen eindeutigen Sprachgebrauch, wie er in der Logik vorliegen soll, wird man nun fordern, daß nur solchen Sätzen ein Wahrheitswert zugeordnet wird, die bei allen (mit dem normalen Sprachgebrauch verträglichen) Präzisierungen denselben Wahrheitswert erhalten. Diese Bedingungen bezeichnen wir mit Fine als *Stabilitätsbedingung.* Wir sagen:

D1.6–2: V' ist eine *Extension* der partiellen Bewertungen V – symbolisch $V' \geq V$ – gdw. für alle *Atomsätze* A gilt: Ist $V(A) \neq u$ (ist also V(A) definiert), so gilt $V'(A) = V(A)$. V' ist eine *Erweiterung* von V, wenn das für *alle* Sätze gilt.

Jede Erweiterung ist also auch eine Extension. Die Stabilitätsbedingung besagt umgekehrt:

P3: Extensionen sind Erweiterungen.

Aus P1 und P2 ergeben sich nun folgende Wahrheitsbedingungen für die beiden a. l. Grundoperatoren:

$V(A) = f \supset V(\neg A) = w,$
$V(A) = w \supset V(\neg A) = f$
$V(A) = V(B) = w \supset V(A \wedge B) = w.$
$V(A) = f \wedge V(B) \neq u \vee V(B) = f \wedge V(A) \neq u \supset V(A \wedge B) = f.$

(Wir verwenden hier und im folgenden der Kürze wegen die objektsprachlichen Symbole $\neg$, $\wedge$, $\vee$, $\supset$, $\equiv$, Λ, V auch als metasprachliche Abkürzungen für „nicht“, „und“, „oder“, „wenn-dann“, „genau dann, wenn“(auch „gdw.“), „alle“ und „einige“.)

Nach P3 gilt ferner

$V(A)=u \supset V(\neg A)=u,$
$V(A)=w \wedge V(B)=u \vee V(B)=w \wedge V(A)=u \vee V(A)=V(B)=u \supset$
$V(A \wedge B)=u.$

Es kann aber für $V(A)=f \land V(B)=u \lor V(B)=f \land V(A)=u$ $V(A \land B)=u$ oder $=f$ sein. Wir entscheiden uns hier für das *Prinzip maximaler Definitheit* P4. Danach soll V(A) definiert sein (im Einklang mit P2), wenn das nach P3 möglich ist.

Gilt schon nach P1 bis P3

$V(\neg A)=w$ gdw. $V(A)=f$
$V(\neg A)=f$ gdw. $V(A)=w$,
und
$V(A \land B)=w$ gdw. $V(A)=V(B)=w$,
so gilt nun nach P4 auch
$V(A \land B)=f$ gdw. $V(A)=f \lor V(B)=f$.

Aus diesen Überlegungen ergibt sich also folgender Begriff der partiellen Bewertung:

D1.6–3: Eine *partielle Bewertung* von **A** ist eine Funktion V, die eine Teilmenge der Sätze von **A** so in die Menge {w, f} abbildet, daß gilt:
a) $V(\neg A)=w$ gdw. $V(A)=f$
$V(\neg A)=f$ gdw. $V(A)=w$
b) $V(A \land B)=w$ gdw. $V(A)=V(B)=w$
$V(A \land B)=f$ gdw. $V(A)=f \lor V(B)=f$.

Nach D1.6–1 gilt nun für partielle Bewertungen V:

T1.6–1: V ist eine totale Bewertung – symbolisch C(V) – gdw. für alle Atomsätze A gilt $V(A) \neq u$.

Das beweist man in einfacher Weise durch Induktion nach dem Grad der Sätze. Es gilt ferner

T1.6–2: Jede partielle Bewertung V läßt sich zu einer totalen Bewertung V' erweitern.

Beweis: Setzen wir $V'(A)=V(A)$ für alle Atomsätze, für die V definiert ist, und ordnen wir den übrigen Atomsätzen von **A** durch V' beliebige Wahrheitswerte zu, so gilt $V' \geq V$, die Behauptung folgt also aus P3, dessen Geltung nach D1.6–3 man durch Induktion nach dem Grad der Sätze leicht beweist.

T1.6–3: $\Lambda V'(C(V') \supset V'(A)=w) \equiv \Lambda V(V(A) \neq f)$.

Nennen wir jene Sätze A *ausgezeichnet*, denen keine partielle Bewertung V den Wert f zuordnet, so gilt also: Die ausgezeichneten Sätze sind genau die logisch wahren Sätze der klassischen Logik.

Beweis: (a) Ist $V(A)=f$, so gibt es nach T1.6–2 eine totale Bewertung V', für die gilt $V'(A)=f$. (b) Gilt umgekehrt für alle partiellen Bewertungen V $V(A) \neq f$, so – da auch totale Bewertungen partielle sind – $V'(A) = w$ für alle totalen Bewertungen V'.

Wie üblich definieren wir:

D1.6–4: V *erfüllt* den Satz A gdw. $V(A) = w$. A ist *P-wahr* gdw. alle partiellen Bewertungen A erfüllen. Der Schluß von $A_1, \ldots, A_n$ auf B ist *V-gültig*, wenn gilt $V(A_1) = \ldots = V(A_n) = w \supset V(B) = w$; er ist *P-gültig* gdw. er V-gültig ist für alle partiellen Bewertungen V.

Kein Satz ist P-wahr, denn die für keinen einzigen Atomsatz von **A** definierte Funktion ist auch eine partielle Bewertung; sie ordnet aber keinem Satz von **A** einen Wahrheitswert zu, wie man durch Induktion nach dem Grad der Sätze wieder leicht erkennt.

Für den folgenden Vollständigkeitsbeweis ist der Begriff der *Semi-Bewertung* nützlich, den K. Schütte in dem Aufsatz „Syntactical and semantical properties . . .“ (1960) in 6.1 eingeführt hat:

D1.6–5: Eine *Semi-Bewertung* von **A** ist eine Funktion V, die eine Teilmenge der Sätze von **A** so in die Menge $\{w, f\}$ abbildet, daß gilt:

a) $V(\neg A) = w \supset V(A) = f$
   $V(\neg A) = f \supset V(A) = w$

b) $V(A \wedge B) = w \supset V(A) = V(B) = w$
   $V(A \wedge B) = f \supset V(A) = f \vee V(B) = f$.

Es gilt

T1.6–4: Jede Semi-Bewertung V läßt sich zu einer partiellen Bewertung V' erweitern.

Beweis: Es sei V' eine partielle Bewertung, die eine Extension von V darstellt. Offenbar gibt es eine solche partielle Bewertung. Dann zeigt man durch Induktion nach dem Grad der Sätze A, daß gilt $V(A) \neq u \supset V'(A) = V(A)$. Ist z. B. $V(A \wedge B) = w$, so $V(A) = V(B) = w$, also nach I. V. $V'(A) = V'(B) = w$, also $V'(A \wedge B) = w$.

1.7 Die Adäquatheit von **MA2** *bzgl. partieller Bewertungen*

Wir wollen nun zeigen, daß die in **MA2** beweisbaren SQ genau die im Sinn von D1.6–4 P-gültigen Schlüsse darstellen. Damit wird der Inhalt der minimalen A. L. auch von modelltheoretischer Seite her verdeutlicht.

Wir beweisen zuerst die *semantische Widerspruchsfreiheit* von **MA2**:

T1.7–1: Jede in **MA2** beweisbare SQ stellt einen P-gültigen Schluß dar.

Da die P-Gültigkeit nur für Schlüsse der Form $A_1, \ldots, A_m \rightarrow B$ erklärt wurde, ist entweder diese Behauptung so zu deuten, daß für jede in **MA2** beweisbare SQ $S_1, \ldots, S_m \rightarrow \Gamma$ der Schluß $\overline{S_1}, \ldots, \overline{S_n} \rightarrow \overline{\Gamma}$ P-gültig ist, wobei $\overline{\Gamma} = A \wedge \neg A$ sei, falls Γ leer ist, $\overline{\Gamma} = \overline{T_1} \vee \ldots \vee \overline{T_n}$ für $\Gamma = T_1, \ldots, T_n$ $(n > 1)$ und $\overline{\Gamma} = \overline{T}$ für $\Gamma = T$. (Die Notation unterscheidet sich also von jener in 1.4.) Wegen der Äquivalenz von $S_1, \ldots, S_n \rightarrow \Gamma$ und $\overline{S_1}, \ldots, \overline{S_n} \rightarrow \overline{\Gamma}$ in **MA2** genügt das zum Nachweis der semantischen Widerspruchsfreiheit von **MA2.** Oder man erweitert die Definition der P-Gültigkeit auf Schlüsse der Form $\Delta \rightarrow \Gamma$, indem man für partielle Bewertungen V setzt $V(\sim A) = w$ gdw. $V(A) = f$, $V(\sim A) = f$ gdw. $V(A) = w$ und sagt, ein Schluß $\Delta \rightarrow \Gamma$ sei P-gültig, wenn jede partielle Bewertung, die alle Formeln aus Δ erfüllt, auch mindestens eine Formel aus Γ erfüllt. $\Delta \rightarrow$ ist P-gültig, wenn keine partielle Bewertung alle Formeln aus Δ erfüllt. Diesen Weg wollen wir hier einschlagen.

Dann ergibt sich der Beweis von T1.7–1 so: Die Axiome von **MA2** sind P-gültige Schlüsse, und gilt das für die Prämissen einer Regel von **MA2,** so auch für deren Konklusion. Das gilt trivialerweise für die formalen Regeln, und für die logischen Regeln von **MA2** folgt es aus den Bedingungen in D1.6–3.

MA2 ist ferner *vollständig* bzgl. der Semantik partieller Bewertungen, d. h. es gilt (für den erweiterten Begriff der P-Gültigkeit):

T1.7–2: Ist $\Delta \rightarrow \Gamma$ ein P-gültiger Schluß, so ist die SQ $\Delta \rightarrow \Gamma$ in **MA2** beweisbar.

Wir führen den Beweis unter Bezugnahme auf das in 1.5 angegebene Entscheidungsverfahren für **MA2.** Ist die SQ Σ in **MA2** nicht beweisbar, so gibt es eine reguläre, nicht geschlossene Herleitung $\mathfrak{H}$ aus Σ, also einen Faden $\mathfrak{f}$ von $\mathfrak{H}$, der keine geschlossene SQ enthält. Setzen wir $V(A) = w$ gdw. A VF von $\mathfrak{f}$ ist und $V(A) = f$ gdw. $\sim A$ VF von $\mathfrak{f}$ ist, so ist V eine Semi-Bewertung: V ordnet keinem Satz zwei Wahrheitswerte zu, denn da in einer Herleitung keine VF eliminiert wird, wäre sonst eine SQ von $\mathfrak{f}$ (nach WS') geschlossen. V erfüllt ferner die Bedingungen von D1.6–5 wegen der Regularität von $\mathfrak{H}$, die sicherstellt, daß zu jeder nichtatomaren Formel NBF auftreten. Ist also $\neg A$ VF von $\mathfrak{f}$, so auch $\sim A$; ist daher $V(\neg A) = w$, so $V(A) = f$. Ist $\sim \neg A$ VF, so auch A; ist also $V(\neg A) = f$, so $V(A) = w$. Ist $A \wedge B$ VF, so auch A und B; ist also $V(A \wedge B) = w$, so auch $V(A) = V(B) = w$. Ist $\sim A \wedge B$ VF, so auch $\sim A$ oder $\sim B$; ist also $V(A \wedge B) = f$, so ist $V(A) = f$ oder $V(B) = f$. V läßt sich dann nach T1.6–4 zu einer partiellen Bewertung V' erweitern, für die – nach dem Beweis dieses Satzes – $V'(A) = V(A)$ ist für alle Atomsätze A. Es gilt also für alle VF A von Σ $V'(A) = w$ und für alle VF $\sim A$ von Σ $V'(A) = f$.

Da in Herleitungen auch keine HF eliminiert werden, enthält $\mathfrak{f}$ keine VF zugleich als HF. Es gilt also für keine HF A von $\mathfrak{f}$ $V(A) = w$

und für keine HF ~A von 𝔣 V(A)=f. Wäre nun V'(A)=w für eine HF A von 𝔣 oder V'(A)=f für eine HF ~ A von 𝔣, so würde das auch für einen Atomsatz A gelten. Denn wegen der Regularität von 𝔥 gilt wieder: Ist ¬ A HF von 𝔣, so auch ~A; ist aber V'(¬ A)=w, so V'(A)=f. Ist ~ ¬A HF von 𝔣, so auch A; ist aber V'(¬A)=f, so V'(A)=w. Ist A∧B HF von 𝔣, so auch A oder B; ist aber V'(A∧B)=w, so ist V'(A)=w und V'(B)=w. Ist ~A∧B HF von 𝔣, so auch ~A und ~B; ist aber V'(A∧B)=f, so ist V'(A)=f oder V'(B)=f. Für Atomformeln A gilt aber nach Konstruktion von V':V'(A)=V(A), und wie wir sahen, gilt für HF A V(A) ≠w und für HF ~A V(A) ≠f. Das gilt also auch für V'. Setzen wir nun wieder V' (~A)=w gdw. V'(A)=f, so gilt also: V' erfüllt alle VF von Σ, aber keine HF von Σ, d.h. Σ stellt einen Schluß dar, der nicht P-gültig ist

Dieser Vollständigkeitsbeweis stellt zugleich einen semantischen Beweis für das Eliminationstheorem dar, denn man kann so argumentieren: **MA2** ist nach T1.7–1 semantisch widerspruchsfrei. **MA2'** ist äquivalent mit **MA2** ohne TR und dieser Kalkül ist vollständig, wie wir gesehen haben. Also kann in **MA2** mit TR keine SQ beweisbar sein, die nicht auch ohne TR beweisbar ist. (Analoges gilt für die im folgenden betrachteten Kalküle **DA2** und **KA1** sowie ihre prädikatenlogischen Erweiterungen.) Auch dieser Beweis ist insofern konstruktiv unbedenklich, als reguläre Herleitungen aus einer SQ mechanisch erzeugt und die Bewertungen, die ihre Gültigkeit widerlegen, effektiv angegeben werden können.

2 Die direkte Aussagenlogik

2.1 Höhere Sequenzenkalküle

Die minimale A. L. ist sehr schwach, wie wir im letzten Abschnitt sahen. In ihr ist insbesondere kein einziger Satz beweisbar. Ihr entscheidender Nachteil liegt darin, daß sie keine Implikation mit den Standardeigenschaften enthält. In der Minimallogik gilt weder der Satz A⊃A – wegen der Definition der Implikation durch die Disjunktion wäre das mit dem Prinzip *tertium non datur* ¬A∨A äquivalent – noch ein Deduktionstheorem der Gestalt Δ, A→B ⊢ Δ→A⊃B. Ist für eine partielle Bewertung V V(C)=w für alle Sätze C aus Δ, sowie V(A)=V(B)=u, so stellt zwar Δ, A→B einen V-gültigen Schluß dar, es ist aber V(¬A∨B)=u, der Schluß von Δ auf A⊃B ist also nicht V-gültig.

Eine erheblich stärkere Logik – aus Gründen, die später deutlich werden, bezeichnen wir sie als *direkte Logik* – ergibt sich, wenn wir die Implikation als Grundoperator behandeln, und sie inhaltlich als Folgebeziehung verstehen. Wir müssen dann die Definition D1.1–2,b aufgeben und das Symbol „⊃“ zu den Grundzeichen von **A** hinzunehmen.

Zu den Formregeln nach D1.1–1 kommt nun die Bestimmung hinzu
d) Sind A und B Sätze von **A**, so auch $(A \supset B)$.
Und zu D1.1–3 die Bedingung:
d) Die Teilsätze von A wie jene von B sind Teilsätze von $(A \supset B)$.

Wenn wir die Implikation im Sinn einer Folgebeziehung deuten wollen, so kommt dafür im Rahmen unseres konstruktiven Ansatzes nur die Ableitbarkeitsbeziehung infrage. Die Einführungsregel für Sätze $A \supset B$ würde dann so aussehen: Gilt Δ, A $\vdash$ B, so auch $\Delta \vdash A \supset B$. Im Rahmen von SQ-Kalkülen wie **MA1** würde diese Regel also so aussehen:

HI1) $\Delta, A \rightarrow B \vdash \Delta \rightarrow A \supset B$.

Wir beschränken uns dabei zunächst auf SQ mit höchstens einer HF, da solche SQ intuitiv einfachere Schlüsse ausdrücken. Die Umkehrung von HI1 ist nun äquivalent mit der Regel

VI1) $\Delta \rightarrow A; \Delta, B \rightarrow \Omega \vdash \Delta, A \supset B \rightarrow \Omega$.

Denn aus $\Delta \rightarrow A \supset B \vdash \Delta, A \rightarrow B$ erhalten wir mit RF und $\Delta = A \supset B$ A, $A \supset B \rightarrow B$, mit $\Delta \rightarrow A$ und TR also $\Delta, A \supset B \rightarrow B$, daraus mit TR und $\Delta, B \rightarrow \Omega$ aber $\Delta, A \supset B \rightarrow \Omega$. Umgekehrt erhalten wir aus VI1 mit RF und $\Delta = A$, $\Omega = B$ wieder $A, A \supset B \rightarrow B$, mit $\Delta \rightarrow A \supset B$ und TR also $\Delta, A \rightarrow B$.

Als hinreichende Bedingung für die Falschheit von $A \supset B$ bietet sich die Bedingung an

HI2) $\Delta \rightarrow A; \Delta \rightarrow \sim B \vdash \Delta \rightarrow \sim A \supset B$.

Mit der Umkehrung von HI2 ist folgende Regel äquivalent:

VI2) $\Delta, A, \sim B \rightarrow \Omega \vdash \Delta, \sim A \supset B \rightarrow \Omega$.

Denn aus der Umkehrung von HI2 ergibt sich die Beweisbarkeit der SQ $\sim A \supset B \rightarrow A$ und $\sim A \supset B \rightarrow \sim B$; mit $\Delta, A, \sim B \rightarrow \Omega$ und TR erhalten wir daraus aber $\Delta, \sim A \supset B \rightarrow \Omega$. Umgekehrt ergeben sich die SQ $\sim A \supset B \rightarrow A$ und $\sim A \supset B \rightarrow \sim B$ auch aus VI2, so daß man mit $\Delta \rightarrow \sim A \supset B$ und TR sowohl $\Delta \rightarrow A$ wie $\Delta \rightarrow \sim B$ erhält.

HI2 ist hinreichend, um sicherzustellen, daß für ($\vdash \Delta \rightarrow A$ oder $\vdash \Delta \rightarrow \sim A$) und ($\vdash \Delta \rightarrow B$ oder $\vdash \Delta \rightarrow \sim B$) auch $\vdash \Delta \rightarrow A \supset B$ oder $\vdash \Delta \rightarrow \sim A \supset B$ gilt: Gilt $\Delta \rightarrow \sim A$, so gilt nach WS $\Delta, A \rightarrow$, nach HV $\Delta, A \rightarrow B$, also nach HI1 $\Delta \rightarrow A \supset B$. Gilt $\Delta \rightarrow B$, so gilt wegen VV auch $\Delta, A \rightarrow B$, also nach HI1 $\Delta \rightarrow A \supset B$. Gilt $\Delta \rightarrow A$ und $\Delta \rightarrow \sim B$, so $\Delta \rightarrow \sim A \supset B$ nach HI2. HI2 und VI2 stellen im Blick auf HI1 ferner sicher, daß beide SQ $\Delta \rightarrow A \supset B$ und $\Delta \rightarrow \sim A \supset B$ zusammen auch nur dann beweisbar sind, wenn $\Delta \rightarrow$ gilt. Das folgt aus dem Spezialfall von WS $A \supset B, \sim A \supset B \rightarrow$ und TR. Diese WS-Anwendung ist aber kein neues Postulat, das die Bedeutung von $A \supset B$ zusätzlich zu HI1–VI2 festlegen würde, sondern es ist beweisbar aus $B, \sim B \rightarrow$:

$$\frac{A, \sim B \rightarrow A;\ A, \sim B, B \rightarrow}{A \supset B, A, \sim B \rightarrow}$$

$$A \supset B, \sim A \supset B \rightarrow$$

Soweit sieht die Sache gut aus. Eine genauere Überlegung zeigt aber, daß der Rahmen der SQ-Kalküle, den wir bisher betrachtet haben, keine ausreichende Grundlage für eine intuitiv und formal saubere Einführung der Implikation und der direkten Logik ist. Die Erweiterung von **MA1** mit den Regeln HI1 bis VI2 stellt zwar einen vollständigen Kalkül der direkten Logik dar, aber uns geht es hier nicht um irgendwelche Kalküle, sondern um eine inhaltlich wohlbegründete, konstruktive Definition der a. l. Operatoren.

Die Gründe für eine Erweiterung des Rahmens für die Entwicklung der direkten Logik sind folgende:
1. Im bisherigen Rahmen lassen sich Implikationen wie $(A \supset B) \supset C$ oder $(A \supset B) \supset (C \supset D)$ nicht deuten. Soll $\supset$ generell eine Folgebeziehung ausdrücken, so genügen dafür nicht Folgebeziehungen zwischen Sätzen, sondern man muß auch Folgebeziehungen zwischen Folgebeziehungen und Sätzen, zwischen Folgebeziehungen und Folgebeziehungen etc. erklären.
2. Im bisherigen Rahmen läßt sich die Vollständigkeit des Operatorensystems $\{\neg, \wedge, \supset\}$ nicht beweisen und nicht alle mit $\neg$, $\wedge$ und $\supset$ definierbaren Operatoren lassen sich durch Regeln einführen, die keine anderen Operatoren enthalten. Erklärt man z. B. den a. l. Operator F (A, B, C) durch die Regeln:

1. $\Delta, A \rightarrow B \vdash \Delta \rightarrow F(A, B, C)$
   $\Delta, C \rightarrow B \vdash \Delta \rightarrow F(A, B, C)$
2. $\Delta \rightarrow A;\ \Delta \rightarrow C;\ \Delta \rightarrow \sim B \vdash$
   $\Delta \rightarrow \sim F(A, B, C)$
3. $\Delta \rightarrow A;\ \Delta \rightarrow C;\ \Delta, B \rightarrow \Omega \vdash \Delta,$
   $F(A, B, C) \rightarrow \Omega$
4. $\Delta, A, \sim B, C \rightarrow \Omega \vdash \Delta,$
   $\sim F(A, B, C) \rightarrow \Omega,$

so gilt zwar $(A \supset B) \vee (C \supset B) \rightarrow F(A,B,C)$, $\sim(A \supset B) \vee (C \supset B) \rightarrow \sim F(A,B,C)$ und $\sim F(A,B,C) \rightarrow \sim(A \supset B) \vee (C \supset B)$, aber nicht $F(A,B,C) \rightarrow (A \supset B) \vee (C \supset B)$. Die Regeln für F entsprechen aber unseren bisherigen Kriterien. Definiert man umgekehrt F(A, B, C) durch $(A \supset B) \vee (C \supset B)$, so läßt sich dafür keine passende Einführungsregel angeben, welche den Operator $\supset$ nicht verwendet.

Wir wollen daher zu höheren SQ-Kalkülen übergehen, wie sie schon in Kutschera (1969) verwendet wurden. Wie sich die SQ-Kalküle, die wir bisher betrachtet haben, aus Satzkalkülen ergaben, indem wir die in den Satzkalkülen geltenden Ableitungsbeziehungen durch SQ ausdrückten und die Eigenschaften der Ableitungsbeziehung $\vdash$ durch Postulate für das SQ-Symbol $\rightarrow$ festlegten, so wollen wir nun Ableitungsbeziehungen zwischen SQ in Form höherer SQ darstellen.

Dazu führen wir den Begriff der *R-Formel* über der Sprache **A** ein:

D2.1-1: a) Sätze von **A** sind R-Formeln über **A**.
b) Ist S eine R-Formel über **A**, so auch ~S. (~ ~S soll dabei wieder mit S identisch sein.)
c) Ist Δ eine (evtl. leere) Reihe von (durch Kommata getrennten) R-Formeln über **A** und S eine R-Formel über **A**, so ist auch (Δ→ S) eine R-Formel über **A**.

Die R-Formeln aus Δ bezeichnen wir wieder als VF, die Formel S als HF von (Δ→ S). Die äußeren Klammern um R-Formeln lassen wir meist weg. Als Mitteilungszeichen für R-Formeln verwenden wir die Buchstaben S, T, U,. . . Δ, Γ stehen für R-Formelreihen. Wir betrachten aus intuitiven Gründen zunächst nur Ausdrücke der Gestalt Δ→ S, also Schlüsse, die genau eine HF enthalten.

D2.1-2: *Schichten von R-Formeln*
a) Sätze von **A** haben die Schicht 0.
b) Hat S die Schicht n, so auch ~S.
c) Ist n das Maximum der Schichten der R-Formeln in Δ, S, so hat Δ→ S die Schicht n + 1.

D2.1-3: Eine *Sequenz* (SQ) über **A** ist eine R-Formel über **A** der Schicht 1.

Wir betrachten hier vorläufig nur SQ mit genau einer HF.

D2.1-4: *Teilformeln*
a) S ist Teilformel von S.
b) Die Teilformeln von S sind Teilformeln von ~S.
c) Die Teilformeln von Δ, S sind Teilformeln von Δ→ S.

D2.1-5: Als *Satzkomponenten* von S bezeichnen wir jene Teilformeln von S der Schicht 0, die Sätze sind.

A* sei die Sprache, deren Aussagen die R-Formeln über **A** sind. Wir geben nun einen Kalkül **G** über der Sprache **A*** an, der zunächst nur eine Theorie der Operatoren → und ~ darstellt, also eine Theorie der verallgemeinerten Ableitungsbeziehungen, wie sie die R-Formeln ausdrükken. Die *Axiome* von **G** sind
RF: S→ S
WS+: S, ~S→ T

Die *Regeln* von **G** sind
VT: Δ, S, T, Γ→ U ⊢ Δ, T, S, Γ→ U
VK: Δ, S, S→ U ⊢ Δ, S→ U
VV: Δ→ S ⊢ Δ, T→ S
TR: Δ→ S; Δ, S→ T ⊢ Δ→ T

Das sind also – nun für eine reichere Sprache formuliert und abgesehen von der Zusammenziehung von WS und HV in WS+ – die formalen Regeln von **MA1**.

Wir müssen nun weitere Regeln dafür angeben, wann R-Formeln der Gestalt $\Delta \rightarrow S$ und $\sim(\Delta \rightarrow S)$ in **G** beweisbar sind, und was mithilfe solcher Formeln beweisbar ist. Diese Regeln sind dann Einführungsregeln für diese R-Formeln in das Succedens oder Antecedens von R-Formeln der Gestalt $\Gamma \rightarrow T$. In einem Satzkalkül **K** ist eine Regel $A_1,\ldots,A_n \vdash B$ beweisbar, wenn B in **K** aus $A_1,\ldots,A_n$ ableitbar ist. Man kann nun auch sagen: Eine Regel $A_1,\ldots,A_n \vdash B$ ist in **K** aus Sätzen $C_1,\ldots,C_m$ ableitbar, wenn B in **K** aus $C_1,\ldots,C_m$ und $A_1,\ldots,A_n$ ableitbar ist. Es liegt auch nahe zu sagen, $A_1,\ldots,A_n \vdash B$ sei in **K** aus gewissen Sätzen und Regeln ableitbar, wenn B in **K** bei Hinzunahme dieser Sätze und Regeln zu den Axiomen und Grundregeln von **K** aus $A_1,\ldots,A_n$ ableitbar ist. Verallgemeinert ergibt das die Regel:

HG1: $\Delta, \Gamma \rightarrow S \vdash \Delta \rightarrow (\Gamma \rightarrow S)$ *(Prämissenbeseitigung).*[1]

Wir sagen ferner, ein Satz A sei in **K** aus einer Regel ableitbar, wenn die Prämissen dieser Regel beweisbar sind und wenn A aus der HF der Regel in **K** ableitbar ist – andernfalls nützt die Regel offenbar nichts für einen Beweis von A. Das läßt sich so verallgemeinern:

VG1: $\Delta \rightarrow \Gamma; \Delta, S \rightarrow T \vdash \Delta, (\Gamma \rightarrow S) \rightarrow T$ *(Prämisseneinführung).*

Dabei stehe $\Delta \rightarrow \Gamma$ für $\Delta \rightarrow S_1;\ldots;\Delta \rightarrow S_n$, wo $\Gamma = S_1,\ldots,S_n$ ist. Ist Γ leer, so entfällt die Prämisse $\Delta \rightarrow \Gamma$. Die Bezeichnung dieser Regel erklärt sich daraus, daß sie mit der Umkehrung von HG1 äquivalent ist, nämlich mit

VG1': $\Delta \rightarrow (\Gamma \rightarrow S) \vdash \Delta, \Gamma \rightarrow S$.

Denn aus VG1' folgt mit RF $(\Gamma \rightarrow S), \Gamma \rightarrow S$, mit $\Delta \rightarrow \Gamma$ und TR also $\Delta, (\Gamma \rightarrow S) \rightarrow S$, mit $\Delta, S \rightarrow T$ und TR also $\Delta, (\Gamma \rightarrow S) \rightarrow T$. Umgekehrt folgt

[1] P. Lorenzen betrachtet in (1955) anstelle ableitbarer Regeln zulässige Regeln. Eine Regel R heißt in einem Satzkalkül **K** *zulässig*, wenn in **K** mit R nicht mehr Sätze beweisbar sind als ohne diese Regel. Zulässig sind dann nicht nur die in **K** beweisbaren Ableitungsbeziehungen. Ist z. B. ein Satz A nicht in **K** beweisbar, so ist die Regel $A \vdash B$ für alle Sätze B in **K** zulässig. Zulässigkeitsbehauptungen lassen sich, sofern sie nicht ableitbare Regeln betreffen, nur mit metatheoretischen Mitteln beweisen. Man kann ihnen einen konstruktiven Sinn geben, wenn man fordert, daß eine Zulässigkeitsbehauptung für eine Regel R in einem Kalkül **K** nur so beweisbar ist, daß man ein konstruktives Verfahren zur Umformung von Beweisen in **K** mit R in solche ohne R angibt. Aber diese Möglichkeit entfällt bei höheren Zulässigkeitsbehauptungen. Eine Regel wie $(A_1,\ldots,A_n \rightarrow B) \rightarrow (C_1,\ldots,C_m \rightarrow D)$ gilt als zulässig in **K**, wenn sie in jenem Metakalkül zulässig ist, in dem genau die zulässigen Regeln beweisbar sind. Hier handelt es sich aber um eine Zulässigkeitsbehauptung für einen nichtformalen (Meta-)Kalkül, und daher kann man ihr nicht den angegebenen konstruktiven Sinn unterlegen. Entsprechendes gilt für den Ansatz von Curry in (1963).

aus RF und VV $\Gamma \rightarrow \Gamma$ (falls Γ nicht leer ist) und $\Gamma, S \rightarrow S$, also nach VG1 $\Gamma, (\Gamma \rightarrow S) \rightarrow S$, mit $\Delta \rightarrow (\Gamma \rightarrow S)$ und TR also $\Delta, \Gamma \rightarrow S$. Obwohl die Regel VG1 mit der Umkehrung von HG1 äquivalent ist, ist sie selbst nicht umkehrbar: Es gilt zwar z. B. $(S \rightarrow T) \rightarrow (S \rightarrow T)$, aber nicht generell $\rightarrow S$.

Man wird sagen, eine Ableitungsbeziehung $A_1, \ldots, A_n \vdash B$ sei in **K** widerlegbar, wenn $A_1, \ldots, A_n$ in **K** beweisbar sind und B in **K** widerlegbar ist. Verallgemeinert ergibt das die Regel:

HG2: $\Delta \rightarrow \Gamma;\ \Delta \rightarrow \sim S \vdash \Delta \rightarrow \sim(\Gamma \rightarrow S)$ *(1. Prinzip der Widerlegung von Ableitungsbeziehungen)*

Ist Γ leer, so entfällt die Prämisse $\Delta \rightarrow \Gamma$ wieder. Fordert man auch, daß diese Bedingung notwendig ist, so ergeben sich als Umkehrung von HG2 die beiden Regeln

VG2': $\Delta \rightarrow \sim(\Gamma \rightarrow S) \vdash \Delta \rightarrow \Gamma$ (entfällt für leeres Γ)
$\Delta \rightarrow \sim(\Gamma \rightarrow S) \vdash \Delta \rightarrow \sim S$.

Damit äquivalent ist die Regel

VG2: $\Delta, \Gamma, \sim S \rightarrow T \vdash \Delta, \sim(\Gamma \rightarrow S) \rightarrow T$. *(2. Prinzip der Widerlegung von Ableitungsbeziehungen)*

Denn aus VG2' erhält man mit RF $\sim(\Gamma \rightarrow S) \rightarrow \Gamma$ und $\sim(\Gamma \rightarrow S) \rightarrow \sim S$, mit $\Delta, \Gamma, \sim S \rightarrow T$ und TR also $\Delta, \sim(\Gamma \rightarrow S) \rightarrow T$. Umgekehrt erhält man aus VG2 mit RF $\sim(\Gamma \rightarrow S) \rightarrow \Gamma$ und $\sim(\Gamma \rightarrow S) \rightarrow \sim S$, mit TR also aus $\Delta \rightarrow \sim(\Gamma \rightarrow S)$ $\Delta \rightarrow \Gamma$ und $\Delta \rightarrow \sim S$.

Ein Satzkalkül **K** über **A** wird normalerweise so bestimmt, daß eine entscheidbare Menge von Axiomen von **K** angegeben wird, von Sätzen also, die in **K** kategorisch als beweisbar ausgezeichnet werden – und eine entscheidbare Menge von Regeln, mit denen man aus in **K** beweisbaren Sätzen neue in **K** beweisbare Sätze gewinnt, die also Sätze hypothetisch als beweisbar auszeichnen. Man kann in solchen Kalkülen auch einen formalen Widerlegungsbegriff so einführen, daß man sagt: „Der Satz A ist in **K** widerlegbar gdw. $\neg$A in **K** beweisbar ist" oder „Ist in **K** bei Hinzunahme des Satzes A jeder beliebige Satz beweisbar, so ist A in **K** widerlegbar". In beiden Fällen wird der Widerlegungsbegriff mithilfe des Beweisbegriffes erklärt. Man kann ihn jedoch auch als einen Grundbegriff neben dem der Beweisbarkeit einführen. Dazu hat man neben den Axiomen von **K** *Antiaxiome* anzugeben – kategorisch als in **K** widerlegbar ausgezeichnete Sätze – sowie Regeln, die besagen: Sind $A_1, \ldots, A_n$ in **K** widerlegbar, so auch B. Man wird dann auch gemischte Regeln der Form angeben: Sind $A_1, \ldots, A_m$ in **K** beweisbar und $B_1, \ldots, B_n$ in **K** widerlegbar, so ist auch der Satz C in **K** beweisbar, bzw. widerlegbar. Drückt man Widerlegbarkeit symbolisch mithilfe des metasprachlichen Zeichens „$\sim$" aus, so erhält man also Regeln von der

Art, wie wir sie – unter semantischem Gesichtspunkt – in 1.1 als Wahrheitsregeln bezeichnet haben.

Ist nun **K** ein solcher Kalkül über **A,** so sei **GK** der Kalkül, der aus **G** durch Hinzunahme folgender *spezieller* Axiome entsteht:

1. Ist S ein Axiom von **K,** so ist $\to$ S ein Axiom von **GK.**
2. Ist $\Delta \vdash$ S eine Grundregel von **K,** so ist $\Delta \to$ S ein Axiom von **GK.**

GK ist also eine Erweiterung von **K,** und das, was in **G** beweisbar ist, ist genau das, was in allen Kalkülen **GK** beweisbar ist. **G** ist also die „Logik" dieser Kalküle – eine Logik freilich nur des verallgemeinerten Ableitungsbegriffs.

Für **G** gilt nun das *Eliminationstheorem:*

T2.1-1: Alle R-Formeln, die in **G** beweisbar sind, lassen sich ohne Anwendungen der Regel TR beweisen.

Das beweist man ganz analog wie den Satz T1.4-3, wobei nun anstelle des Grades der Formeln ihre Schicht tritt. Neu sind folgende Fälle:

Unter (1): Σ_1 ist Axiom nach WS+:

$$\frac{T, \sim T \to S;\ \Delta'(S) \to U}{T, \sim T, \Delta'_S \to U} \quad \Rightarrow \quad \begin{array}{l} T, \sim T \to U \\ T, \sim T, \Delta'_S \to U \quad VV \end{array}$$

Unter (3a) (die G-Regeln spielen hier dieselbe Rolle wie dort die logischen Regeln):

$$\begin{array}{c} \Delta, \Gamma \to S \qquad \Delta' \to \Gamma;\ \Delta', S \to T \\ \Delta \to (\Gamma \to S);\ \Delta', (\Gamma \to S) \to T \\ \hline \Delta, \Delta' \to T \end{array} \quad \Rightarrow \quad \begin{array}{l} \Delta' \to \Gamma;\ \Delta, \Gamma \to S \\ \hline \Delta', \Delta_\Gamma \to S;\ \Delta', S \to T \\ \hline \Delta', \Delta_\Gamma, \Delta'_S \to T \\ \Delta, \Delta' \to T \quad VT, VK\ VV \end{array}$$

Bei beiden Schnitten im modifizierten Beweis $\mathfrak{B}'$ ist die Schicht kleiner als beim ursprünglichen. Ebenso im folgenden Fall:

$$\begin{array}{c} \dfrac{\Delta \to \Gamma;\ \Delta \to \sim S}{} \quad \Delta', \Gamma, \sim S \to T \\ \Delta \to \sim(\Gamma \to S);\ \Delta', \sim(\Gamma \to S) \to T \\ \hline \Delta, \Delta' \to T \end{array} \quad \Rightarrow \quad \begin{array}{l} \dfrac{\Delta \to \Gamma;\ \Delta', \Gamma, \sim S \to T}{} \\ \Delta, \Delta'_\Gamma, \sim S \to T;\ \Delta \to \sim S \\ \hline \Delta, \Delta_{\sim S}, \Delta'_{\Gamma, \sim S} \to T \\ \Delta, \Delta' \to T \quad VK, VT, VV \end{array}$$

Unter (3b) treten folgende zwei Fälle neu auf:

$$\begin{array}{c} \Delta, \Gamma \to S \\ \Delta \to (\Gamma \to S);\ (\Gamma \to S), \sim(\Gamma \to S) \to T \\ \hline \Delta, \sim(\Gamma \to S) \to T \end{array} \quad \Rightarrow \quad \begin{array}{l} \Delta, \Gamma \to S;\ S, \sim S \to T \\ \hline \Delta, \Gamma, \sim S \to T \\ \Delta, \sim(\Gamma \to S) \to T\ (VG2) \end{array}$$

$$\begin{array}{c} \Delta \to \Gamma;\ \Delta \to \sim S \\ \hline \Delta \to \sim(\Gamma \to S);\ (\Gamma \to S), \sim(\Gamma \to S) \to T \\ \hline \Delta, (\Gamma \to S) \to T \end{array} \quad \Rightarrow \quad \begin{array}{l} \Delta \to \sim S;\ S, \sim S \to T \\ \hline \Delta \to \Gamma;\ \Delta, S \to T \\ \hline \Delta, (\Gamma \to S) \to T \end{array} (VG1)$$

Auch in diesen beiden Fällen ist die Schicht der neuen Schnittformel kleiner als die der ursprünglichen.

Es gilt dagegen nicht, daß alles, was in **GK** beweisbar ist, ohne TR beweisbar ist. Enthält **K** z. B. das Axiom A und die Regel A ⊢ B, **GK** also die speziellen Axiome → A und A→ B, so folgt daraus mit TR → B. Diese Anwendung von TR ist nicht eliminierbar. Es gilt aber nach dem Beweis von T2.1-1, daß sich TR in **GK** auf Prämissen beschränken läßt, die SQ sind.

Aus T2.1-1 folgt:

T2.1-2: Der Kalkül **G** ist widerspruchsfrei.

Beweis: Wäre in **G** für eine R-Formel S zugleich → S und → ~S beweisbar, so mit WS und TR auch → A, wo A ein Satz von **A** ist. Nach T2.1-1 müßte → A dann aber auch ohne TR beweisbar sein. Eine solche SQ ist aber in **G** nicht ohne TR beweisbar, da die einzige Regel von **G** außer TR, mit der sich Prämissen beseitigen lassen, HG1 ist. Diese Regel ergibt aber im Succedens eine R-Formel der Schicht > 0.

Es sei nun $\mathbf{GK}_n$ ($n \geq 1$) der Kalkül, der aus **GK** entsteht, wenn man sich auf Axiome und Regeln beschränkt, in denen nur R-Formeln der Schicht ≤ n vorkommen. $\mathbf{GK}_1$ ist also ein SQ-Kalkül. Es gilt dann:

T2.1-3: Eine R-Formel der Schicht ≤ n ist in $\mathbf{GK}_n$ genau dann beweisbar, wenn sie in **GK** beweisbar ist.

Da trivialerweise gilt: Alles, was in $\mathbf{GK}_n$ beweisbar ist, ist auch in **GK** beweisbar, besteht der Inhalt des Satzes darin, daß in **GK** nicht mehr Formeln mit Schichten ≤ n beweisbar sind als in $\mathbf{GK}_n$. Daraus folgt insbesondere: In **GK** sind nur solche SQ beweisbar, die in **K** beweisbare Ableitungsbeziehungen darstellen. Ist also **K** widerspruchsfrei, so auch **GK**.

Der *Beweis* von T2.1-3 ergibt sich aus T2.1-1 und der Tatsache, daß keine Regel von **GK** außer TR eine R-Formel eliminiert. Wie wir sahen, lassen sich aber TR-Anwendungen auf solche beschränken, deren Prämissen SQ sind. Durch die Erweiterung von $\mathbf{GK}_n$ zu $\mathbf{GK}_{n+1}$ wird so keine neue R-Formel der Schicht ≤ n beweisbar.

Der Kalkül **GK** ist *abgeschlossen* in folgendem Sinn: Erweitert man den Ableitungsbegriff von **GK** wie den von **K** in **GK**, so wird **GK** dadurch nicht echt erweitert. Das ergibt sich aus dem Satz

T1.2-4: Gilt in **GK** Δ ⊢ S, so auch ⊢ Δ→ S.

Wir führen den Beweis durch Induktion nach der Länge l der Ableitung 𝔅 von S aus Δ. Ist l=1, so ist S Axiom und man erhält mit HG1 →S, oder S ist in Δ und man erhält Δ→ S aus S→ S mit VV. Es sei die Behauptung bewiesen für alle l≤n und es sei nun l=n+1. Ist S Axiom oder ist S in Δ, so argumentiert man wie oben. Entsteht S in 𝔅 durch

VV, so hat S die Gestalt $\Gamma, U \rightarrow T$, also ist nach I. V. $\Delta \rightarrow (\Gamma \rightarrow T)$ beweisbar und wir erhalten daraus

$\Delta, \Gamma \rightarrow T$	VG1'
$\Delta, \Gamma, U \rightarrow T$	VV
$\Delta \rightarrow (\Gamma, U \rightarrow T)$	HG1.

Entsteht S in $\mathfrak{B}$ durch Anwendung einer Regel VT oder VK, so ist die Behauptung trivial. Entsteht S in $\mathfrak{B}$ durch Anwendung von HG1, so hat S die Gestalt $\Gamma \rightarrow (\Pi \rightarrow T)$; nach I. V. ist dann $\Delta \rightarrow (\Gamma, \Pi \rightarrow T)$ beweisbar und wir erhalten daraus

$\Delta, \Gamma, \Pi \rightarrow T$	VG1'
$\Delta, \Gamma \rightarrow (\Pi \rightarrow T)$	HG1
$\Delta \rightarrow (\Gamma \rightarrow (\Pi \rightarrow T))$	HG1.

Entsteht S in $\mathfrak{B}$ durch Anwendung von VG2, so hat S die Gestalt $\Gamma, (\Pi \rightarrow T) \rightarrow U$, nach I. V. sind beweisbar $\Delta \rightarrow (\Gamma \rightarrow \Pi)$ und $\Delta \rightarrow (\Gamma, T \rightarrow U)$ und wir erhalten damit

$\Delta, \Gamma \rightarrow \Pi$ und $\Delta, \Gamma, T \rightarrow U$	VG1'
$\Delta, \Gamma, (\Pi \rightarrow T) \rightarrow U$	VG1
$\Delta \rightarrow (\Gamma, (\Pi \rightarrow T) \rightarrow U)$	HG1.

Entsteht S in $\mathfrak{B}$ durch Anwendung von HG2, so hat S die Gestalt $\Gamma \rightarrow \sim(\Pi \rightarrow T)$ und nach I. V. sind $\Delta \rightarrow (\Gamma \rightarrow \Pi)$ und $\Delta \rightarrow (\Gamma \rightarrow \sim T)$ beweisbar und man erhält damit

$\Delta, \Gamma \rightarrow \Pi$ und $\Delta, \Gamma \rightarrow \sim T$	VG1'
$\Delta, \Gamma \rightarrow \sim(\Pi \rightarrow T)$	HG2
$\Delta \rightarrow (\Gamma \rightarrow \sim(\Pi \rightarrow T))$	HG1.

Entsteht S in $\mathfrak{B}$ durch Anwendung von VG2, so hat S die Gestalt $\Gamma, \sim(\Pi \rightarrow T) \rightarrow U$ und nach I. V. ist beweisbar $\Delta \rightarrow (\Gamma, \Pi, \sim T \rightarrow U)$. Man erhält daraus

$\Delta, \Gamma, \Pi, \sim T \rightarrow U$	VG1'
$\Delta, \Gamma, \sim(\Pi \rightarrow T) \rightarrow U$	VG2
$\Delta \rightarrow (\Gamma, \sim(\Pi \rightarrow T) \rightarrow U)$	HG1.

Entsteht S in $\mathfrak{B}$ durch Anwendung von TR, so hat S die Gestalt $\Gamma \rightarrow T$ und nach I. V. ist beweisbar $\Delta \rightarrow (\Gamma \rightarrow U)$ und $\Delta \rightarrow (\Gamma, U \rightarrow T)$. Man erhält daraus

$\Delta, \Gamma \rightarrow U$ und $\Delta, \Gamma, U \rightarrow T$	VG1'
$\Delta, \Gamma \rightarrow T$	TR
$\Delta \rightarrow (\Gamma \rightarrow T)$	HG1.

Damit ergibt sich: Die Regeln, mit denen **GK** zu erweitern wäre, sind in **GK** bereits beweisbar. T2.1-4 stellt das Deduktionstheorem für **GK** dar.

Wir nennen wieder R-Formeln S, T *strikt äquivalent,* für die gilt $\vdash S \leftrightarrow T$, d.h. $\vdash S \rightarrow T$, $\vdash T \rightarrow S$, $\vdash \sim S \rightarrow \sim T$ und $\vdash \sim T \rightarrow \sim S$. Insbesondere sind die R-Formeln S und ($\rightarrow$ S) strikt äquivalent. Es gilt dann für **GK** folgendes *Ersetzungstheorem:*

T2.1-5: $S \leftrightarrow T \vdash U[S] \leftrightarrow U[T]$.

Dabei sei U[S] eine R-Formel, die an einer bestimmten Stelle ein Vorkommnis von S enthält, und U[T] gehe daraus hervor durch Ersetzung dieses Vorkommnisses von S durch T.

Den Beweis führt man durch Induktion nach der Zahl der Vorkommnisse von $\sim$ und $\rightarrow$ in U[S] minus jener in S.

Wir können nun auch Ausdrücke der Gestalt $\Delta\rightarrow$ einführen, indem wir definieren $F := \sim(A \rightarrow A)$ für einen bestimmten Satz A von **A** und $\Delta\rightarrow := \Delta \rightarrow F$. Es gilt nun:

a) $S, \sim S \rightarrow F$ nach WS+
b) $F \rightarrow T$, denn nach WS+ gilt $A, \sim A \rightarrow T$, nach VG2 also $\sim(A \rightarrow A) \rightarrow T$.
c) $\rightarrow \sim F$, denn $\sim F$ ist $A \rightarrow A$ und $\rightarrow (A \rightarrow A)$ erhält man aus $A \rightarrow A$ (RF) mit HG1.

Aus der Definition von $\Delta\rightarrow$ als $\Delta \rightarrow F$ ergibt sich mit (b) und TR die Regel

HV: $\Delta\rightarrow \vdash \Delta \rightarrow T$,

und aus (a) ergibt sich das Axiom

WS: $S, \sim S \rightarrow$.

Es gelten dann auch die Regeln
1. $\Delta \rightarrow \Gamma \vdash \Delta \rightarrow \sim(\Gamma\rightarrow)$, (ist Γ leer, so entfällt die Prämisse)
2. $\Delta, \Gamma \rightarrow \Omega \vdash \Delta, \sim(\Gamma\rightarrow) \rightarrow \Omega$ und
3. $\Delta \rightarrow \Gamma \vdash \Delta, (\Gamma\rightarrow)\rightarrow$.

Denn aus (c) erhält man mit VV $\Delta \rightarrow \sim F$, mit $\Delta \rightarrow \Gamma$ und HG2 also $\Delta \rightarrow \sim(\Gamma \rightarrow F)$, also $\Delta \rightarrow \sim(\Gamma\rightarrow)$, d.h. (1). Ist Γ leer, so folgt $\Delta \rightarrow \sim(\rightarrow)$ mit VV aus $\rightarrow \sim(\rightarrow)$, d.h. $\rightarrow \sim(\rightarrow F)$ wegen $\rightarrow \sim F$ (c) aus HG2. Aus Δ, $\Gamma \rightarrow \Omega$ erhält man $\Delta, \Gamma, \sim F \rightarrow \Omega$ mit VV, also mit VG2 $\Delta, \sim(\Gamma \rightarrow F) \rightarrow \Omega$, also $\Delta, \sim(\Gamma\rightarrow) \rightarrow \Omega$, d.h. (2). Und aus $F \rightarrow F$ (RF) erhält man mit VV Δ, $F \rightarrow F$, mit $\Delta \rightarrow \Gamma$ und VG1 also $\Delta, (\Gamma \rightarrow F) \rightarrow F$, also $\Delta, (\Gamma\rightarrow)\rightarrow$, d.h. (3).

In den Regeln außer VG1, HG2 und VG2 kann man generell die HF durch R-Formelreihen $\Omega, \Omega', \ldots$ ersetzen, die höchstens eine Formel enthalten, und man kann WS+ durch WS und HV ersetzen. Die Regeln HG2, VG2 und VG1 ergänzen wir hingegen um die Regeln (1)–(3).

Bei der Zulassung von Ausdrücken $\Delta\rightarrow$ ohne HF handelt es sich also nicht um eine Erweiterung des Rahmens von **G**, sondern nur um eine andere Notation.

2.2 *Die Sequenzenkalküle* DA0 *und* DA1

Wir wollen nun im Rahmen des Kalküls **G** bzw. der Kalküle **GK** a.l. Operatoren einführen. Dabei können wir von denselben Prinzipien wie in 1.3 ausgehen, nur mit dem Unterschied, daß nun die Formeln $(\sim)F(A_1,\ldots,A_n)$, wo F ein n-stelliger a.l. Operator von **A** ist, im Kontext von Schlüssen höheren Typs eingeführt werden, und daß die Funktion der Formeln $(\sim)F(A_1,\ldots,A_n)$ in solchen Schlüssen nicht nur von der Ableitbarkeit der Formeln $(\sim)A_i$ $(1 \leq i \leq n)$ abhängt, sondern generell von der Ableitbarkeit deduktiver Beziehungen zwischen den Sätzen $(\sim)$ A_i. Wir können daher direkt das Schema zur Definition eines n-stelligen a.l. Operators aus 1.3 übernehmen, wobei statt der Formeln jetzt R-Formeln stehen. Bei einer solchen Einführung der Satzoperatoren bleibt das Ersetzungstheorem T2.1-5 gültig.

Wir können nun die Satzoperatoren $\neg$ und $\wedge$ nach diesem Schema wie in 1.3 wieder durch die Regeln HN1 bis VN2 und HK1 bis VK2 definieren. Den Operator $\supset$ definieren wir durch

1. $\Delta \rightarrow (A \rightarrow B) \vdash \Delta \rightarrow A \supset B$
2. $\Delta \rightarrow \sim(A \rightarrow B) \vdash \Delta \rightarrow \sim A \supset B$
3. $\Delta, (A \rightarrow B) \rightarrow T \vdash \Delta, A \supset B \rightarrow T$
4. $\Delta, \sim(A \rightarrow B) \rightarrow T \vdash \Delta, \sim A \supset B \rightarrow T.$

Wir drücken also durch die Implikation objektsprachlich die Folgebeziehung $\rightarrow$ aus, und es gilt:

$\vdash A \supset B \leftrightarrow (A \rightarrow B).$

Mit (1) bis (4) sind folgende, schon in 2.1 (bei Beschränkung auf SQ-Kalküle) angegebenen Regeln äquivalent:

HI1: $\Delta, A \rightarrow B \vdash \Delta \rightarrow A \supset B$

HI2: $\Delta \rightarrow A; \Delta \rightarrow \sim B \vdash \Delta \rightarrow \sim A \supset B$

VI1: $\Delta \rightarrow A; \Delta, B \rightarrow T \vdash \Delta, A \supset B \rightarrow T$

VI2: $\Delta, A, \sim B \rightarrow T \vdash \Delta, \sim A \supset B \rightarrow T.$

Denn aus Δ, $A \rightarrow B$ erhält man mit HG1 $\Delta \rightarrow (A \rightarrow B)$, mit (1) also $\Delta \rightarrow A \supset B$; und aus $\Delta \rightarrow (A \rightarrow B)$ erhält man mit VG1' Δ, $A \rightarrow B$, mit HI1 also $\Delta \rightarrow A \supset B$. Aus $\Delta \rightarrow A$ und $\Delta \rightarrow \sim B$ erhält man mit HG2 $\Delta \rightarrow \sim(A \rightarrow B)$, mit (2) also $\Delta \rightarrow \sim A \supset B$; und aus $\Delta \rightarrow \sim(A \rightarrow B)$ erhält man mit VG2' $\Delta \rightarrow A$ und $\Delta \rightarrow \sim B$, mit HI2 also $\Delta \rightarrow \sim A \supset B$. Aus $\Delta \rightarrow A$ und Δ, $B \rightarrow T$ erhält man mit VG1 Δ, $(A \rightarrow B) \rightarrow T$, mit (3) also Δ, $A \supset B \rightarrow T$; und aus VI1 erhält man A, $A \supset B \rightarrow B$, also $A \supset B \rightarrow (A \rightarrow B)$ mit HG1, mit Δ, $(A \rightarrow B) \rightarrow T$ und TR also Δ, $A \supset B \rightarrow T$. Aus Δ, A, $\sim B \rightarrow T$ endlich erhält man mit VG2 Δ, $\sim(A \rightarrow B) \rightarrow T$, nach (4) also Δ, $\sim A \supset B \rightarrow T$; und aus HG2 folgt $A, \sim B \rightarrow \sim(A \rightarrow B)$, mit Δ, $\sim(A \rightarrow B) \rightarrow T$ und TR also Δ, A, $\sim B \rightarrow T$ und daraus mit VI2 Δ, $\sim(A \supset B) \rightarrow T$.

Wir beweisen nun die Vollständigkeit des Operatorensystems $\{\neg, \wedge, \vee, \supset\}$. Daraus folgt dann jene von $\{\neg, \wedge, \supset\}$ mit D1.1-2a. Wir ordnen jeder R-Formel S einen Satz $\overline{S}$ zu. Es sei $\overline{S} = S$, wo S ein Satz ist, $\overline{\sim S} = \neg \overline{S}$, $\overline{\Delta} = \overline{S}_1 \wedge \ldots \wedge \overline{S}_n$, wo Δ die R-Formelreihe $S_1, \ldots, S_n$ ist; $\overline{\Delta \to S}$ sei $\overline{\Delta} \supset \overline{S}$ und $\overline{(\to S)}$ sei $\overline{S}$. Dann gilt $\overline{S} \leftrightarrow S$.

Wir führen den Beweis durch Induktion nach der Schicht g von S. Für $g = 0$ ist die Behauptung trivial wegen $S \leftrightarrow S$ und $\sim S \leftrightarrow \neg S$. Sie sei nun schon für alle $g \leq n$ bewiesen und es sei $g = n+1$. Hat dann S die Gestalt $T_1, \ldots, T_n \to U$, so gilt nach I. V. und dem Ersetzungstheorem T2.1-5 $(T_1, \ldots, T_n \to U) \leftrightarrow (\overline{T}_1, \ldots, \overline{T}_n \to \overline{U})$. Nach HK1, VK1 und den G-Regeln gilt aber $(\overline{T}_1, \ldots, \overline{T}_n \to \overline{U}) \leftrightarrow (\overline{T}_1 \wedge \ldots \wedge \overline{T}_n \to \overline{U})$, und wegen $A \supset B \leftrightarrow (A \to B)$ gilt $(\overline{T}_1 \wedge \ldots \wedge \overline{T}_n \to \overline{U}) \leftrightarrow \overline{T}_1 \wedge \ldots \wedge \overline{T}_n \supset \overline{U}$, so daß wir endlich erhalten $(T_1, \ldots, T_n \to U) \leftrightarrow \overline{(T_1, \ldots, T_n \to U)}$. Wegen $\sim S \leftrightarrow \neg S$ gilt dann auch $\sim (T_1, \ldots, T_n \to U) \leftrightarrow \overline{\sim (T_1, \ldots, T_n \to U)}$.

Es gilt nun ferner: $F(A_1, \ldots, A_n) \leftrightarrow B$, wo B der Satz $(\overline{S_{11}} \wedge \ldots \wedge \overline{S_{1s_1}}) \vee \ldots \vee (\overline{S_{t1}} \wedge \ldots \wedge \overline{S_{ts_t}})$ ist. Das beweist man ebenso wie den entsprechenden Satz in 1.3.

Man kann also jeden nach unserem Schema definierten Operator F durch $\neg$, $\wedge$, $\vee$ und $\supset$ definieren. Insbesondere kann man den Operator $F(A, B, C) := (A \supset B) \vee (C \supset B)$ nun nach unserem allgemeinen Schema so definieren:

1. $\Delta \to (A \to B) \vdash \Delta \to F(A, B, C)$
   $\Delta \to (C \to B) \vdash \Delta \to F(A, B, C)$
2. $\Delta \to \sim (A \to B); \Delta \to \sim (C \to B)$
   $\vdash \Delta \to \sim F(A, B, C)$
3. $\Delta, (A \to B) \to S; \Delta, (C \to B) \to S$
   $\vdash \Delta, F(A, B, C) \to S$
4. $\Delta, \sim (A \to B), \sim (C \to B) \to S$
   $\vdash \Delta, \sim F(A, B, C) \to S$.

Im Rahmen von SQ-Kalkülen kann man dagegen, wie wir im Abschnitt 2.1 sahen, F nicht direkt definieren. Von den dort angegebenen Regeln sind zwar (1), (2) und (4) mit den hier angegebenen Regeln äquivalent, nicht aber (3). (3) läßt sich in einem SQ-Kalkül nur durch $\Delta, A \supset B \to S; \Delta, C \supset B \to S \vdash \Delta, F(A, B, C) \to S$ ausdrücken, aber in dieser Bedingung wird der Operator $\supset$ verwendet, die Definition ist also nicht kontextfrei.

Das hängt damit zusammen, daß die Regel VI1 (ebenso wie VG1, vgl. 2.1) nicht umkehrbar ist. So gilt z. B. zwar (nach RF) $A \supset B \to A \supset B$, aber nicht generell $\to A$.

Es sei nun **DA0** der Kalkül, den wir aus **G** durch Hinzunahme der N-, K- und I-Regeln erhalten. **DA0** wollen wir als Kalkül der *direkten* A. L. bezeichnen, da in ihm indirekte Schlüsse wie $A \supset \neg A \to \neg A$, $\neg A \supset A \to A$, $A \supset B \succ \neg B \supset \neg A$ etc. unbeweisbar sind. Dieser Kalkül läßt sich durch den SQ-Kalkül **DA1'** ersetzen, der sich daraus durch Beschränkung aller Axiome und der Prämissen und Konklusionen aller Regeln auf SQ ergibt. Die G-Regeln entfallen dann. In **DA1'** sind genau jene SQ beweisbar, die in **DA0** beweisbar sind. Das beweist man ebenso wie das Theorem T2.1-3. Nach den obigen Überlegungen gibt es ferner zu jeder R-Formel S einen strikt äquivalenten Satz $\overline{S}$ von **A**. Daher entsprechen allen in **DA0** beweisbaren R-Formeln $S_1, \ldots, S_n \rightarrow T$ in **DA1'** beweisbare SQ $\overline{S_1}, \ldots, \overline{S_n} \rightarrow \overline{T}$. Man kann daher **DA1'** als vollständige Formalisierung der direkten A. L. ansehen. Die Einführung höherer R-Formeln war also nur im Blick auf eine intuitiv wie formal saubere Deutung der a. l. Operatoren erforderlich.

Von **DA1'** gehen wir nun zum Kalkül **DA1** über, der sich aus **DA1'** durch die Zulassung von SQ ohne HF ergibt. Wir gehen dabei so vor wie im Abschnitt 2.1, wobei wir F nun durch $\sim A \supset A$ definieren. $\Delta \rightarrow$ ist also eine Abkürzung für $\Delta \rightarrow \sim A \supset A$. Der Übergang von **DA1'** zu **DA1** besteht also nur in einer definitorischen Erweiterung.

DA1 ist nun der Kalkül **MA1** (vgl. 1.3), erweitert um die I-Regeln.

2.3 Der Sequenzenkalkül DA2

Ebenso entsteht aus **MA2** (vgl. 1.4) ein Kalkül **DA2** der direkten Logik, der SQ verwendet, die auch mehrere HF enthalten können, wenn wir folgende Verallgemeinerungen der Implikationsregeln hinzunehmen:

HI1: $\Delta, A \rightarrow B \vdash \Delta \rightarrow A \supset B$
VI1: $\Delta \rightarrow A, \Gamma; \Delta, B \rightarrow \Gamma \vdash \Delta, A \supset B \rightarrow \Gamma$
HI2: $\Delta \rightarrow A, \Gamma; \Delta \rightarrow \sim B, \Gamma \vdash \Delta \rightarrow \sim A \supset B, \Gamma$
VI2: $\Delta, A, \sim B \rightarrow \Gamma \vdash \Delta, \sim A \supset B \rightarrow \Gamma$

Die Regel HI1 läßt sich nicht durch $\Delta, A \rightarrow B, \Gamma \vdash \Delta \rightarrow A \supset B, \Gamma$ ersetzen. Daraus würde wegen $A \rightarrow B, A$ folgen $\rightarrow A \supset B, A$, also $\rightarrow (A \supset B) \vee A$. Diese SQ ist aber in **DA1** nicht beweisbar. (Das ergibt sich z.B. aus T2.5-1. Ist V eine direkte Bewertung, für die gilt $V(A) = u$, $V(B) = f$, so gilt nicht $\Lambda V'(V' \geq V \wedge V'(A) = w \supset V'(B) = w)$. Es ist also $V(A \supset B) \neq w$, und $V(A) \neq w$, also $V((A \supset B) \vee A) \neq w$.

T2.3-1: Die SQ $\Delta \rightarrow \Gamma$ ist in **DA2** genau dann beweisbar, wenn $\Delta \rightarrow \overline{\overline{\Gamma}}$ in **DA1** beweisbar ist.

Dabei sei $\overline{\overline{\Gamma}} = \Gamma$, falls Γ leer ist oder nur eine Formel enthält, und $\overline{\overline{\Gamma}} = \overline{S_1} \vee \ldots \vee \overline{S_n}$ für $\Gamma = S_1, \ldots, S_n$ $(n \geq 2)$.

Das beweist man wie T1.4-2. Da $HI1_1$ mit $HI1_2$ übereinstimmt und die Behauptung für VI2 trivial ist, sind zum Beweis von T1.4-2 unter (a) nur noch folgende Fälle nachzutragen:

$HI2_2$: Sind $\Delta \rightarrow A \vee \overline{\overline{\Gamma}}$ und $\Delta \rightarrow \neg B \vee \overline{\overline{\Gamma}}$ in **DA1** beweisbar, so auch $\Delta \rightarrow \neg (A \supset B) \vee \overline{\overline{\Gamma}}$. Denn es gilt $A \vee C, \neg B \vee C \rightarrow \neg (A \supset B) \vee C$:

$$\frac{A, \sim B \rightarrow A; \; A, \sim B \rightarrow \sim B}{A, \sim B \rightarrow \neg (A \supset B)} \qquad C \rightarrow C$$

$$\frac{A,\ \sim B \rightarrow \neg(A \supset B) \vee C;\quad \sim B,\ C \rightarrow \neg(A \supset B) \vee C}{A \vee C,\ \sim B \rightarrow \neg(A \supset B) \vee C}$$

$$C \rightarrow C$$

$$C \rightarrow \neg(A \supset B) \vee C$$

$$\frac{A \vee C,\ \neg B \rightarrow \neg(A \supset B) \vee C \qquad A \vee C,\ C \rightarrow \neg(A \supset B) \vee C}{A \vee C,\ \neg B \vee C \rightarrow \neg(A \supset B) \vee C}$$

$VI1_2$: Sind $\Delta \rightarrow A \vee \overline{\overline{\Gamma}}$ und $\Delta, B \rightarrow \overline{\overline{\Gamma}}$ in **DA1** beweisbar, so auch $\Delta, A \supset B \rightarrow \overline{\overline{\Gamma}}$.

Denn es gilt $A \vee C, A \supset B \rightarrow B \vee C$:

$$\frac{\dfrac{A, A \supset B \rightarrow B}{A, A \supset B \rightarrow B \vee C} \qquad \dfrac{C \rightarrow C}{C, A \supset B \rightarrow B \vee C}}{A \vee C, A \supset B \rightarrow B \vee C}$$

Daraus folgt $B \vee C, B \supset C \rightarrow C \vee C$, mit T3 aus 1.3 also $B \vee C, B \supset C \rightarrow C$. Damit erhalten wir:

$$\frac{\dfrac{\Delta \rightarrow A \vee \overline{\overline{\Gamma}};\ A \vee \overline{\overline{\Gamma}}, A \supset B \rightarrow B \vee \overline{\overline{\Gamma}}}{\Delta, A \supset B \rightarrow B \vee \overline{\overline{\Gamma}}}\,TR \qquad \dfrac{\dfrac{\Delta, B \rightarrow \overline{\overline{\Gamma}}}{\Delta \rightarrow B \supset \overline{\overline{\Gamma}}};\ B \vee \overline{\overline{\Gamma}}, B \supset \overline{\overline{\Gamma}} \rightarrow \overline{\overline{\Gamma}}}{\Delta, B \vee \overline{\overline{\Gamma}} \rightarrow \overline{\overline{\Gamma}}}\,TR}{\Delta, A \supset B \rightarrow \overline{\overline{\Gamma}}}$$

Es gilt nun das *Eliminationstheorem:*

T2.3-2: Jede in **DA2** beweisbare SQ ist ohne Anwendungen von TR beweisbar.

Dem Beweis von T1.4-3 sind dabei nur folgende Fälle unter (3a) und (3b) hinzuzufügen:
Unter (3a):

ε) S hat die Gestalt $A \supset B$

$$\frac{\dfrac{\Delta, A \rightarrow B}{\Delta \rightarrow A \supset B} \qquad \dfrac{\Delta' \rightarrow A, \Gamma';\ \Delta', B \rightarrow \Gamma'}{\Delta', A \supset B \rightarrow \Gamma'}}{\Delta, \Delta' \rightarrow \Gamma'} \quad \Rightarrow \quad \frac{\dfrac{\Delta' \rightarrow A, \Gamma';\ \Delta, A \rightarrow B}{\Delta', \Delta_A \rightarrow \Gamma'_A, B;\ \Delta', B \rightarrow \Gamma'}}{\Delta', \Delta_A, \Delta'_B \rightarrow \Gamma'_{A,B}, \Gamma'}$$

$$\Delta, \Delta' \rightarrow \Gamma' \quad \text{VT, HT, VK, HK, VV}$$

ς) S hat die Gestalt $\sim A \supset B$

$$\frac{\dfrac{\Delta \rightarrow A, \Gamma;\ \Delta \rightarrow \sim B, \Gamma}{\Delta \rightarrow \sim A \supset B, \Gamma} \qquad \dfrac{\Delta', A, \sim B \rightarrow \Gamma'}{\Delta, \sim A \supset B \rightarrow \Gamma'}}{\Delta, \Delta' \rightarrow \Gamma, \Gamma'} \quad \Rightarrow \quad \frac{\dfrac{\Delta \rightarrow A, \Gamma;\ \Delta', A, \sim B \rightarrow \Gamma'}{\Delta \rightarrow \sim B, \Gamma;\ \Delta, \Delta'_A, \sim B \rightarrow \Gamma_A, \Gamma'}}{\Delta, \Delta_{\sim B}, \Delta'_A, {}_{\sim B} \rightarrow \Gamma_{\sim B}, \Gamma_A, \Gamma'}$$

$$\Delta, \Delta' \rightarrow \Gamma, \Gamma'$$

VK, HK, VT, HT, VV, HV

In beiden Fällen ist der Grad der beiden Schnittformeln in $\mathfrak{B}'$ kleiner als in $\mathfrak{B}$.

Unter (3b):

ε) S hat die Gestalt A⊃B

$$\begin{array}{c} \Delta, A\rightarrow B \\ \underline{\Delta\rightarrow A\supset B;\ A\supset B,\ {\sim}A\supset B\rightarrow} \\ \Delta,\ {\sim}A\supset B\rightarrow \end{array} \Rightarrow \begin{array}{l} \underline{\Delta, A\rightarrow B;\ B,\ {\sim}B\rightarrow} \\ \Delta, A,\ {\sim}B\rightarrow \\ \Delta,\ {\sim}A\supset B\rightarrow \end{array} \qquad \text{VI2}$$

ς) S hat die Gestalt ~A⊃B

$$\begin{array}{c} \underline{\Delta\rightarrow A, \Gamma;\ \Delta\rightarrow {\sim}B, \Gamma} \\ \underline{\Delta\rightarrow {\sim}A\supset B, \Gamma;\ A\supset B,\ {\sim}A\supset B\rightarrow} \\ \Delta, A\supset B\rightarrow \Gamma \end{array} \Rightarrow \begin{array}{c} \underline{\Delta\rightarrow {\sim}B, \Gamma;\ B,\ {\sim}B\rightarrow} \\ \Delta, B\rightarrow \Gamma_{\sim B} \\ \underline{\Delta\rightarrow A, \Gamma;\ \Delta, B\rightarrow \Gamma} \\ \Delta, A\supset B\rightarrow \Gamma \end{array} \qquad \text{HV}$$

Aus T2.3-2 folgt wie unter T1.4-4 das *Teilformeltheorem:*

T2.3-3: Zu jeder in **DA2** beweisbaren SQ Σ gibt es einen Beweis von Σ, dessen SQ nur Formeln enthalten, deren Satzkomponenten Teilsätze der Satzkomponenten der Formeln in Σ sind.

Aus T2.3-2 ergibt sich auch die *Widerspruchsfreiheit* von **DA2:**

T2.3-4: In **DA2** ist für keinen Satz A zugleich →A und → ~A beweisbar.

Andernfalls wäre wegen WS und TR auch die SQ → beweisbar. → ist aber kein Axiom von **DA2** und keine mögliche Konklusion einer Regel von **DA2** außer TR. TR ist aber nach T2.3-2 eliminierbar.

DA2 ist aber nicht trivialerweise widerspruchsfrei, wie das nach den Überlegungen in 1.4 für **MA2** galt. Denn in **DA2** lassen sich SQ →S auch ohne TR mit HI1 beweisen.

DA2 zeichnet also auch Sätze als gültig aus. Daher kann man die direkte A. L. auch in Gestalt eines Satzkalküls der üblichen Art formulieren. Es sei **DA** der Kalkül der aus folgenden Axiomen und der Regel R1 besteht:

A1: A⊃(B⊃A)
A2: (A⊃(B⊃C))⊃((A⊃B)⊃(A⊃C))
A3: ¬A⊃(A⊃B)
A4: A⊃(¬B⊃¬(A⊃B))
A5a: ¬(A⊃B)⊃A
A5b: ¬(A⊃B)⊃¬B
A6: A⊃¬¬A
A7: ¬¬A⊃A
A8: A⊃(B⊃A∧B)
A9a: A∧B⊃A
A9b: A∧B⊃B

A10a: $\neg A \supset \neg (A \wedge B)$
A10b: $\neg B \supset \neg (A \wedge B)$
A11: $(\neg A \supset C) \supset ((\neg B \supset C) \supset (\neg (A \wedge B) \supset C))$
R1: $A, A \supset B \vdash B$

Für den Äquivalenzbeweis von **DA** mit den bisher angegebenen Kalkülen der direkten A. L. benötigen wir folgende Theoreme von **DA**:

T1: $A \supset A$

Beweis:	$(A \supset ((B \supset A) \supset A)) \supset ((A \supset (B \supset A)) \supset (A \supset A))$	A2
	$A \supset ((B \supset A) \supset A)$	A1
	$(A \supset (B \supset A)) \supset (A \supset A)$	R1
	$A \supset (B \supset A)$	A1
	$A \supset A$	R1

T2: Gilt $A_1, \ldots, A_n \vdash B$, so gilt auch $A_1, \ldots, A_{n-1} \vdash A_n \supset B$.

Das ist das *Deduktionstheorem* für **DA**.

Beweis: Es liege einer Herleitung $\mathfrak{H}$ von B aus den Annahmeformeln (kurz AF) $A_1, \ldots, A_n$ vor als Folge von Sätzen $C_1, \ldots, C_r$ (C_r ist also B). Wir bilden nun die Satzfolge $\mathfrak{H}'$: $A_n \supset C_1, \ldots, A_n \supset C_r$ und formen $\mathfrak{H}'$ wie folgt in eine Ableitung von $A_n \supset C_r$ aus $A_1, \ldots, A_{n-1}$ um:

1. Ist C_i $(i = 1, \ldots, r)$ ein Axiom, so ersetzen wir die Zeile $A_n \supset C_i$ durch

C_i	
$C_i \supset (A_n \supset C_i)$	A1
$A_n \supset C_i$	R1

2. Ist C_i mit A_n identisch, so ersetzen wir die Zeile $A_n \supset C_i$ durch den oben gegebenen Beweis für $A_n \supset A_n$ (vgl. T1).
3. Ist C_i eine der AF A_k $(k = 1, \ldots, n-1)$, so ersetzen wir die Zeile $A_n \supset C_i$ durch

A_k	AF
$A_k \supset (A_n \supset A_k)$	A1
$A_n \supset A_k$	R1

4. Geht C_i in $\mathfrak{H}$ aus Formeln C_l und $C_l \supset C_i$ durch Anwendung von R1 hervor, so treten in $\mathfrak{H}'$ die Formeln $A_n \supset C_i$ und $A_n \supset (C_l \supset C_i)$ vor der Formel $A_n \supset C_i$ auf und wir ersetzen die Zeile $A_n \supset C_i$ durch

$(A_n \supset (C_l \supset C_i)) \supset ((A_n \supset C_l) \supset (A_n \supset C_i))$	A2
$(A_n \supset C_l) \supset (A_n \supset C_i)$	R1
$A_n \supset C_i$	R1

Ersetzt man die Zeilen von $\mathfrak{H}'$ von oben nach unten fortschreitend in dieser Weise, so erhält man eine Ableitung von $A_n \supset B$ aus $A_1, \ldots, A_{n-1}$.

Wir können nun die strikte Äquivalenz von Sätzen auch in der Objektsprache **A** ausdrücken, wenn wir definieren:

D2.3-1 a) $A \llcorner B := (A \supset B) \land (\neg B \supset \neg A)$
b) $A \sqcup B := (A \llcorner B) \land (B \llcorner A)$

$\llcorner$ binde schwächer als alle bisherigen a. l. Operatoren, $\sqcup$ noch schwächer als $\llcorner$.

Dann gilt das *Ersetzungstheorem:*

T3: $(A \sqcup B) \supset (C[A] \sqcup C[B])$
Der Beweis ergibt sich aus T2.1-5 mit der Äquivalenz von **DA0** und **DA2.**

Es gilt nun

T2.3-5: In **DA** ist die Ableitungsbeziehung $\Delta \vdash A$ genau dann beweisbar, wenn die SQ $\Delta \to A$ in **DA1'** beweisbar ist.

Beweis: 1. Liegt eine Ableitung $\mathfrak{H}$ von A aus den AF Δ in **DA** als Folge von Formeln $C_1, \ldots, C_r$ vor, so ist die SQ $\Delta \to C_i$ für alle $i = 1, \ldots, r$ in **DA1'** beweisbar. Wir zeigen das für fortschreitende i:

a) Ist C_i ein Axiom von **DA,** so ist $\to C_i$, mit VV also $\Delta \to C_i$ in **DA1'** beweisbar:

A1:
$$\begin{array}{l} A, B \to A \\ A \to B \supset A \\ \to A \supset (B \supset A) \end{array}$$

A2:
$$\begin{array}{l} A, B \to B \quad C, A, B \to C \\ \hline B \supset C, A, B \to C \quad A, B \to A \\ \hline A \supset (B \supset C), A, B \to C \quad A \supset (B \supset C), A \to A \\ \hline A \supset (B \supset C), A \supset B, A \to C \\ A \supset (B \supset C), A \supset B \to A \supset C \\ A \supset (B \supset C) \to (A \supset B) \supset (A \supset C) \\ \to (A \supset (B \supset C)) \supset ((A \supset B) \supset (A \supset C)) \end{array}$$

A3:
$$\begin{array}{l} A, \sim A \to B \\ \sim A \to A \supset B \\ \neg A \to A \supset B \\ \to \neg A \supset (A \supset B) \end{array}$$

A4:
$$\begin{array}{l} A, \sim B \to A \quad A, \sim B \to \sim B \\ \hline A, \sim B \to \sim (A \supset B) \\ A, \neg B \to \sim (A \supset B) \\ A, \neg B \to \neg (A \supset B) \\ A \to \neg B \supset \neg (A \supset B) \\ \to A \supset (\neg B \supset \neg (A \supset B)) \end{array}$$

A5a:
$$\begin{array}{l} A, \sim B \to A \\ \sim A \supset B \to A \\ \neg (A \supset B) \to A \end{array}$$

A5b:
$$\begin{array}{l} A, \sim B \to \sim B \\ A, \sim B \to \neg B \\ \sim A \supset B \to \neg B \\ \neg (A \supset B) \to \neg B \end{array}$$

A6:
$$\begin{array}{l} A \to A \\ A \to \sim \neg A \end{array}$$

A7:
$$\begin{array}{l} A \to A \\ \sim \neg A \to A \end{array}$$

$$A \rightarrow \neg\neg A \qquad\qquad \neg\neg A \rightarrow A$$
$$\rightarrow A \supset \neg\neg A \qquad\qquad \rightarrow \neg\neg A \supset A$$

A8:
$$\frac{A, B \rightarrow A \quad A, B \rightarrow B}{A, B \rightarrow A \wedge B}$$
$$A \rightarrow (B \supset A \wedge B)$$
$$\rightarrow A \supset (B \supset A \wedge B)$$

A9a:
$$A, B \rightarrow A$$
$$A \wedge B \rightarrow A$$
$$\rightarrow A \wedge B \supset A$$

A9b:
$$A, B \rightarrow B$$
$$A \wedge B \rightarrow B$$
$$\rightarrow A \wedge B \supset B$$

A10a:
$$\sim A \rightarrow \sim A$$
$$\sim A \rightarrow \sim A \wedge B$$
$$\neg A \rightarrow \neg A \wedge B$$
$$\rightarrow \neg A \supset \neg A \wedge B$$

A10b:
$$\sim B \rightarrow \sim B$$
$$\sim B \rightarrow \sim A \wedge B$$
$$\neg B \rightarrow \neg A \wedge B$$
$$\rightarrow \neg B \supset \neg A \wedge B$$

A11:
$$\frac{\dfrac{\neg B \supset C, \sim A \rightarrow \sim A \quad \neg B \supset C, \sim A, C \rightarrow C}{\neg A \supset C, \neg B \supset C, \sim A \rightarrow C} \quad \dfrac{\neg A \supset C, \sim B \rightarrow \sim B \quad \neg A \supset C, \sim B, C \rightarrow C}{\neg A \supset C, \neg B \supset C, \sim B \rightarrow C}}{\neg A \supset C, \neg B \supset C, \neg(A \wedge B) \rightarrow C}$$
$$\neg A \supset C, \neg B \supset C \rightarrow \neg(A \wedge B) \supset C$$
$$\rightarrow (\neg A \supset C) \supset ((\neg B \supset C) \supset (\neg(A \wedge B) \supset C)))$$

(Das Axiomenschema WS wird dabei nur zum Beweis von A3 benötigt).

b) Ist C_i eine AF aus Δ, so gilt $\Delta \rightarrow C_i$ nach RF und VV.

c) Ist C_i das Resultat einer Anwendung von R1 auf Formeln C_1 und $C_1 \supset C_i$, so ist schon bewiesen, daß die SQ $\Delta \rightarrow C_1$ und $\Delta \rightarrow C_1 \supset C_i$ in **DA1'** beweisbar sind. Wegen der Umkehrbarkeit von HI1 erhalten wir daraus aber $\Delta, C_1 \rightarrow C_i$, mit TR also $\Delta \rightarrow C_i$.

2. Jede in **DA1'** beweisbare SQ stellt eine in **DA** beweisbare Ableitungsbeziehung dar, wenn wir die Vorkommnisse von „$\sim$" durch solche von „$\neg$" ersetzen. (Diese Ersetzung führt in **DA1'** wegen der strikten Äquivalenz von $\sim A$ und $\neg A$ zu äquivalenten SQ.) Ist $\mathfrak{H}$ ein Beweis in **DA1'**, geschrieben als Folge von SQ $\Sigma_1, \ldots, \Sigma_r$, so beweisen wir die Behauptung für fortschreitende i $(i = 1, \ldots, r)$.

a) Ist Σ_i ein Axiom von **DA1'** nach RF $(\sim)A \rightarrow (\sim)A$, so gilt $(\neg)A \vdash (\neg)A$ in **DA** trivialerweise.

b) Ist Σ_i Axiom nach WS, $A, \sim A \rightarrow (\sim)B$, so erhalten wir $A, \neg A \vdash (\neg)B$ wie folgt

A	AF
$\neg A$	AF
$\neg A \supset (A \supset (\neg)B)$	A3
$A \supset (\neg)B$	R1
$(\neg)B$	R1

c) Entsteht Σ_i aus der Anwendung einer Deduktionsregel von **DA1'**, so ist bereits gezeigt, daß die Prämissen beweisbare Ableitungsbeziehungen in **DA** darstellen. Dann gilt die Behauptung auch für die Konklusion. Das ist für die Regeln VT und VK trivial, da es für die Geltung einer Ableitungsbeziehung nicht auf die Häufigkeit und Reihenfolge der Aufführung der Prämissen ankommt. Für VV und TR gilt sie wegen der Eigenschaften von $\vdash$, und für die semantischen Regeln finden wir:

HN1 und VN1 werden bei Ersetzung von „$\sim$" durch „$\neg$" trivial.
HN2: Gilt $\Delta \vdash A$, so nach A6 auch $\Delta \vdash \neg\neg A$.
VN2: Gilt $\Delta, A \vdash B$, so gilt nach A7 auch $\Delta, \neg\neg A \vdash B$.
HK1: Gilt $\Delta \vdash A$ und $\Delta \vdash B$, so gilt nach A8 auch $\Delta \vdash A \wedge B$.
HK2: Gilt $\Delta \vdash \neg A$ oder $\Delta \vdash \neg B$, so gilt nach A10 auch $\Delta \vdash \neg(A \wedge B)$.
VK1: Gilt $\Delta, A, B \vdash C$, so gilt nach A9 auch $\Delta, A \wedge B \vdash C$.
VK2: Gilt $\Delta, \neg A \vdash C$ und $\Delta, \neg B \vdash C$, so gilt nach T2 auch $\Delta \vdash \neg A \supset C$ und $\Delta \vdash \neg B \supset C$, also nach A11 $\Delta \vdash \neg(A \wedge B) \supset C$, nach R1 also $\Delta, \neg(A \wedge B) \vdash C$.
HI1: Gilt $\Delta, A \vdash B$, so gilt nach T2 auch $\Delta \vdash A \supset B$.
HI2: Gilt $\Delta \vdash A$ und $\Delta \vdash \neg B$, so gilt nach A4 auch $\Delta \vdash \neg(A \supset B)$.
VI1: Gilt $\Delta \vdash A$ und $\Delta, B \vdash C$, so gilt nach R1 auch $\Delta, A \supset B \vdash C$.
VI2: Gilt $\Delta, A, \neg B \vdash C$, so gilt nach A5 auch $\Delta, \neg(A \supset B) \vdash C$.

Auch **DA** ist also eine vollständige Formalisierung der direkten A. L.

Die direkte A. L. ist auch entscheidbar. Da dieser Beweis jedoch erheblich komplizierter ist als im Fall der minimalen A. L., gehen wir darauf erst im Zusammenhang mit der Angabe eines mechanischen Beweisverfahrens für die direkte Prädikatenlogik ein, um Wiederholungen zu vermeiden.

2.4 Direkte Bewertungen

Die Semantik partieller Bewertungen bildet keine ausreichende Grundlage für die Interpretation von Sprachen, für die das Prinzip der Wahrheitsdefinitheit nicht gilt, für Sprachen z. B., in denen auch vage Sätze vorkommen. In der normalen Sprache gibt es auch Bedeutungspostulate, die es zwar nicht erlauben, gewissen Sätzen Wahrheitswerte zuzuordnen, die aber doch Beziehungen zwischen ihren Wahrheitswerten herstellen. So werden wir den Satz „Wenn A, dann A" auch dann als wahr ansehen, wenn A ein vager Satz ist wie z. B. „Fritz ist groß" (Fritz sei nur wenig größer als der Durchschnitt der Männer). Ebenso ist der Satz „Wenn dieser Ball rot ist, ist er nicht orange" selbst dann wahr, wenn die Farbe des Balls im Grenzbereich zwischen Rot und Orange liegt, weil sich die Prädikate „rot" und „orange" bei jeder zulässigen Präzisierung ausschließen sollen. Solche Wahrheitswertbeziehungen zwischen vagen Sätzen, wie sie insbesondere durch Wahrheitsregeln hergestellt werden können, lassen sich aber mit partiellen Bewertungen nicht auszeichnen. Insbesondere ist der Satz $A \supset A$ nicht P-wahr. Nach dem Stabilitätsprinzip P3 aus 1.6 muß ja für $V(A) = V(B) = u$ generell $V(A \supset B) = u$ sein, falls gelten soll: $V(B) = w \supset V(A \supset B) = w$ und $V(A) = w \wedge V(B) = f \supset V(A \supset B) = f$.

Wir können aber mit partiellen Bewertungen auch Wahrheitswertbeziehungen erfassen, wenn wir zu jeder solchen Bewertung V angeben, welche Erweiterungen davon zulässig sein sollen. Zulässig sollen all jene Erweiterungen von V sein, welche die Wahrheitswertbeziehungen erfüllen, die bei V gelten sollen. Lauten die fraglichen Beziehungen z. B. „Ist A wahr, so ist B falsch" und „Ist A falsch, so ist C wahr", so sind genau solche Erweiterungen V' von V zulässig, für die gilt $V'(A) = w \supset V'(B) = f$ und $V'(A) = f \supset V'(C) = w$. Insbesondere gilt das auch für V selbst, da die fraglichen Beziehungen ja bei der Bewertung V gelten sollen. Die Wahrheitswertbeziehungen, die bei V gelten sollen, zeichnen also Mengen zulässiger Erweiterungen von V aus. Umgekehrt kann man die Wahrheitswertbeziehungen, die bei der Bewertung V gelten sollen, durch Mengen $\mathfrak{B}$ von Erweiterungen von V charakterisieren. Gilt z. B. für alle Erweiterungen V' aus $\mathfrak{B}$ $V'(A) = w \supset V'(B) = w$, so gilt bei V die Wahrheitswertbeziehung „Ist A wahr, so auch B".

Wenn wir nun an den Wahrheitsbedingungen für Negationen und Konjunktionen festhalten, und Implikationen $A \supset B$ zum Ausdruck von Wahrheitswertbeziehungen „Ist A wahr, so auch B" einführen, so gelangen wir damit zu folgendem Bewertungsbegriff:

D2.4-1: Eine *D-Bewertung* von **A** ist ein Tripel $\mathfrak{M} = \langle I, S, V \rangle$, für das gilt:

1. I ist eine nichtleere Indexmenge.
2. Für alle $i \varepsilon I$ ist S_i eine Teilmenge von I, so daß gilt
   a) $i \varepsilon S_i$ und
   b) $j \varepsilon S_i \wedge k \varepsilon S_j \supset k \varepsilon S_i$.
3. Für alle $i \varepsilon I$ ist V_i eine Funktion, die Sätzen von **A** Wahrheitswerte aus $\{w, f\}$ zuordnet, so daß gilt:
   a) $j \varepsilon S_i \wedge V_i(A) \neq u \supset V_j(A) = V_i(A)$ für alle Atomsätze A.
   b) $V_i(\neg A) = w$ gdw. $V_i(A) = f$
   $V_i(\neg A) = f$ gdw. $V_i(A) = w$

c) $V_i(A \wedge B) = w$ gdw. $V_i(A) = V_i(B) = w$
$V_i(A \wedge B) = f$ gdw. $V_i(A) = f \vee V_i(B) = f$

d) $V_i(A \supset B) = w$ gdw. $\wedge j(j\varepsilon S_i \wedge V_j(A) = w \supset V_j(B) = w)$
$V_i(A \supset B) = f$ gdw. $V_i(A) = w \wedge V_i(B) = f$.

Wie in 1.6 schreiben wir dabei $V(A) = u$, falls V für A nicht definiert ist. $j\varepsilon S_i$ besagt nach (3a), daß V_j eine (zulässige) Extension von V_i ist. Die Bedingung (2a) besagt, daß jede partielle Bewertung eine zulässige Extension von sich selbst ist. Nach (2b) ist jede zulässige Extension einer zulässigen Extension von V_i eine zulässige Extension von V_i. Die Bedingungen (3b) und (3c) sind jene für partielle Bewertungen. Die Wahrheitswerte $V(\neg A)$ bzw. $V(A \wedge B)$ hängen danach in klassischer Weise nur von den Wahrheitswerten V(A) bzw. V(A) und V(B) ab. Nur $V_i(A \supset B)$ hängt von den Werten $V_j(A)$ und $V_j(B)$ für partielle Bewertungen V_j mit $j \neq i$ ab und zwar so, daß im Fall $V_i(A \supset B) = w$ für alle Extensionen V_j von V_i die Wahrheitswertbeziehung „Ist A wahr, so auch B" gilt. Insbesondere gilt also für alle V_i, auch für solche mit $V_i(A) = u$, $V_i(A \supset A) = w$.

Das Prinzip der Wahrheitsfunktionalität (P1) aus 1.6 gilt nun sinngemäß nur für Negationen und Konjunktionen. Die Implikation wird dagegen ähnlich charakterisiert wie die strikte Implikation in der Modallogik. Auch die Wahrheitsbedingungen für Implikationen entsprechen hingegen den Prinzipien der Fidelität (P2) und der maximalen Definitheit (P4), denn für $V_i(A) \neq u \neq V_i(B)$ gilt $V_i(A \supset B) = w$ gdw. $V_i(A) = f \vee V_i(B) = w$, und darüber hinaus gilt $V_i(A) = f \vee V_i(B) = w \supset V_i(A \supset B) = w$. Denn es gilt das Prinzip P3 der Stabilität, nun freilich nur in der Beschränkung auf zulässige Extensionen:

T2.4-1: Für alle Sätze A gilt $V_i(A) \neq u \supset \wedge j(j\varepsilon S_i \supset V_j(A) = V_i(A))$.

Beweis: Nach D2.4-1,3a gilt das für alle Atomsätze A. Und ist die Behauptung bereits für alle Sätze vom Grad $< n$ bewiesen, so gilt sie nach D2.4-1,3b-d auch für alle Sätze vom Grad n. Ist z. B. $V_i(A \supset B) = w$, gilt also für alle $k\varepsilon S_i$ $V_k(A) = w \supset V_k(B) = w$, so gilt für $j\varepsilon S_i$ wegen D2.4-1,2b für alle $l\varepsilon S_j$ auch $l\varepsilon S_i$, also $\wedge l(l\varepsilon S_j \wedge V_l(A) = w \supset V_l(B) = w)$, also $V_j(A \supset B) = w$. Und ist $V_i(A \supset B) = f$, also $V_i(A) = w$ und $V_i(B) = f$, so nach I. V. für $j\varepsilon S_i$ $V_j(A) = w$ und $V_j(B) = f$, also $V_j(A \supset B) = f$.

Wir sagen:

D2.4-2: Eine D-Bewertung $\mathfrak{M} = \langle I, S, V \rangle$ *erfüllt* den Satz A gdw. für alle $i\varepsilon I$ gilt $V_i(A) = w$. A ist *D-wahr* gdw. alle $\mathfrak{M}$ A erfüllen. Ein Schluß von $A_1, \ldots, A_n$ auf B ist *$\mathfrak{M}$-gültig* gdw. für alle $i\varepsilon I$ gilt: Ist $V_i(A_1) = \ldots = V_i(A_n) = w$, so ist $V_i(B) = w$. Er ist *D-gültig* gdw. er für alle $\mathfrak{M}$ $\mathfrak{M}$-gültig ist.

Danach gilt:

T2.4-2: $A_1, \ldots, A_n \rightarrow B$ ist $\mathfrak{M}$-gültig gdw. $A_1, \ldots, A_{n-1} \rightarrow A_n \supset B$ $\mathfrak{M}$-gültig ist.

Beweis: $\mathfrak{M}$ sei $\langle I, S, V\rangle$. Ist der erste Schluß $\mathfrak{M}$-gültig und gilt für ein V_i $V_i(A_1) = \ldots = V_i(A_{n-1}) = w$, so gilt auch für alle $j\varepsilon S_i$ (nach T2.4-1) $V_j(A_1) = \ldots = V_j(A_{n-1}) = w$ und $V_j(A_n) = w \supset V_j(B) = w$, also $V_i(A_n \supset B) = w$. Gilt umgekehrt für jedes i: $V_i(A_1) = \ldots = V_i(A_{n-1}) = w \supset \Lambda j(j\varepsilon S_i \wedge V_j(A_n) = w \supset V_j(B) = w)$, so gilt wegen $i\varepsilon S_i$ auch $V_i(A_1) = \ldots = V_i(A_n) = w \supset V_i(B) = w$.

D-Bewertungen sind Bewertungen der Art, wie sie K. Fine in (1975), § 2 charakterisiert hat, also Bewertungen im Sinne von D2.4-1, abgesehen von den Bedingungen (3b) bis (3d). Fine entscheidet sich dort im § 3 jedoch für einen Typ von Bewertungen, bei denen die Implikation im Sinne von D1.1-2b definiert wird, so daß (3d) entfällt, und er ersetzt die zweite Bedingung unter (3c) durch

α) $V_i(A \wedge B) = f$ gdw. $\Lambda j(j\varepsilon S_i \supset \mathrm{V}k(k\varepsilon S_j \wedge (V_k(A) = f \vee V_k(B) = f)))$.

Auch dann gilt die Stabilitätsbedingung im Sinn von T2.4-1. Denn ist $V_i(A \wedge B) = f$, so gilt auch für alle j mit $j\varepsilon S_i$ $V_j(A \wedge B) = f$. Andernfalls gäbe es nach (α) ein $j'\varepsilon S_j$, so daß gilt $\Lambda k'(k'\varepsilon S_{j'} \supset V_{k'}(A) \neq f \wedge V_{k'}(B) \neq f)$, nach (2b) gilt aber auch $j'\varepsilon S_i$, so daß $V_i(A \wedge B)$ nach (α) $\neq f$ wäre.

Mit (α) wird nun aber die normale, klassische Deutung von Konjunktionen aufgegeben: Die Falschheit von $A \wedge B$ besagt nicht mehr, daß A oder B falsch ist, und entsprechend besagt $A \vee B$ nach D1.1-2a nicht mehr, daß A oder B wahr ist. $A \wedge B$ kann falsch sein, selbst wenn sowohl A wie B indeterminiert ist, und das ist der Fall, wenn zwar jeder der beiden Sätze so präzisiert werden kann, daß er wahr, wie auch so, daß er falsch wird, wenn aber keine Präzisierung beide Sätze zugleich wahr macht. Das wäre bei einem Satz wie „Fritz ist groß und Fritz ist klein" der Fall (falls Fritz mittelgroß ist).

Fine nimmt ferner das Prinzip der *Komplettierbarkeit* an:

C) $\Lambda i(i\varepsilon I \supset \mathrm{V}j(j\varepsilon S_i \wedge C(V_j))$

Dabei besage $C(V_j)$ wieder, daß V_j eine totale Bewertung ist. Aus dem Postulat C folgt nun, daß bei diesen Bewertungen a.l. Wahrheit mit klassischer a.l. Wahrheit zusammenfällt. So gilt z.B. für beliebige V_i $Vi(A \vee \neg A) = w$, d.h. $V_i(A \wedge \neg A) = f$. Denn nach (C) gibt es zu jedem $j\varepsilon S_i$ ein $k\varepsilon S_j$ mit $C(V_k)$, für das also gilt $V_k(A) = f \vee V_k(\neg A) = f$, so daß nach (α) $V_i(A \wedge \neg A) = f$ ist.

Fine gibt zwei Argumente für diese *super-truth*-Theorie an:

1. Sie ist die einzige, die alle Bedeutungspostulate erfaßt. Da die Sätze „Hans ist groß" (A) und „Hans ist klein" (B) nicht zugleich wahr sein können, muß $A \wedge B$ nach Fine falsch sein, und das erfordert die obige Bedingung für $V_i(A \wedge B) = f$.

Fine benutzt hier jedoch das Prinzip „Was nicht wahr sein kann, muß falsch sein, und was nicht falsch sein kann, muß wahr sein", das keineswegs intuitiv überzeugend ist, und das zu einer Deutung der Konjunktion führt, die zwar nicht dem Buchstaben, aber dem Geist des Fidelitätsprinzips widerspricht. Bei unserem Ansatz hingegen werden Bedeutungspostulate nur durch Implikationen erfaßt. Im obigen Beispiel gilt $A \supset \neg B$ und $B \supset \neg A$, so daß $A \wedge B$ nicht wahr sein kann; daraus folgt aber nicht, daß $A \wedge B$ falsch ist. Und $C \vee \neg C$ kann nie falsch sein; daraus folgt aber nicht, daß dieser Satz wahr ist. Bei der Implikation weichen auch wir von der klassischen Deutung ab. Anders als die Operatoren $\neg$ und $\wedge$, deren Wahrheitsbedingungen sehr eng den Gebrauchsprinzipien für „nicht" und „und" in der normalen Sprache entsprechen, gelten die klassischen Wahrheitsbedingungen für die materiale Implikation nicht für das „wenn-dann" der normalen Sprache. Das wird viel besser durch intensionslogisch definierte Konditionale erfaßt.[1] Die hier eingeführte Implikation erfaßt zwar den Sinn des „wenn-dann" nicht vollständig, hat aber jedenfalls mit diesem Ausdruck die Eigenschaften einer Folgebeziehung gemein.

2. Die *super-truth*-Theorie ist die einzige, die den Bedingungen P2, P3, und C und der folgenden Resolutionsbedingung R genügt:

R) $V_i(A)=u \supset \bigvee jk(j,k \varepsilon S_i \wedge V_j(A)=w \wedge V_k(A)=f)$ für alle Atomformeln A.

C und R sind jedoch nicht in allen Fällen akzeptabel. Man kann den Satz, der zur Antinomie von Russell führt „Die Klasse aller Klassen, die sich nicht selbst enthalten, enthält sich selbst" als indeterminiert ansehen. Dann ist er aber *wesentlich* indeterminiert: Jede Zuordnung eines Wahrheitswerts ergibt einen Widerspruch. Und wenn es in der zugrundegelegten Sprache einen Operator „ist vage" gibt, so ist der Satz „A ist vage" bei allen totalen Erweiterungen falsch; er ist also nach Fine auch bei einer Bewertung falsch, in der A tatsächlich vage ist.

Unser Argument für die Semantik der D-Bewertungen anstelle der Fineschen *super-truth*-Theorie ist also: Wir wollen keine Komplettierbarkeit voraussetzen, wir wollen im Fall der natursprachlich fundierten Operatoren $\neg$ und $\wedge$ die klassischen Wahrheitsbedingungen beibehalten, und wir wollen die Implikation so deuten, daß dieser Operator die Grundeigenschaften einer Folgebeziehung hat, mit der sich Bedeutungsbeziehungen ausdrücken lassen.

D2.4-3: Wir nennen eine D-Bewertung $\mathfrak{M}=\langle I, S, V\rangle$ *zentriert* gdw. es ein $i_0 \varepsilon I$ gibt mit $S_{i_0}=I$.

Es gilt nun

[1] Vgl. dazu z. B. Kutschera (1976), Kap. 3.

T2.4-3: Ein Satz ist D-wahr gdw. er von allen zentrierten D-Bewertungen erfüllt wird.

Beweis: (a) Wird A von allen D-Bewertungen erfüllt, so auch von allen zentrierten. (b) Gibt es eine nicht-zentrierte D-Bewertung $\mathfrak{M}=\langle I, S, V\rangle$, die A nicht erfüllt, so gibt es ein $i\varepsilon I$ mit $V_i(A)\neq w$. Ist $I'=S_i$, $S'_j=S_j$ für alle $j\varepsilon S_i$ (es gilt dann wegen $j\varepsilon S_i \wedge k\varepsilon S_j \supset k\varepsilon S_i$ $S_j\subset I'$) und $V'_j=V_j$ für alle $j\varepsilon I'$, so ist $\mathfrak{M}=\langle I', S', V'\rangle$ eine zentrierte D-Bewertung mit $i_o=i$ und $V'_i(A)\neq w$.

Man kann sich also auf zentrierte D-Bewertungen beschränken, und das wollen wir im folgenden tun, wobei wir den Zusatz „zentriert" auch weglassen. Für alle im folgenden betrachteten D-Bewertungen $\mathfrak{M}=\langle I, S, V\rangle$ soll es also immer ein Element i_o von I mit $S_{i_o}=I$ geben.

Es gilt nun

T2.4-4: $\mathfrak{M}=\langle I, S, V\rangle$ erfüllt den Satz A genau dann, wenn V_{i_o} den Satz A erfüllt.

Beweis: Erfüllt $\mathfrak{M}$ A, so gilt für alle $i\varepsilon I$ $V_i(A)=w$, also auch $V_{i_o}(A)=w$. Gilt $V_{i_o}(A)=w$, so gilt nach T2.4-1 $\Lambda j(j\varepsilon S_{i_o}\supset V_j(A)=w)$, also erfüllt wegen $S_{i_o}=I$ auch $\mathfrak{M}$ den Satz A.

Die Beziehungen zwischen totalen Bewertungen und D-Bewertungen ergeben sich aus folgenden Sätzen:

T2.4-5: Jede totale Bewertung ist eine D-Bewertung.

Denn ist V eine totale Bewertung, so ist $\mathfrak{M}=\langle I, S, V'\rangle$ mit $I=\{1\}=S_1$ und $V'_1=V$ eine D-Bewertung. Es gilt also auch:

T2.4-6: Alle D-wahren Sätze von **A** sind klassisch gültig.

D2.4-4: Eine D-Bewertung $\mathfrak{M}=\langle I, S, V\rangle$ heißt *komplett* gdw. es ein $j\varepsilon I$ gibt mit $C(V_j)$.

Alle kompletten D-Bewertungen lassen sich nun zu totalen Bewertungen erweitern, denn es gilt:

T2.4-7: Zu jeder kompletten D-Bewertung $\mathfrak{M}=\langle I, S, V\rangle$ gibt es eine totale Bewertung V', für die gilt: $V_{i_o}(A)\neq u\supset V'(A)=V_{i_o}(A)$ für alle Sätze A.

Beweis: Setzen wir $V'=V_j$ für ein $j\varepsilon I$ mit $C(V_j)$, so gilt $V'\geq V_{i_o}$, also nach T2.4-1 die Behauptung.

Die Umkehrung des Satzes gilt zwar nicht, es gilt aber:

T2.4-8: Läßt sich eine D-Bewertung $\mathfrak{M}$ zu einer totalen Bewertung V' erweitern, so gibt es eine mit $\mathfrak{M}$ äquivalente, komplette D-Bewertung $\mathfrak{M}'$, für die also gilt $V_{i_o}(A)=V'_{i_o}(A)$ für alle Sätze A.

Bezeichnet man also D-Bewertungen – nun in anderem Sinn als Fine – als *komplettierbar,* die entweder komplett sind oder zu denen es äquivalente komplette D-Bewertungen gibt, so lassen sich genau die komplettierbaren D-Bewertungen zu totalen Bewertungen erweitern.

Beweis: Es sei $\mathfrak{M} = \langle I, S, V \rangle$ und V' sei eine totale Bewertung, für die gilt $V_{i_0}(A) \neq u \supset V'(A) = V_{i_0}(A)$ für alle Sätze A. Es sei nun $\mathfrak{M}' = \langle I', S', V' \rangle$, $I' = I \cup \{k\}$ – k sei irgendein Index, der in I nicht vorkommt –, $S'_k = \{k\}$ und für $j \neq k$ $S'_j = S_j \cup \{k\}$, falls gilt $V' \geq V_j$, sonst $S'_j = S_j$. Ferner sei $V'_k = V'$ und $V'_j(A) = V_j(A)$ für alle $j \neq k$ und alle Atomsätze A. Dann ist $\mathfrak{M}'$ komplett und es gilt für alle $j \varepsilon I$ $V'_j = V_j$, also auch $V'_{i_0} = V_{i_0}$. Das beweist man durch Induktion nach dem Grad g der Sätze. Für $g = 0$ ist die Behauptung nach Definition der V'_j trivial. Ist sie schon für alle Sätze vom Grad $\leq n$ bewiesen, so gilt sie auch trivialerweise für alle Sätze vom Grad $n+1$ der Form $\neg A$ und $A \wedge B$. Ist $V_j(A \supset B) = f$, so ist ferner $V_j(A) = w$ und $V_j(B) = f$, also nach I. V. $V'_j(A) = w$ und $V'_j(B) = f$, also $V'_j(A \supset B) = f$. Ist $V_j(A \supset B) = w$, so gilt $\Lambda l(l \varepsilon S_j \wedge V_l(A) = w \supset V_l(B) = w)$, also nach I. V. $\Lambda l(l \varepsilon S_j \wedge V'_l(A) = w \supset V'_l(B) = w)$. Ist nun k nicht Element von S'_j, so gilt auch $\Lambda l(l \varepsilon S'_j \wedge V'_l(A) = w \supset V'_l(B) = w)$. Das gilt aber auch für $k \varepsilon S'_j$, denn dann ist $V' \geq V_j$, also $V'_k \geq V_j$, also $V'_k(A \supset B) = w$, also $V'_k(B) = w$ für $V'_k(A) = w$. Aus $\Lambda l(l \varepsilon S'_j \wedge V'_l(A) = w \supset V'_l(B) = w)$ folgt aber $V'_j(A \supset B) = w$. Ist endlich $V_j(A \supset B) = u$, so gilt $(V_j(A) = u \vee V_j(B) = u) \wedge \mathrm{V}l(l \varepsilon S_j \wedge V_l(A) = w \wedge V_l(B) \neq w)$, also nach I. V. $(V'_j(A) = u \vee V'_j(B) = u) \wedge \mathrm{V}l(l \varepsilon S'_j \wedge V'_l(A) = w \wedge V'_l(B) \neq w)$, also $V'_j(A \supset B) = u$.

Es gilt nun:

T2.4-9: Ein Satz A ist im klassischen Sinn a. l. wahr gdw. keine komplette D-Bewertung $\neg A$ erfüllt.

Beweis: (a) Ist A nicht klassisch wahr, so gibt es eine totale Bewertung, die $\neg A$ erfüllt, diese Bewertung ist aber auch eine komplette D-Bewertung. (b) Gibt es eine komplette D-Bewertung $\langle I, S, V \rangle$, die $\neg A$ erfüllt, gilt also $V_{i_0}(A) = f$, so gibt es nach T2.4-7 auch eine totale Bewertung V' mit $V'(A) = f$.

Es gilt hingegen nicht, daß ein Satz A genau dann klassisch a. l. wahr ist, wenn keine D-Bewertung $\neg A$ erfüllt. Erfüllt keine D-Bewertung $\neg A$, so ist zwar A nach T2.4-5 im klassischen Sinn a. l. wahr, aber die Umkehrung gilt nicht. Der Satz $\neg(A \equiv \neg A)$ ist z. B. klassisch a. l. wahr, aber für eine D-Bewertung $\langle \{1\}, \{1\}, V \rangle$ mit $V_1(A) = u$ (A sei ein Atomsatz) gilt $\Lambda j(j \varepsilon S_1 \wedge V_j(A) = w \supset V_j(\neg A) = w)$ und $\Lambda j(j \varepsilon S_1 \wedge V_j(\neg A) = w \supset V_j(A) = w)$, also $V_1(A \equiv \neg A) = w$, also $V_1(\neg(A \equiv \neg A) = f$.

Zwischen partiellen Bewertungen und D-Bewertungen bestehen folgende Zusammenhänge:

T2.4-10: Jede partielle Bewertung läßt sich zu einer (kompletten) D-Bewertung erweitern.

Beweis: Nach T1.6-2 läßt sich jede partielle Bewertung zu einer totalen erweitern, und diese ist nach T2.4-5 eine D-Bewertung.

Daraus folgt nun aber nicht, daß alle P-gültigen Schlüsse auch D-gültig sind. Nach D1.1-2,b ist z.B. der Schluß $A \supset B \rightarrow \neg A \vee B$ P-gültig, aber er ist nicht D-gültig. Und der Schluß $A \equiv \neg A \rightarrow A$ ist P-gültig, da es keine partielle Bewertung gibt, die den Satz $A \equiv \neg A$ erfüllt, er ist aber nicht D-gültig, da es D-Bewertungen gibt, die $A \equiv \neg A$ erfüllen, während keine D-Bewertung, die $A \equiv \neg A$ erfüllt, auch A erfüllt. Umgekehrt ist $\rightarrow A \supset A$ ein D-gültiger Schluß, der nicht P-gültig ist.

Daß es nicht zu jeder (kompletten) D-Bewertung $\mathfrak{M} = \langle I, S, V \rangle$ eine partielle Bewertung V' gibt mit $V'(A) = V_{i_0}(A)$ für alle Sätze A, ergibt sich daraus, daß für $V_{i_0}(A) = V_{i_0}(B) = u$ gelten kann $V_{i_0}(A \supset B) = w$, während das für partielle Bewertungen nicht möglich ist. Es gibt aber wegen T2.4-7 und weil jede totale Bewertung eine partielle ist, zu jeder kompletten D-Bewertung $\mathfrak{M} = \langle I, S, V \rangle$ eine partielle V' mit $V_{i_0}(A) \neq u \supset V'(A) = V_{i_0}(A)$.

2.5 *Die Adäquatheit von* **DA2** *bzgl. direkter Bewertungen*

Wir wollen nun zeigen, daß die Kalküle der direkten Logik, die wir angegeben haben, semantisch widerspruchsfrei und vollständig sind bzgl. der Semantik der D-Bewertungen. Wegen ihrer Äquivalenz können wir den Beweis an irgendeinem dieser Kalküle führen. Für den Nachweis der semantischen Widerspruchsfreiheit wählen wir **DA1'**, zeigen also:

T2.5-1: Jede in **DA1'** beweisbare SQ stellt einen D-gültigen Schluß dar, wenn wir wieder setzen: $V_i(\sim A) = V_i(\neg A)$.

Der Beweis ist einfach: Wir haben im Beweis von T1.7-1 schon gezeigt, daß jede partielle Bewertung alle Axiome von **DA1'** erfüllt, und daß sie mit den Prämissen einer Regel außer den I-Regeln auch deren Konklusion erfüllt. Dann gilt das aber auch für jede D-Bewertung $\mathfrak{M} = \langle I, S, V \rangle$ und jedes V_i mit $i \varepsilon I$. Für die I-Regeln erhalten wir, wenn wir $V_i(\Delta) = w$ schreiben für $V_i(S_1) = \ldots = V_i(S_n) = w$ und $\Delta = S_1, \ldots, S_n$:

HI1: Die Behauptung gilt nach T2.4-2.

HI2: Sind $\Delta \rightarrow A$ und $\Delta \rightarrow \sim B$ $\mathfrak{M}$-gültig, so gilt für $V_{i_0}(\Delta) = w$ auch $V_{i_0}(A) = w$ und $V_{i_0}(B) = f$, also $V_{i_0}(A \supset B) = f$.

VI1: Sind $\Delta \rightarrow A$ und $\Delta, B \rightarrow S$ $\mathfrak{M}$-gültig und gilt $V_{i_0}(\Delta) = w$, so auch $V_{i_0}(A) = w$ und $V_{i_0}(B) = w \supset V_{i_0}(S) = w$. Gilt nun $V_{i_0}(A \supset B) = w$, also $\wedge j(j \varepsilon S_{i_0} \wedge V_j(A) = w \supset V_j(B) = w)$, so gilt wegen $i_0 \varepsilon S_{i_0}$ und $V_{i_0}(A) = w$ auch $V_{i_0}(B) = w$, also $V_{i_0}(S) = w$.

VI2: Aus $V_{i_0}(\sim A \supset B) = w$ folgt $V_{i_0}(A \supset B) = f$, also $V_{i_0}(A) = w$ und $V_{i_0}(B) = f$, d.h. $V_{i_0}(\sim B) = w$. Ist also $\Delta, A, \sim B \rightarrow S$ $\mathfrak{M}$-gültig, so auch $\Delta, \sim A \supset B \rightarrow S$.

Da wir ein Entscheidungsverfahren für die direkte A. L. erst später angeben, schlagen wir hier zum Beweis ihrer Vollständigkeit einen anderen Weg ein als in 1.7, der der üblichen Methode für Vollständigkeitsbeweise entspricht. Wir beziehen uns dabei nun auf den Kalkül **DA.**[1]

Zur Vorbereitung des Beweises zunächst einige Definitionen und Sätze. $\mathfrak{B}$, $\mathfrak{C}$,... seien im folgenden Satzmengen (kurz: SM), die auch unendlich sein können.

D2.5-1: $\mathfrak{B} \vdash A$ gilt gdw. es endlich viele Sätze $B_1,\ldots,B_n$ aus $\mathfrak{B}$ gibt mit $B_1,\ldots,B_n \vdash A$.

D2.5-2: Eine SM $\mathfrak{B}$ ist *konsistent* gdw. (in **DA**) nicht $\mathfrak{B} \vdash \neg(D \supset D)$ beweisbar ist für einen bestimmten (Atom-)Satz D. Ein Satz A ist mit $\mathfrak{B}$ *verträglich,* wenn die SM $\mathfrak{B} \cup \{A\}$ konsistent ist.

D2.5-3: Eine SM $\mathfrak{B}$ ist *regulär* gdw. gilt
a) ist $\mathfrak{B} \vdash A$, so $A \varepsilon \mathfrak{B}$,
b) ist $\neg(A \wedge B) \varepsilon \mathfrak{B}$, so ist $\neg A$ oder $\neg B$ in $\mathfrak{B}$,
c) $\mathfrak{B}$ ist konsistent.

D2.5-4: Eine *D-System* ist ein Paar $\mathfrak{S} = \langle I, \mathfrak{R} \rangle$, für das gilt:
a) I ist eine Indexmenge
b) Für alle $i \varepsilon I$ ist $\mathfrak{R}_i$ eine reguläre SM.
c) Für alle Sätze A und B und alle $i \varepsilon I$ gilt: Ist $A \supset B$ nicht in $\mathfrak{R}_i$, so gibt es ein $j \varepsilon I$ mit $\mathfrak{R}_i \subset \mathfrak{R}_j$, $A \varepsilon \mathfrak{R}_j$ und B nicht in $\mathfrak{R}_j$.

Es gilt nun

HS1: Jede konsistente SM $\mathfrak{B}$, aus der ein Satz A nicht ableitbar ist, läßt sich zu einer regulären SM $\mathfrak{B}'$ erweitern, die A nicht enthält.

Beweis: Es sei $\neg(B \wedge C)_1, \neg(B \wedge C)_2, \ldots$ eine Abzählung aller Sätze von **A** der Gestalt $\neg(B \wedge C)$. Wir setzen $\mathfrak{B}_0 = \mathfrak{B}$ und

$$\mathfrak{B}_{n+1} = \begin{cases} \mathfrak{B}_n \cup \{\neg(B \wedge C)_{n+1} \supset \neg B\}, \text{ wo nicht gilt } \mathfrak{B}_n, \neg B \vdash A \ (\alpha). \\ B_n \cup \{\neg(B \wedge C)_{n+1} \supset \neg C\}, \text{ wo } (\alpha) \text{ nicht gilt und auch} \\ \text{nicht } \mathfrak{B}_n, \neg C \vdash A \ (\beta). \\ B_n \text{ sonst.} \end{cases}$$

Es sei $\mathfrak{B}''$ die Vereinigung $\cup \mathfrak{B}_n$ aller $\mathfrak{B}_n$, und $\mathfrak{B}'$ sei die Menge aller Sätze, die aus $\mathfrak{B}''$ ableitbar sind, (also die Konsequenzmenge von $\mathfrak{B}''$). Es gilt dann:

1. Alle $\mathfrak{B}_n$ sind konsistent. Denn für $\mathfrak{B}_0 = \mathfrak{B}$ gilt das nach Voraussetzung, und gilt es für $\mathfrak{B}_n$, so nach Konstruktion auch für $\mathfrak{B}_{n+1}$. Denn ist $\mathfrak{B}_n$ mit $\neg B$ (bzw. $\neg C$) verträglich, so nach A1 erst recht mit $\neg(B \wedge C) \supset \neg B$.
2. $\mathfrak{B}''$ ist konsistent. Sonst gäbe es nach D2.5-1 Sätze $D_1,\ldots,D_m$ aus $\mathfrak{B}''$

[1] Der folgende Beweis wurde schon in Kutschera (1983) dargestellt.

mit $D_1,\ldots,D_m \vdash \neg(E\supset E)$; dann gäbe es aber ein $\mathfrak{B}_n$ mit $D_1,\ldots,D_m \varepsilon \mathfrak{B}_n$, so daß $\mathfrak{B}_n$ inkonsistent wäre im Widerspruch zu (1). Mit $\mathfrak{B}''$ ist dann auch $\mathfrak{B}'$ konsistent.

3. Für kein n gilt $\mathfrak{B}_n \vdash A$. Nach Voraussetzung gilt das für $\mathfrak{B}_o$, und gilt es für $\mathfrak{B}_n$, so nach Konstruktion auch für $\mathfrak{B}_{n+1}$. Denn gilt nicht $\mathfrak{B}_n, \neg B \vdash A$, so auch nicht $\mathfrak{B}_n, \neg(B\wedge C)\supset \neg B \vdash A$, da nach A10a $\neg(B\wedge C)$ aus $\neg B$ folgt. Ebenso für $\neg C$ (vgl. A10b).
4. Es gilt nicht $\mathfrak{B}'' \vdash A$. Sonst gäbe es wieder Sätze $D_1,\ldots,D_m$ aus $\mathfrak{B}''$ mit $D_1,\ldots,D_m \vdash A$. Dann gäbe es aber auch ein $\mathfrak{B}_n$ mit $D_1,\ldots,D_m \varepsilon \mathfrak{B}_n$, also $\mathfrak{B}_n \vdash A$, im Widerspruch zu (3). Gilt aber nicht $\mathfrak{B}'' \vdash A$, so ist A nicht in $\mathfrak{B}'$.
5. Gilt $\neg(B\wedge C)_{n+1} \varepsilon \mathfrak{B}'$, also $\mathfrak{B}'' \vdash \neg(B\wedge C)_{n+1}$, so ist entweder $\neg(B\wedge C)_{n+1}\supset \neg B$ oder $\neg(B\wedge C)_{n+1}\supset \neg C$ in $\mathfrak{B}_{n+1}$, also in $\mathfrak{B}''$ – dann gilt nach R1 $\mathfrak{B}'' \vdash \neg B$ oder $\mathfrak{B}'' \vdash \neg C$, d.h. $\neg B$ oder $\neg C$ ist in $\mathfrak{B}'$ – oder es gilt $\mathfrak{B}_n, \neg B \vdash A$ und $\mathfrak{B}_n, \neg C \vdash A$ – dann gilt wegen A11 und dem Deduktionstheorem T2 für **DA** $\mathfrak{B}_n, \neg(B\wedge C)_{n+1} \vdash A$, also $\mathfrak{B}'', \neg(B\wedge C)_{n+1} \vdash A$, das widerspricht aber nach (4) der Annahme, $\neg(B\wedge C)_{n+1}$ sei in $\mathfrak{B}'$.

$\mathfrak{B}'$ ist also regulär und A ist nicht in $\mathfrak{B}'$. Nach Konstruktion von $\mathfrak{B}'$ gilt aber auch $\mathfrak{B}\subset\mathfrak{B}'$.

HS2: Ist A nicht in **DA** beweisbar, so gibt es ein D-System $\langle I, \mathfrak{R}\rangle$ und ein $i_o \varepsilon I$, so daß A nicht in $\mathfrak{R}_{i_o}$ ist.

Beweis: Es sei $\mathfrak{R}^+_{i_o}$ die leere SM. Aus ihr ist dann A nicht ableitbar, da A nach Voraussetzung in **DA** unbeweisbar ist. Nach HS1 gibt es zu $\mathfrak{R}^+_{i_o}$ eine reguläre SM, aus der A nicht ableitbar ist. Sie sei $\mathfrak{R}_{i_o}$. Zu jedem Satz $B\supset C$, der nicht in $\mathfrak{R}_{i_o}$ ist, sei $\mathfrak{R}^+_j$ die Menge $\mathfrak{R}_{i_o}\cup\{B\}$. Es gilt dann nicht $\mathfrak{R}_{i_o}, B \vdash C$, denn sonst wäre $\mathfrak{R}_{i_o} \vdash B\supset C$ nach T2, also $B\supset C \varepsilon \mathfrak{R}_{i_o}$. $\mathfrak{R}^+_j$ ist also eine konsistente SM, aus der C nicht ableitbar ist. Wir erweitern $\mathfrak{R}^+_j$ nach HS1 zu einer regulären SM $\mathfrak{R}_j$, aus der C nicht ableitbar ist. Ebenso wie $\mathfrak{R}_{i_o}$ die SM $\mathfrak{R}_j$ ordnen wir den $\mathfrak{R}_j$ SM $\mathfrak{R}_k$ zu, usf. I sei eine Indexmenge für die so entstehenden regulären SM. Dann ist $\langle I, \mathfrak{R}\rangle$ ein D-System und A ist nicht in $\mathfrak{R}_{i_o}$.

Die *Vollständigkeit* von **DA** beinhaltet nun:

T2.5-2: Ist ein Satz A D-wahr, so ist er in **DA** beweisbar.

Beweis: Ist A nicht in **DA** beweisbar, so gibt es nach HS2 ein D-System $\langle I, \mathfrak{R}\rangle$ und ein $i_o \varepsilon I$, so daß A nicht in $\mathfrak{R}_{i_o}$ ist. Wir definieren nun Mengen S_i und Funktionen V_i für alle $i \varepsilon I$ durch

a) $j \varepsilon S_i$ gdw. $\mathfrak{R}_i \subset \mathfrak{R}_j$,
b) $V_i(B) = w$ gdw. $B \varepsilon \mathfrak{R}_i$
$V_i(B) = f$ gdw. $\neg B \varepsilon \mathfrak{R}_i$.

Dann ist $\mathfrak{M} = \langle I, S, V \rangle$ eine D-Bewertung. Denn nach (a) gelten die Bedingungen 2a,b aus D2.4-1 und nach (b) auch die Bedingung (3a). Nach (b) gelten aber auch die Bedingungen (3b)–(3d):

$V_i(\neg B) = w$ gdw. $\neg B \varepsilon \mathfrak{R}_i$ gdw. $V_i(B) = f$.
$V_i(\neg B) = f$ gdw. $\neg \neg B \varepsilon \mathfrak{R}_i$ gdw. $B \varepsilon \mathfrak{R}_i$ (vgl. A6, A7) gdw. $V_i(B) = w$.
$V_i(B \wedge C) = w$ gdw. $B \wedge C \varepsilon \mathfrak{R}_i$ gdw. $B, C \varepsilon \mathfrak{R}_i$ (vgl. A8, A9) gdw. $V_i(B) = V_i(C) = w$.
$V_i(B \wedge C) = f$ gdw. $\neg (B \wedge C) \varepsilon \mathfrak{R}_i$ gdw. $\neg B \varepsilon \mathfrak{R}_i$ oder $\neg C \varepsilon \mathfrak{R}_i$ (vgl. A10 und die Regularität von $\mathfrak{R}_i$) gdw. $V_i(B) = f$ oder $V_i(C) = f$.

Ist $V_i(B \supset C) = w$, so $B \supset C \varepsilon \mathfrak{R}_i$. Ist $j \varepsilon S_i$, so nach (a) $B \supset C \varepsilon \mathfrak{R}_j$. Gilt nun $V_j(B) = w$, also $B \varepsilon \mathfrak{R}_j$, so (wegen R1 und der Geschlossenheit von $\mathfrak{R}_j$) $C \varepsilon \mathfrak{R}_j$, also $V_j(C) = w$. Gilt umgekehrt $\Lambda j(j \varepsilon S_i \wedge V_j(B) = w \supset V_j(C) = w)$, so gilt für alle j mit $j \varepsilon S_i$ auch $B \varepsilon \mathfrak{R}_j \supset C \varepsilon \mathfrak{R}_j$. Wäre nun $B \supset C$ nicht in $\mathfrak{R}_i$, so gäbe es nach D2.5-4,c ein j mit $\mathfrak{R}_i \subset \mathfrak{R}_j$ (also $j \varepsilon S_i$) mit $B \varepsilon \mathfrak{R}_j$ und nicht $C \varepsilon \mathfrak{R}_j$, im Widerspruch zur Annahme.

$V_i(B \supset C) = f$ gdw. $\neg (B \supset C) \varepsilon \mathfrak{R}_i$ gdw. $B, \neg C \varepsilon \mathfrak{R}_i$ (vgl. A4, A5) gdw. $V_i(B) = w$ und $V_i(C) = f$.

$\mathfrak{M}$ ist also eine (zentrierte) D-Bewertung, und da A nicht in $\mathfrak{R}_{i_0}$ ist, gilt $V_{i_0}(A) \neq w$, so daß $\mathfrak{M}$ A nicht erfüllt.

Damit ist die Vollständigkeit von **DA** bewiesen. Nach dem Deduktionstheorem T2 für **DA** und T2.4-2 folgt aus T2.5-1 und T2.5-2 dann auch

T2.5-3: Ein Schluß $A_1, \ldots, A_m \rightarrow B$ ist genau dann D-gültig, wenn $A_1, \ldots, A_n \vdash B$ in **DA** beweisbar ist.

Daraus folgt dann (mit $V_i(\sim A) = V_i(\neg A)$) wegen T2.3-5 auch, daß in **DA1'** genau jene SQ beweisbar sind, die D-gültige Schlüsse darstellen.

3 Klassische Aussagenlogik

3.1 Der Sequenzenkalkül KA1

In diesem Kapitel soll gezeigt werden, wie man im allgemeinen Rahmen von SQ-Kalkülen im Sinn von 1.3 oder 1.4 und in dem noch allgemeineren Rahmen höherer SQ-Kalküle aus 2.1 andere Systeme der A. L auszeichnen kann. Unser Interesse gilt dabei vor allem der klassischen A. L.

Gehen wir vom Kalkül **MA2** der minimalen A. L. aus, so erhalten wir einen SQ-Kalkül der klassischen A. L. – wir nennen ihn **KA1–** , indem wir folgendes Axiomenschema zu **MA2** hinzunehmen:

TND: $\rightarrow A, \sim A$.

(Implikation und Disjunktion sind hier, wie in **MA2,** nach D1.1-2 definiert.) Durch dieses Prinzip *tertium non datur* stellen wir, wie schon durch WS, einen generellen Zusammenhang zwischen Wahrheits- und Falschheitszuordnungen her. Das wird aus der Äquivalenz von TND mit der Regel
K: $\Delta, S \rightarrow \Gamma \vdash \Delta \rightarrow \sim S, \Gamma$
d.h. mit den beiden Regeln
K_1: $\Delta, A \rightarrow \Gamma \vdash \Delta \rightarrow \sim A, \Gamma$ und
K_2: $\Delta, \sim A \rightarrow \Gamma \vdash \Delta \rightarrow A, \Gamma$
deutlich. (Aus K erhalten wir mit RF TND, und daraus mit $\Delta, S \rightarrow \Gamma$ und TR $\Delta \rightarrow \sim S, \Gamma$.) Die Umkehrung von K folgt aus WS. (Aus $\Delta \rightarrow \sim S, \Gamma$ und $S, \sim S \rightarrow$ erhalten wir mit TR $\Delta, S \rightarrow \Gamma$.) K_1 ist nun die Verallgemeinerung des Prinzips: $A \rightarrow \vdash \rightarrow \sim A$: Ist aus der Auszeichnung von A als wahr ein Widerspruch ableitbar, so ist A als falsch ausgezeichnet. Ebenso ist K_2 die Verallgemeinerung von $\sim A \rightarrow \vdash \rightarrow A$: Ist aus der Auszeichnung von A als falsch ein Widerspruch ableitbar, so ist A als wahr ausgezeichnet.

Man kann nun TND wie auch WS auf Atomformeln beschränken, denn aus den so beschränkten Axiomen sind die anderen Axiome nach TND und WS ableitbar. Wir haben ja in 1.3 die a.1. Operatoren so eingeführt, daß eine Widerspruchsfreiheit und Vollständigkeit der Basiskalküle **K** bei Erweiterungen mit logischen Regeln erhalten bleibt.

Ist **K** eine (entscheidbare) Menge von Atomformeln, die keinen Satz zugleich als wahr und als falsch auszeichnet, so ist WS im Kalkül **MA2K** ohne WS zulässig: Mit WS ist keine Formel beweisbar, die nicht auch ohne WS beweisbar wäre. Da wir aber nur an widerspruchsfreien Kalkülen interessiert sind, ist WS unproblematisch, was die Auszeichnung von Sätzen angeht. Für Schlüsse gilt das nicht, denn der Schluß, $A, \sim A \rightarrow$ z.B. ist ohne WS eben nicht beweisbar. WS ist also ein Prinzip, mit dem wir die Folgerungsbeziehung $\rightarrow$ deuten, dieses Prinzip läßt sich aber damit rechtfertigen, daß wir von konsistenten Satzmengen ausgehen wollen und daß Schlüsse dazu da sind, Sätze als wahr oder als falsch auszuzeichnen.[1]

Analog ist die Annahme von TND gerechtfertigt, solange wir von Formelmengen **K** ausgehen, die jeden Atomsatz A als wahr oder als falsch auszeichnen. Denn aus $\rightarrow A$ wie aus $\rightarrow \sim A$ folgt mit HV $\rightarrow A, \sim A$. Aus der Geltung von TND für alle Atomsätze A folgt aber, daß TND generell für alle Sätze A gilt. Andernfalls werden durch TND (mit HN1 und HD1) auch Sätze $A \vee \neg A$ als wahr ausgezeichnet, für

[1] Zu Logiken ohne WS vgl. den Abschnitt 3.5.

die A weder als wahr noch als falsch ausgezeichnet ist. Das entspricht aber nicht der üblichen Deutung der Disjunktion.

Es ist also zwischen dem Prinzip TND und dem Prinzip der Wahrheitsdefinitheit zu unterscheiden, das besagt, daß jeder Satz A als wahr oder als falsch ausgezeichnet ist. Formal kann man TND annehmen, ohne das Prinzip der Wahrheitsdefinitheit vorauszusetzen, inhaltlich ist das nicht gerechtfertigt. Solange man sich also auf Anwendungen der Logik auf Formelmengen **K** beschränkt, die jeden Atomsatz als wahr oder als falsch auszeichnen, ist die klassische Logik inhaltlich adäquat, andernfalls nicht.

In **KA1** gilt nun wieder das *Eliminationstheorem:*

T3.1-1: Jede in **KA1** beweisbare SQ ist ohne Anwendungen von TR beweisbar.

Das ergibt sich aus dem Beweis des Eliminationstheorems T1.4-3, wenn wir ihn wie folgt ergänzen:

1e) Σ_1 *ist Axiom nach TND,* Σ_2 *Axiom nach WS* (für beliebige g):

$$\frac{\rightarrow A, \sim A; A, \sim A \rightarrow}{(\sim)A \rightarrow (\sim)A} \Rightarrow \qquad (\sim)A \rightarrow (\sim)A \text{ (RF).}$$

3c) Σ_1 *ist Axiom nach TND,* Σ_2 *entsteht durch eine logische Regel mit S als HPF*

α) *S hat die Gestalt* $\neg A$

$$\frac{\begin{array}{c}\Delta', \sim A \rightarrow \Gamma' \\ \rightarrow \neg A, \sim\neg A; \Delta', \neg A \rightarrow \Gamma'\end{array}}{\Delta' \rightarrow \sim\neg A, \Gamma'} \Rightarrow \qquad \begin{array}{ll} \frac{\rightarrow A, \sim A; \Delta', \sim A \rightarrow \Gamma'}{\Delta'_{\sim A} \rightarrow A, \Gamma'} & \\ \Delta' \rightarrow A, \Gamma' & \text{VV, VT} \\ \Delta' \rightarrow \sim\neg A, \Gamma' & \end{array}$$

β) *S hat die Gestalt* $\sim\neg A$

$$\begin{array}{c}\Delta', A \rightarrow \Gamma' \\ \Delta'_A \rightarrow \neg A, \sim\neg A; \Delta', \sim\neg A \rightarrow \Gamma' \\ \Delta' \rightarrow \neg A, \Gamma' \Rightarrow\end{array} \qquad \begin{array}{ll} \frac{\rightarrow A, \sim A; \Delta', A \rightarrow \Gamma'}{\Delta'_A \rightarrow \sim A, \Gamma'} & \\ \Delta' \rightarrow \sim A, \Gamma' & \text{VV, VT} \\ \Delta' \rightarrow \neg A, \Gamma' & \end{array}$$

γ) *S hat die Gestalt* $A \wedge B$

$$\frac{\begin{array}{c}\Delta', A, B \rightarrow \Gamma' \\ \rightarrow A \wedge B, \sim A \wedge B; \Delta', A \wedge B \rightarrow \Gamma'\end{array}}{\Delta' \rightarrow \sim A \wedge B, \Gamma'} \Rightarrow \qquad \begin{array}{ll} \frac{\frac{\rightarrow A, \sim A; \Delta', A, B \rightarrow \Gamma'}{\rightarrow B, \sim B; \Delta'_A, B \rightarrow \sim A, \Gamma}}{} & \\ \Delta'_{A,B} \rightarrow \sim B, \sim A, \Gamma' & \\ \Delta' \rightarrow \sim A, \sim B, \Gamma' & \text{VV, VT, HT} \\ \Delta' \rightarrow \sim A \wedge B, \Gamma' & \end{array}$$

δ) *S hat die Gestalt* $\sim A \wedge B$

$$\dfrac{\dfrac{\Delta', \sim A \rightarrow \Gamma';\ \Delta', \sim B \rightarrow \Gamma'}{\rightarrow A \wedge B, \sim A \wedge B;\ \Delta', \sim A \wedge B \rightarrow \Gamma'}}{\Delta' \rightarrow A \wedge B, \Gamma'} \quad \Rightarrow$$

$$\dfrac{\begin{array}{ll} \dfrac{\rightarrow A, \sim A;\ \Delta', \sim A \rightarrow \Gamma'}{\Delta'_{\sim A} \rightarrow A, \Gamma'} & \dfrac{\rightarrow B, \sim B;\ \Delta', \sim B \rightarrow \Gamma'}{\Delta'_{\sim B} \rightarrow B, \Gamma'} \\ \Delta' \rightarrow A, \Gamma' & \Delta' \rightarrow B, \Gamma' \end{array}}{\Delta' \rightarrow A \wedge B, \Gamma'} \qquad \text{VV, VT}$$

Nach T3.1-1 gilt dann wieder das Teilformeltheorem im Sinne von T1.4-4 für **KA1**.

In **KA1** sind nun mithilfe der Definition D1.1-2 die I-Regeln von **DA2** beweisbar. Denn aufgrund der Definition gilt in **KA1** $A \supset B \leftrightarrow \neg(A \wedge \neg B)$ und damit erhalten wir z. B.:

$$\text{HI1:}\quad \begin{array}{l} \dfrac{\rightarrow A, \sim A;\ \Delta, A \rightarrow B, \Gamma}{\Delta \rightarrow\ \sim A, B, \Gamma} \\ \Delta \rightarrow\ \sim A, \sim \neg B, \Gamma \\ \Delta \rightarrow\ \sim A \wedge \neg B, \Gamma \\ \Delta \rightarrow \neg(A \wedge \neg B), \Gamma \\ \Delta \rightarrow A \supset B, \Gamma \end{array}$$

$$\text{VI1:}\quad \begin{array}{l} \dfrac{\begin{array}{ll} \dfrac{\Delta \rightarrow A, \Gamma;\ A, \sim A \rightarrow}{\Delta, \sim A \rightarrow \Gamma} & \begin{array}{l} \Delta, B \rightarrow \Gamma \\ \Delta, \sim \neg B \rightarrow \Gamma \end{array} \end{array}}{\Delta, \sim A \wedge \neg B \rightarrow \Gamma} \\ \Delta, \neg(A \wedge \neg B) \rightarrow \Gamma \\ \Delta, A \supset B \rightarrow \Gamma \end{array}$$

KA1 ergibt sich also auch aus **DA1,** erweitert um TND. Man gelangt daher zu einem Satzkalkül **KA** der klassischen A. L., wenn man **DA** (vgl. 2.3) um das Axiom $A \vee \neg A$ erweitert. Im Blick auf die Erörterungen in 3.3 wollen wir aber statt $A \vee \neg A$ das Axiom

A12: $(\neg A \supset B) \supset ((\neg A \supset \neg B) \supset A)$

zu **DA** hinzunehmen. In **DA** gilt: $\neg A \supset B, \neg A \supset \neg B \vdash \neg A \supset A$ wegen A3, und nach A7 $\neg\neg A \supset A$, also nach A11 $\neg A \supset B, \neg A \supset \neg B, \neg(\neg A \wedge \neg\neg A) \vdash A$. $A \vee \neg A$ ist aber $\neg(\neg A \wedge \neg\neg A)$, so daß nach T2 (vgl. 2.3) gilt $A \vee \neg A \vdash (\neg A \supset B) \supset ((\neg A \supset \neg B) \supset A)$. Umgekehrt gilt in **DA** auch: $\vdash \neg\neg(\neg A \wedge \neg\neg A) \supset \neg(\neg A \wedge \neg\neg A)$ nach A7 und A4, also $\neg(A \vee \neg A) \supset A \vee \neg A$. Aus A12 folgt aber mit T1 $(\neg B \supset B) \supset B$, so daß wir damit $A \vee \neg A$ erhalten.

In **KA** sind die Axiome nicht unabhängig, denn man erhält z. B. A7 nun so: $\neg\neg A \vdash \neg A \supset A$ nach A3, $\neg A \supset A \vdash A$ nach A12, also $\neg\neg A \vdash A$, mit T2 also $\neg\neg A \supset A$. Und man erhält nach A1 $B \supset (\neg A \supset B)$, mit A12 also B, $\neg A \supset \neg B \vdash A$, also mit T2 $(\neg A \supset \neg B) \supset (B \supset A)$. Dieser Satz ergibt aber mit A1 und A2 bereits einen vollständigen Kalkül der klassischen A. L. (vgl. z.B. Kutschera und Breitkopf (1979)), wenn man $\neg$ und $\supset$ als Grundoperatoren ansieht und $A \wedge B$ durch $\neg(A \supset \neg B)$ definiert. Da sich auch T2 nur auf A1 und A2 stützt, ergeben also auch die Axiome A1, A2 und A12 schon ein vollständiges System der klassischen A. L. Die mangelnde Unabhängigkeit der Axiome von **KA** soll uns hier jedoch nicht stören.

Es gilt nun:

T3.1-2: In **KA** ist $\overline{\Delta} \vdash \overline{\overline{\Gamma}}$ genau dann beweisbar, wenn $\Delta \rightarrow \Gamma$ in **KA1** beweisbar ist.

Dabei sei nun $\overline{A} = A$, $\overline{\sim A} = \neg A$, $\overline{S_1, \ldots, S_n} = \overline{S_1}, \ldots, \overline{S_n}$ und $\overline{\emptyset} = \emptyset$, wo $\emptyset$ die leere Formelreihe ist, und $\overline{\overline{S_1, \ldots, S_n}} = \overline{S}_1 \vee \ldots \vee \overline{S}_n$ und $\overline{\overline{\emptyset}} = B \wedge \neg B$. Es wurde nun schon bewiesen:

a) In **DA1'** ist $\Delta \rightarrow S$ genau dann beweisbar, wenn $\overline{\Delta} \vdash \overline{S}$ in **DA** beweisbar ist (vgl. T2.3-5).
b) In **DA1'** ist $\Delta \rightarrow \overline{\overline{\Gamma}}$ genau dann beweisbar, wenn $\Delta \rightarrow \Gamma$ in **DA2** beweisbar ist (vgl. T2.3-1).

Ist **KA1°** der Kalkül, der aus **DA1'** durch Hinzunahme des Axioms $\rightarrow A \vee \neg A$ entsteht, so gilt dann aber auch, da man in **KA**, wie wir sahen, A12 durch $A \vee \neg A$ ersetzen kann und $\rightarrow \overline{\overline{A, \sim A}}$ die SQ $\rightarrow A \vee \neg A$ ist:

a') In **KA1°** ist $\Delta \rightarrow S$ genau dann beweisbar, wenn $\overline{\Delta} \vdash \overline{S}$ in **KA** beweisbar ist.
b') In **KA1°** ist $\Delta \rightarrow \overline{\overline{\Gamma}}$ genau dann beweisbar, wenn $\Delta \rightarrow \Gamma$ in **KA1** beweisbar ist.

Aus (a') und (b') folgt aber die Behauptung von T3.1-2.

3.2 *Die Kalküle* KA2 *und* KA3

Die starken Beziehungen zwischen Auszeichnungen von Sätzen als wahr und solchen als falsch aufgrund des *tertium non datur* in der klassischen A. L. erlauben erhebliche Vereinfachungen des Formalismus.

Der erste Weg zu einer Vereinfachung besteht im Verzicht auf Formeln der Gestalt $\sim A$ und im Übergang zu SQ, in denen nur Sätze vorkommen. In **KA1** sind folgende Regeln beweisbar:

I) $\Delta \rightarrow \sim A, \Gamma \vdash \Delta, A \rightarrow \Gamma$
II) $\Delta, A \rightarrow \Gamma \vdash \Delta \rightarrow \sim A, \Gamma$

III) $\Delta, \sim A \rightarrow \Gamma \vdash \Delta \rightarrow A, \Gamma$
IV) $\Delta \rightarrow A, \Gamma \vdash \Delta, \sim A \rightarrow \Gamma$.

(I) erhält man mit WS und TR, (II) ist K_1, (III) ist K_2, und (IV) erhält man wieder mit WS und TR. In **KA1** sind also die SQ $\Delta \rightarrow \sim A, \Gamma$ und $\Delta, A \rightarrow \Gamma$, sowie $\Delta, \sim A \rightarrow \Gamma$ und $\Delta \rightarrow A, \Gamma$ äquivalent, so daß wir mit den Regeln (I) und (III) jeder SQ eine äquivalente SQ ohne Formeln $\sim A$ zuordnen können.

Angewendet auf die Axiome und Regeln von **KA1** ergibt das folgende Axiome und Regeln, in denen nun Δ und Γ (evtl. leere) Satzreihen sind:

RF: $A \rightarrow A$
VT: $\Delta, A, B, \Delta' \rightarrow \Gamma \vdash \Delta, B, A, \Delta' \rightarrow \Gamma$
HT: $\Delta \rightarrow \Gamma, A, B, \Gamma' \vdash \Delta \rightarrow \Gamma, B, A, \Gamma'$
VK: $\Delta, A, A \rightarrow \Gamma \vdash \Delta, A \rightarrow \Gamma$
HK: $\Delta \rightarrow A, A, \Gamma \vdash \Delta \rightarrow A, \Gamma$
VV: $\Delta \rightarrow \Gamma \vdash \Delta, A \rightarrow \Gamma$
HV: $\Delta \rightarrow \Gamma \vdash \Delta \rightarrow A, \Gamma$
TR: $\Delta \rightarrow A, \Gamma; \Delta, A \rightarrow \Gamma \vdash \Delta \rightarrow \Gamma$
HN: $\Delta, A \rightarrow \Gamma \vdash \Delta \rightarrow \neg A, \Gamma$
VN: $\Delta \rightarrow A, \Gamma \vdash \Delta, \neg A \rightarrow \Gamma$
HK': $\Delta \rightarrow A, \Gamma; \Delta \rightarrow B, \Gamma \vdash \Delta \rightarrow A \wedge B, \Gamma$
VK': $\Delta, A, B \rightarrow \Gamma \vdash \Delta, A \wedge B \rightarrow \Gamma$

Diesen Kalkül nennen wir **KA2.** Er ist schon von G. Gentzen in (1934) angegeben worden. **KA2** ist mit **KA1** äquivalent:

T3.2-1: In **KA2** ist eine SQ (die nur Sätze als VF und HF enthält) genau dann beweisbar, wenn sie in **KA1** beweisbar ist.

Da in **KA1** mit jeder SQ $\Delta \rightarrow \Gamma$, die auch Formeln $\sim A$ enthalten kann, eine SQ ohne solche Formeln, nämlich $\overline{\Delta} \rightarrow \overline{\Gamma}$ äquivalent ist – es sei wieder $\overline{A} = A$, $\overline{\sim A} = \neg A$ und $\overline{S_1, \ldots, S_n} = \overline{S_1}, \ldots, \overline{S_n}$ – garantiert dieser Satz die Äquivalenz von **KA1** und **KA2.**

Beweis: (a) Es sei $\Delta \rightarrow \Gamma$ in **KA2** beweisbar. Dann ist $\Delta \rightarrow \Gamma$ auch in **KA1** beweisbar, da alle Axiome und Regeln von **KA2** auch Axiome und Regeln von **KA1** sind, mit Ausnahme der beiden N-Regeln. In **KA1** folgt aber aus $\Delta, A \rightarrow \Gamma$ nach (II) $\Delta \rightarrow \sim A, \Gamma$ und daraus erhält man $\Delta \rightarrow \neg A, \Gamma$ nach HN1. Und aus $\Delta \rightarrow A, \Gamma$ folgt $\Delta, \sim A \rightarrow \Gamma$ nach (IV), und daraus mit VN1 $\Delta, \neg A \rightarrow \Gamma$. (b) Es sei nun $\Delta \rightarrow \Gamma$ in **KA1** beweisbar, und $\mathfrak{B}$ sei ein Beweis für diese SQ. Dann ersetzen wir jede SQ in $\mathfrak{B}$ durch jene, die nach dem oben angegebenen Eliminationsverfahren für Formeln $\sim A$ daraus entsteht, d.h. dadurch, daß wir VF $\sim A$ durch HF A, und HF $\sim A$ durch VF A ersetzen. Dabei bleibt $\Delta \rightarrow \Gamma$ identisch und, abgesehen von Anwendungen von VT und HT, erhalten wir einen

Beweis dieser SQ in **KA2**. Denn Axiome nach WS und TND gehen in solche nach RF über, und Axiome $\sim A \rightarrow \sim A$ ebenfalls. Anwendungen von VT gehen über in solche von VT_2 und HT_2 bzw. werden überflüssig. Analog für HT_1, VK_1, HK_1, VV_1, HV_1. TR_1 geht generell in TR_2 über. Anwendungen von HN1 und VN2 gehen in Anwendungen von HN, solche von HN2 und VN1 in Anwendungen von VN über. Anwendungen von HK1 und VK2 gehen in solche von HK' über, Anwendungen von HK2 und VK1 in solche von VK'.

Auch in **KA2** gilt das Eliminations- und also das Teilformeltheorem. Das Eliminationstheorem beweist man wieder in Analogie zu T1.4-3, wobei der Beweis nun durch den Wegfall von Formeln $\sim A$ und der Axiome WS und TND erheblich vereinfacht wird.

Eine andere Vereinfachung von **KA1** besteht im Übergang zu SQ ohne VF, die man dann als Formelreihen (kurz FR) schreiben kann. In **KA1** sind nach den Regeln (I)–(IV) ja die SQ $S_1, \ldots, S_n \rightarrow \Gamma$ mit den SQ $\rightarrow \sim S_1, \ldots, \sim S_n, \Gamma$ äquivalent. Angewendet auf die Axiome und Regeln von **KA1** ergibt das bei Weglassen des SQ-Symbols folgende Axiome und Regeln:

D: $A, \sim A$
T: $\Delta, S, T, \Delta' \vdash \Delta, T, S, \Delta'$
K: $\Delta, S, S \vdash \Delta, S$
V: $\Delta \vdash \Delta, S$
S: $\Gamma, A; \Gamma, \sim A \vdash \Gamma$
N1: $\Gamma, \sim A \vdash \Gamma, \neg A$
N2: $\Gamma, A \vdash \Gamma, \sim \neg A$
K1: $\Gamma, A; \Gamma, B \vdash \Gamma, A \wedge B$
K2: $\Gamma, \sim A, \sim B \vdash \Gamma, \sim A \wedge B$

Diesen FR-Kalkül nennen wir **KA3**. Er ist mit **KA1** äquivalent:

T3.2-2: In **KA3** ist Δ genau dann beweisbar, wenn $\rightarrow \Delta$ in **KA1** beweisbar ist.

Da wir schon gesehen haben, daß jeder SQ eine in **KA1** äquivalente SQ der Gestalt $\rightarrow \Delta$ entspricht, genügt das zum Nachweis der Äquivalenz der beiden Kalküle.[1]

Beweis: (a) Δ sei in **KA3** beweisbar. Dann ist $\rightarrow \Delta$ auch in **KA1** beweisbar, da alle Axiome und alle Regeln von **KA3** bei Ersetzung von

[1] **KA3** ohne D ist ein Teilkalkül der minimalen A. L. Denn in Analogie zu T3.2-2 gilt offenbar: In **KA3** ohne D ist Δ genau dann beweisbar, wenn $\rightarrow \Delta$ in **MA2** beweisbar ist. Das besagt nun freilich wenig, da in **MA2** keine einzige SQ dieser Gestalt beweisbar ist. Es gilt aber auch: In **KA3K** ohne D (K sei wieder eine Menge von Atomformeln und **KA3K** sei die Erweiterung von **KA3** um die Spezialaxiome S, wo S in K ist) ist Δ genau dann beweisbar, wenn $\rightarrow \Delta$ in **MA2K** beweisbar ist.

FR Γ durch SQ → Γ auch Axiome und Regeln von **KA1** sind. (b) → Δ sei in **KA1** beweisbar. Dann gibt es nach dem Eliminationstheorem T3.1-1 für **KA1** auch einen schnittfreien Beweis von → Δ. Da keine Regel von **KA1** außer TR VF eliminiert, enthält dieser Beweis nur SQ der Gestalt → Γ, macht also nur von den Axiomen TND und den H-Regeln Gebrauch, die auch Axiome und Regeln von **KA3** sind (wenn wir → Γ durch Γ ersetzen).

Damit ist zugleich das Eliminationstheorem für **KA3** bewiesen, d.h. der Satz:

T3.2-3: In **KA3** ist jede beweisbare FR ohne Anwendungen der Regel S beweisbar.

Denn gibt es einen Beweis von Δ in **KA3,** so nach T3.2-2 auch einen Beweis von → Δ in **KA1,** also einen schnittfreien Beweis von → Δ in **KA1** (nach T3.1-1), also nach dem angegebenen Beweis von T3.2-2 auch einen Beweis von Δ in **KA3** ohne S-Anwendungen. Direkt ist T3.2-3 analog wie T3.1-1 zu beweisen.

Wir geben diesen Beweis im Blick auf spätere Untersuchungen hier an. Da diese aber nur die klassische Logik betreffen, die ja nicht das eigentliche Thema dieser Arbeit ist, kann das folgende bis zum Ende des Abschnitts 3.3 von jenen Lesern überschlagen werden, die an einer Formulierung der klassischen Logik als FR-Kalkül nicht interessiert sind. Für minimale und direkte Logik spielen FR-Kalküle keine Rolle, da sie sich in dieser Form nicht vollständig darstellen lassen.

Zum Beweis von T3.2-3 ersetzen wir zunächst S durch die Regel
S+: $\Gamma(A); \Gamma'(\sim A) \vdash \Gamma_A, \Gamma'_{\sim A}$

Dabei sei wieder Γ(S) eine FR, die an ein oder mehreren Stellen die Formel S enthält, und Γ_S sei die FR, die sich daraus durch Streichung aller Vorkommnisse von S ergibt. S+ ist gleichwertig mit S:

$$\begin{array}{lcc} & \Gamma'(A) & \Gamma'(\sim A) \\ \text{K} & \Gamma_A, A & \Gamma'_{\sim A}, \sim A \\ \text{V, T} & \multicolumn{2}{c}{\dfrac{\Gamma_A, \Gamma'_{\sim A}, A \qquad \Gamma_A, \Gamma'_{\sim A}, \sim A}{\Gamma_A, \Gamma'_{\sim A}}\ \text{S}} \end{array} \qquad \begin{array}{cl} \dfrac{\Gamma, A \qquad \Gamma, \sim A}{\Gamma_A, \Gamma_{\sim A}} & \text{S+} \\ \Gamma, \Gamma & \text{V} \\ \Gamma & \text{K} \end{array}$$

Wir denken uns die Beweise in **KA3** in Baumform geschrieben und beweisen wieder, daß sich jede oberste S+-Anwendung in einem Beweis 𝔅 eliminieren läßt. Der Beweis erfolgt durch Induktion nach dem Grad der Schnittformel (SF) A, wobei wieder in Basis und Schritt eine Induktion nach dem Rang $r = r_1 + r_2$ eingeschoben wird, und r_1, der linke Rang, die maximale Zahl aufeinanderfolgender FR in einem Ast von 𝔅 ist, der mit Π_1 endet, und die alle A enthalten. Ebenso wird r_2 für Π_2 bestimmt. $\Pi_1 = \Gamma(A)$ und $\Pi_2 = \Gamma'(\sim A)$ sind die Prämissen der fraglichen S+-Anwendungen, $\Pi = \Gamma_A, \Gamma'_{\sim A}$ sei ihre Konklusion.

1. *$g = 0$, $r = 2$*

In diesen Fällen kann S+ direkt eliminiert werden.

a) *Γ enthält $\sim A$* (für beliebige r, g)

Das gilt speziell, wenn Π_1 Axiom ist.

$$\frac{\Gamma(A, \sim A) \quad \Gamma'(\sim A)}{\Gamma_A(\sim A), \Gamma'_{\sim A}} \Rightarrow \qquad \begin{array}{ll} \Gamma'(\sim A) & \\ \Gamma_A(\sim A), \Gamma'(\sim A) & \text{V} \\ \Gamma_A(\sim A), \Gamma'_{\sim A} & \text{K, T} \end{array}$$

b) *Γ' enthält A* (für beliebige r, g)

Das gilt speziell, wenn Π_2 Axiom ist. Der Fall wird entsprechend behandelt wie (a).

c) *Π_1 entsteht durch V mit A* (für beliebige r_2, g)

$$\frac{\begin{array}{l}\Gamma \\ \Gamma, A \quad \Gamma'(\sim A)\end{array}}{\Gamma, \Gamma'_{\sim A}} \qquad \begin{array}{ll} \Gamma & \\ \Gamma, \Gamma'_{\sim A} & \text{V} \end{array}$$

(Für $r_1 > 1$ wird dieser Fall unter 2a2γ behandelt.)

d) Π_2 *entsteht durch V mit $\sim A$* (für beliebige r_1, g)

Entsprechend. (Für $r_2 > 1$ wird dieser Fall unter 2b2γ behandelt.)

Andere Fälle können für $g = 0$, $r = 2$ nicht vorkommen. Im folgenden setzen wir voraus, daß kein Fall vorliegt, der unter (1) behandelt worden ist.

2. *$g = 0$, $r > 2$*

a) $r_1 > 1$ (für beliebige r_2, g)

a1) *Durch die Regel, die zu Π_1 führt, wird kein neues Vorkommnis von S eingeführt.*

α) *R hat zwei Prämissen, die beide A enthalten*

$$\text{R}\ \frac{\dfrac{\Gamma''(A); \Gamma'''(A)}{\Gamma(A)} \quad \Gamma'(\sim A)}{\Gamma_A, \Gamma'_{\sim A}} \qquad \Rightarrow \qquad \frac{\dfrac{\Gamma''(A); \Gamma'(\sim A)}{\Gamma''_A, \Gamma'_{\sim A}} \quad \dfrac{\Gamma'''(A); \Gamma'(\sim A)}{\Gamma'''_A, \Gamma'_{\sim A}}}{\Gamma_A, \Gamma'_{\sim A}}\ \text{R}$$

Vor die Anwendung von R im modifizierten Beweis $\mathfrak{B}'$ sind ggf. Anwendungen von T einzuschieben. Ist ein Vorkommnis von A NBF bei R, so ist es vor R in $\mathfrak{B}'$ durch V wieder einzuführen. Bei den neuen Schnitten ist r um 1 niedriger als beim ursprünglichen, so daß sie nach I. V. eliminierbar sind.

β) *R hat zwei Prämissen, von denen nur eine A enthält.*

Dieser Fall kann nicht vorkommen, da R als (von S+ verschiedene) 2-Prämissenregel immer eine logische Regel ist und sich deren Prämissen nur in den NBF unterscheiden. S kann aber nicht zugleich NBF und HPF einer logischen Regel sein.

γ) *R hat eine Prämisse*

$$
R\;\frac{\begin{array}{c}\Gamma''(A)\\ \Gamma(A)\quad \Gamma'(\sim A)\end{array}}{\Gamma_A, \Gamma'_{\sim A}}
\quad\Rightarrow\quad
\begin{array}{l}
\dfrac{\Gamma''(A);\ \Gamma'(\sim A)}{\Gamma''_A, \Gamma'_{\sim A}}\\
\Gamma_A, \Gamma'_{\sim A}\quad R
\end{array}
$$

Hier gelten dieselben Bemerkungen wie unter (α). Ist R die Regel K mit A, so entfällt diese Regelanwendung in $\mathfrak{B}'$.

a2) *Durch die Regel R, die zu Π_1 führt, wird ein neues Vorkommnis von A eingeführt.*

α) *R hat zwei Prämissen, die beide A enthalten*

$$
R\;\frac{\dfrac{\Gamma''(A)\quad \Gamma'''(A)}{\Gamma(A), A}\quad \Gamma'(\sim A)}{\Gamma_A, \Gamma'_{\sim A}}
\quad\Rightarrow\quad
\begin{array}{l}
\dfrac{\dfrac{\dfrac{\Gamma''(A);\ \Gamma'(\sim A)}{\Gamma''_A, \Gamma'_{\sim A}}\qquad \dfrac{\Gamma'''(A);\ \Gamma'(\sim A)}{\Gamma'''_A, \Gamma'_{\sim A}}}{\Gamma_A, \Gamma'_{\sim A}, A;\ \Gamma'(\sim A)}\ R}{\Gamma_A, \Gamma'_{\sim A}, \Gamma'_{\sim A}}\\
\Gamma_A, \Gamma'_{\sim A}\qquad K
\end{array}
$$

Vor die Anwendung von R in $\mathfrak{B}'$ sind ggf. wieder Anwendungen von T einzuschieben. Hier kann kein Vorkommnis von A in Γ'' oder Γ''' NBF von R sein, da A die HPF ist. Bei den oberen Schnitten in $\mathfrak{B}'$ ist r um 1 kleiner als in $\mathfrak{B}$, daher sind sie nach I. V. eliminierbar. Für den unteren Schnitt ist aber $r_1 = 1$, so daß auch dieser Schnitt nach I. V. eliminierbar ist. Nach der Voraussetzung unter (1) kommt A nicht in Γ' vor, sonst wäre r_1 für den letzten Schnitt in $\mathfrak{B}'$ evtl. größer als im ursprünglichen. Kommt A in Γ' vor, so läßt sich der Schnitt nach (1b) direkt beseitigen.

β) *R hat zwei Prämissen, von denen nur eine A enthält.*

Dieser Fall kann nach a1β nicht vorkommen.

γ) *R hat eine Prämisse*

$$
R\;\frac{\begin{array}{c}\Gamma''(A)\\ \Gamma(A), A;\ \Gamma'(\sim A)\end{array}}{\Gamma_A, \Gamma'_{\sim A}}
\quad\Rightarrow\quad
\begin{array}{l}
\dfrac{\Gamma''(A);\ \Gamma'(\sim A)}{\Gamma''_A, \Gamma'_{\sim A}}\\
\dfrac{\Gamma_A, \Gamma'_{\sim A}, A;\ \Gamma'(\sim A)}{\Gamma_A, \Gamma'_{\sim A}, \Gamma'_{\sim A}}\quad R\\
\Gamma_A, \Gamma'_{\sim A}\qquad K
\end{array}
$$

Hier gelten analoge Bemerkungen wie unter (α). Ist R die Regel V, so entfällt diese Regelanwendung.

b) $r_2 > 1$ (für beliebige r_1, g)

Die Überlegungen sind hier völlig analog zu denen unter (a).

3. *g> 0, r= 2*

a) Π_1 und Π_2 entstehen durch logische Regeln mit A bzw. ~A als HPF:

α) *A hat die Gestalt ¬ B*

$$\begin{array}{c} \Gamma, \sim B \quad \Gamma', B \\ \Gamma, \neg B \quad \Gamma', \sim \neg B \\ \hline \Gamma, \Gamma' \end{array} \Rightarrow \qquad \begin{array}{l} \Gamma', B; \Gamma, \sim B \\ \hline \Gamma'_B, \Gamma_{\sim B} \\ \Gamma, \Gamma' \end{array} \qquad \text{T, V}$$

β) *A hat die Gestalt B∧ C*

$$\begin{array}{c} \dfrac{\Gamma, B; \Gamma, C}{\Gamma, B \wedge C} \quad \begin{array}{c}\Gamma', \sim B, \sim C \\ \Gamma', \sim B \wedge C\end{array} \\ \hline \Gamma, \Gamma' \end{array} \Rightarrow \qquad \begin{array}{l} \Gamma, B; \Gamma', \sim B, \sim C \\ \hline \Gamma, C; \Gamma_B, \Gamma'_{\sim B}, \sim C \\ \hline \Gamma_C, \Gamma_{B, \sim C}, \Gamma'_{\sim B, \sim C} \\ \Gamma, \Gamma' \end{array} \qquad \text{V, K}$$

In beiden Fällen ist der Grad der neuen SF kleiner als der der ursprünglichen, so daß sich die neuen Schnitte nach I. V. eliminieren lassen. Wegen r=2 enthält Γ ¬B bzw. B∧C nicht, und Γ' nicht ~¬B bzw. ~B∧C. Enthält Γ ~¬B bzw. ~B∧C oder Γ' ¬B, bzw. B∧C, so lassen sich die Schnitte direkt nach (1a,b) eliminieren.

Die Fälle, daß Π_1 oder Π_2 Axiom ist, wurden schon unter 1a,b behandelt.

4. *g> 0, r> 2*

Wir haben die Fälle schon unter (2) für g>0 bewiesen.

Aus dem Eliminationstheorem T3.2-2 ergibt sich die Widerspruchsfreiheit von **KA3**: Die leere Formelreihe ist in **KA3** nicht beweisbar, da Formeln nur nach S eliminiert werden können, und S in **KA3** überflüssig ist. Es gilt also:

T3.2-3: **KA3** ist widerspruchsfrei.

Bei Anwendungen von **KA3** auf Mengen **K** von Atomformeln, sind die Elemente von **K** die Spezialaxiome. S ist in **KA3K** eliminierbar, falls **K** widerspruchsfrei ist, d.h. falls **K** für keinen Satz A sowohl A wie ~A enthält. Denn es treten im Beweis des Eliminationstheorems nur die Fälle unter (1) neu auf:

a+) *Π_1 ist Spezialaxiom, Π_2 Axiom nach D*

$$\frac{A; A, \sim A}{A} \Rightarrow \qquad A$$

b+) *Π_2 ist Spezialaxiom, Π_2 Axiom nach D*

$$\frac{A, \sim A; \sim A}{\sim A} \Rightarrow \qquad \sim A$$

c+) *Π_1 und Π_2 sind Spezialaxiome*

$$\frac{A; \sim A}{\varnothing}$$

Nur in diesem Fall ist S+ nicht eliminierbar. ($\varnothing$ sei die leere FR.) Ist also **K** widerspruchsfrei, so auch **KA3K**; in **KA3K** ist dann S eliminierbar und es gilt daher auch das Teilformeltheorem für **KA3K.**
Wir geben nun ein *Entscheidungsverfahren* für **KA3** an. Ein solches für **KA1** wäre in Analogie zu dem für **MA2** in 1.5 zu formulieren. Unter Bezugnahme auf **KA3** wird das Verfahren jedoch erheblich einfacher. Es ergibt sich zwar aus den Ausführungen in 1.5, wir wollen es aber hier doch noch einmal *in extenso* darstellen.

Wie in 1.5 gehen wir zunächst von **KA3** zu dem Kalkül **KA3**' über, der S nicht enthält, in dem D ersetzt ist durch

D': $\Delta(A, \sim A)$

und die logischen Regeln von **KA3** durch solche, bei denen die HPF schon in der Prämisse vorkommen. Man erkennt wieder leicht, daß **KA3**' mit **KA3** äquivalent ist und daß in **KA3**' die Regeln V und K eliminierbar sind.

Folgen von durch ; getrennten FR bezeichnen wir als FR-Sätze (kurz FRS). Als Mitteilungszeichen dafür verwenden wir Θ, Θ', ... FR, die auseinander durch Anwendungen von T hervorgehen, sehen wir im folgenden als gleich an.

D3.2-1: Eine *Herleitung* aus der FR Γ ist eine Folge Θ_1, $\Theta_2, \ldots$ von FRS, für die gilt:
a) Θ_1 ist Γ,
b) Θ_{n+1} geht aus Θ_n hervor durch einmalig Anwendung einer der Umkehrungen der logischen Regeln von **KA3**'.

Das ist wieder so zu verstehen, daß Θ_{n+1} nach (b) aus $\Theta = \Gamma_1; \ldots; \Gamma_m$ hervorgeht, falls es ein i ($1 \leq i \leq m$) gibt, so daß $\Theta_{n+1} = \Gamma_1; \ldots; \Gamma_{i-1}; \overset{1}{\underset{i}{\Gamma}}; \Gamma_{i+1}; \ldots; \Gamma_m$ bzw. $\Gamma_1; \ldots; \Gamma_{i-1}; \overset{1}{\underset{i}{\Gamma}}; \overset{2}{\underset{i}{\Gamma}};$ $\Gamma_{i+1}; \ldots; \Gamma_m$ ist und $\overset{1}{\underset{i}{\Gamma}} \vdash \Gamma_i$ bzw. $\overset{1}{\underset{i}{\Gamma}}; \overset{2}{\underset{i}{\Gamma}} \vdash \Gamma_i$ nach einer der logischen Regeln von **KA3**' gilt.

D3.2-2: Eine FR heißt *geschlossen,* wenn sie die Gestalt D' hat. Ein FRS heißt geschlossen, wenn alle FR in ihm geschlossen sind.

D3.2-3: Eine *reguläre Herleitung* aus Γ ist eine Herleitung $\mathfrak{H}=\Theta_1, \Theta_2,\ldots$ aus Γ, für die gilt:

a) In $\mathfrak{H}$ wird auf keine geschlossene FR eine Regel angewendet.

b) Die HPF werden in der Konklusion unterstrichen. Auf unterstrichene FV werden keine Regeln angewendet.

c) Läßt sich auf eine FR aus Θ_n nach (a) und (b) noch eine Regel anwenden, so enthält $\mathfrak{H}$ ein Glied Θ_{n+1}.

D3.2-4: Ein *Faden* einer Herleitung $\mathfrak{H}=\Theta_1, \Theta_2,\ldots$ ist eine Folge $\mathfrak{f}=\Gamma_1, \Gamma_2,\ldots$ von FR, für die gilt:

a) $\mathfrak{f}$ enthält aus jedem FRS Θ_i von $\mathfrak{H}$ genau eine FR Γ_i.

b) Γ_{i+1} ist mit Γ_i identisch oder entsteht daraus in $\mathfrak{H}$ durch eine der Umkehrungen der logischen Regeln von **KA3'**.

Es gilt dann wieder:

T3.2-4: Eine FR Γ ist in **KA3** beweisbar gdw. es eine geschlossene Herleitung aus Γ gibt.

Schreiben wir die Herleitungen in **KA3'** als Folgen von FRS, oder als (auf dem Kopf stehende) Bäume von FR, so läßt sich ja wieder jeder Beweis von Γ in **KA3'** ohne die eliminierbaren Regeln V und K von unten nach oben als geschlossene Herleitung aus Γ lesen, und umgekehrt.

T3.2-5: Gibt es eine geschlossene Herleitung aus Γ, so ist jede reguläre Herleitung aus Γ geschlossen.

Das ergibt sich wieder aus folgenden Überlegungen:
1. Die Restriktion (a) ist harmlos, und ebenso (b). Denn gibt es z.B. geschlossene Herleitungen aus Δ, $\underline{A \wedge B}$, A, A und Δ, $\underline{A \wedge B}$, A, B, so auch aus Δ, $\underline{A \wedge B}$, A.
2. Auf die Reihenfolge der angewendeten Regeln kommt es nicht an, da es nach T3.2-4 aus allen FR des resultierenden FRS immer dann geschlossene Herleitung gibt, wenn es aus allen FR des drüberstehenden FRS eine geschlossene Herleitung gibt.

Jede reguläre Herleitung aus einer FR Γ ist nun endlich, und daher entscheidet die Konstruktion einer beliebigen regulären Herleitung aus Γ über die Beweisbarkeit von Γ in **KA3**.

Auf diesem Weg kann man auch die Vollständigkeit der klassischen A. L. bzgl. der in D1.6-1 definierten totalen Bewertungen leicht beweisen: Ist Γ nicht in **KA3** beweisbar, so gibt es eine nichtgeschlossene reguläre Herleitung aus Γ. Sie enthält also einen offenen Faden $\Gamma_1,\ldots,\Gamma_n$ ($\Gamma_1=\Gamma$). Es sei Γ^+ die Menge aller Formeln aus $\Gamma_1,\ldots,\Gamma_n$.

Wir definieren eine Funktion V durch

a) $V(A)=f$ gdw. $A \in \Gamma^+$
$V(A)=w$ gdw. $\sim A \in \Gamma^+$

Dann ist V eine Semi-Bewertung im Sinn von D1.6-5. Denn Γ^+ enthält für keinen Satz A zugleich A selbst und $\sim$A, und zu jeder nichtatomaren Formel S in Γ^+ treten in Γ^+ NBF auf. Es gilt also:

Ist $V(\neg A)=w$, so ist $\sim\neg A\in\Gamma^+$, also $A\in\Gamma^+$, also $V(A)=f$.
Ist $V(\neg A)=f$, so ist $\neg A\in\Gamma^+$, also $\sim A\in\Gamma^+$, also $V(A)=w$.
Ist $V(A\wedge B)=w$, so ist $\sim A\wedge B\in\Gamma^+$, also $\sim A$, $\sim B\in\Gamma^+$, also $V(A)=V(B)=w$.
Ist $V(A\wedge B)=f$, so ist $A\wedge B\in\Gamma^+$, also A oder $B\in\Gamma^+$, also $V(A)=f$ oder $V(B)=f$.
V läßt sich nach T1.6-4 zu einer partiellen, und die nach T1.6-2 zu einer totalen Bewertung V' erweitern, für die also gilt $V(A)\neq u\supset V'(A)=V(A)$. V' erfüllt also keine Formel aus Γ, wenn wir wieder setzen $V(\sim A)=V(\neg A)$.

3.3 *Positive und intuitionistische Aussagenlogik*

Verzichten wir in den höheren SQ-Kalkülen, die in 2.1 entwickelt wurden, auf das Zeichen $\sim$, so gehen wir von Basiskalkülen **K** der üblichen Art aus, die Atomsätze kategorisch oder hypothetisch als wahr auszeichnen. Eine Auszeichnung von Sätzen als falsch findet dann nicht statt, und das Entsprechende gilt für die höheren R-Formeln, die sich in den so beschränkten Kalkülen **GK** beweisen lassen. Die Betrachtungen aus 2.1 zur Äquivalenz solcher Kalküle mit ihren Teilsystemen, in denen nur SQ bewiesen werden können, bleiben dann gültig, und wir erhalten so einen SQ-Kalkül **PA1** der *positiven* A. L., die von D. Hilbert und P. Bernays im Bd. I von (1934) angegeben wurde, wenn wir in **DA1**' (vgl. 2.2) in den Axiomen wie in den Regeln keine Formeln der Gestalt $\sim$A zulassen. Damit entfallen alle Axiome und Regeln, in denen $\sim$ vorkommt. Statt dessen nehmen wir die Disjunktionsregeln hinzu:

HD1: $\Delta\rightarrow A \vdash \Delta\rightarrow A\vee B$
$\Delta\rightarrow B \vdash \Delta\rightarrow A\vee B$
VD1: $\Delta, A\rightarrow C;\ \Delta, B\rightarrow C \vdash \Delta, A\vee B\rightarrow C$.

Das ist nun notwendig, da sich $A\vee B$ nicht mehr durch $\wedge$ und $\supset$ definieren läßt, wenn wir nicht über eine Negation verfügen.

Entsprechend erhalten wir aus **DA** einen Satzkalkül **PA** der positiven A. L., wenn wir uns auf die positiven Axiome von **DA** beschränken, auf die Axiome also, in denen kein Negationszeichen vorkommt (also auf A1, A2, A8, A9a, A9b, vgl. 2.3) und folgende positiven Axiome für die Disjunktion hinzunehmen:

A13a: $A\supset A\vee B$
A13b: $B\supset A\vee B$
A14: $(A\supset C)\supset((B\supset C)\supset(A\vee B\supset C))$.

Es gilt dann

T3.3-1: In **PA** ist die Ableitungsbeziehung $\Delta \vdash A$ genau dann beweisbar, wenn die SQ $\Delta \rightarrow A$ in **PA1** beweisbar ist.

Der Beweis dieses Satzes verläuft ebenso wie der von T2.3-5.

Die Sprache, die **PA** wie **PA1** zugrunde liegt, kann weiterhin das Symbol $\neg$ enthalten. Dieser Operator wird aber durch die Axiome und Regeln nicht charakterisiert, so daß Sätze $\neg A$ praktisch wie eigene SK behandelt werden.

Wir führen nun ein Symbol F für das (logisch) Falsche ein – es läßt sich wegen des Fehlens der Negation in der positiven A. L. nicht definieren –, und nehmen folgendes Axiomenschema zu **PA1** hinzu:

WS° : $F \rightarrow A$.

Setzen wir $\Delta \rightarrow\ := \Delta \rightarrow F$, so können wir WS° auch durch HV ersetzen. In diesem erweiterten Rahmen definieren wir nun die Negation durch

D3.3-1: $\neg A := A \supset F$.[1]

Dann erhalten wir die Regeln

HN: $\Delta, A \rightarrow\ \vdash \Delta \rightarrow \neg A$
VN: $\Delta \rightarrow A \vdash \Delta, \neg A \rightarrow$

auf folgendem Weg:

$\Delta, A \rightarrow$
$\Delta, A \rightarrow F$
$\Delta \rightarrow A \supset F$
$\Delta \rightarrow \neg A$

$$\frac{\dfrac{A \rightarrow A;\ F \rightarrow}{A, A \supset F \rightarrow}}{} \qquad \frac{\Delta \rightarrow A;\ A, \neg A \rightarrow}{\Delta, \neg A \rightarrow}$$

Sieht man umgekehrt die Negation als Grundsymbol an, so kann man F durch $A \wedge \neg A$ definieren, und mit VN erhalten wir dann das Axiom WS° so:

$A, \neg A \rightarrow A$
$A \wedge \neg A \rightarrow A$
$F \rightarrow A$

Die Einführung des Symbols F dient also nur zur Rechtfertigung der Negationsregeln, und wir können darauf im Kalkül **IA1** der *intuitioni-*

[1] Die um die Definition $\neg A := A \supset F$ erweiterte positive Logik, in der aber WS° bzw. $\neg A \supset (A \supset B)$ nicht gilt, in der also die Konstante F nicht charakterisiert wird, bezeichnet man abweichend von unserer Verwendung des Wortes oft als „Minimallogik". Sie wurde von I. Johansson in (1937) entwickelt und so genannt.

stischen A. L. verzichten, der aus **PA1** durch Hinzunahme der Regeln HN und VN entsteht.[1]

Ein Satzkalkül **IA** ergibt sich aus **PA** durch Hinzunahme der beiden Axiome

A3: $\neg A \supset (A \supset B)$
A15: $(A \supset B) \supset ((A \supset \neg B) \supset \neg A)$.

Es gilt nun

T3.3-2: Die Ableitungsbeziehung $\Delta \vdash \Omega$ ist in **IA** genau dann beweisbar, wenn die SQ $\Delta \rightarrow \Omega$ in **IA1** beweisbar ist.

Dabei bedeute $\Delta \vdash$ soviel wie $\Delta \vdash B \wedge \neg B$ für einen Satz B.

Beweis: Im Blick auf T3.3-1 ist nur mehr zu zeigen (vgl. den Beweis von T2.3-5): (1) A3 und A15 sind in **IA1** beweisbar.

A3:
$$\begin{array}{l} A \rightarrow A \\ A, \neg A \rightarrow \\ A, \neg A \rightarrow B \\ \neg A \rightarrow A \supset B \\ \rightarrow \neg A \supset (A \supset B) \end{array}$$

A15:
$$\dfrac{\dfrac{A \rightarrow A;\ A, B \rightarrow B}{A, A \supset B \rightarrow B;} \qquad \dfrac{\dfrac{A \rightarrow A;\ A, \neg B \rightarrow \neg B}{A, A \supset \neg B \rightarrow \neg B;} \quad \dfrac{B \rightarrow B}{B, \neg B \rightarrow}}{A, A \supset \neg B, B \rightarrow}}{\begin{array}{c} A, A \supset B, A \supset \neg B \rightarrow \\ A \supset B, A \supset \neg B \rightarrow \neg A \\ \rightarrow (A \supset B) \supset ((A \supset \neg B) \supset \neg A) \end{array}}$$

(2) Ist $\Delta, A \vdash B \wedge \neg B$ in **IA** beweisbar, so auch $\Delta \vdash \neg A$:
Aus $\Delta, A \vdash B \wedge \neg B$ folgt mit A9 $\Delta, A \vdash B$ und $\Delta, A \vdash \neg B$, mit T2 also $\Delta \vdash A \supset B$ und $\Delta \vdash A \supset \neg B$, mit A15 also $\Lambda \vdash \neg A$.
Ist $\Delta \vdash A$ in **IA** beweisbar, so auch $\Delta, \neg A \vdash B \wedge \neg B$:
Aus $\Delta \vdash A$ folgt wegen $A, \neg A \vdash B$ (A3) $\Delta, \neg A \vdash B$ und $\Delta, \neg A \vdash \neg B$, also nach A8 $\Delta, \neg A \vdash B \wedge \neg B$.

3.4 *Direkte, klassische und intuitionistische Aussagenlogik*

Wir wollen nun klassische und intuitionistische Logik vergleichen. Dazu gehen wir von dem Kalkül **DA1** der direkten A. L. aus, der sich auf SQ mit Formeln $\sim A$ und höchstens einer HF bezieht. Ein System der klassischen Logik ergibt sich daraus, wenn wir die in 3.1 angegebe-

[1] Zur Vollständigkeit des Operatorensystems $\{\neg, \wedge, \vee, \supset\}$ im Rahmen der intuitionistischen Logik vgl. Kutschera (1968).

nen Regeln K_1 und K_2 in der Beschränkung auf solche SQ nun so formulieren:

K_1: $\Delta, A\rightarrow\ \vdash \Delta\rightarrow \sim A$,
K_2: $\Delta, \sim A\rightarrow\ \vdash \Delta\rightarrow A$.

Wir haben schon in 3.1 darauf hingewiesen, daß durch K_1 und K_2 ein Zusammenhang zwischen der Wahrheits- und der Falschheitszuordnung hergestellt wird: $A\rightarrow\ \vdash\ \rightarrow \sim A$ besagt, daß aus der Inkonsistenz der Auszeichnung von A als wahr folgt, daß A als falsch ausgezeichnet ist; K_1 ist die Verallgemeinerung davon. Und $\sim A\rightarrow\ \vdash\ \rightarrow A$ besagt analog, daß aus der Inkonsistenz der Auszeichnung von A als falsch folgt, daß A als wahr ausgezeichnet ist, und K_2 ist die Verallgemeinerung davon. Betrachten wir wie in 2.1 Kalküle mit einem formalen Beweis – und einem formalen Widerlegungsbegriff, der mit dem Symbol $\sim$ ausgedrückt wird, also mit Axiomen A und Antiaxiomen $\sim B$ und Regeln $A_1, \ldots, A_m, \sim B_1, \ldots, \sim B_n \vdash (\sim)C$, so besagt K_1, daß man Widerlegbarkeit auf Beweisbarkeit zurückführen kann, und K_2 beinhaltet umgekehrt, daß man Beweisbarkeit auf Widerlegbarkeit zurückführen kann. Es genügt dann also, von einem dieser beiden Begriffe auszugehen. Im Rahmen der höheren SQ-Kalküle **G** (vgl. 2.1) läßt sich das durch die strikten Äquivalenzen $A \leftrightarrow (\sim A\rightarrow)$ und $\sim A \leftrightarrow (A\rightarrow)$ darstellen, die bewirken, daß man entweder auf R-Formeln der Gestalt $\sim A$ verzichten kann oder aber auf R-Formeln, in denen nicht jeder Satz A hinter dem Zeichen $\sim$ steht.

K_1 ist nun auch äquivalent mit der Regel

K_1': $\Delta, A\rightarrow \sim B; \Delta, \sim A\rightarrow \sim B \vdash \Delta\rightarrow \sim B$,

und K_2 mit der Regel

K_2': $\Delta, A\rightarrow B; \Delta, \sim A\rightarrow B \vdash \Delta\rightarrow B$,

denn wir erhalten

$$\cfrac{\cfrac{\Delta, A\rightarrow \sim B;\ B, \sim B\rightarrow}{\Delta, A, B\rightarrow} \qquad K_1\ \cfrac{\Delta, B\rightarrow \sim A;\ \Delta, \sim A\rightarrow \sim B}{\Delta, B\rightarrow \sim B;\ B, \sim B\rightarrow}}{K_1\ \cfrac{\Delta, B\rightarrow}{\Delta\rightarrow \sim B}}$$

Und

$$\begin{array}{l} \Delta, A\rightarrow \\ K_1'\ \cfrac{\Delta, A\rightarrow \sim A;\ \Delta, \sim A\rightarrow \sim A}{\Delta\rightarrow \sim A} \end{array}$$

K_1' ist also mit K_1 äquivalent. Ganz analog beweist man die Äquivalenz von K_2' und K_2. K_1' und K_2' sind Anwendungen des Prinzips *tertium non natur*. Nach K_1' ist die Ableitbarkeit von $\sim B$ aus A wie $\sim A$ ein hinreichender Grund für die Auszeichnung von B als falsch, nach K_2' ist die Ableitbarkeit von B aus A wie $\sim A$ ein hinreichender Grund für die Auszeichnung von B als wahr.

Im Rahmen der direkten Logik ist nun kein intuitiver Grund ersichtlich, K_1 vor K_2 oder K_1' vor K_2' auszuzeichnen. Der Beweisbegriff (bzw. die Wahrheitszuordnung) ist in keiner Weise vor dem Widerlegungsbegriff (der Falschheitszuordnung) ausgezeichnet. Daher spricht nichts dafür, K_1 bzw. K_1' anzunehmen und K_2 oder K_2' zu verwerfen, oder den umgekehrten Weg einzuschlagen. Akzeptiert man K_1', so akzeptiert man inhaltlich gesehen das Prinzip der Wahrheitsdefinitheit, und dann gilt auch K_2', und umgekehrt. K_1 ohne K_2 führt aber nun zur intuitionistischen Logik, K_2 ohne K_1 führt zu einer Logik, die man als „antiintuitionistisch" bezeichnen kann, und K_1 und K_2 zusammen führen zur klassischen Logik. Von unserem Ansatz aus erscheint also die klassische Logik, in der die Symmetrie zwischen Wahrheits- und Falschheitszuordnungen erhalten bleibt, intuitiv als am besten begründet. Will man die Wahrheitsdefinitheit voraussetzen, so wird man sie sowohl im Sinn von K_1' wie K_2' verwenden.

In welchem Sinn führt nun K_1 von der direkten zur intuitionistischen Logik? Diese ist ja keine Verstärkung der direkten Logik, denn Gesetze wie $\neg\neg A \supset A$ oder $A \vee B \equiv \neg(\neg A \wedge \neg B)$, die Theoreme der direkten A. L. sind, gelten in der intuitionistischen A. L. nicht. Die intuitionistische Logik beruht vielmehr auf dem Gedanken, daß Widerlegbarkeit (bzw. Falschheit) auf Beweisbarkeit (bzw. Wahrheit) durch das Prinzip $\rightarrow \sim A$ gdw. $A\rightarrow$ zurückgeführt wird. Verallgemeinert ergibt das unser Prinzip K_1, dessen Umkehrung aus WS folgt. Nach diesem Gedanken sind beim Übergang von der direkten zur intuitionistischen Logik zunächst die Formeln der Gestalt $\sim A$ zu eliminieren, so daß man den Kalkül **PA1** der positiven A. L. erhält, und darin ist dann die Negation wie in 3.5 durch $\neg A := A \supset F$ einzuführen. Ersetzt man $\sim A$ durch $A \supset F$, so ist K_1 beweisbar, denn aus $\Delta, A\rightarrow$ folgt $\Delta, A \rightarrow F$, also $\Delta \rightarrow A \supset F$, und umgekehrt ergibt sich, wenn man $\sim$ durch das im Rahmen der direkten Logik äquivalente $\neg$ ersetzt, aus WS $A, \neg A\rightarrow$, also $A, \neg A \rightarrow F$, also $\neg A \rightarrow A \supset F$, und auch $A \supset F \rightarrow \neg A$, also $\neg A \equiv A \supset F$. Denn aus $A \rightarrow A$ und $F \rightarrow \neg A$ erhalten wir $A, A \supset F \rightarrow \neg A$, da aus K_1 folgt $\Delta, A \rightarrow \neg A \vdash \Delta \rightarrow \neg A$ (aus $\Delta, A \rightarrow \neg A$ folgt mit $A, \neg A \rightarrow$ und TR $\Delta, A\rightarrow$, mit K_1 also $\Delta \rightarrow \neg A$) also $A \supset F \rightarrow \neg A$. Nun gilt aber in der intuitionistischen wie in der klassischen A. L. das Ersetzungstheorem $A \equiv B \rightarrow C[A] \equiv C[B]$, so daß man nach K_1 $\neg A$ überall durch $A \supset F$ ersetzen, die Definition $A \supset F$ also rechtfertigen kann.

Beim Übergang von der direkten zur antiintuitionistischen Logik hätte man entsprechend Beweisbarkeit auf Widerlegbarkeit zurückzuführen, also in **DA0** A durch ~A→ zu ersetzen, und die 1-Regeln zu streichen. Da wir dann aber wegen des Fehlens der I1-Regel R-Formeln nicht in Implikationsformeln übersetzen können, ergibt sich auf diese Weise kein äquivalenter einfacher SQ-Kalkül.

Zur klassischen Logik gelangt man von **DA1** durch Hinzunahme der Regeln K_1 und K_2. Das entspricht der Hinzunahme der Axiome A15 und A12 (vgl. 3.1) zu **DA**. Die Axiome dieses Systems sind aber dann nicht mehr unabhängig, wie wir in 3.1 gesehen haben. Da **DA** mit A12 den vollständigen klassischen Kalkül **KA** ergibt, ist insbesondere auch A15 überflüssig, wenn man A12 zu **DA** hinzunimmt.

Man kann auch von **DA1** mit K_1 zunächst zur intuitionistischen Logik übergehen und dann das Prinzip K_2, nun in der Gestalt $\Delta, \neg A\rightarrow \vdash \Delta\rightarrow A$ hinzunehmen. Das entspricht der Hinzunahme von A12 zu **IA**.

Das Fazit unserer Überlegung ist also: Geht man von Kalkülen wie den höheren SQ-Kalkülen in 2.1 aus, in denen Wahrheits- und Falschheitszuordnungen nicht aufeinander reduzierbar sind, so ergibt sich die direkte A. L. Als Erweiterung erscheint nur die klassische A. L. als sinnvoll, wenn man das Prinzip der Wahrheitsdefinitheit voraussetzen will. Die intuitionistische Logik beruht hingegen auf einer Beschränkung auf Wahrheitszuordnungen und einer Zurückführung der Falschheitszuordnung auf sie durch das Prinzip K_1. Diese Beschränkung ist zwar im Effekt fruchtbarer als die Beschränkung auf Falschheitszuordnungen und die Zurückführung der Wahrheitszuordnungen auf sie nach K_2, aber im Prinzip ist sie nicht besser begründet als diese. Daher werden wir im folgenden nicht weiter auf die intuitionistische Logik eingehen, sondern uns auf minimale, direkte und klassische Logik beschränken.

3.5 Logik der Inkonsistenz

In den letzten Jahren sind eine Reihe von Logiken entwickelt worden, in denen das Prinzip vom ausgeschlossenen Widerspruch nicht gilt. Ein gutes Beispiel für eine solche Logik und ihre Hintergründe ist das Buch von N. Rescher und R. Brandom (1980). Anlaß zur Entwicklung solcher Logiken ist der Gedanke, die Realität selbst könnte inkonsistent sein, es könne Sachverhalte geben, die zugleich bestehen und nicht bestehen. Solche Inkonsistenzen sollen nun in konsistenter Weise beschrieben werden, und es soll eine Logik formuliert werden, in der aus einem Satz $A \wedge \neg A$ nicht jeder beliebige Satz folgt, so daß Inkonsistenzen lokal begrenzt bleiben.

Nun kann man sich unter einer inkonsistenten Welt kaum etwas vorstellen. Die Beispiele für Sachverhalte, die zugleich bestehen und nicht bestehen sollen, sind wenig überzeugend und bewegen sich etwa auf dem Niveau sophistischer Argumentationen, wie jener, daß Hans zugleich groß und klein (also nicht groß) ist, weil er groß ist verglichen mit Fritz und klein verglichen mit Max. Im normalen Sinn des Wortes „nicht" schließt der Satz „Der Sachverhalt p besteht nicht" aus, daß der Sachverhalt p besteht. Deutet man aber das Wort „nicht" in anderer Weise so, daß aus einem Satz $\neg A$ nicht die Falschheit von A folgt, und behauptet dann: „Ein Sachverhalt besteht und er besteht nicht", so nimmt man damit nicht mehr eine Inkonsistenz im normalen Sinn an.

Plausibler sind Inkonsistenzen auf der sprachlichen Ebene: Die Wahrheitsbedingungen, die in der Semantik für eine Sprache S angegeben werden, können so geartet sein, daß sie einen Satz zugleich als wahr und als falsch auszeichnen. Das gilt z. B. im Fall der Antinomie von Russell für die Wahrheitsbedingungen, die der naiven Mengenlehre zugrundeliegen.

Will man solche semantischen Inkonsistenzen zulassen, so wird man den Begriff der partiellen Bewertung nach D1.6-3 wie folgt erweitern:

D3.5-1: Eine *I-Bewertung* von **A** ist eine Relation V zwischen Sätzen von **A** und den Wahrheitswerten w und f, für die gilt:
a) $V(\neg A, w)$ gdw. $V(A, f)$
$V(\neg A, f)$ gdw. $V(A, w)$
b) $V(A \wedge B, w)$ gdw. $V(A, w)$ und $V(B, w)$
$V(A \wedge B, f)$ gdw. $V(A, f)$ oder $V(B, f)$.

Eine partielle Bewertung ist dann eine I-Bewertung, für die V nacheindeutig ist. Ein *totale* I-Bewertung ist eine I-Bewertung, für die für alle Sätze A von **A** gilt $V(A, w)$ oder $V(A, f)$ (im Sinn des nichtausschließenden „oder").

Wenn wir nun in **MA2** das Axiomenschema WS weglassen, erhalten wir eine Logik, die adäquat ist bzw. I-Bewertungen. Das beweist man analog wie die Adäquatheit von **MA2** in 1.7. **MA2** ohne WS und mit TND ist adäquat bzgl. totaler I-Bewertungen.

Entsprechend erhält man aus **DA2** bei Verzicht auf WS einen Kalkül, der adäquat ist bzgl. direkter I-Bewertungen, die wie folgt definiert sind:

D3.5-2: Eine *direkte I-Bewertung* von **A** ist ein Tripel $\mathfrak{M} = \langle I, S, V \rangle$, für das gilt:
1. I ist eine nichtleere Indexmenge.
2. Für alle $i \in I$ ist S_i eine Teilmenge von I, so daß gilt:
   a) $i \in S_i$ und

b) $j \in S_i \wedge k \in S_j \supset k \in S_i$.

3. Für alle $i \in I$ ist V_i eine Relation zwischen Sätzen von **A** und den Wahrheitswerten w und f, für die gilt:

   a) $j \in S_i \wedge V_i(A, w) \supset V_j(A, w)$ und $j \in S_i \wedge V_i(A, f) \supset V_j(A, f)$ für alle Atomsätze A und alle $j \in I$.

   b) $V_i(\neg A, w)$ gdw. $V_i(A, f)$
   $V_i(\neg A, f)$ gdw. $V_i(A, w)$

   c) $V_i(A \wedge B, w)$ gdw. $V_i(A, w)$ und $V_i(B, w)$
   $V_i(A \wedge B, f)$ gdw. $V_i(A, f)$ oder $V_i(B, f)$

   d) $V_i(A \supset B, w)$ gdw. $\bigwedge j(j \in S_i \wedge V_j(A, w) \supset V_j(B, w))$
   $V_i(A \supset B, f)$ gdw. $V_i(A, w)$ und $V_i(B, f)$.

DA2 ohne WS und mit TND ist dann adäquat bzgl. totaler direkter I-Bewertungen, für die für alle Sätze A von **A** gilt V(A, w) oder V(A, f).

Der Nutzen solcher Logiken ist aber fragwürdig. Denn nimmt man keine Inkonsistenzen in der Realität an, so ist die Zuordnung von zwei Wahrheitswerten zu einem Satz durch die semantischen Regeln immer eine Panne, die zu reparieren ist. Nur eine semantisch konsistente Sprache eignet sich für die Beschreibung einer konsistenten Welt. Eine Logik der Inkonsistenz hat nur dann einen Wert, wenn man inkonsistente Welten in Betracht zieht. Dafür spricht aber, wie gesagt, wenig. Auch im Fall der Antinomie von Russell wird man nicht sagen, es gäbe tatsächlich Klassen, die sich selbst enthalten und zugleich nicht enthalten, sondern man wird sagen, die Regeln unserer Sprache über Klassen – oder: die Begriffe, mit denen wir sie bestimmen – seien inkonsistent. Für eine konzeptualistische Auffassung der Klassen, wie sie in der Einleitung angedeutet wurde, ist eine strenge Unterscheidung zwischen den Tatsachen, wie sie an sich sind, und wie sie sich in unseren sprachlichen Beschreibungen darstellen, freilich in diesem Fall problematisch, aber dieser Hinweis bringt für das vorliegende Problem wenig: Das Prinzip vom Ausgeschlossenen Widerspruch ist auch ein Postulat für Gegenstandskonstitutionen. Die Maxime ist also: Treten Inkonsistenzen auf, so suche sie durch begriffliche Analysen zu beseitigen und entschuldige dich nicht mit der These, die Welt sei inkonsistent.

Jede konsistente Theorie einer Welt muß diese in konsistenter Weise beschreiben. In welchem Sinn soll aber eine konsistent beschreibbare Welt inkonsistent sein? Sie kann nur in irgendeinem anderen Sinn „widersprüchlich“ sein, z.B. in dem Sinn, daß man einen Satz $A \wedge \neg A$ als „Widerspruch“ bezeichnet, obwohl man den Operator $\neg$ so uminterpretiert hat, daß A und $\neg A$ verträglich sind. Konsistenz ist eine unverzichtbare Forderung an unser Denken. Ist aber die Weise, wie wir die Welt denken, konsistent, so kann diese – so wie sie sich für unser Denken darstellt – nicht inkonsistent sein.

Rescher und Brandom meinen, es könnte Fälle geben, in denen wir eine starke (oder einfache) inkonsistente Theorie T_1 einer schwachen (oder komplizierten) konsistenten Theorie T_2 vorziehen. Das glaube ich nicht: Der Preis der Inkonsistenz ist einfach zu hoch. Ist die Menge M jener Theoreme von T_1 entscheidbar, für die auch ihre Negation aus T_1 folgt, so kann man T_1 durch die konsistente Theorie T_1' ersetzen, in der ein Satz genau dann beweisbar ist, wenn er aus T_1 folgt und nicht zu M gehört. Andernfalls ist T_1 praktisch unbrauchbar, denn dann ist man für keinen Satz A, der sich in T_1 beweisen läßt, sicher, daß nicht auch $\neg A$ in T_1 beweisbar ist, daß also A eine echte Information liefert. Genau so wenig wie uns eine Wettervorhersage der Form „Morgen wird es regnen und morgen wird es nicht regnen" etwas nützt, können wir mit irgendeiner anderen Aussage der Form $A \wedge \neg A$ etwas anfangen. Selbst wenn also das Prinzip *ex contradictione quodlibet* nicht gilt, ist eine Theorie in der man nie sicher ist, ob sie nicht mit einem Satz A zugleich auch $\neg A$ behauptet, ebenso nutzlos wie ein Informant, der sich selbst widerspricht. Widersprüche auszuschließen ist ein sehr viel elementareres Postulat als keine Wahrheitswertlücken zuzulassen.

Wir haben für den Fall der A. L. nun die Art und Weise, wie eine Logik mit Wahrheitswertlücken aufzubauen ist, schon in den Grundzügen charakterisiert. Es läge also nahe, nach den langen formalen Ausführungen dazu jetzt zu den Problemen zurückzukehren, von denen unser ganzes Unternehmen ausging, und zu zeigen, wie sich die Antinomien in diesem Rahmen darstellen und ob sich hier eine befriedigende Lösung für sie ergibt. Auch die einfachsten (semantischen) Antinomien lassen sich aber erst in einer prädikatenlogischen Sprache formulieren, so daß wir diesen Test noch etwas verschieben müssen.

Teil II: Prädikatenlogik

4 Minimale Prädikatenlogik

4.1 Die Sprache der Prädikatenlogik

Die Sprache der Prädikatenlogik (kurz P. L.) nennen wir **P**. Ihr *Alphabet* enthält die logischen Symbole $\neg$, $\wedge$ und Λ (im Fall der direkten P. L. ist auch $\supset$ ein logisches Grundzeichen), als Hilfszeichen das Komma und runde Klammerzeichen, sowie unendlich viele Gegenstandskonstanten (GK) und Gegenstandsvariablen (GV), und für jede Zahl $n \geq 1$ unendlich viele n-stellige Prädikatkonstanten (PK).

Die GK, GV und PK brauchen wir nicht anzugeben, da wir im folgenden nur mit Satzschemata arbeiten. Als (metasprachliche) Mitteilungszeichen für GK wählen wir die Buchstaben a, b, c,. . ., als solche für GV x, y, z,. . . und für PK die Buchstaben F, G, H,. . .

D4.1-1: Sätze von **P**

a) Ist F eine n-stellige PK und sind $a_1,\ldots,a_n$ GK von **P**, so ist $F(a_1,\ldots,a_n)$ ein (Atom-)Satz von **P**.
b) Ist A ein Satz von **P**, so auch $\neg A$.
c) Sind A, B Sätze von **P**, so auch $(A \wedge B)$.
d) Ist A[a] ein Satz, a eine GK und x eine GV von **P**, die in A[a] nicht vorkommt, so ist $\Lambda x A[x]$ ein Satz von **P**.

In der direkten P. L. kommt die Regel hinzu:

e) Sind A und B Sätze von **P**, so auch $(A \supset B)$.

Als Mitteilungszeichen für Sätze verwenden wir wieder die Buchstaben A, B, C,. . . Die Schreibweise $A[a_1,\ldots,a_n]$ versteht sich so, daß A ein Ausdruck ist, in dem die GK $a_1,\ldots,a_n$ an gewissen ausgezeichneten Stellen vorkommen, die jeweils anzugeben sind, aber nicht notwendig nur an diesen Stellen. $A[x_1,\ldots,x_n]$ soll dann derjenige Ausdruck sein, der aus $A = A[a_1,\ldots,a_n]$ dadurch entsteht, daß man die GK a_i $(1 \leq i \leq n)$ an allen ausgezeichneten Stellen, an denen sie in diesem Ausdruck vorkommt, durch die GV x_i ersetzt. Ist also z. B. A[a] der Satz F(a, a, b), wobei beide Vorkommnisse von a ausgezeichnet sind, so ist A[x] der Ausdruck F(x, x, b). Ist A[a] derselbe Satz, bei dem aber nur das erste Vorkommnis von a ausgezeichnet ist, so ist A[x] der Ausdruck F(x, a, b).

Es gelten die gleichen Klammerregeln wie in **A** ebenso wie die Definitionen nach D1.1-2 (wobei (b) im Fall der direkten P. L. wieder entfällt). Zusätzlich definieren wir den Existenzoperator durch:

D4.1-3: $\lor x A[x] := \neg \land x \neg A[x]$.

Der *Grad* eines Satzes wird wie in D1.1-4 definiert und der Definition der Teilsätze nach D1.1-3 fügen wir die Bedingung hinzu:

e) Die Teilsätze jedes Satzes der Gestalt A[a] sind Teilsätze von $\land x A[x]$.

Im Fall der direkten P. L. gilt zusätzlich wieder die Bedingung:

d) Die Teilsätze von A wie jene von B sind Teilsätze von $(A \supset B)$.

4.2 Wahrheitsbedingungen für Allsätze

Ein Allsatz $\land x F(x)$ besagt inhaltlich, daß das Prädikat F auf alle Objekte des Grundbereichs zutrifft, des *universe of discourse,* der Menge aller Objekte, über die man in der Sprache reden kann. Er ist also wahr genau dann, wenn F auf alle Objekte des Grundbereichs zutrifft, und er ist falsch genau dann, wenn F auf mindestens ein Objekt des Grundbereichs nicht zutrifft. Gibt es nun für jedes Objekt dieses Grundbereichs einen Namen, d.h. eine GK, die es bezeichnet, so ist der Satz $\land x F(x)$ genau dann wahr, wenn die Sätze F(a) für alle GK wahr sind, und er ist genau dann falsch, wenn es eine GK a gibt, für die F(a) falsch ist (*). Es kann jedoch vorkommen, daß nicht alle Objekte des Grundbereiches Namen haben, ja daß es unmöglich ist, allen Objekten des Grundbereichs Namen zu geben. Das ist dann der Fall, wenn der Grundbereich nicht abzählbar ist, wenn er also z.B. die Menge der reellen Zahlen ist, denn dann gibt es weniger GK in **P** als Objekte des Grundbereichs. Auf dieses Problem werden wir im Abschnitt 4.5 zurückkommen. Wir werden dort sehen, daß man bei passender Deutung der GK die Wahrheitsbedingung (*) generell akzeptieren kann. Dann kann man aber sagen, daß auch der Wahrheitswert von Allsätzen $\land x A[x]$ nur von den Wahrheitswerten ihrer Teilsätze A[a] abhängt. Das ist die Vorbedingung dafür, daß wir auch in der P. L. am Grundgedanken unserer Semantik festhalten können, bei der nur Wahrheitsbedingungen für Sätze angegeben werden, nicht aber ein Grundbereich, eine Deutung von GK oder von PK.

Die hinreichende Bedingung für die Wahrheit eines Allsatzes stellt sich nun aber nach (*) als Regel mit unendlich vielen Prämissen dar. Als Wahrheitsregel würde sie lauten $A[a_1], A[a_2], \ldots \vdash \land x A[x]$, wo $a_1, a_2, \ldots$ eine Abzählung aller GK von **P** sei. Entsprechend erhielten wir folgende Regel eines SQ-Kalküls

a) $\Delta \rightarrow A[a_1], \Gamma; \Delta \rightarrow A[a_2], \Gamma; \ldots \vdash \Delta \rightarrow \land x A[x], \Gamma$.

Ebenso würde die notwendige Bedingung für die Falschheit von $\land x A[x]$ im letzten Fall lauten:

b) $\Delta, \sim A[a_1] \rightarrow \Gamma; \Delta, \sim A[a_2] \rightarrow \Gamma; \ldots \vdash \Delta, \sim \Lambda x A[x] \rightarrow \Gamma$.

Solche Regeln mit unendlich vielen Prämissen heben jedoch den formalen Charakter der betrachteten Kalküle auf, da man Beweise für unendlich viele Prämissen nicht hinschreiben, sondern nur mit metatheoretischen Mitteln zeigen kann, daß unendlich viele SQ einer bestimmten Art im Kalkül beweisbar sind.

Wir werden nun zwar im 7. Kapitel solche Regeln betrachten, im Rahmen der Sprache **P**, wie wir sie hier angegeben haben, benötigen wir sie jedoch nicht. Denn wir werden sehen, daß in dem anzugebenden Kalkül **MP1** gilt:

Ist in **MP1** eine SQ $\Delta \rightarrow A[b], \Gamma$ bzw. $\Delta, \sim A[b] \rightarrow \Gamma$ beweisbar, in der die GK b nicht in den Formeln aus Δ, Γ und nicht in $\Lambda x A[x]$ vorkommt, so ist in **MP1** auch für jede GK a die SQ $\Delta \rightarrow A[a], \Gamma$ bzw. $\Delta, \sim A[a] \rightarrow \Gamma$ beweisbar. (Die Umkehrung ist trivial, da in Δ, Γ und $\Lambda x A[x]$ immer nur endlich viele GK vorkommen.)

Das ist eine einfache Folge davon, daß die Axiome und Regeln von **MP1** keine GK auszeichnen, so daß generell gilt:

T4.2-1a: Ist in **MP1** eine SQ $S_1[a], \ldots, S_m[a] \rightarrow T_1[a], \ldots, T_n[a]$ beweisbar, so auch die SQ $S_1[b], \ldots, S_m[b] \rightarrow T_1[b], \ldots T_n[b]$ für jede GK b ($n, m \geq 0$).

Dabei sollen sich die eckigen Klammern auf alle Vorkommnisse von a in den S_i und T_j ($i \varepsilon \{1, \ldots, m\}, j \varepsilon \{1, \ldots, n\}$) beziehen, so daß also für $b \neq a$ in der zweiten SQ a nicht mehr vorkommt. Die Bezeichnungen $S_i[a]$ bzw. $T_i[a]$ sollen hier auch nicht implizieren, daß a in S_i bzw. T_1 vorkommt. Ist das nicht der Fall, so ist $S_i[a] = S_i[b]$, und ebenso für T_j.

Daher können wir in (a) bzw. (b) die unendlich vielen Prämissen durch eine einzige ersetzen. Wir erhalten so folgende Regeln für Allsätze:

HA1: $\Delta \rightarrow A[b], \Gamma \vdash \Delta \rightarrow \Lambda x A[x], \Gamma$
HA2: $\Delta \rightarrow \sim A[a], \Gamma \vdash \Delta \rightarrow \sim \Lambda x A[x], \Gamma$
VA1: $\Delta, A[a] \rightarrow \Gamma \vdash \Delta, \Lambda x A[x] \rightarrow \Gamma$
VA2: $\Delta, \sim A[b] \rightarrow \Gamma \vdash \Delta, \sim \Lambda x A[x] \rightarrow \Gamma$,

wobei die GK b in HA1 und VA2 nicht in der Konklusion vorkommen darf. Diese Bedingung nennen wir *Konstantenbedingung* für HA1 und VA2.

MP1 sei nun der um diese A-Regeln erweiterte Kalkül **MA2.** Hier ist VA1 wieder mit der Umkehrung $\Delta \rightarrow \Lambda x A[x], \Gamma \vdash \Delta \rightarrow A[a], \Gamma$ (für alle GK a) von HA1 äquivalent, und VA2 mit der Umkehrung von HA2: Ist $\Delta \rightarrow \sim \Lambda x A[x], \Gamma$ beweisbar und $\Delta, \sim A[a] \rightarrow \Gamma$ für alle GK a, so auch $\Delta \rightarrow \Gamma$, d.h. nach unseren Überlegungen gilt: $\Delta \rightarrow \sim \Lambda x A[x], \Gamma; \Delta, \sim A[b] \rightarrow \Gamma \vdash \Delta \rightarrow \Gamma$, wobei b eine GK sei, die in der 1. Prämisse nicht vorkommt. Die A-Regeln geben also notwendige und hinreichende Bedingungen für die Wahrheit und für die Falschheit von Allsätzen an, sie sind kontextfrei, der Wahrheitswert von ΛxA[x] hängt danach nur von jenen der Teilsätze A[a] ab, und man überzeugt sich leicht, daß die evtl. Widerspruchsfreiheit oder Vollständigkeit eines Kalküls durch die Hinzunahme dieser Regeln nicht gestört wird. Die Nichtkreativität dieser Regeln ergibt sich wieder aus dem im nächsten Abschnitt bewiesenen Eliminationstheorem für **MP1**. Damit sind die Bedingungen erfüllt, die wir in 1.3 für die Einführung von Operatoren gefordert haben.

Ist nun **K** wieder eine (entscheidbare) Menge von Atomformeln und **MP1K** die Erweiterung von **MP1** mit den Spezialaxiomen → S für alle Sε**K**, so gilt der Satz T4.2-1a für die Kalküle MP1K nicht mehr, denn mit → F(a) ist eben nicht immer auch → F(b) für alle anderen GK b ein Spezialaxiom nach **K**.

Eine GK a soll in **K** *ausgezeichnet* heißen, wenn es eine S[a] in **K** gibt, die a enthält, so daß nicht für jede GK b auch S[b] in **K** ist. Wir können nun annehmen, daß es zu jedem **K** unendlich viele GK gibt, die in **K** nicht ausgezeichnet sind. Denn es gibt zu jeder Menge von Atomformeln **K** eine ebensolche Menge **K**', die sich von **K** nur durch Umbenennung von GK unterscheidet, und für die unsere Behauptung gilt: Ist a_1, a_2,. . . eine Abzählung aller GK von **P**, so ersetzen wir in den Formeln von **K** die GK a_i durch die GK $a_{2\,.\,i}$ und nehmen für jedes a_k mit ungeradem k die Formel S[a_k] genau dann zu der so entstehenden Formelmenge hinzu, wenn S[a_j] für alle geraden j darin enthalten ist (d. h. wenn **K** die Formeln S[a] für alle GK enthält).

Es gilt nun mit denselben Anmerkungen wie sie zu T4.2-1a gemacht wurden:

T4.2-1b: Ist in **MP1K** eine SQ S_1[a],. . .,S_m[a]→ T_1[a],. . .,T_n[a] für eine in **K** nicht ausgezeichnete GK beweisbar, so auch die SQ S_1[b],. . .,S_m[b]→ T_1[b],. . .,T_n[b] für jede GK b (n, m ≥ 0).

Daher können wir auch in **MP1K** die angegebenen A-Regeln verwenden, wenn wir die Konstantenbedingung für b in HA1 und VA2 so ergänzen, daß b auch nicht in **K** ausgezeichnet sein darf.

Würden wir die A-Regeln für einen SQ-Kalkül formulieren, der sich nur auf SQ mit höchstens einer HF bezieht, so daß also Γ in HA1 und HA2 leer wäre und in VA1 und VA2 höchstens eine HF enthielte, so wäre der mit diesen Regeln erweiterte Kalkül **MA1** nicht mit **MP1** äquivalent. Denn in ihm wäre die in **MP1** beweisbare SQ Λx(A[x] ∨ C)→ ΛxA[x] ∨ C unbeweisbar.

In **MP1** erhalten wir:

$$\begin{array}{ll} A[a]\rightarrow A[a] & C\rightarrow C \\ A[a]\rightarrow A[a], C & C\rightarrow A[a], C \\ \hline \multicolumn{2}{c}{A[a]\vee C\rightarrow A[a], C} \end{array}$$

$$\Lambda x(A[x]\vee C)\rightarrow A[a], C$$

$$\Lambda x(A[x]\vee C)\rightarrow \Lambda xA[x], C$$

$$\Lambda x(A[x]\vee C)\rightarrow \Lambda xA[x]\vee C,$$

wo a nicht in $\Lambda xA[x]$ und C vorkommt.

In dem aus **MA1** entstehenden Kalkül muß man hingegen die hintere Disjunktion einführen, bevor man die vordere einführen kann. Man erhält also nur $A[a]\vee C\rightarrow A[a]\vee C$, und daraus nur das triviale $\Lambda x(A[x]\vee C)\rightarrow \Lambda x(A[x]\vee C)$. Da wir nun den Schluß $\Lambda x(A[x]\vee C)\rightarrow \Lambda xA[x]\vee C$ in der minimalen P. L. als gültig ansehen wollen, gehen wir hier direkt von **MA2** aus, um nicht HA1 durch die (nicht mehr kontextfreie) Regel

$\Delta\rightarrow A[b]\vee C \vdash \Delta\rightarrow \Lambda xA[x]\vee C$ (Die GK b komme in der Konklusion nicht vor)

ersetzen zu müssen.

In **MA1** gilt zwar: Ist $\rightarrow A\vee B$ beweisbar, so auch $\rightarrow A$ oder $\rightarrow B$. Insofern gilt in dem p. l. erweiterten Kalkül auch: Ist $\rightarrow \Lambda x(A[x]\vee C)$ beweisbar, so auch $\rightarrow \Lambda xA[x]\vee C$, aber es gilt nicht: Ist $\Delta\rightarrow A\vee B$ beweisbar, so auch $\Delta\rightarrow A$ oder $\Delta\rightarrow B$, und daher auch nicht:

Ist $\Delta\rightarrow \Lambda x(A[x]\vee C)$ beweisbar, so auch $\Delta\rightarrow \Lambda xA[x]\vee C$.

Entsprechend verhält es sich in der direkten Logik. Für die klassische Logik hingegen stellt sich dieses Problem nicht.

4.3 Der Sequenzenkalkül MP1

MP1 sei also der SQ-Kalkül, der sich aus dem Kalkül **MA2** – der nun natürlich auf die Sprache **P** zu beziehen ist; alle SQ sind nun SQ über **P** – durch Hinzunahme der A-Regeln ergibt, die wir in 4.2 angegeben haben. Wir wollen zunächst den Beweis von T4.2-1a und b nachtragen. Er vollzieht sich nach der Länge des vorausgesetzten Beweises $\mathfrak{B}$ der SQ $\Sigma[a]=S_1[a], \ldots, S_m[a]\rightarrow T_1[a], \ldots, T_n[a]$, den wir uns in Baumform geschrieben denken. Dann ist die Länge l von $\mathfrak{B}$ die maximale Anzahl von SQ in einem Ast von $\mathfrak{B}$. Ist $l=1$, so ist $\Sigma[a]$ Axiom. $\Sigma[a]$ ist dann aber für alle GK b auch Axiom, da a im Fall (b) in **K** nicht ausgezeichnet sein soll. Ist die Behauptung nun bereits für die Prämisse $\Sigma[a]$ bzw. die Prämissen $\Sigma_1[a]$ und $\Sigma_2[a]$ einer Regel von **MP1** bewiesen, so gilt sie auch für die Konklusion. Das ist trivial für alle Regeln von **MP1** außer HA1 und VA2, denn hier kann die Ersetzung der GK a durch b bewirken, daß die Konstantenbedingung für diese Regeln verletzt ist.

In diesem Fall können wir aber die bei der Anwendung einer solchen Regel eliminierte GK nach I. V. durch eine andere ersetzen. Nach I. V. ist ja im Fall HA1 bereits gezeigt, daß mit $\Delta[a]\rightarrow A[a, c], \Gamma[a]$, wo c eine GK ist, die in $\Delta[a]$, $\Gamma[a]$ und $\Lambda x A[a, x]$ nicht vorkommt (und die im Fall (b) in **K** nicht ausgezeichnet ist), die also von a verschieden ist, auch $\Delta[a]\rightarrow A[a, d], \Gamma[a]$ beweisbar ist, wobei d eine von a verschiedene GK ist, die in $\Delta[b]$, $\Gamma[b]$ und $\Lambda x A[b, x]$ nicht vorkommt (und für den Fall (b) nicht in **K** ausgezeichnet ist; wir haben in 4.2 gezeigt, daß wir immer voraussetzen können, daß in **K** unendlich viele GK nicht ausgezeichnet sind), und nach I. V. gilt dann auch, daß $\Delta[b]\rightarrow A[b, d], \Gamma[b]$ beweisbar ist. Daraus folgt aber mit HA1 $\Delta[b]\rightarrow \Lambda x A[b, x], \Gamma[b]$. Ebenso argumentiert man für VA2.

In **MP1** gilt nun wieder das *Eliminationstheorem*

T4.3-1: Jede in **MP1** beweisbare SQ ist in **MP1** ohne TR-Anwendungen beweisbar.

Zum Beweis dieses Theorems genügt es, jenem von T1.4–3 folgendes hinzuzufügen:

Zu (2), unter den Fällen (γ): Ist R die Regel HA1 oder VA2, so kann in $\mathfrak{B}'$ die Konstantenbedingung verletzt sein. Dann ist nach T4.2–1a zunächst die fragliche GK entsprechend umzubenennen. Nach dem oben angegebenen Beweis von T4.2–1a erhöht sich dabei der Rang der Schnitte nicht.

Zu (3a):

η) *S hat die Gestalt* $\Lambda x A[x]$

$$\dfrac{\dfrac{\Delta\rightarrow A[b], \Gamma}{\Delta\rightarrow \Lambda x A[x], \Gamma} \quad \dfrac{\Delta', A[a]\rightarrow \Gamma'}{\Delta', \Lambda x A[x]\rightarrow \Gamma'}}{\Delta, \Delta'\rightarrow \Gamma, \Gamma'} \quad \Rightarrow \quad \dfrac{\dfrac{\Delta\rightarrow A[a], \Gamma; \; \Delta', A[a]\rightarrow \Gamma'}{\Delta, \Delta'_{A[a]}\rightarrow \Gamma_{A[a]}, \Gamma'}}{\Delta, \Delta'\rightarrow \Gamma, \Gamma'} \quad \text{VV, VT, HV, HT}$$

Ist $\Delta\rightarrow A[b], \Gamma$ beweisbar, wo die GK b nicht in Δ, Γ, $\Lambda x A[x]$ vorkommt, so nach T4.2-1a auch $\Delta\rightarrow A[a], \Gamma$.

θ) *S hat die Gestalt* $\sim \Lambda x A[x]$

$$\dfrac{\dfrac{\Delta\rightarrow \sim A[a], \Gamma}{\Delta\rightarrow \sim \Lambda x A[x], \Gamma} \quad \dfrac{\Delta', \sim A[b]\rightarrow \Gamma'}{\Delta', \sim \Lambda x A[x]\rightarrow \Gamma'}}{\Delta, \Delta'\rightarrow \Gamma, \Gamma'} \quad \Rightarrow \quad \dfrac{\dfrac{\Delta\rightarrow \sim A[a], \Gamma; \; \Delta', \sim A[a]\rightarrow \Gamma'}{\Delta, \Delta'_{\sim A[a]}\rightarrow \Gamma_{\sim A[a]}, \Gamma'}}{\Delta, \Delta'\rightarrow \Gamma, \Gamma'} \quad \text{VV, VT, HV, HT}$$

Ist $\Delta', \sim A[b]\rightarrow \Gamma'$ beweisbar, wo die GK b nicht in Δ', Γ', $\Lambda x A[x]$ vorkommt, so nach T4.2-1a auch $\Delta', \sim A[a]\rightarrow \Gamma'$.

Zu (3b):

η) *S hat die Gestalt* $\Lambda x A[x]$

$$\begin{array}{c} \Delta \rightarrow A[b], \Gamma \\ \Delta \rightarrow \Lambda x A[x], \Gamma; \Lambda x A[x], \sim \Lambda x A[x] \rightarrow \\ \hline \Delta, \sim \Lambda x A[x] \rightarrow \Gamma \end{array} \quad \Rightarrow \quad \begin{array}{l} \Delta \rightarrow A[b], \Gamma; A[b], \sim A[b] \rightarrow \\ \hline \Delta, \sim A[b] \rightarrow \Gamma \\ \Delta, \sim \Lambda x A[x] \rightarrow \Gamma \end{array}$$

b kommt nicht in Δ, Γ, ΛxA[x] vor.

θ) *S hat die Gestalt* ~ ΛxA[x]

$$\begin{array}{c} \Delta \rightarrow \sim A[a], \Gamma \\ \Delta \rightarrow \sim \Lambda x A[x], \Gamma; \Lambda x A[x], \sim \Lambda x A[x] \rightarrow \\ \hline \Delta, \Lambda x A[x] \rightarrow \Gamma \end{array} \quad \begin{array}{ll} \Delta \rightarrow \sim A[a], \Gamma; A[a], \sim A[a] \rightarrow & \\ \hline \Delta, A[a] \rightarrow \Gamma_{\sim A[a]} & \\ \Delta, A[a] \rightarrow \Gamma & \text{HV, HT} \\ \Gamma, \Lambda x A[x] \rightarrow \Gamma & \end{array}$$

Wie in 1.4 folgt aus dem Eliminationstheorem wieder das *Teilformeltheorem:*

T4.3-2: Zu jeder in **MP1** beweisbaren SQ Σ gibt es einen Beweis, dessen SQ nur Formeln enthalten, deren Satzkomponenten Teilsätze der Satzkomponenten der Formeln in Σ sind.

MP1 ist im gleichen Sinn trivialerweise widerspruchsfrei wie **MA1** und **MA2** (vgl. 1.3). Aber auch die Sätze T1.4-5, T1.4-6 und T1.4-7 lassen sich sinngemäß auf **MP1** übertragen.

Der Kalkül **MP1** ist nun zwar nicht entscheidbar, aber es gibt ein *mechanisches Beweisverfahren* für **MP1,** d.h. es gilt:

T4.3-3: Es gibt ein mechanisch anwendbares Verfahren, das zu jeder in **MP1** beweisbaren SQ Σ in endlich vielen Schritten einen Beweis für Σ liefert.

Die Zahl der notwendigen Schritte läßt sich dabei nicht abschätzen, sonst läge ein Entscheidungsverfahren vor. Liefert das Verfahren nach endlich vielen Schritten also noch keinen Beweis für Σ, so bleibt offen, ob Σ beweisbar ist oder nicht.

Ein solches Beweisverfahren ergibt sich aus dem in 1.5 geschilderten Entscheidungsverfahren für **MA2** wie folgt: Wir gehen wieder von **MP1** zu einem Kalkül **MP1'** über, der aus **MP1** durch Streichung von TR entsteht, durch Ersetzung von RF und WS durch RF' und WS' und durch Ersetzung der logischen Regeln durch solche, bei denen die HPF in der Prämisse steht. In **MP1'** sind dann wieder VV, HV, VK und HK eliminierbar. Wir definieren Herleitungen und Fäden von Herleitungen im Sinn von D1.5-1, und D1.5-4, wobei nun **MP1'** an die Stelle von **MA2'** tritt. In der Definition der regulären Herleitungen nach D1.5–3 wird die Bedingung (c) durch folgende Bedingungen ersetzt, wobei $a_1, a_2, \ldots$ eine Abzählung der GK von **P** sei (die man sinnvollerweise mit den GK beginnt, die in der Anfangs-SQ der Herleitung vorkommen):

c) Die Umkehrungen der HA1- und VA2-Regeln von **MP1'**
$\Delta \rightarrow \Lambda x A[x], \Gamma \vdash \Delta \rightarrow A[b], \Lambda x A[x], \Gamma$
$\Delta, \sim \Lambda x A[x] \rightarrow \Gamma \vdash \Delta, \sim \Lambda x A[x], \sim A[b] \rightarrow \Gamma$
werden so angewendet, daß die dabei neu eingeführte GK b die erste GK in der Abzählung ist, die in der Prämisse nicht vorkommt.

d) Die Umkehrungen der VA1- und HA2-Regeln von **MP1'**
$\Delta, \Lambda x A[x] \rightarrow \Gamma \vdash \Delta, \Lambda x A[x], A[a] \rightarrow \Gamma$
$\Delta \rightarrow \sim \Lambda x A[x], \Gamma \vdash \Delta \rightarrow \sim A[a], \sim \Lambda x A[x], \Gamma$
werden so angewendet, daß a die erste GK ist, für die die VF A[a] bzw. die HF $\sim$A[a] nicht in Δ bzw. Γ vorkommt.

e) Sind nach (a), nicht aber nach (b), noch Regeln anwendbar, so werden in den SQ die Unterstreichungen aller VF der Gestalt $\Lambda x C[x]$ und aller HF der Gestalt $\sim \Lambda x C[x]$ getilgt.

f) Läßt sich auf eine SQ aus Θ_n nach (a)–(e) noch eine Regel anwenden, so enthält $\mathfrak{H}$ ein Glied Θ_{n+1}.

Es gilt dann wieder:

T4.3-4: Eine SQ ist in **MP1** beweisbar gdw. eine Herleitung aus Σ geschlossen ist.

Das beweist man ebenso wie den Satz T1.5-1.

T4.3-5: Ist eine Herleitung aus Σ geschlossen, so auch jede reguläre Herleitung aus Σ.

Der Beweis ist hier wegen der Konstantenbedingungen für reguläre Herleitungen etwas komplizierter als jener für T1.5-2. Um Wiederholungen zu vermeiden, führen wir ihn hier nicht. Das im Abschnitt 5.2 geschilderte mechanische Beweisverfahren fällt für SQ, in denen das Implikationszeichen nicht vorkommt, mit dem hier entwickelten zusammen. Daher enthält der Beweis für das Theorem T5.2-3 auch den Beweis für den Satz T4.3-5.

Für den Vollständigkeitsbeweis in 4.5 benötigen wir folgende Eigenschaften regulärer Herleitungen:

T4.3-6: Ist $\mathfrak{H}$ eine nicht geschlossene reguläre Herleitung, so gilt für jeden Faden $\mathfrak{f}$ von $\mathfrak{H}$:
a) Jede nichtatomare VF und jede nichtatomare HF einer SQ Σ von $\mathfrak{f}$ tritt in einer SQ von $\mathfrak{f}$ als HPF auf.
b) Zu jeder VF der Gestalt $\Lambda x A[x]$ und jeder HF der Gestalt $\sim \Lambda x A[x]$ einer SQ von $\mathfrak{f}$ treten die Formeln A[a] bzw. $\sim$A[a] für alle GK a von **P** als VF bzw. HF von SQ von $\mathfrak{f}$ auf.

Beweis: Wir denken uns $\mathfrak{H}$ in Baumform geschrieben. Vor der 1. Anwendung der Regel (e) in $\mathfrak{H}$ und zwischen der i-ten und der (i + 1)-ten Anwendung von (e) in der Konstruktion von $\mathfrak{H}$ liegen in jedem Ast von $\mathfrak{H}$ nur endlich viele SS. Denn in jedem Faden wird durch die Anwendung der anderen Regeln die Summe der Grade der nicht unterstrichenen FV kleiner. Daher gilt (a) für jeden solchen Abschnitt, und nach den Regeln (d), (e) und (f) gilt dann auch (b). Denn tritt ein Satz $\Lambda xA[x]$ im n-ten Abschnitt ($n \geq 1$) zuerst als VF in $\mathfrak{f}$ auf, so tritt die VF $A[a_k]$ spätestens im (n + k)-ten Abschnitt $\mathfrak{f}$ auf, und entsprechend für HF der Gestalt $\sim \Lambda xA[x]$.

4.4 *Totale und partielle prädikatenlogische Bewertungen*

Wir rekapitulieren zunächst einige wichtige Begriffsbildungen aus der mengentheoretischen Semantik der klassischen P. L. Ihr grundlegender Begriff ist der einer Interpretation:

D4.4-1: Eine *totale Interpretation* von **P** ist ein Paar $\mathfrak{M} = \langle U, V \rangle$, für das gilt:
1) U ist eine nichtleere Menge von Objekten.
2) V ist eine Funktion, welche die Menge der GK von **P** in U, die Menge der n-stelligen PK von **P** in die Potenzmenge von U^n und die Menge aller Sätze von **P** so in die Menge {w, f} abbildet, daß gilt:
   a) $V(F(a_1, \ldots, a_n)) = w$ gdw. $V(a_1), \ldots, V(a_n) \varepsilon V(F)$
   b) $V(\neg A) = w$ gdw. $V(A) = f$
   c) $V(A \wedge B) = w$ gdw. $V(A) = V(B) = w$
   d) $V(\Lambda xA[x]) = w$ gdw. $\Lambda V'(V' \overline{\overline{a}} V \supset V'(A[a]) = w)$, wo a eine GK ist, die in $\Lambda xA[x]$ nicht vorkommt.

Dabei bedeutet $V' \overline{\overline{a}} V$, daß V' und V Interpretationen über demselben Objektbereich U sind, die allen PK und allen GK mit Ausnahme höchstens von a dieselben Werte zuordnen. U^n ist die Menge aller n-tupel von Elementen aus U und die Potenzmenge einer Menge M ist die Menge aller Teilmengen von M.

Erfüllungsbegriff, p.l. Wahrheit und p.l. Gültigkeit werden nach dem Schema in D1.6-4 definiert. Es gelten die beiden wichtigen Sätze:

T4.4-1: *(Koinzidenztheorem)* Gilt $V' \overline{\overline{a}} V$ und kommt die GK a nicht in A vor, so gilt $V'(A) = V(A)$.

T4.4-2: *(Überführungstheorem)* Gilt $V' \overline{\overline{a}} V$ und $V'(a) = V(b)$, so gilt $V'(A[a]) = V(A[b])$ für alle Sätze A[a], bei denen a nicht in A[b] vorkommt.

Für einen Beweis dieser Theoreme vgl. z. B. Kutschera und Breitkopf (1979), § 9.4.

Wir wollen nun von Interpretationen zu Bewertungen übergehen. Der Weg dazu führt über normale totale Interpretationen.

D4.4-2: Eine totale Interpretation $<U, V>$ heißt *normal,* wenn für alle Allsätze $\Lambda x A[x]$ gilt: ist $V(\Lambda x A[x]) = f$, so gibt es eine GK a mit $V(A[a]) = f$.

D4.4-3: Zwei totale Interpretationen $<U, V>$, $<U', V'>$ heißen *äquivalent* bzgl. der Satzmenge (SM) $\mathfrak{K}$ gdw. $V'(A) = V(A)$ für alle Sätze A aus $\mathfrak{K}$ gilt.

T4.4-3: Zu jeder totalen Interpretation $<U, V>$ und jeder SM $\mathfrak{K}$, in deren Sätzen unendlich viele GK nicht vorkommen, gibt es eine bzgl. $\mathfrak{K}$ äquivalente normale Interpretation $<U, V'>$.

Beweis: Es sei Γ die unendliche Menge jener GK, die in den Sätzen von $\mathfrak{K}$ nicht vorkommen. Γ_0 sei die Menge der GK, die in diesen Sätzen vorkommen. $\Gamma \cup \Gamma_0$ ist also die Menge aller GK von **P**. Wir zerlegen nun Γ in eine abzählbar unendliche Folge $\Gamma_1, \Gamma_2, \ldots$ abzählbar unendlicher Mengen von GK. $a_{i1}, a_{i2}, \ldots$ sei eine Abzählung der GK aus Γ_i $(i = 1, 2, \ldots)$. Die Menge der Sätze von **P** zerlegen wir ebenfalls in eine abzählbar unendliche Folge $\mathfrak{K}_0, \mathfrak{K}_1, \mathfrak{K}_2, \ldots$ von SM, so daß $\mathfrak{K}_0$ genau die Sätze enthält, in denen keine GK vorkommen oder nur GK aus Γ_0 und $\mathfrak{K}_i$ $(i=1,..)$ genau jene Sätze, in denen nur GK aus $\bigcup_{n=0}^{i} \Gamma_n$ vorkommen, aber mindestens eine GK aus Γ_i. Es sei $\Lambda x A_{jk}[x]$ $(k = 1,2,..;$ $j = 0,1,2,..)$ eine Abzählung der Allsätze aus $\mathfrak{K}_j$. Wir definieren nun V' so, daß V' mit V übereinstimmt bis auf höchstens die GK aus Γ. Für die a_{ik} definieren wir V' fortschreitend von $i = 1$ zu immer größeren i wie folgt: Ist $V'(\Lambda x A_{i-1k}[x]) = f$, so gibt es ein V^+ und eine GK b, die in $\Lambda x A_{i-1k}[x]$ nicht vorkommt, so daß gilt: $V^+ \underset{b}{=} V'$ und $V^+(A_{i-1k}[b]) = f$; es sei dann $V'(a_{ik}) = V^+(b)$. Ist $V'(\Lambda x A_{i-1k}[x]) = w$, so wird $V'(a_{ik})$ beliebig bestimmt (z.B. durch $V'(a_{ik}) = V(c)$ für eine feste GK c aus Γ_0). V' ist im i-ten Schritt bereits für alle Sätze aus $\mathfrak{K}_{i-1}$ definiert und a_{ik} ist eine GK, die in $\Lambda x A_{i-1k}[x]$ nicht vorkommt.

V' ist nun normal, denn nach dem Überführungstheorem gilt wegen $V'(a_{ik}) = V^+(b)$ $V'(A_{i-1k}[a_{ik}]) = V^+(A_{i-1k}[b]) = f$ für alle Sätze $\Lambda x A_{i-1k}[x]$ mit $V'(\Lambda x A_{i-1k}[x]) = f$. V' ist auch $\mathfrak{K}$-äquivalent mit V, da nach dem Koinzidenztheorem gilt $V'(A) = V(A)$ für alle Sätze A aus $\mathfrak{K}$.

T4.4-3 erlaubt es nun, der Semantik der klassischen P. L. anstelle von Interpretationen Bewertungen zugrundezulegen. Da wir in 1.6 schon die Bezeichnung „totale Bewertung" verwendet haben, bezeichnen wir dort, wo die Unterscheidung wichtig wird, die totalen Bewertungen nach D1.6-1 als „totale a. l. Bewertungen" und die hier definierten als „totale p. l. Bewertungen". Da sich aber in der Regel aus dem Kontext ergibt, welche Bewertungen gemeint sind, lassen wir die Zusätze „a. l." bzw. „p. l." meist weg. Entsprechendes gilt für partielle und direkte Bewertungen.

D4.4-4: Eine *totale (p. l.) Bewertung* von **P** ist eine Funktion V, welche die Menge aller Sätze von **P** so in die Menge {w, f} abbildet, daß gilt:
a) $V(\neg A) = w$ gdw. $V(A) = f$
b) $V(A \wedge B) = w$ gdw. $V(A) = V(B) = w$
c) $V(\Lambda x A[x]) = w$ gdw. $V(A[a]) = w$ für alle GK a.

T4.4-4: Zu jeder normalen totalen Interpretation $\langle U, V \rangle$ gibt es eine mit V äquivalente totale Bewertung V'; für sie gilt also $V'(A) = V(A)$ für alle Sätze A von **P**.

Beweis: Setzen wir $V'(B) = V(B)$ für alle Atomsätze B, so beweist man die generelle Behauptung leicht durch Induktion nach dem Grad g der Sätze A. Aus dem Induktionsschritt greifen wir den einzig interessanten Fall heraus, in dem A die Gestalt $\Lambda x A[x]$ hat. Gilt $V(\Lambda x A[x]) = w$, so gilt $V(A[a]) = w$ für alle GK a, also nach I. V. auch $V'(A[a]) = w$ für alle GK a, also $V'(\Lambda x A[x]) = w$. Gilt $V(\Lambda x A[x]) = f$, so gibt es wegen der Normalität von $\langle U, V \rangle$ eine GK b mit $V(A[b]) = f$; nach I.V. gilt dann auch $V'(A[b]) = f$, also $V'(\Lambda x A[x]) = f$.

T4.4-5: Zu jeder totalen Bewertung V gibt es eine mit V äquivalente (normale) totale Interpretation $\langle U, V' \rangle$.

Beweis: U sei die Menge der natürlichen Zahlen, $a_1, a_2, \ldots$ eine Abzählung der GK von **P**. Wir setzen $V'(a_i)=i$ und $V'(F)=\{(n_1, \ldots, n_m): V(F(a_{n_1}, \ldots, a_{n_m}))=w\}$ für alle m-stelligen PK F. Wir beweisen die Behauptung $V'(A)=V(A)$ durch Induktion nach dem Grad g von A. Ist $g=0$, so gilt

$V'(F(a_{n_1}, \ldots, a_{n_m})) = w$ gdw. $V'(a_{n_1}), \ldots, V'(a_{n_m}) \varepsilon V'(F)$ gdw. $n_1, \ldots, n_m \varepsilon V'(F)$ gdw. $V(F(a_{n_1}, \ldots, a_{n_m})) = w$.

Ist die Behauptung bereits bewiesen für alle $g<n$, so gilt sie auch für $g=n$: Hat A z.B. die Gestalt $\Lambda x A[x]$, so gilt: Ist $V(\Lambda x A[x])=f$, so gibt es eine GK a mit $V(A[a])=f$, nach I. V. also $V'(A[a])=f$, also $V'(\Lambda x A[x])=f$. Ist umgekehrt $V'(\Lambda x A[x])=f$, so gibt es ein $V'': V'' \overline{\overline{b}} V' \wedge V'(A[b])=f$, wo b nicht in $\Lambda x A[x]$ vorkommt. Ist nun $V''(b)=n$, so gilt $V'(a_n)=V''(b)$, nach dem Überführungstheorem, also $V'(A[a_n])=f$ (b kommt für $b \neq a_n$ in $A[a_n]$ nicht vor). V' ist also normal. Nach I. V. gilt dann aber auch $V(A[a_n])=f$, also $V(\Lambda x A[x])=f$.

Aus diesen drei Sätzen folgt nun:

T4.4-6: Ein Satz A wird genau dann von allen totalen Interpretationen erfüllt, wenn er von allen totalen Bewertungen erfüllt wird.

Die Semantik der vollständigen Interpretationen zeichnet also genau dieselbe Logik aus wie die Semantik totaler p. l. Bewertungen. Wir können daher die klassisch-p.l. wahren Sätze und -p.l. gültigen Schlüsse – wir sprechen im folgenden auch von *K-Wahrheit* und *K-Gültigkeit* – sowohl auf der Grundlage der Interpretations- wie der Bewertungssemantik definieren.

Beweis: Gibt es eine totale Interpretation <U, V>, die A nicht erfüllt, so gibt es dazu nach T4.4-3 auch eine normale Interpretation <U, V'> mit V'(A) = V(A) = f, und dazu nach T4.4-4 eine totale Bewertung V'' mit V''(A) = f. Gibt es umgekehrt eine totale Bewertung V, die A nicht erfüllt, so gibt es dazu nach T4.4-5 eine totale Interpretation <U, V'> mit V'(A) = V(A) = f.

Der Satz T4.4-6 bildet nun – zunächst für den klassischen Fall – eine Rechtfertigung dafür, auch für Allsätze Wahrheitsbedingungen anzugeben, die nur auf die Wahrheitswerte der Teilsätze Bezug nehmen (vgl. 4.1).

Aus dem Beweis von T4.4-5 folgt:

T4.4-7: Gibt es eine totale Interpretation V, die alle Sätze aus einer Menge $\mathfrak{K}$ erfüllt, in der unendlich viele GK nicht vorkommen, so gibt es auch eine (normale) totale Interpretation V' über einem abzählbaren Objektbereich (speziell über der Menge der natürlichen Zahlen), die alle Sätze aus $\mathfrak{K}$ erfüllt.

Denn zu V gibt es eine bzgl. $\mathfrak{K}$ äquivalente normale Interpretation (vgl. T4.4-3), dazu nach T4.4-4 eine äquivalente totale Bewertung und dazu wiederum nach dem Beweis von T4.4-5 eine äquivalente Interpretation V' über der Menge der natürlichen Zahlen. Es gibt also keine Sätze von **P**, die nur in überabzählbaren Bereichen erfüllbar wären.

Wir gehen nun zu partiellen (p. l.) Interpretationen und Bewertungen über und wollen zeigen, daß hier entsprechend Sätze gelten.

Eine partielle Interpretation von **P** ist eine Interpretation, bei der nicht alle Sätze von **P** einen Wahrheitswert zu haben brauchen. Dabei kann nun ein Satz aus mehreren Gründen in seinem Wahrheitswert unbestimmt bleiben: Ein Satz wie F(a) kann deswegen indeterminiert sein, weil das Prädikat F nicht für das Objekt (eindeutig) erklärt ist, das die GK a bezeichnet. Er kann auch deswegen indeterminiert sein, weil die GK a nicht (eindeutig) erklärt ist. Und endlich kann ein Allsatz wie „Für alle x ist $\sqrt{x}$ erklärt“ indeterminiert sein, weil der Grundbereich nicht eindeutig festgelegt ist – er gilt für komplexe, nicht aber für reelle Zahlen.

Nun kann man vage Quantoren durch exakte Quantoren und vage Prädikate ersetzen, also den obigen Satz durch „Für alle Objekte x, die Zahlen sind, ist $\sqrt{x}$ erklärt“. Wir können uns also auf partielle Interpretationen über wohlbestimmten Grundbereichen beschränken. Es ist freilich nicht einleuchtender, daß sich alle Objektmengen präzise abgrenzen lassen, als daß sich alle Prädikate vollständig definieren lassen, und wir wollten diese Präzisierbarkeit nicht voraussetzen. Zu einer Interpretation gehört aber immer ein spezifizierbarer *universe of discourse;* will man den nicht voraussetzen, so wird man auch nicht von Interpretationen ausgehen, sondern von Bewertungen.

Bezüglich der Deutung der GK können wir drei Typen von Interpretationen unterscheiden:

A) Jeder GK wird genau ein Objekt des Grundbereichs zugeordnet.
B) Jeder GK wird höchstens ein Objekt des Grundbereichs zugeordnet, manchen GK aber auch keines.
C) Die GK werden als mehr oder minder unscharfe Namen für Objekte des Grundbereichs gedeutet.

Im Rahmen der reinen P. L. haben nun B- und C-Interpretationen wenig Interesse, denn es spricht nichts dafür, einfache Eigennamen wie „Sokrates" oder, in unserer Sprache **P**, die GK als unscharf anzusehen, und völlig ungedeutete Namen lassen sich leicht ausschließen. Unschärfe entsteht erst bei komplexen Namen, bei Kennzeichnungs-, Funktions- oder Abstraktionstermen, bei denen sich die Indeterminiertheiten der Prädikate bzw. Funktionsausdrücke, mit denen sie gebildet werden, auf sie vererben können. Daher wollen wir auf B- und C-Interpretationen erst im 7. Kapitel im Zusammenhang mit der Einführung solcher Terme eingehen. Zunächst betrachten wir nur A-Interpretationen, die wir auch einfach als „partielle Interpretationen" bezeichnen.

Es sei K^L die Menge der Funktionen, welche die Menge L in die Menge K abbilden, und $K^{(L)}$ sei die Menge der Funktionen, die eine Teilmenge von L in K abbilden. Eine partielle Interpretation V einer n-stelligen PK F über dem Objektbereich U ist dann eine Funktion V(F) aus der Menge $\{w, f\}^{(U^n)}$. (U^n ist die n-te *Cartesische Potenz* der Menge U, d.h. die Menge der n-tupel, die sich aus Elementen von U bilden lassen.) Ist F eine n-stellige PK, so sei für $\gamma_1, \ldots, \gamma_n \varepsilon U$:

$$V^w(F) := \{(\gamma_1, \ldots, \gamma_n) : V(F)(\gamma_1, \ldots, \gamma_n) = w\}$$
$$V^f(F) := \{(\gamma_1, \ldots, \gamma_n) : V(F)(\gamma_1, \ldots, \gamma_n) = f\}.$$

Es gilt dann $V^w(F) \cap V^f(F) = \Lambda$ (Λ ist die leere Menge), $V^w(F) \subset U^n$, $V^f(F) \subset U^n$, und für PK, die für alle n-tupel von Objekten aus U^n definiert sind, gilt $V^w(F) \cup V^f(F) = U^n$. Ist F total undefiniert, so gilt $V^w(F) = V^f(F) = \Lambda$.

Partielle Interpretationen sind (als A-Interpretationen) nun nach den Gedanken aus 1.6 so zu definieren:

D4.4-5: Eine *partielle Interpretation* von **P** ist ein Paar $\mathfrak{M} = \langle U, V \rangle$, für das gilt:

1. U ist eine nichtleere Objektmenge.
2. V ist eine Funktion, die jeder GK a von **P** ein Objekt $V(a)\varepsilon U$ zuordnet, jeder n-stelligen PK F von **P** eine Funktion $V(F)\varepsilon\{w, f\}^{(U^n)}$, und die eine Teilmenge der Sätze von **P** so in $\{w, f\}$ abbildet, daß gilt:
   a) $V(F(a_1, \ldots, a_n)) = w$ gdw. $V(a_1), \ldots, V(a_n)\varepsilon V^w(F)$
   $V(F(a_1, \ldots, a_n)) = f$ gdw. $V(a_1), \ldots, V(a_n)\varepsilon V^f(F)$
   b) $V(\neg A) = w$ gdw. $V(A) = f$
   $V(\neg A) = f$ gdw. $V(A) = w$
   c) $V(A \wedge B) = w$ gdw. $V(A) = V(B) = w$
   $V(A \wedge B) = f$ gdw. $V(A) = f$ oder $V(B) = f$
   d) $V(\Lambda x A[x]) = w$ gdw. $\Lambda V'(V' \underset{a}{=} V \supset V'(A[a]) = w)$,
   $V(\Lambda x A[x]) = f$ gdw. $VV'(V' \underset{a}{=} V \wedge V'(A[a]) = f)$, wo die GK a in beiden Bedingungen nicht in $\Lambda x A[x]$ vorkommt.

$V' \underset{a}{=} V$ besagt wieder, daß V' mit V übereinstimmt bis auf höchstens die Deutung der GK a.

Definieren wir für zwei partielle Interpretationen V und V' über demselben Objektbereich U:

D4.4-6: V' ist eine *Extension* von V – symbolisch $V' \geq V$ – gdw. für alle GK a gilt $V'(a) = V(a)$ und für alle PK F $V^w(F) \subset V'^w(F)$ und $V^f(F) \subset V'^f(F)$,

so gilt wieder die *Stabilitätsbedingung:*

T4.4-8: $V' \geq V \wedge V(A) \neq u \supset V'(A) = V(A)$ für alle Sätze A von **P**.

Beweis: Durch Induktion nach dem Grad g von A. $g = 0$: Ist $V(F(a_1, \ldots, a_n)) = w$, so $V(a_1), \ldots, V(a_n)\varepsilon V^w(F)$, also für $V' \geq V$ nach D4.4-6 $V'(a_1), \ldots, V'(a_n)\varepsilon V'^w(F)$, also $V(F(a_1, \ldots, a_n)) = w$. Ebenso für $V(F(a_1, \ldots, a_n)) = f$. Es sei die Behauptung bereits bewiesen für alle $g < n$ und es sei nun $g = n$. Im Fall der a. l. Operatoren argumentiert man wie früher. Hat A die Gestalt $\Lambda x B[x]$, so gilt: Ist $V(\Lambda x B[x]) = w$, so gilt für jedes V^+ mit $V^+ \underset{a}{=} V$ $V^+(B[a]) = w$ (a sei eine GK, die nicht in $\Lambda x B[x]$ vorkommt). Ist nun $V'^+ \underset{a}{=} V'$ und $V'^+(a) = V^+(a)$, so gilt nach I. V. - angewendet auf V'^+, V^+ - $V'^+(B[a]) = w$. Es gilt also auch $\Lambda V'^+(V'^+ \underset{a}{=} V' \supset V'^+(B[a]) = w)$, also $V'(\Lambda x B[x]) = w$. Ist $V(\Lambda x B[x]) = f$, so gibt es ein V^+: $V^+ \underset{a}{=} V$ und $V^+(B[a]) = f$. Setzen wir $V'^+ \underset{a}{=} V'$ und $V'^+(a) = V^+(a)$, so gilt nach I. V. $V'^+(B[a]) = f$, also $VV'^+(V'^+ \underset{a}{=} V' \wedge V'^+(B[a]) = f)$, also $V'(\Lambda x B[x]) = f$.

Auch für partielle Interpretationen gelten die beiden fundamentalen Theoreme

T4.4-9: *(Koinzidenztheorem)* Gilt $V' \underset{a}{=} V$ und kommt die GK a nicht in A vor, so gilt $V'(A) = V(A)$.

Das beweist man wie üblich durch Induktion nach dem Grad von A. Ebenso beweist man

T4.4-10: *(Überführungstheorem)* Gilt $V' \underset{a}{=} V$ und V'(a)=V(b), so gilt V'(A[a])=V(A[b]) für alle Sätze A[a], für die a nicht in A[b] vorkommt.

Wir wollen nun wie im klassischen Fall zeigen, daß man von partiellen Interpretationen zu partiellen Bewertungen übergehen kann. Dazu definieren wir in Analogie zu D4.4-2:

D4.4-7: Eine partielle Interpretation <U, V> heißt *normal,* wenn für alle Allsätze ΛxA[x] von **P** gilt: Ist V(ΛxA[x])≠w so gibt es eine GK a mit V(A[a])=V(ΛxA[x]).

Das soll wie in 1.6 den Fall V(A[a])=u=V(ΛxA[x]) einschließen. Es gilt also für normale Interpretationen V:

V(ΛxA[x])=w gdw. für alle GK a V(A[a])=w und
V(ΛxA[x])=f gdw. es eine GK a gibt mit V(A[a])=f.

T.4.4-11: Zu jeder partiellen Interpretation <U, V> und jeder SM 𝔎, in deren Sätzen unendlich viele GK nicht vorkommen, gibt es eine 𝔎-äquivalente normale partielle Interpretation <U, V'>.

Das beweist man ebenso wie den Satz T4.4-3.

D4.4-8: Eine *partielle (p. l.) Bewertung* ist eine Funktion V, die eine Teilmenge der Sätze von **P** so in {w, f} abbildet, daß gilt:

a) V(¬A)=w gdw. V(A)=f.
   V(¬A)=f gdw. V(A)=w.
b) V(A ∧ B)=w gdw. V(A)=V(B)=w.
   V(A ∧ B)=f gdw. V(A)=f oder V(B)=f.
c) V(ΛxA[x])=w gdw. für alle GK a V(A[a])=w ist.
   V(ΛxA[x])=f gdw. es eine GK a gibt mit V(A[a])=f.

Es gilt dann

T.4.4-12: Zu jeder normalen partiellen Interpretation <U, V> gibt es eine äquivalente partielle Bewertung V'.

Beweis: Wie für T4.4-4.

T4.4-13: Zu jeder partiellen Bewertung V gibt es eine äquivalente (normale) partielle Interpretation <U, V'>.

Der Beweis verläuft im wesentlichen wie jener von T4.4-5. U sei wieder die Menge der natürlichen Zahlen, $a_1, a_2, \ldots$ eine Abzählung der GK von **P**. Wir setzen $V'(a_i)=i$, $V'^{w}(F)=\{(n_1, \ldots, n_m)$: $V(F(a_{n_1}, \ldots, a_{n_m}))=$

w} und $V'^{f}(F) = \{(n_1, \ldots, n_m): V(F(a_{n_1}, \ldots, a_{n_m})) = f\}$ für alle m-stelligen PK F. Wir beweisen die Behauptung $V'(A) = V(A)$ für alle Sätze A wie im Fall von T4.4-5 durch Induktion nach dem Grad g von A. Im Induktionsschritt gilt z.B.: Ist $V(\Lambda xA[x]) = w$, so gilt für alle GK a $V(A[a]) = w$, nach I. V. also $V'(A[a]) = w$ (α). Gäbe es nun, wo b eine GK ist, die nicht in $\Lambda xA[x]$ vorkommt, ein V^+ mit $V^+ \underset{b}{=} V'$, $V^+(b) = n$ und $V^+(A[b]) \neq w$, so wäre nach dem Überführungstheorem wegen $V'(a_n) = V^+(b)$ $V'(A[a_n]) \neq w$, im Widerspruch zu (α). Es gilt also $\Lambda V^+(V^+ \underset{b}{=} V' \supset V^+(A[b]) = w)$, also $V'(\Lambda xA[x]) = w$. Ist umgekehrt $V'(\Lambda xA[x]) = w$, so gilt für alle GK a $V'(A[a]) = w$, also nach I. V. für alle GK a $V(A[a]) = w$, also $V(\Lambda xA[x]) = w$. Für $V(\Lambda xA[x]) = f$ argumentiert man wie zu T4.4-5.

T.4.4-14: Ein Satz A wird genau dann von allen partiellen Interpretationen erfüllt, wenn er von allen partiellen Bewertungen erfüllt wird.

Das ergibt sich wie T4.4-6 aus T4.4-11,-12 und -13.

Die Semantik der partiellen p. l. Bewertungen zeichnet also genau dieselbe Logik aus wie die Semantik der partiellen Interpretationen.

Wie im klassischen Fall erhalten wir aus dem Beweis von T4.4-13 auch den Satz

T4.4-15: Gibt es eine partielle Interpretation, die alle Sätze einer Menge $\mathfrak{K}$ erfüllt, in denen unendlich viele GK nicht vorkommen so gibt es auch eine (normale) partielle Interpretation über einem abzählbaren Objektbereich, die alle Sätze aus $\mathfrak{K}$ erfüllt.

Jede totale Interpretation (Bewertung) ist auch eine partielle. Definieren wir also P-Wahrheit und P-Gültigkeit wie in D1.6-4, so gilt – K-Wahrheit bzw. K-Gültigkeit sei Wahrheit bzw. Gültigkeit bei allen totalen Interpretationen (oder Bewertungen) –

T4.4-16: Jeder P-wahre Satz ist K-wahr, und jeder P-gültige Schluß ist K-gültig.

Umgekehrt gilt wie in 1.6:

T4.4-17: Jede partielle Interpretation läßt sich zu einer totalen erweitern und ebenso jede partielle Bewertung zu einer totalen.

Beweis: (a) Es sei $<U, V>$ eine partielle Interpretation. Setzen wir $V'(a) = V(a)$ für alle GK a und $V'(F) = V^{w}(F)$, so ist $<U, V'>$ eine vollständige Interpretation und es gilt $V' \geq V$ nach D4.4-6, also nach T4.4-8 $V(A) \neq u \supset V'(A) = V(A)$. (b) Für partielle Bewertungen können wir den Extensionsbegriff nach D1.6-2 übernehmen. Ist V eine solche Bewertung und ist V' eine totale Bewertung, für die für alle Atomformeln B gilt $V(B) \neq u \supset V'(B)=V(B)$, so gilt $V' \geq V$ und die Behauptung folgt aus dem Stabilitätsprinzip (vgl. P3 in 1.6), dessen Geltung aufgrund von D4.4-8 man durch Induktion nach dem Grad der Sätze leicht beweist.

Wie in 1.6 definieren wir

D4.4-9: Eine (p. l.) *Semi-Bewertung* von **P** ist eine Funktion V, die eine Teilmenge der Sätze von **P** so in {w, f} abbildet, daß gilt:

a) $V(\neg A) = w \supset V(A) = f$
$V(\neg A) = f \supset V(A) = w$

b) $V(A \wedge B) = w \supset V(A) = V(B) = w$
$V(A \wedge B) = f \supset V(A) = f$ oder $V(B) = f$

c) Ist $V(\Lambda x A[x])=w$, so ist $V(A[a])=w$ für alle GK a.
Ist $V(\Lambda x A[x])=f$, so gibt es eine GK a mit $V(A[a])=f$.

Es gilt dann wie im a. l. Fall der Satz

T4.4-18: Jede Semi-Bewertung V läßt sich zu einer partiellen Bewertung V' erweitern.

Das beweist man ebenso wie den Satz T1.6-4.

4.5 Die Adäquatheit von **MP1** *bzgl. partieller Bewertungen*

Zum Beweis der semantischen Widerspruchsfreiheit und Vollständigkeit gehen wir wie in 1.7 vor. Den Satz:

T4.5-1: Jede in **MP1** beweisbare SQ stellt einen P-gültigen Schluß dar,

beweisen wir wie T1.7-1, wobei nur die p. l. Regeln noch zu berücksichtigen sind.

HA1: Ist der Schluß $\Delta \rightarrow \Lambda x A[x], \Gamma$ nicht P-gültig, so gibt es nach T4.4-13 eine partielle Interpretation <U, V> mit $V(\Delta)=w$, $V(S) \neq w$ für alle S aus Γ und $V(\Lambda x A[x]) \neq w$. Es gibt dann nach D4.4-5 ein V' mit $V' \underset{b}{=} V$ und $V'(A[b]) \neq w$, wo b eine GK ist, welche die Konstantenbedingung für HA1 erfüllt. Nach dem Koinzidenztheorem T4.4-9 gilt dann auch $V'(\Delta) = w$, und $V'(S) \neq w$ für alle S aus Γ, so daß der Schluß $\Delta \rightarrow A[b], \Gamma$ nicht <U, V'>-gültig, also auch nicht P-gültig ist. – Entsprechend argumentiert man im Fall VA2. HA2: Ist der Schluß $\Delta \rightarrow {\sim} A[a], \Gamma$ V-gültig für eine partielle Bewertung V, so auch der Schluß $\Delta \rightarrow {\sim} \Lambda x A[x], \Gamma$. Denn ist $V(\Delta)=w$ und $V(S) \neq w$ für alle S aus Γ, so gilt $V({\sim} A[a])=w$, also $V(A[a])=f$, also nach D4.4-8 $V(\Lambda x A[x])=f$, also $V({\sim} \Lambda x A[x])=w$. – Entsprechend argumentiert man im Fall VA1.

Den Beweis der Vollständigkeit von **MP1**, d.h. des Satzes

T4.5-2: Ist $\Delta \rightarrow \Gamma$ ein P-gültiger Schluß, so ist die SQ $\Delta \rightarrow \Gamma$ in **MP1** beweisbar, führen wir, wie in 1.7 für **MA2,** mithilfe des Entscheidungsverfahrens, das wir in 4.3 für **MP1** angegeben haben: Der Beweis von T1.7-2 ist dabei nur um folgende Überlegung zu ergänzen: Ist V bzgl. eines offenen Fadens 𝔣 einer regulären Herleitung aus $\Delta \rightarrow \Gamma$ durch die Bedingungen:

V(A) = w gdw. A VF einer SQ von 𝔣 ist, und
V(A) = f gdw. ~A VF einer SQ von 𝔣 ist

definiert, so gilt nach T4.3-6:

Ist V(ΛxA[x])=w, ist also ΛxA[x] VF von 𝔣, so sind auch die Sätze A[a] für alle GK a VF von 𝔣, so daß gilt V(A[a])=w für alle GK a.

Ist V(ΛxA[x])=f, ist also ~ΛxA[x] VF von 𝔣, so ist auch ein Satz ~A[b] VF von 𝔣, so daß gilt V(A[b]) = f für eine GK b. V ist daher eine Semibewertung. Und für die partielle Bewertung V', die V erweitert, gilt:

Ist ΛxA[x] HF von 𝔣, so nach T4.3-6 auch ein A[b]. Ist aber V'(ΛxA[x])=w, so auch V'(A[b])=w.

Ist ~ ΛxA[x] HF von 𝔣, so auch für alle GK a die Formel ~A[a]; ist aber V'(ΛxA[x])=f, so auch V'(A[a])=f für eine GK a.

Es gilt also auch im p. l. Fall: Würde V' eine HF von 𝔣 erfüllen, so auch eine atomare HF von 𝔣. Da das, wie wir im Beweis von T1.7-2 sahen, nicht gilt, ist also keine SQ in 𝔣 V'-gültig, also auch nicht die Anfangs-SQ $\Delta \rightarrow \Gamma$.

5 Direkte Prädikatenlogik

5.1 Der Sequenzenkalkül DP1

Die Überlegungen, die uns in 4.2 zu den prädikatenlogischen Regeln HA1 bis VA2 geführt haben, lassen sich ohne weiteres auch auf den Fall der direkten Logik übertragen. Wir werden in 5.3 sehen, daß man auch hier Interpretationen durch Bewertungen ersetzen kann.

Wir erhalten daher den Kalkül **DP1** aus **DA2,** indem wir die A-Regeln aus 4.2 hinzunehmen, oder aus **MP1,** indem wir die I-Regeln hinzunehmen.

Auch hier gilt der Satz:

T5.1-1: Ist in **DP1** eine SQ $S_1[a], \ldots, S_m[a] \rightarrow T_1[a], \ldots, T_n[a]$ beweisbar, so auch die SQ $S_1[b], \ldots, S_m[b] \rightarrow T_1[b], \ldots, T_n[b]$ für jede GK b ($n,m \geq 0$), wo die GK a in den Formeln der letzten SQ nicht mehr vorkommt.

Vgl. dazu die Erläuterungen zu T4.2-1a. Das ergibt sich wieder daraus, daß die Axiome und Regeln von **DP1** keine GK auszeichnen. Auch der Satz T4.2-1b überträgt sich entsprechend und bei Anwendungen von

HA1 und VA2 in Kalkülen **DP1K** ist die Konstantenbedingung wieder so zu ergänzen, daß b eine in **K** nicht ausgezeichnete GK ist.

Auch in **DP1** gilt das Eliminationstheorem:

T5.1-2: Jede in **DP1** beweisbare SQ ist in **DP1** ohne TR-Anwendungen beweisbar.

Der Beweis ergibt sich aus dem für T2.3-2, wenn wir die unter T4.3-1 angestellten Zusatzüberlegungen hinzufügen.

Aus T5.1-2 folgen dann wie früher die beiden Sätze:

T5.1-3: Der Kalkül **DP1** ist widerspruchsfrei.

T5.1-4: Zu jeder in **DP1** beweisbaren SQ Σ gibt es einen Beweis, dessen SQ nur Formeln enthalten, deren Satzkomponenten Teilsätze der Satzkomponenten der Formeln in Σ sind.

DP1 ist äquivalent mit dem Satzkalkül **DP** der direkten P. L., der aus **DA** (vgl. 2.3) durch Hinzunahme folgender Axiome und Regeln entsteht:

A16: $\Lambda xA[x] \supset A[a]$
A17: $\neg A[a] \supset \neg \Lambda xA[x]$
R2: $A \supset B[a] \vee C \vdash A \supset \Lambda xB[x] \vee C$
R3: $\neg A[a] \supset B \vdash \neg \Lambda xA[x] \supset B$,

wobei in R2 und R3 die GK a nicht in der Konklusion vorkommen darf.

Ist $C_1, \ldots, C_n$ eine Satzfolge, die eine Ableitung $\mathfrak{H}$ von B aus Annahmeformeln (AF) $A_1, \ldots, A_m$ in **DP** darstellt, so heißt C_i $(1 \leq i \leq n)$ in $\mathfrak{H}$ von der AF A_k $(1 \leq k \leq m)$ *abhängig*, wenn $C_i = A_k$ ist oder wenn C_i in $\mathfrak{H}$ Konklusion einer Regel mit einer Prämisse ist, die von A_k abhängig ist. Eine GK a wird in $\mathfrak{H}$ für die AF A_k *eliminiert*, wenn a in A_k vorkommt und $\mathfrak{H}$ eine Anwendung von R2 oder R3 auf einen in $\mathfrak{H}$ von A_k abhängigen Satz enthält, bei der a durch eine GV ersetzt wird. Ist B in **DP** aus $A_1, \ldots, A_m$ ableitbar ohne Elimination von GK für die AF, so drücken wir das durch $A_1, \ldots, A_m \vdash_0 B$ aus.

Das *Deduktionstheorem* gilt dann für **DP** in der Form:

T5.1-5: Ist in **DP** $A_1, \ldots, A_n \vdash B$ beweisbar, so auch $A_1, \ldots, A_{n-1} \vdash A_n \supset B$, vorausgesetzt, daß für die AF A_n keine GK eliminiert wird. Dabei wird im letzteren Beweis für keine AF eine GK eliminiert, die nicht auch im ersteren für diese AF eliminiert wurde.

Es gilt also speziell: Mit $\Delta, A \vdash_0 B$ ist auch $\Delta \vdash_0 A \supset B$ beweisbar. Wir fügen dem Beweis von T2 in 2.3 unter (4) folgende Fälle hinzu:

A) $C_i = D \supset \Lambda x E[x] \vee F$ geht in $\mathfrak{H}$ durch eine Anwendung von R2 auf $C_h = D \supset E[a] \vee F$ hervor, wobei a in C_i nicht vorkommt.

a) Falls a nicht in A_n vorkommt, ersetzen wir die Zeile $A_n \supset C_i$ in $\mathfrak{H}'$ durch

$A_n \supset (D \supset E[a] \vee F)$	
$A_n \wedge D \supset E[a] \vee F$	a. l.
$A_n \wedge D \supset \Lambda x E[x] \vee F$	R2
$A_n \supset (D \supset \Lambda x E[x] \vee F)$	a. l.

b) Falls a in A_n vorkommt, ist $D \supset E[a] \vee F$ nach Voraussetzung nicht von A_n abhängig, es gibt also in $\mathfrak{H}$ eine Ableitung $\mathfrak{H}''$ dieses Satzes aus $A_1, \ldots, A_{n-1}$. Dann ersetzen wir die Zeile $A_n \supset C_i$ in $\mathfrak{H}'$ durch

$\mathfrak{H}''$	
$D \supset E[a] \vee F$	
$D \supset \Lambda x E[x] \vee F$	R2
$A_n \supset (D \supset \Lambda x E[x] \vee F)$	A1, R1

B) C_i geht in $\mathfrak{H}$ durch eine Anwendung von R3 auf C_k hervor. In diesem Fall argumentiert man ebenso wie unter (A).

Es gilt nun:

T5.1-6: In **DP** ist die Ableitungsbeziehung $\overline{\Delta} \vdash_{\overline{o}} \overline{\overline{\Gamma}}$ genau dann beweisbar, wenn die SQ $\Delta \rightarrow \Gamma$ in **DP1** beweisbar ist.

Dabei sei $\overline{S_1, \ldots, S_n}$ wieder $\overline{S_1}, \ldots, \overline{S_n}$ und $\overline{\overline{S_1, \ldots, S_n}}$ sei $\overline{S_1} \vee \ldots \vee \overline{S_n}$. Ist Γ leer, so sei $\overline{\overline{\Gamma}}$ der Satz $B \wedge \neg B$. Um den Anschluß an den Beweis von T2.3-5 zu bekommen, gehen wir von **DP1** zunächst zu einem Kalkül **DP1°** mit SQ mit genau einer HF über, der sich zu **DP1** verhält wie **DA1'** zu **DA2.** Er entstehe aus **DA1'** durch Hinzunahme der p. l. Regeln:

HA1° : $\Delta \rightarrow A[b] \vee C \vdash \Delta \rightarrow \Lambda x A[x] \vee C$
HA2° : $\Delta \rightarrow \sim A[a] \vdash \Delta \rightarrow \sim \Lambda x A[x]$
VA1° : $\Delta, A[a] \rightarrow S \vdash \Delta, \Lambda x A[x] \rightarrow S$
VA2° : $\Delta, \sim A[b] \rightarrow S \vdash \Delta, \sim \Lambda x A[x] \rightarrow S$.

Dabei sollen für HA1° und VA2° wieder die Konstantenbedingungen für HA1 und VA2 gelten. Es gilt nun

(a) in **DP** ist die Ableitungsbeziehung $\Delta \vdash A$ genau dann beweisbar, wenn die SQ $\Delta \rightarrow A$ in **DP1°** beweisbar ist.

Zum Beweis fügen wir zu den Überlegungen zu T2.3-5 folgende Fälle hinzu:

1a) A16 und 17 sind in **DP1°** beweisbar:

$A[a] \rightarrow A[a]$	$\sim A[a] \rightarrow \sim A[a]$
$\Lambda x A[x] \rightarrow A[a]$	$\sim A[a] \rightarrow \sim \Lambda x A[x]$
	$\neg A[a] \rightarrow \neg \Lambda x A[x]$

1c) Ist $\Delta \vdash_0 A \supset B[a] \vee C$ in **DP** beweisbar, wobei a nicht in Δ, A, $\Lambda xB[x]$ oder C vorkommt – andernfalls erhält man in **DP** daraus nicht $\Delta \vdash_0 A \supset \Lambda xB[x] \vee C$ – so ist nach I. V. auch $\Delta \rightarrow A \supset B[a] \vee C$ in **DP1°** beweisbar, also $\Delta, A \rightarrow B[a] \vee C$, mit HA1° also $\Delta, A \rightarrow \Lambda xB[x] \vee C$, also $\Delta \rightarrow A \supset \Lambda xB[x] \vee C$. Und ist $\Delta \vdash_0 \neg B[a] \supset C$ in **DP** beweisbar und erhält man daraus in **DP** mit R3 $\Delta \vdash_0 \neg \Lambda xB[x] \supset C$, so kommt a nicht in dieser Konklusion vor. Nach I. V. ist dann in **DP1°** $\Delta \rightarrow \neg B[a] \supset C$ beweisbar, also $\Delta, \sim B[a] \rightarrow C$, nach VA2° also $\Delta, \sim \Lambda xB[x] \rightarrow C$, also $\Delta \rightarrow \neg \Lambda xB[x] \supset C$

Zu (2c):

HA1°: Gilt $\Delta \vdash_0 A[a] \vee C$, wo a nicht in Δ, C, $\Lambda xA[x]$ vorkommt, so nach A1 auch $\Delta \vdash_0 (D \supset D) \supset A[a] \vee C$ – auch D sei ein Satz in dem a nicht vorkommt –, also nach R2 auch $\Delta \vdash_0 (D \supset D) \supset \Lambda xD[x] \vee C$, also wegen T1 (vgl. 2.3) und R1 auch $\Delta \vdash_0 \Lambda xD[x] \vee C$.

HA2°: Gilt $\Delta \vdash_0 \neg A[a]$, so nach A17 auch $\Delta \vdash_0 \neg \Lambda xA[x]$.

VA1°: Gilt $\Delta, A[a] \vdash_0 C$, so nach A 16 auch $\Delta, \Lambda xA[x] \vdash_0 C$.

VA2°: Gilt $\Delta, \neg A[b] \vdash_0 C$, so nach dem Deduktionstheorem $\Delta \vdash_0 \neg A[b] \supset C$, also nach R3 $\Delta \vdash_0 \neg \Lambda xA[x] \supset C$, wo a nicht in Δ, $\Lambda xA[x]$, C vorkommt, nach R1 also $\Delta, \neg \Lambda xA[x] \vdash_0 C$.

(b) In **DP1°** ist eine SQ $\Delta \rightarrow \overline{\overline{\overline{\Gamma}}}$ genau dann beweisbar, wenn $\Delta \rightarrow \Gamma$ in **DP1** beweisbar ist. Das beweist man wie die Äquivalenz von **DA1** und **DA2**, vgl. T2.3-1. Dabei sind nur folgende Fälle nachzutragen:

HA1: Ist $\Delta \rightarrow A[a] \underline{\vee} \overline{\overline{\overline{\Gamma}}}$ in **DP1°** beweisbar, so nach HA1° auch $\rightarrow \Lambda xA[x] \vee \overline{\overline{\overline{\Gamma}}}$.

HA2: Ist $\Delta \rightarrow \neg A[a] \underline{\vee} \overline{\overline{\overline{\Gamma}}}$ in **DP1°** beweisbar, so auch $\Delta \rightarrow \neg \Lambda xA[x] \vee \overline{\overline{\overline{\Gamma}}}$. Denn es gilt

$$\begin{array}{ll}
\sim A[a] \rightarrow \sim A[a] & \\
\sim A[a] \rightarrow \sim \Lambda xA[x] & \\
\neg A[a] \rightarrow \neg \Lambda xA[x] & C \rightarrow C \\
\neg A[a] \rightarrow \neg \Lambda xA[x] \vee C & C \rightarrow \neg \Lambda xA[x] \vee C \\
\hline
\multicolumn{2}{c}{\neg A[a] \vee C \rightarrow \neg \Lambda xA[x] \vee C}
\end{array}$$

Aus (a) und (b) folgt T5.1-6.

5.2 *Ein mechanisches Beweisverfahren für die direkte Prädikatenlogik*

Wir wollen nun das mechanische Beweisverfahren (vgl. zu diesem Begriff 4.3) für **DP1** angeben, auf das wir schon in 2.3 und in 4.3 Bezug genommen haben. Wir folgen dabei grundsätzlich den gleichen Gedanken wie in 1.5 und 4.3.[1]

Es sei **DP1'** der Kalkül, der aus **DP1** entsteht, indem wir TR weglassen, die Axiome RF und WS ersetzen durch

RF': $\Delta(S) \rightarrow \Gamma(S)$ und
WS': $\Delta(A, \sim A) \rightarrow$

($\Delta(S_1, \ldots, S_n)$ sei wie früher eine FR, in der die Formeln $S_1, \ldots, S_n$ vorkommen), und die logischen Regeln von **DP1** außer HI1 durch solche, in denen die HPF schon in der Prämisse auftritt. HI1 wird ersetzt durch

HI1': $\Delta, A \rightarrow B, A \supset B \vdash \Delta \rightarrow A \supset B, \Gamma$.

DP1' ist mit **DP1** äquivalent, denn ist eine SQ Σ in **DP1** beweisbar, so gibt es nach T5.1-2 einen Beweis $\mathfrak{B}$ von Σ in **DP1** ohne TR-Anwendungen, und den können wir in einen Beweis von Σ in **DP1'** umformen, indem wir den Anwendungen logischer Regeln eine Anwendung von VV bzw. HV mit der HPF (und ggf. Anwendungen von VT und HT) vorausstellen. Umgekehrt ist jede SQ, die in **DP1'** beweisbar ist, auch in **DP1** beweisbar. Denn RF' und WS' erhält man in **DP1** aus RF bzw. WS mit Verdünnungen und Vertauschungen, die logischen Regeln mit Kontraktionen und HI1' erhält man in **DP1** so:

$$\dfrac{\begin{array}{l} \Delta, A \rightarrow B, A \supset B \\ \Delta, A \rightarrow B \vee (A \supset B) \\ \Delta \rightarrow A \supset B \vee (A \supset B) \end{array} \qquad \begin{array}{c} \dfrac{\dfrac{\dfrac{A \rightarrow A;\ A, B \rightarrow B}{A, B \rightarrow B;\ A, A \supset B \rightarrow B}}{A \rightarrow A;\ A, B \vee (A \supset B) \rightarrow B}}{A, A \supset B \vee (A \supset B) \rightarrow B} \\ A \supset B \vee (A \supset B) \rightarrow A \supset B \end{array}}{\begin{array}{c} \Delta \rightarrow A \supset B \\ \Delta \rightarrow A \supset B, \Gamma \end{array}}$$

In **DP1'** sind nun wieder die Regeln VV, HV, VK und HK eliminierbar. Denn wird in einem Beweis die SQ $\Delta, S \rightarrow \Gamma$ durch VV aus der SQ $\Delta \rightarrow \Gamma$ gewonnen, so erhält man daraus einen Beweis für $\Delta, S \rightarrow \Gamma$ ohne diese Anwendung von VV, indem man S als VF in $\Delta \rightarrow \Gamma$ und alle darüber stehenden SQ einsetzt. Dabei sind evtl. GK durch andere zu ersetzen, damit die Konstantenbedingungen für HA1 und VA2 nicht verletzt werden. Man überlegt sich aber leicht, daß sich der Satz T5.1-1 auf **DP1'** übertragen läßt. Im Fall der Regel HV argumentiert man entsprechend, wobei die Verdünnungsformel S nur in jenen SQ über $\Delta \rightarrow S, \Gamma$ als HF

[1] Dieses Verfahren und der darauf aufbauende Vollständigkeitsbeweis für die direkte P. L. wurde schon in Kutschera (1984) dargestellt.

einzusetzen ist, die nicht Prämissen von HI1' sind oder über solchen Prämissen stehen. Man kann auch auf die Regeln VK und HK verzichten, denn jede beweisbare SQ ist ohne VV und HV beweisbar und neue Formeln werden durch die logischen Regeln von **DP1'** außer HI1' nicht eingeführt. In einem Beweis $\mathfrak{B}$ von Δ, S, S$\rightarrow \Gamma$ stehen also in allen SQ darüber zwei Vorkommnisse von S im Antecedens; streicht man jeweils eins, so bleiben die Axiome in $\mathfrak{B}$ Axiome und die Regelanwendungen bleiben korrekt. Im Fall von HK argumentiert man ebenso, wobei aber die Streichung nur bis zu den Konklusionen von HI1' reicht.

Im folgenden berücksichtigen wir Anwendungen der Regeln VT und HT meist nicht, sehen also im Effekt SQ, die auseinander durch Anwendungen dieser Regeln hervorgehen, als gleich an. Das ist unproblematisch, weil diese Gleichheit entscheidbar ist.

Die SQ Σ_1 bzw. der SS $\Sigma_1; \Sigma_2$ heißt *unmittelbare Folge* der SQ Σ, wenn Σ in **DP1'** durch einmalige Anwendung einer logischen Regel aus Σ_1 bzw. Σ_1 und Σ_2 hervorgeht. Ein SS Θ' heißt unmittelbare Folge eines SSΘ, wenn eine SQ oder ein SQ-Paar von Θ' unmittelbare Folge einer SQ von Θ ist und die übrigen SQ von Θ' mit den anderen SQ von Θ übereinstimmen.

D5.2-1: Eine *Herleitung* aus der SQ Σ ist eine Folge $\Theta_1, \Theta_2, \ldots$ von SS, für die gilt:
a) Θ_1 ist Σ,
b) Θ_{n+1} ist unmittelbare Folge von Θ_n.

Eine Herleitung aus Σ, die mit einem geschlossenen SS endet, läßt sich von unten nach oben als Beweis von Σ in **DP1'** lesen, und umgekehrt läßt sich ein Beweis von Σ in **DP1'** von unten nach oben als geschlossene Herleitung aus Σ lesen. Wegen der Äquivalenz von **DP1'** und **DP1** gilt also:

T5.2-1: Eine SQ Σ ist in **DP1** beweisbar gdw. es eine geschlossene Herleitung aus Σ gibt.

Im Gegensatz zu **MP1'**, wo es wegen der Umkehrbarkeit der Regeln nicht auf die Reihenfolge ihrer Anwendungen (bzw. der Anwendungen ihrer Umkehrungen) bei der Konstruktion einer regulären Herleitung ankommt, und man nur sicherstellen muß, daß für VF $\Lambda x A[x]$ und HF $\sim \Lambda x A[x]$ die Formeln A[a] bzw. $\sim$A[a] für alle GK a als VF bzw. HF in jedem Faden auftreten, macht hier die Regel HI1' wegen ihrer Nichtumkehrbarkeit Schwierigkeiten. Ergibt die Herleitung eine SQ $\Delta \rightarrow A \supset B, \Gamma$, so gibt es keine mechanisch anwendbaren Kriterien dafür, ob eine Anwendung der Umkehrung von HI1' geschickter ist oder eine Anwendung der Umkehrung von HA2' oder VA1', die zu einer Unterformel $\sim$A[a] bzw. A[a] führen, die in Γ bzw. Δ noch nicht vorkommt. Wir müssen daher ein Verfahren wählen, bei dem diese Alternativen zugleich verfolgt werden, also mehrere Herleitungen simultan entwickeln.

Ein solches Herleitungssystem stellt sich als ein Baum von SS dar, wobei jeder Ast eine Herleitung aus einer SQ Σ ist. Verzweigungen der Äste ergeben sich durch Anwendungen der folgenden Regel, welche die Umkehrung von HI1' ersetzt:

R: $\Delta \rightarrow A_1 \supset B_1, \ldots, A_n \supset B_n, \Gamma \vdash$
$\Delta, A_1 \rightarrow B_1, A_1 \supset B_1; \ldots; \Delta, A_n \rightarrow B_n, A_n \supset B_n;$
$\Delta \rightarrow A_1 \supset B_1, \ldots, A_n \supset B_n, \Gamma.$

Dabei sollen in Γ keine Formeln der Gestalt $C \supset D$ vorkommen. Enthält Δ keine VF der Gestalt $\Lambda x C[x]$ und Γ keine HF der Gestalt $\sim \Lambda x C[x]$, so entfällt die letzte SQ in der Konklusion von R.

Ist Θ ein SS der Gestalt $\Sigma_1; \ldots; \Sigma_m$ $(1 \leq k \leq m)$ und hat Σ_k die Gestalt der Prämisse von R, so sind alle SS $\Sigma_{k_1}; \ldots \Sigma_{k-1}; \Delta, A_j \rightarrow B_j, A_j \supset B_j; \Sigma_{k+1}; \ldots; \Sigma_m$ $(j = 1, \ldots, n)$ und der SS Θ selbst unmittelbare Folgen von Θ. (Wir werden in D5.2-2 diese Regel weiter spezifizieren, so daß sich Θ als Konklusion von Θ als Prämisse unterscheidet.) Die Konklusion $\Delta \rightarrow A_1 \supset B_1, \ldots, A_n \supset B_n, \Gamma$ bezeichnen wir als *normale* unmittelbare Folge der Prämisse von R, und den SS Θ, der sie enthält, als normale unmittelbare Folge des SS Θ, auf den R angewendet wird.

D5.2-2: Ein *Herleitungssystem* aus einer SQ Σ ist ein Baum aus SS, für den gilt:

1. Σ ist der Ursprung des Baums.
2. SS, die im Baum unmittelbar über einem SS stehen, sind dessen unmittelbare Folgen.
3. Die Anwendungen der Regeln (der Umkehrungen der logischen Regeln von **DP1**' und von R) werden bei der Konstruktion des Baumes folgenden Restriktionen und Modifikationen unterworfen:
   a) Auf geschlossene SQ wird keine Regel angewendet.
   b) Die HPF werden in der Konklusion unterstrichen. Auf unterstrichene FV werden keine Regeln angewendet.
   c) Es sei $a_1, a_2, \ldots$ eine Abzählung aller GK von **P**, wobei man mit jenen GK beginnt, die in Σ vorkommen. Die Umkehrungen von HA1' und VA2' werden so angewendet, daß b (die dabei neu eingeführte GK) die erste GK in dieser Abzählung ist, die in der Prämisse nicht vorkommt.
   d) Die Umkehrungen von HA2' und VA1' werden so angewendet, daß a die erste GK ist, für welche die HF $\sim A[a]$ bzw. die VF $A[a]$ nicht in der Prämisse vorkommt.
   e) Die Regel R wird nur dann angewendet, wenn andere Regeln nach (b) nicht mehr anwendbar sind. Dann wer-

den in der normalen Konklusion die Unterstreichungen aller VF der Gestalt ΛxC[x] und aller HF der Gestalt ~ ΛxC[x] getilgt, und in den übrigen Konklusionen werden die Unterstreichungen aller VF der Gestalt D ⊃ E getilgt.

f) Sind nach (b) und (e) keine Regeln auf eine offene SQ mehr anwendbar, die VF der Gestalt ΛxA[x] oder HF der Gestalt ~ ΛxA[x] enthält, so werden die Unterstreichungen dieser Formeln getilgt. (Dieser Fall kann also nur eintreten, wenn die SQ nur Atomformeln und unterstrichene Formeln enthält.) Diese Regel bezeichnen wir als H.

4) Jeder SS, auf den sich nach (3) noch eine Regel anwenden läßt, hat im Baum einen SS über sich, sofern nicht ein anderer Ast des Baums bereits mit einem geschlossenen SS endet.

Ein Herleitungssystem heißt *geschlossen,* wenn es einen Ast enthält, der mit einem geschlossenen SS endet. Herleitungssysteme treten hier an die Stelle regulärer Herleitungen in 1.5 und 4.3. Enthalten die Formeln in Σ den Operator ⊃ nicht, so ist ein Herleitungssystem eine reguläre Herleitung im Sinne von 4.3.

Es gilt nun:

T5.2-2: Ist ein Herleitungssystem aus der SQ Σ geschlossen, so ist Σ in **DP1** beweisbar.

Das ergibt sich mit T5.2-1 einfach daraus, daß jeder Ast eines Herleitungssystems aus Σ, der mit einem geschlossenen SS endet, eine geschlossene Herleitung aus Σ ist.

Die Konstruktion von Herleitungssystemen stellt nun, wenn man die Äste gleichmäßig entwickelt, ein mechanisches Beweisverfahren dar. Im Blick auf T5.2-1 und T5.2-2 ist zu zeigen:

T5.2-3: Gibt es eine geschlossene Herleitung aus der SQ Σ, so ist jedes Herleitungssystem aus Σ geschlossen.

Wir beweisen zunächst:

a) Jeder Herleitung $\mathfrak{H}$ aus Σ läßt sich eine Herleitung $\mathfrak{H}^+$ so zuordnen, daß gilt

α) $\mathfrak{H}^+$ ist Anfangsstück eines Astes eines Herleitungssystems aus Σ.

β) Ist Θ der End-SS von $\mathfrak{H}$ und Θ^+ jener von $\mathfrak{H}^+$, so gibt es zu jeder SQ Σ^+ von Θ^+ eine SQ Σ' von Θ und eine Abbildung f der in Σ' vorkommenden GK in die Menge jener, die in $\Sigma+$ vorkommen, so daß $f(\Sigma')$ in $\Sigma+$ enthalten ist.

Dabei sei $f(S)$ jene Formel, die aus S entsteht durch Ersetzung jeder GK a in S durch die GK $f(a)$, $f(S_1,\ldots,S_n \rightarrow T_1,\ldots,T_m)$ sei entsprechend $f(S_1),\ldots,f(S_n) \rightarrow f(T_1),\ldots,f(T_n)$. Und Σ'' soll in Σ''' *enthalten* sein – symbolisch $\Sigma'' \subset \Sigma'''$ –, wenn alle VF von Σ'' VF von Σ''' sind und alle HF von Σ'' HF von Σ'''. Statt $f(S)$ schreiben wir auch S^f, statt $f(\Delta) \subset \Delta'$ auch $\Delta \subset_f \Delta'$ und statt $f(\Sigma) \subset \Sigma'$ auch $\Sigma \subset_f \Sigma'$. Aus (β) folgt: Ist Θ geschlossen, so auch $\Theta+$. Denn ist Σ' geschlossen, so auch $f(\Sigma')$, also für $\Sigma' \subset_f \Sigma+$ auch $\Sigma+$. Sind also alle SQ Σ' aus Θ geschlossen, so auch jede SQ $\Sigma+$ aus $\Theta+$.

Im folgenden sei $a_1, a_2, \ldots$ eine Abzählung der GK, die wir der Konstruktion von $\mathfrak{H}+$ zugrundelegen. (Die GK, die in der SQ Σ vorkommen, sind also die ersten in dieser Abzählung.) Wir beweisen die Behauptung durch Induktion nach der Länge l von $\mathfrak{H}$. Ist $l=1$, so ist die Behauptung für $f(a_i)=a_i$ $(i=1,\ldots,n)$ trivial, wo $a_1,\ldots,a_n$ die GK sind, die in Σ vorkommen.

Es sei nun die Behauptung bereits bewiesen für alle Herleitungen der Länge l, und es sei $\mathfrak{H}$ eine Herleitung der Länge $l+1$. Der vorletzte SS von $\mathfrak{H}$ sei $\Theta = \Sigma_1;\ldots;\Sigma_n$ und der letzte SS Θ' von $\mathfrak{H}$ entstehe daraus durch Anwendung einer Regel auf die SQ Σ_i $(1 \leq i \leq n)$ von Θ. Σ_i' bzw. Σ_{i1}'; Σ_{i2}' sei die Konklusion zu Σ_i. Nach Induktionsvoraussetzung (kurz I. V.) gibt es zu der Herleitung bis Θ eine Herleitung $\mathfrak{H}+$, die (a) genügt. Ihr letzter SS sei $\Theta+$ und $\Sigma^+_{i1},\ldots,\Sigma^+_{im}$ seien die SQ von $\Theta+$, für die gilt $\Sigma_i \subset_{f_{ij}} \Sigma^+_{ij} (j=1,\ldots,m)$. Wo keine Verwechslungen entstehen, schreiben wir f für f_{ij}.

1) Ist $\Sigma_i = \Delta \rightarrow A \supset B, \Gamma$ und $\Sigma_i' = \Delta, A \rightarrow B, A \supset B$, so haben die Σ^+_{ij} die Gestalt $\Delta' \rightarrow A^f \supset B^f, \Gamma'$, wo $f(\Delta) \supset \Delta'$ und $f(\Gamma) \subset \Gamma'$. Ist nun $A^f \supset B^f$ in Σ^+_{ij} unterstrichen, so ist A^f in Δ' und B^f in Γ'. B^f kann nicht durch eine Anwendung von R in $\mathfrak{H}+$ eliminiert worden sein, da sonst auch $A^f \supset B^f$ eliminiert worden wäre. Dann gilt also $\Sigma_i' \subset_f \Sigma^+_{ij}$. Ist $A^f \supset B^f$ in Σ^+_{ij} nicht unterstrichen, so sind entweder alle anderen nichtatomaren Formeln in Σ^+_{ij} unterstrichen, die nicht HF der Gestalt $D \supset E$ sind; dann wenden wir in $\mathfrak{H}^+$ auf Σ^+_{ij} die Regel R mit der Konklusion $\Sigma^{+\prime}_{ij} = \Delta', A^f \rightarrow B^f, A^f \supset B^f$ an. Es gilt dann $\Sigma_i' \subset_f \Sigma^{+\prime}_{ij}$. Oder es sind nicht alle anderen nichtatomaren Formeln in Σ^+_{ij} unterstrichen. Dann sind in $\mathfrak{H}^+$ zuerst Regeln darauf anzuwenden. Das ist nach endlich vielen Schritten geschehen, da jede Anwendung einer Regel außer H und R im normalen Ast die Summe der Grade der nichtunterstrichenen Formeln reduziert. Zwischen zwei H-Anwendungen (oder Anwendungen von R im normalen Ast) liegen aber wieder nur endlich viele Schritte. Der SS, den wir so aus Σ^+_{ij} in $\mathfrak{H}^+$ erhalten, sei $\Sigma^+_{ij1};\ldots;\Sigma^+_{ijr}$. Jedes Σ^+_{ijk} $(k=1,\ldots,r)$ hat die Gestalt $\Delta'' \rightarrow A^f \supset B^f, \Gamma''$, wobei $\Delta' \subset \Delta''$ und $\Gamma' \subset \Gamma''$. Denn durch

keine Regel außer R werden Formeln eliminiert. Auf alle Σ^+_{ijk} wenden wir nun in $\mathfrak{H}^+$ R an mit der Konklusion Δ'', $A^f \rightarrow B^f$, $A^f \supset B^f$, Γ''. Es gilt dann $\Sigma'_i \subset_f \Sigma^+_{ijk}$ für alle k. Die von den Σ^+_{ij} verschiedenen SQ werden unverändert mitgeführt, so daß sich am Ende von $\mathfrak{H}^+$ ein SS Θ'^+ ergibt, der zu Θ in der Relation (β) steht.

2) Ist $\Sigma_i = \Delta, A \supset B \rightarrow \Gamma$, $\Sigma'_{i1} = \Delta, A \supset B \rightarrow A, \Gamma$ und $\Sigma'_{i2} = \Delta, A \supset B, B \rightarrow \Gamma$, so haben die Σ^+_{ij} die Gestalt $\Delta', A^f \supset B^f \rightarrow \Gamma'$, wo $f(\Delta) \supset \Delta'$ und $f(\Gamma) \subset \Gamma'$. Ist $A^f \supset B^f$ in Σ^+_{ij} unterstrichen, so ist entweder A^f in Γ' – dann ist $\Sigma'_{i1} \subset_f \Sigma^+_{ij}$ – oder es ist B^f in Δ' – dann ist $\Sigma'_{i2} \subset_f \Sigma^+_{ij}$. A^f kann als HF nicht durch R eleminiert worden sein, denn sonst wäre dabei die Unterstreichung von $A^f \supset B^f$ getilgt worden, also – da $A^f \supset B^f$ unterstrichen ist – darauf nach der letzten Anwendung von R wieder die Umkehrung von VI1' angewendet worden. Ist $A^f \supset B^f$ in Σ^+_{ij} nicht unterstrichen, so wenden wir darauf die Umkehrung von VI1 in $\mathfrak{H}^+$ an und erhalten so die SQ $\Sigma^+_{ij1} = \Delta', A^f \supset B \rightarrow A^f, \Gamma'$ und $\Sigma^+_{ij2} = \Delta', A^f \supset B^f \rightarrow \Gamma'$. Dann gilt $\Sigma'_{i1} \subset_f \Sigma^+_{ij1}$ und $\Sigma'_{i2} \subset_f \Sigma^+_{ij2}$.

3) Ist $\Sigma_i = \Delta \rightarrow \Lambda x A[x], \Gamma$ und $\Sigma'_i = \Delta \rightarrow A[a], \Lambda x A[x], \Gamma$ (wobei a nicht in der Prämisse vorkommt), so haben die Σ^+_{ij} die Gestalt $\Delta' \rightarrow \Lambda x A^f[x], \Gamma'$, wo $f(\Delta) \subset \Delta'$ und $f(\Gamma) \subset \Gamma'$. Ist $\Lambda x A^f[x]$ in Σ^+_{ij} unterstrichen, so steht in Γ' eine Formel $A^f[b]$. Diese Formel kann in $\mathfrak{H}^+$ nicht durch R eliminiert worden sein, denn sonst wäre auch $\Lambda x A^f[x]$ eliminiert worden. Wir erweitern nun die Abbildung f durch die Festsetzung $f(a) = b$, die möglich ist, da a nicht in Σ_i vorkommt. Es gilt dann $\Sigma'_i \subset_f \Sigma^+_{ij}$. Ist $\Lambda x A^f[x]$ in Σ^+_{ij} nicht unterstrichen, so wenden wir in $\mathfrak{H}^+$ auf Σ^+_{ij} die Umkehrung von HA1'an und erhalten eine SQ $\Delta' \rightarrow A^f[b], \Lambda x A[x], \Gamma'$. Wir setzen dann wieder $f(a) = b$.

4) Ist $\Sigma_i = \Delta \rightarrow \sim \Lambda x A[x], \Gamma$, $\Sigma'_i = \Delta \rightarrow \sim A[b], \sim \Lambda x A[x], \Gamma$, so haben die Σ^+_{ij} die Gestalt $\Delta' \rightarrow \sim \Lambda x A^f[x], \Gamma'$, wo wieder $f(\Delta) \subset \Delta'$ und $f(\Gamma) \subset \Gamma'$ gilt. Ist $\sim \Lambda x A^f[x]$ in Σ^+_{ij} unterstrichen, so kommen in Γ' Formeln $\sim A^f[a_1], \ldots, \sim A^f[a_k]$ vor. (Wäre eine dieser Formeln bei einer R-Anwendung eliminiert worden, so auch $\sim \Lambda x A[x]$. Diese Formel wäre also danach in $\mathfrak{H}^+$ wieder als HF eingeführt worden, und nach der Regel über die Anwendung der Umkehrung von HA2' wären dann Formeln $\sim A[a_1], \ldots, \sim A[a_k]$ wieder eingeführt worden.) Ist b eine GK, die nicht in Σ_i vorkommt, so erweitern wir f durch die Festlegung $f(b) = a_1$; dann gilt $\Sigma'_i \subset_f \Sigma^+_{ij}$. Kommt b schon in Σ_i vor, so ist entweder $f(b) = a_1$ oder … oder $= a_k$ – dann gilt $\Sigma'_i \subset_f \Sigma^+_{ij}$ – oder $f(b) = a_s$ für ein $s > k$. Dann wenden wir in $\mathfrak{H}^+$ auf Σ^+_{ji} solange andere Regeln an – R immer mit der normalen Konklusion – bis wir auf SQ Σ^+_{ijk} der Gestalt $\Delta'' \rightarrow \sim \Lambda x A[x], \Gamma''$ stoßen, in denen $\sim \Lambda x A[x]$ nicht unterstrichen ist, und auf die wir in $\mathfrak{H}^+$ die Umkehrung von HA2 mit der Konklusion

$\Sigma^{+'}_{ijk}=\Delta''\rightarrow\ \sim A[a_s], \sim\underline{\Lambda x A[x]}, \Gamma''$ anwenden dürfen. Da dabei keine Formeln eliminiert werden, gilt für alle diese SQ $\Delta'\subset\Delta''$, $\Gamma\subset\Gamma''$, also $\Sigma'_i\subset_f\Sigma^{+'}_{ijk}$. Nach endlich vielen Schritten ergeben sich nach den obigen Überlegungen immer solche Σ^{+}_{ijk} für alle j. Ebenso verfährt man, falls $\sim\Lambda x A[x]$ in Σ^{+}_{ij} nicht unterstrichen ist.

In den Fällen, in denen Σ'_i bzw. Σ'_{i1}; Σ'_{i2} aus Σ_i in $\mathfrak{H}$ durch andere Regeln als Umkehrungen von HI1', VI1', HA1' oder HA2' entsteht, argumentiert man entsprechend.

Aus (a) folgt nun sofort

(b) Gibt es eine geschlossene Herleitung $\mathfrak{H}$ aus Σ, so auch ein geschlossenes Herleitungssystem $\mathfrak{S}$ aus Σ. Denn der geschlossene Ast $\mathfrak{H}+$ eines Herleitungssystems aus Σ, den es nach (a) zu $\mathfrak{H}$ gibt, läßt sich zu einem System $\mathfrak{S}$ vervollständigen. Es bleibt also zum Beweis von T5.2-3 noch zu zeigen:

(c) Gibt es ein geschlossenes Herleitungssystem $\mathfrak{S}$ aus Σ, so ist auch jedes andere Herleitungssystem $\mathfrak{S}+$ aus Σ geschlossen.

Es sei $\mathfrak{S}$ geschlossen und $\mathfrak{A}$ sei ein geschlossener Ast von $\mathfrak{S}$. $a_1, a_2, \ldots$ sei die Abzählung der GK, die $\mathfrak{S}$ zugrundeliegt, $b_1, b_2, ..$ jene von $\mathfrak{S}+$. Wir setzen voraus, daß die GK, die in Σ vorkommen bei beiden Abzählungen dieselben Nummern erhalten. (Man kann ja das Herleitungsverfahren so festlegen, daß die GK in Σ von links nach rechts, die ersten in der jeweils gewählten Abzählung sein sollen.) Es sei $f(a_i)=b_i$. Ersetzen wir jede SQ Σ' in $\mathfrak{A}$ durch die SQ $f(\Sigma')$, so ist der so entstehende Ast $\mathfrak{A}'$ korrekt im Sinne der Abzählung $b_1, b_2, \ldots$ gebildet, da bei dieser Abbildung die Ordnungsrelationen zwischen den GK erhalten bleiben. Auch $\mathfrak{A}'$ ist geschlossen. Zu $\mathfrak{S}$ gibt es nun in $\mathfrak{S}+$ einen Ast $\mathfrak{A}+$, der sich von $\mathfrak{A}'$ nur dadurch unterscheidet, daß in ihm manche Regeln, die Anwendungen von H und R vorausgehen, in anderer Reihenfolge angewendet werden. Zwei benachbarte Anwendungen solcher Regeln lassen sich aber ohne Änderung des Gesamtergebnisses vertauschen, wie man leicht verifiziert. Ist also $\mathfrak{A}'$ geschlossen, so auch $\mathfrak{A}+$, und damit $\mathfrak{S}+$.

Das Beweisverfahren über die Konstruktion eines Herleitungssystems ist im aussagenlogischen Fall ein *Entscheidungsverfahren,* nicht aber im prädikatenlogischen Fall. Denn hat die Konstruktion eines Herleitungssystems $\mathfrak{S}$ aus Σ nach n Schritten noch keinen geschlossenen SS ergeben, so bleibt offen, ob eine weitere Entwicklung von $\mathfrak{S}$ einen solchen SS liefert oder nicht.

5.3 Direkte prädikatenlogische Bewertungen

Nach den Überlegungen in 1.6 und in 4.4 können wir direkte Interpretationen so definieren:

D5.3-1: Eine *D-Interpretation* von **P** ist ein Quadrupel $\mathfrak{M} = \langle U, I, S, V \rangle$, für das gilt:

1. U ist eine nichtleere Objektmenge.
2. I ist eine nichtleere Indexmenge.
3. Für alle $i \varepsilon I$ ist S_i eine Teilmenge von I mit
   a) $i \varepsilon S_i$
   b) $j \varepsilon S_i \wedge k \varepsilon S_j \supset k \varepsilon S_i$.
4. Für alle $i \varepsilon I$ ist V_i eine Funktion, die jeder GK a von **P** ein Objekt $V_i(a) \varepsilon U$ zuordnet, jeder n-stelligen PK F von **P** eine Funktion $V_i(F) \varepsilon \{w, f\}^{(U^n)}$, und die eine Teilmenge der Sätze von **P** so in $\{w, f\}$ abbildet, daß gilt:
   a) $V_i(a) = V_j(a)$ für alle $j \varepsilon I$ und alle GK a.
   b) $j \varepsilon S_i \supset V_j \geq V_i$
   c) $V_i(F(a_1, \ldots, a_n)) = w$ gdw. $(V_i(a_1), \ldots, V_i(a_n)) \varepsilon V_i^w(F)$
   $V_i(F(a_1, \ldots, a_n)) = f$ gdw. $(V_i(a_1), \ldots, V_i(a_n)) \varepsilon V_i^f(F)$
   d) $V_i(\neg A) = w$ gdw. $V_i(A) = f$
   $V_i(\neg A) = f$ gdw. $V_i(A) = w$
   e) $V_i(A \wedge B) = w$ gdw. $V_i(A) = V_i(B) = w$
   $V_i(A \wedge B) = f$ gdw. $V_i(A) = f$ oder $V_i(B) = f$
   d) $V_i(A \supset B) = w$ gdw. $\Lambda j (j \varepsilon S_i \wedge V_j(A) = w \supset V_j(B) = w)$
   $V_i(A \supset B) = f$ gdw. $V_i(A) = w$ und $V_i(B) = f$
   e) $V_i(\Lambda x A[x]) = w$ gdw. $\Lambda V'(V' \underset{a}{=} V \supset V'_i(A[a]) = w)$
   $V_i(\Lambda x A[x]) = f$ gdw. $\bigvee V'(V' \underset{a}{=} V \wedge V'_i(A[a]) = f)$
   (Dabei soll die GK a nicht in $\Lambda x A[x]$ vorkommen.)

Nach der Bedingung (4a) kann man V(a) statt $V_i(a)$ schreiben. $V' \underset{a}{=} V$ besagt also, daß V' mit V übereinstimmt bis auf höchstens die Werte V'(a) und V(a). Erweiterungen werden wie D4.4-6 definiert. Es gilt also $V_j \geq V_i$ gdw. für alle GK a gilt $V_j(a) = V_i(a)$ und für alle PK F $V_i^w(F) \subset V_j^w(F)$ und $V_i^f(F) \subset V_i^f(F)$.

Man verifiziert nun leicht, daß wieder folgende Sätze gelten:

T5.3-1: $j \varepsilon S_i \wedge V_i(A) \neq u \supset V_i(A) = V_j(A)$ für alle Sätze A und alle $i, j \varepsilon I$.

Im folgenden soll die Aussage $V' \underset{a}{=} V$ implizieren, daß V zu einer D-Interpretation $\mathfrak{M} = \langle U, I, S, V \rangle$ gehört und V' zu einer D-Interpretation $\mathfrak{M}' = \langle U, I, S, V' \rangle$.

T5.3-2: *(Koinzidenztheorem)* Gilt $V' \underset{a}{=} V$ und kommt die GK a nicht im Satz A vor, so gilt $V'_i(A) = V_i(A)$ für alle $i \varepsilon I$.

T5.3-3: *(Überführungstheorem)* Gilt $V' \underset{a}{=} V$, $V'(a) = V(b)$ und kommt a nicht in A[b] vor, so gilt $V'_i(A[a]) = V_i(A[b])$ für alle $i \varepsilon I$.

Normale D-Interpretationen werden im Sinn von D4.4-7 definiert, und es gilt wieder

T5.3-4: Zu jeder D-Interpretation $\mathfrak{M}=\langle U, I, S, V\rangle$ und jeder SM $\mathfrak{K}$, in deren Sätzen unendlich viele GK nicht vorkommen, gibt es eine $\mathfrak{K}$-äquivalente normale D-Interpretation $\mathfrak{M}'=\langle U, I, S, V'\rangle$.

Der Beweis verläuft wie für T4.4-11, wobei die V_i' an die Stelle von V' treten.

Wir definieren

D5.3-2: Eine (p. l.) *D-Bewertung* von **P** ist ein Tripel $\mathfrak{M}=\langle I, S, V\rangle$ für das die Bedingungen von D2.4-1 gelten, sowie

3e) $V_i(\Lambda x A[x])=w$ gdw. für alle GK a von **P** gilt $V_i(A[a])=w$
$V_i(\Lambda x A[x])=f$ gdw. es eine GK a von **P** gibt mit $V_i(A[a])=f$.

Es gelten dann wieder die Sätze

T5.3-5: Zu jeder normalen D-Interpretation $\langle U, I, S, V\rangle$ gibt es eine äquivalente D-Bewertung $\langle I, S, V'\rangle$.

T5.3-6: Zu jeder D-Bewertung $\langle I, S, V\rangle$ gibt es eine äquivalente (normale) D-Interpretation $\langle U, I, S, V'\rangle$.

T5.3-7: Ein Satz A wird genau dann von allen D-Interpretationen erfüllt, wenn er von allen D-Bewertungen erfüllt wird.

Damit gilt auch für die direkte P. L., daß die Interpretationssemantik dieselbe Logik auszeichnet wie die Bewertungssemantik. Der Beweis dieser Sätze verläuft ganz analog wie jener von T4.4-12, T4.4-13 und T4.4-14.

Auch die Sätze T2.4-2 bis T2.4-10 übertragen sich auf p. l. D-Bewertungen.

5.4 *Die Adäquatheit von* **DP1** *bzgl. direkter Bewertungen*

Die semantische Widerspruchsfreiheit, d. h. den Satz

T5.4-1: Jede in **DP1** beweisbare SQ stellt einen D-gültigen Schluß dar

beweist man wie T2.5-1, wobei wir nun von dem in 5.1 angegebenen Kalkül **DP1°** statt den **DA1'** ausgehen. Dann sind dem Beweis von T2.5-1 nur mehr die p. l. Fälle hinzuzufügen, die man wie im Beweis von T4.5-1 behandelt.

Die Vollständigkeit von **DP1** beweisen wir unter Bezugnahme auf das mechanische Beweisverfahren, das wir in 5.2 angegeben haben. Die

Argumentation stützt sich auf einen Satz über Herleitungssysteme, dem zunächst einige terminologische Festsetzungen vorauszuschicken sind.

Ein *Faden* eines Herleitungssystems $\mathfrak{S}$ ist eine Folge $f = \Sigma_0, \Sigma_1, \ldots$ von SQ, für die gilt: Es gibt einen Ast $\mathfrak{A}$ von $\mathfrak{S}$, so daß f aus jedem SS von $\mathfrak{A}$ genau eine SQ enthält und daß Σ_{n+1} ($n \geq 0$) unmittelbare Folge von Σ_n oder mit Σ_n identisch ist. Wir reden im folgenden von „Fäden" auch im Sinn *reduzierter Fäden:* Ein reduzierter Faden entsteht aus einem Faden im obigen Sinn, indem gerade soviele SQ herausgestrichen werden, daß keine identischen SQ mehr aufeinander folgen.

Wir teilen die Fäden in *Abschnitte* ein. Die Schnittstellen der Abschnitte eines Fadens f liegen zwischen zwei unmittelbar aufeinander folgenden SQ Σ_n und Σ_{n+1} von f, bei denen Σ_{n+1} eine nicht-normale Konklusion von Σ_n nach der Regel R ist. Der erste Abschnitt f^1 von f reicht also von der Anfangs-SQ Σ bis zur Prämisse der ersten Anwendung von R in f mit nicht-normaler Konklusion – falls es eine Anwendung von R auf SQ von f gibt, andernfalls umfaßt f^1 den gesamten Faden f. Und der $(n+1)$-te Abschnitt f^{n+1} von f reicht von der n-ten unmittelbaren nichtnormalen Folge einer SQ von f nach R bis zur Prämisse der $(n+1)$-ten Anwendung von R auf eine SQ von f – gibt es keine solche Anwendung von R, so umfaßt f^{n+1} den gesamten Rest von f.

D5.4-1: Ein *Fadenbund* eines Herleitungssystems $\mathfrak{S}$ ist eine kleinste, nichtleere Menge $\mathfrak{H}$ von Fäden von $\mathfrak{S}$, für die gilt: Wird die Regel R auf eine SQ Σ eines Fadens f von $\mathfrak{H}$ angewendet und sind $\Sigma_1, \ldots, \Sigma_n$ die Konklusionen zu Σ – wir nennen den Faden f dann *verzweigt*–, so enthält $\mathfrak{H}$ zu jeder SQ Σ_i ($i = 1, \ldots, n$) einen Faden f_i, der bis Σ mit f übereinstimmt und sich dann mit Σ_i fortsetzt.

Fadenbünde, die nur offene Fäden (d. h. Fäden ohne geschlossene SQ) enthalten, nennen wir *offen.*

Es gilt nun der für den Vollständigkeitsbeweis zentrale Satz:

T5.4-2: Zu jedem Herleitungssystem $\mathfrak{S}$ aus einer in **DP1** nicht beweisbaren SQ Σ gibt es einen offenen Fadenbund $\mathfrak{H}$ von $\mathfrak{S}$.

Beweis: (a) Ist Σ nicht in **DP1** beweisbar, so enthält jede Herleitung $\mathfrak{H}$ von Σ einen offenen Faden, der nur in **DP1** nicht beweisbare SQ enthält. Denn da die Umkehrungen der Regeln, mit denen Herleitungen konstruiert werden, Deduktionsregeln des mit **DP1** äquivalenten Kalküls **DP1'** sind, wäre sonst jede unter allen beweisbaren SQ der offenen Fäden stehende SQ, insbesondere also Σ selbst, beweisbar. (b) Da das Herleitungssystem $\mathfrak{S}$ aus Σ ein System von Herleitungen aus Σ ist, gibt es nach (a) einen offenen Faden f von $\mathfrak{S}$, der nur unbeweisbare SQ enthält. f soll zu $\mathfrak{H}$ gehören. Ist f unverzweigt, so ist {f} ein offener Fadenbund von $\mathfrak{S}$. Verzweigt sich f, wobei Σ_r' die Prämisse und $\Sigma_{r1}', \ldots, \Sigma_{rm}'$ die Konklusionen der r-ten Anwendung von R auf eine SQ von f sind, so sind mit Σ_r' auch alle Σ_{ri}' (i = 1, ..., m) wegen HI1' unbeweisbar. Es gibt also nach (a) zu jedem i wieder einen Faden f_{ri}, der mit f bis zur SQ Σ_r' übereinstimmt und sich dann mit Σ_{ri}' fortsetzt, offen ist und nur unbeweisbare SQ enthält. Auch die f_{ri} sollen nun für alle r zu $\mathfrak{H}$ gehören. $\mathfrak{H}$ wird dann für die f_{ri} so erweitert wie für f, usf. $\mathfrak{H}$ sei die Menge, die man durch dieses Auswahlverfahren enthält. $\mathfrak{H}$ ist dann ein offener Fadenbund von $\mathfrak{S}$.

Aus T5.4-2 ergibt sich mit T5.2-3, daß es zu jedem offenen Herleitungssystem einen offenen Fadenbund gibt. Denn ist ein Herleitungssystem aus Σ offen, so gibt es nach T5.2-3 keine geschlossene Herleitung aus Σ, nach T5.2-1 ist Σ dann also unbeweisbar, so daß die Bedingung von T5.4-2 erfüllt ist.

Zu jedem Faden f eines offenen Fadenbundes $\mathfrak{H}$ und jedem Abschnitt f^n von f, der mit einer SQ Σ endet, die VF der Gestalt ΛxA[x] oder HF der Gestalt ~ΛxA[x] enthält, gibt es in $\mathfrak{H}$ nach der Regel R genau einen Faden f', der mit f bis zum Abschnitt f^n inclusive übereinstimmt und für den f'^n den gesamten restlichen Faden f' umfaßt. f' ist jener Faden, der sich nach Σ mit der normalen Konklusion von Σ nach R fortsetzt und im weiteren Verlauf bei allen Verzweigungen mit der normalen Konklusion. Da beim Übergang von der Prämisse einer R-Anwendung zur normalen Konklusion keine Formeln eliminiert werden, enthält f'^n in allen SQ VF ΛxA[x] oder HF ~ ΛxA[x]. Wir nennen f'^n die *normale Entsprechung* zu f^n. Im folgenden sei $E(f^n)$ die *normale Entsprechung* zu f^n, falls es eine solche gibt, d. h. falls f^n mit einer SQ endet, die VF ΛxA[x] oder HF ~ ΛxA[x] enthält; andernfalls sei $E(f^n)=f^n$.

Es gilt nun:

T5.4-3: Jeder D-gültige Schluß ist in **DP1** beweisbar.

Beweis: Ist die SQ Σ nicht in **DP1** beweisbar, so gibt es nach T5.2-2 ein offenes Herleitungssystem $\mathfrak{S}$ aus Σ und nach T5.4-2 dazu einen offenen Fadenbund $\mathfrak{H}$. Unter Bezugnahme auf $\mathfrak{H}$ wird eine D-Interpretation $\mathfrak{M} = \langle U, I, S, V \rangle$ wie folgt definiert:

1. U sei die Menge der natürlichen Zahlen.

2. I sei eine Indexmenge für die Abschnitte der Fäden aus $\mathfrak{H}$.

Besagt „A(i, f, n)", daß i der Index des n-ten Abschnitts des Fadens f ist, und „$f =_n f'$", daß f und f' bis zu ihren n-ten Abschnitten inclusive übereinstimmen, so gilt: Aus A(i, f, m) und A(i, f', m') folgt m = m' und $f =_m f'$.

3. S wird mit Hilfe der Relation Q definiert: iQj gelte gdw. es einen Faden f aus $\mathfrak{H}$ und Zahlen m, n gibt, so daß A(i, f, m), A(j, f, n) und

$m \leq n$ ist. Q ist dann totalreflexiv und transitiv. Denn gilt A(i, f, m), A(j, f, n), A(j, f', m'), A(k, f', n'), $m \leq n$, $m' \leq n'$, so gilt nach der 2. und 3. dieser Bedingungen und (2) $n = m'$ und $f =_n f'$. Wegen $m \leq n$ gilt also auch $f =_m f'$, also A(i, f', m), A(k, f, n') und $m \leq n'$. Setzen wir also $S_i = \{j \varepsilon I : iQj\}$, so gelten die Bedingungen (3a, b) von D5.3-1.

4. Es sei I(i) die Menge der VF von i und der VF von E(i), und II(i) die Menge der HF von i und der HF von E(i).

Es gilt dann

α1) $I(i) \cap II(i) = \Lambda$.

Denn alle VF von i sind VF von E(i), alle HF von i HF von E(i). Es genügt also zu zeigen, daß es keine Formel gibt, die in E(i) zugleich als VF und als HF vorkommt. In E(i) werden aber keine Formeln eliminiert (HF werden nur beim Übergang von f^n zu f^{n+1} eliminiert, aber nicht in ein und demselben Abschnitt eines Fadens), so daß gilt: Käme S als VF in der j-ten SQ von E(i) vor und in der k-ten SQ von E(i) als HF, so käme S in der SQ mit der Nummer max (j, k) von E(i) sowohl als VF wie als HF vor; diese SQ und damit die entsprechenden Fäden von $\mathfrak{H}$ wären also geschlossen, im Widerspruch zur Wahl von $\mathfrak{H}$. Ebenso erkennt man:

α2) Gilt $A \varepsilon I(i)$, so nicht $\sim A \varepsilon I(i)$.

5. Wir definieren nun die Funktion V von $\mathfrak{M}$ so, daß gilt:

a) $V_i(a_n) = n$ für alle GK a_n und $i \varepsilon I$. Dabei sei $a_1, a_2, \ldots$ die in der Konstruktion des Herleitungssystems $\mathfrak{S}$ verwendete Abzählung der GK von **P**.

b) $V_i^w(F) = \{(n_1, \ldots, n_m) : F(a_{n_1}, \ldots, a_{n_m}) \varepsilon I(i)\}$
$V_i^f(F) = \{(n_1, \ldots, n_m) : \sim F(a_{n_1}, \ldots, a_{n_m}) \varepsilon I(i)\}$

für alle $i \varepsilon I$ und alle m-stelligen PK F von **P**.

Es gilt $V_i^w(F) \cap V_i^f(F) = \Lambda$ wegen (α2).

Nach (a) und (b) gilt (im Blick auf D5.3-1):

β1) $V_i(A) = w$ gdw. $A \varepsilon I(i)$
$V_i(A) = f$ gdw. $\sim A \varepsilon I(i)$, für alle Atomformeln A.

Nach (α1) gilt also auch für alle Atomformeln A und alle $i \varepsilon I$

β2) Ist $A \varepsilon II(i)$, so ist $V_i(A) \neq w$.
Ist $\sim A \varepsilon II(i)$, so ist $V_i(A) \neq f$.

Es gilt ferner für alle Atomformeln A und $i \varepsilon I$:

c) Ist $j \varepsilon S_i$ und $V_i(A) \neq u$, so ist $V_j(A) = V_i(A)$.

Denn ist $j \varepsilon S_i$, also iQj, so gilt $I(i) \subset I(j)$, da VF in $\mathfrak{S}$ nie eliminiert werden. Damit ist die Bedingungung D5.3-1, 4b erfüllt. $\mathfrak{M} = \langle U, I, S, V \rangle$ ist also eine D-Bewertung.

Wir zeigen nun durch Induktion nach dem Grad g von A, daß für jeden Satz A von **P** und alle $i \varepsilon I$ gilt:

γ) Ist $A \varepsilon I(i)$, so $V_i(A) = w$; ist $\sim A \varepsilon I(i)$, so ist $V_i(A) = f$; ist $A \varepsilon II(i)$, so ist $V_i(A) \neq w$; ist $\sim A \varepsilon II(i)$, so ist $V_i(A) \neq f$.

Diese Behauptung gilt nach (β) für g=0. Für den Induktionsschritt benötigen wir folgende Hilfssätze:

δ) Zu jeder nichtatomaren Formel eines Abschnitts i, die nicht VF der Gestalt $\Lambda x A[x]$ oder HF der Gestalt $\sim \Lambda x A[x]$ oder $A \supset B$ ist, treten in i Nebenformeln auf, nämlich die VF $\sim A$ zur VF $\neg A$, die VF A zur VF $\sim \neg A$, die VF A, B zur VF $A \wedge B$, die VF $\sim A$ oder $\sim B$ zur VF $\sim A \wedge B$, die VF A, $\sim B$ zur VF $\sim A \supset B$, eine VF $\sim A[a]$ zur VF $\sim \Lambda x A[x]$, die VF B oder die HF A zur VF $A \supset B$, die HF $\sim A$ zur HF $\neg A$, die HF A zur HF $\sim \neg A$, die HF A oder B zur HF $A \wedge B$, die HF $\sim A$, $\sim B$ zur HF $\sim A \wedge B$, die HF A oder $\sim B$ zur HF $\sim A \supset B$, eine HF A[a] zur HF $\Lambda x A[x]$.

Denn ist die HPF in der ersten SQ Σ' von i bereits unterstrichen so treten die entsprechenden Nebenformeln schon in Σ' auf. Andernfalls wird auf sie nach D5.2-2 in i eine Regel angewendet. Jeder Anwendung einer Regel zur Konstruktion eines Herleitungssystems auf eine SQ Σ' außer R und H reduziert die Summe der Grade der nicht unterstrichenen FV in Σ'. Nach endlich vielen Schritten sind also nur mehr R oder H anwendbar, und bis dahin sind auf alle nicht unterstrichenen VF und alle jene HF, die nicht die Gestalt $A \supset B$ haben, die entsprechenden Regeln angewendet worden.

ε) Zu jeder VF $A \supset B$ von i treten in allen $j \varepsilon S_i$ B als VF oder A als HF auf. Das gilt nach (δ) für i, und folgt der Abschnitt j auf i, so wird in der Anfangs-SQ von j nach D5.2-2,3e die Unterstreichung von $A \supset B$ getilgt, also in j die Umkehrung der Regel VI1' auf $A \supset B$ angewendet.

ς) Zu jeder HF $A \supset B$ von i gibt es ein $j \varepsilon S_i$ mit A als VF und B als HF. Das ergibt sich aus D5.2-2,3e und der Regel R.

η) Zu jeder VF der Gestalt $\Lambda x A[x]$ und jeder HF der Gestalt $\sim \Lambda x A[x]$ von i gehören die Formeln A[a] bzw. die Formeln $\sim A[a]$ für alle GK a zu I(i) bzw. II(i).

Gibt es zu i kein $j \neq i$ mit $j \varepsilon S_i$, so wird in i nicht die Regel R angewendet, also keine HF eliminiert. Nach endlich vielen Schritten wird also jeweils H angewendet, und spätestens vor der (n+1)-ten H-Anwendung treten die VF $A[a_n]$ und die HF $\sim A[a_n]$ in i auf. Gibt es zu i ein $j \neq i$ mit $j \varepsilon S_i$ und treten in i VF $\Lambda xA[x]$ oder HF der Gestalt $\sim \Lambda xA[x]$ auf, so gibt es zu i eine normale Entsprechung E(i), in der keine HF eliminiert werden und nach jeweils endlich vielen Schritten H angewendet wird. Dann ergibt sich die Behauptung wie oben, da auch die VF und HF von E(i) nach (4) Elemente von I(i) bzw. II(i) sind.

Es sei nun die Behauptung (γ) bereits für alle $g \leq m$ bewiesen. Dann gilt sie auch für $g = m+1$:

Ist $\neg A \varepsilon I(i)$, so nach (δ) $\sim A \varepsilon I(i)$, also nach I. V. $V_i(A) = f$, also $V_i(\neg A) = w$.
Ist $\sim \neg A \varepsilon I(i)$, so nach (δ) $A \varepsilon I(i)$, also nach I. V. $V_i(A) = w$, also $V_i(\neg A) = f$.
Ist $\neg A \varepsilon II(i)$, so nach (δ) $\sim A \varepsilon II(i)$, also nach I. V. $V_i(A) \neq f$, also $V_i(\neg A) \neq w$.
Ist $\sim \neg A \varepsilon II(i)$, so nach (δ) $A \varepsilon II(i)$, also nach I. V. $V_i(A) \neq w$, also $V_i(\neg A) \neq f$.
Ist $A \wedge B \varepsilon I(i)$, so nach (δ) $A, B \varepsilon I(i)$, also nach I. V. $V_i(A) = V_i(B) = w$, also $V_i(A \wedge B) = w$.
Ist $\sim A \wedge B \varepsilon I(i)$, so nach (δ) $\sim A$ oder $\sim B \varepsilon I(i)$, also nach I. V. $V_i(A) = f$ oder $V_i(B) = f$, also $V_i(A \wedge B) = f$.
Ist $A \wedge B \varepsilon II(i)$, so nach (δ) A oder $B \varepsilon II(i)$, also nach I. V. $V_i(A) \neq w$ oder $V_i(B) \neq w$, also $V_i(A \wedge B) \neq w$.
Ist $\sim A \wedge B \varepsilon II(i)$, so nach (δ) $\sim A, \sim B \varepsilon II(i)$, also nach I. V. $V_i(A) \neq f \neq V_i(B)$, also $V_i(A \wedge B) \neq f$.
Ist $A \supset B \varepsilon I(i)$, so nach (ε) für alle $j \varepsilon S_i$ $B \varepsilon I(j)$ oder $A \varepsilon II(j)$, also nach I. V. $V_j(B) = w$ oder $V_j(A) \neq w$, also $V_i(A \supset B) = w$.
Ist $\sim A \supset B \varepsilon I(i)$, so nach (δ) $A, \sim B \varepsilon I(i)$, also nach I. V. $V_i(A) = w$ und $V_i(B) = f$, also $V_i(A \supset B) = f$.
Ist $A \supset B \varepsilon II(i)$, so gibt es nach (ς) ein $j \varepsilon S_i$, so daß $A \varepsilon I(j)$ und $B \varepsilon II(j)$, nach I. V. gilt also $V_j(A) = w$ und $V_j(B) \neq w$, also $V_i(A \supset B) \neq w$.
Ist $\sim A \supset B \varepsilon II(i)$, so nach (δ) $A \varepsilon II(i)$ oder $\sim B \varepsilon II(i)$, also nach I. V. $V_i(A) \neq w$ oder $V_i(B) \neq f$, also $V_i(A \supset B) \neq f$.
Ist $\Lambda xA[x] \varepsilon I(i)$, so gilt nach (η) für alle GK a $A[a] \varepsilon I(i)$, nach I. V. also $V_i(A[a]) = w$, also – da alle Objekte aus V nach (1), (5a) Namen haben – $V_i(\Lambda xA[x]) = w$.
Ist $\sim \Lambda xA[x] \varepsilon I(i)$, so nach (δ) $\sim A[a] \varepsilon I(i)$ für eine GK a, also nach I. V. $V_i(A[a]) = f$, also $V_i(\Lambda xA[x]) = f$.
Ist $\Lambda xA[x] \varepsilon II(i)$, so nach (δ) $A[a] \varepsilon II(i)$ für eine GK a, also nach I. V. $V_i(A[a]) \neq w$, also $V_i(\Lambda xA[x]) \neq w$.
Ist $\sim \Lambda xA[x] \varepsilon II(i)$, so gilt nach (η) für alle GK a $\sim A[a] \varepsilon II(i)$, nach

I. V. also $V_i(A[a]) \neq f$, also – da alle Objekte aus V Namen haben – $V_i(\Lambda xA[x]) \neq f$.

Es sei nun i ein Index eines ersten Abschnitts eines Fadens aus $\mathfrak{H}$. Dann sind alle VF jener in **DP1** unbeweisbaren SQ Σ, aus der $\mathfrak{S}$ ein Herleitungssystem ist, in I(i) und alle HF von Σ sind in II(i). Setzen wir wieder $V_i(\sim A) = V_i(\neg A)$, so macht also V_i alle VF, aber keine HF von Σ wahr. Σ stellt also keinen $\mathfrak{M}$-gültigen Schluß, und damit auch keinen D-gültigen Schluß dar. Eine SQ, die einen D-gültigen Schluß darstellt, ist also in **DP1** beweisbar.

6 Die klassische Prädikatenlogik

6.1 Die Sequenzenkalküle KP1 *und* KP2

Aus **KA1** erhält man einen Kalkül **KP1** der klassischen P. L., wenn man die p. l. Regeln HA1 bis VA2 von **MP1** hinzunimmt. **KP1** ist also **MP1** erweitert um das Axiomenschema TND, oder **DP1**, erweitert um dieses Axiomenschema (vgl. dazu 3.2).

Auch hier gilt wieder, wie für **MP1** und **DP1** (vgl. T4.2-1a und T5.1-1) der Satz

T6.1-1: Ist in **KP1** eine SQ $S_1[a],\ldots,S_m[a] \rightarrow T_1[a],\ldots,T_n[a]$ beweisbar, so auch die SQ $S_1[b],\ldots,S_m[b] \rightarrow T_1[b],\ldots,T_n[b]$ für jede GK b ($n, m \geq 0$), wo die GK a in den Formeln der letzteren SQ nicht mehr vorkommt.

Vgl. dazu wieder die Erläuterungen zu T4.2-1a. Das beweist man ebenso wie diesen Satz.

Zum Beweis des Eliminationstheorems

T6.1-2: Jede in **KP1** beweisbare SQ ist ohne TR-Anwendungen beweis bar.

brauchen wir also dem Beweis von T4.3-1 neben jenen Fällen, die schon unter T3.1-1 behandelt worden sind, nur folgende Fälle hinzufügen:

3c) Σ_1 *ist Axiom nach TND,* Σ_2 *entsteht durch eine logische Regel mit S als HPF*

η) *S hat die Gestalt* $\Lambda xA[x]$

$$\frac{\rightarrow \Lambda xA[x], \sim \Lambda xA[x];\ \dfrac{}{\Delta', A[a] \rightarrow \Gamma'}\ \Delta', \Lambda xA[x] \rightarrow \Gamma'}{\Delta' \rightarrow\ \sim \Lambda xA[x], \Gamma'}$$

$$\frac{\rightarrow A[a], \sim A[a];\ A[a] \rightarrow \Gamma'}{\Delta'_{A[a]} \rightarrow\ \sim A[a], \Gamma'}$$

$$\Delta' \rightarrow\ \sim A[a], \Gamma' \qquad \text{VV, VT}$$

$$\Delta' \rightarrow\ \sim \Lambda xA[x], \Gamma'$$

Θ) *S hat die Gestalt* $\sim \Lambda x A[x]$

$$\begin{array}{c} \Delta', \sim A[b] \rightarrow \Gamma' \\ \to \Lambda x A[x], \sim \Lambda x A[x];\ \Delta', \sim \Lambda x A[x] \rightarrow \Gamma' \\ \hline \Delta' \rightarrow \Lambda x A[x], \Gamma' \end{array} \qquad \begin{array}{c} \rightarrow A[b], \sim A[b];\ \Delta', \sim A[b] \rightarrow \Gamma' \\ \hline \Delta' \rightarrow A[b], \Gamma' \\ \Delta' \rightarrow \Lambda x A[x], \Gamma' \end{array}$$

b kommt nicht in $\Delta', \Gamma', \Lambda x A[x]$ vor.

Aus T6.1-2 ergibt sich dann wie früher die Widerspruchsfreiheit und das Teilformeltheorem.

Wie in 3.1 kann man von **KP1** zu einem Kalkül **KP2** übergehen, in dem keine Formeln der Gestalt $\sim A$ vorkommen. **KP2** ist **KA2**, erweitert um die p. l. Regeln HA1 und VA1. Erweitert man den Satzkalkül **KA** der klassischen A. L. um die p. l. Axiome A16, A17, R2 und R3 von **DP** (vgl. 5.1), bzw. **DP** um A12 (vgl. 3.1), so erhält man einen Kalkül **KP** der klassischen Logik, dessen Axiome freilich nicht unabhängig sind. Insbesondere sind nun A17 und R3 mit A16 und R2 beweisbar. Man kann hier auch R2 durch ein einfachere Regel ersetzen

R2': $A \supset B[a] \vdash A \supset \Lambda x B[x]$, wo a nicht in der Konklusion vorkommt. Denn mit R2'erhält man R2 so: Es gilt $A \supset B[a] \vee C, A, \neg C \vdash B[a]$, also nach T2 – a kommt nicht in A vor – $A \supset B[a] \vee C, \neg C \vdash A \supset B[a]$, mit R2' also $A \supset B[a] \vee C, \neg C \vdash A \supset \Lambda x B[x]$, also $A \supset B[a] \vee C, \neg C \vdash A \supset \Lambda x B[x] \vee C$, mit $C \vdash A \supset \Lambda x B[x] \vee C$ also $A \supset B[a] \vee C, C \vee \neg C \vdash A \supset \Lambda x B[x] \vee C$, mit dem Theorem $C \vee \neg C$, das aus A12 folgt, also R2. Umgekehrt erhält man R2' mit R2 so: Aus $A \supset B[a]$ folgt $A \supset B[a] \vee C \wedge \neg C$, nach R2 also – a komme nicht in C vor – $A \supset \Lambda x B[x] \vee C \wedge \neg C$. Mit $\neg(C \wedge \neg C)$, das aus $C \vee \neg C$ folgt, also $A \supset \Lambda x B[x]$.

Es gilt nun

T6.1-3: In **KP** ist $\overline{\Delta} \vdash \overline{\overline{\Gamma}}$ genau dann beweisbar, wenn $\Delta \rightarrow \Gamma$ in **KP1** beweisbar ist.

Das ergibt sich ebenso aus T5.1-6, wie sich T3.1-2 aus T2.3-5 ergab.

6.2 Der Formelreihenkalkül KP3

Wie in 3.2 kann man **KP1** auch einen äquivalenten Formelreihenkalkül **KP3** zuordnen, indem man zu **KA3** folgende p. l. Regel hinzunimmt:

A1: $\Gamma, A[b] \vdash \Gamma, \Lambda x A[x]$
A2: $\Gamma, \sim A[a] \vdash \Gamma, \sim \Lambda x A[x]$

Dabei muß für A1 die *Konstantenbedingung* erfüllt sein, daß b nicht in der Konklusion vorkommt.

Die Äquivalenz von **KP3** mit **KP1** beweist man wie T3.2-2 und wie

T4.2-1a beweist man den Satz:

T6.2-1: Ist in **KP3** eine FR $S_1[a], \ldots, S_n[a]$ beweisbar, so auch die FR $S_1[b], \ldots, S_m[b]$ für jede GK b, falls a in den Formeln der letzteren FR nicht mehr vorkommt.

Es gilt auch das Eliminationstheorem:

T6.2-2: Jede in **KP3** beweisbare FR ist ohne Anwendungen der Regel S beweisbar.

Dem Beweis von T3.2-3 sind folgende Fälle hinzuzufügen:

Zu (2) unter den Fällen γ:

Ist R die Regel A1 und ist in $\mathfrak{B}'$ die Konstantenbedingung verletzt, so ist die fragliche GK nach T6.2-1 in passender Weise umzubenennen. Nach dem Beweis von T6.2-1 erhöht sich der Rang der Schnitte damit nicht.

Zu (3): A hat die Gestalt $\Lambda x A[x]$.

$$\frac{\dfrac{\Gamma, A[b]}{\Gamma, \Lambda x A[x];} \quad \dfrac{\Gamma', \sim A[a]}{\Gamma', \sim \Lambda x A[x]}}{\Gamma, \Gamma'} \quad \Rightarrow \quad \frac{\dfrac{\Gamma, A[a]; \; \Gamma', \sim A[a]}{\Gamma_{A[a]}, \Gamma'_{\sim A[a]}}}{\Gamma, \Gamma'} \qquad \text{V, T}$$

Ist Γ, A[b] beweisbar, so nach T6.2-1 auch Γ, A[a], da b nicht in Γ, A[a] vorkommt.

Aus T6.2-2 folgt wie in 3.2 die Widerspruchsfreiheit von **KP3** und das Teilformeltheorem.

Wir können das in 3.2 für **KA3** entwickelte Entscheidungsverfahren zu einem mechanischen Beweisverfahren für **KP3** erweitern. Wir ersetzen dabei den Kalkül **KA3'** durch jenen, der daraus durch Hinzunahme der p. l. Regeln A1' und A2' entsteht, in denen gegenüber A1 und A2 die HPF in die Prämisse eingesetzt wird. Bei der Überlegung zur Eliminierbarkeit von V in **KP3'** ist von T6.2-1 Gebrauch zu machen. Reguläre Herleitungen werden nach D3.2-3 bestimmt, wobei nun – in Analogie zu den Verfahren bei der direkten PL – eine Abzählung $a_1, a_2, \ldots$ der GK von **P** vorausgesetzt wird, die mit jenen in der Anfangs-FR beginnt, und die Bedingung (c) ersetzt wird durch die Bedingungen:

c') Die Umkehrung von A1' wird so angewendet, daß b (die dabei neu eingeführte GK) die erste GK in der Abzählung ist, die in der Prämisse nicht vorkommt.

d') Die Umkehrung von A2' wird so angewendet, daß a die GK ist, für welche die Formel A[a] nicht in der Prämisse vorkommt.

e') Sind nach (b) keine Regeln auf eine offene FR mehr anwendbar, die Formeln der Gestalt ~ ΛxA[x] enthält, so werden die Unterstreichungen dieser Formeln getilgt. Diese Regel nennen wir wieder H.

f') Läßt sich auf eine FR aus Θ_n nach (a), (b) und (e') noch eine Regel anwenden, so enthält 𝔖 ein Glied Θ_{n+1}.

Es gelten dann wieder die entsprechenden Sätze zu T3.2-4 und T3.2-5, aus denen folgt, daß die Konstruktion einer regulären Herleitung aus einer FR Γ immer dann eine geschlossene Herleitung aus Γ, und damit im Sinn von T3.2-4 einen Beweis von Γ in **KP3'**, bzw. **KP3** liefert, wenn Γ in **KP3** beweisbar ist.

Es gilt nun auch der Satz:

T6.2-3: Für jeden Faden 𝔣 einer regulären Herleitung gilt:
a) Jede nichtatomare Formel (einer FR) von 𝔣 tritt in (einer FR von) 𝔣 als HPF auf.
b) Zu jeder Formel ~ ΛxA[x] von 𝔣 treten in 𝔣 die Formeln ~ A[a] für alle GK von **P** auf.

Beweis: (a) Wir können im Effekt die Herleitung 𝔖 = $\Theta_1, \Theta_2, \ldots$ so konstruieren, daß im Schritt von Θ_i zu Θ_{i+1} $(1 \leq i)$ auf jede nichtgeschlossene FR in Θ_i eine Regel angewendet wird. Dann ergibt sich (a) daraus, daß sich in 𝔣 die Summe der Grade der nichtunterstrichenen FV in jedem Schritt reduziert bis zur nächsten Anwendung von H. Vor der 1. H-Anwendung und zwischen zwei aufeinanderfolgenden H-Anwendungen liegen also in 𝔣 nur endlich viele FR, so daß (a) für jeden solchen Abschnitt von 𝔣 gilt. Tritt nun ~ ΛxA[x] im n-ten Abschnitt von 𝔣 zuerst auf, so wird dazu nach (d') spätestens im (n+k)-ten Abschnitt von 𝔣 die Formel ~ $A[a_k]$ eingeführt, so daß auch (b) gilt.

6.3 *Die Adäquatheit von* **KP3** *bzgl. totaler Bewertungen*

Die semantische Widerspruchsfreiheit von **KP3** besagt:

T6.3-1: Ist in **KP3** die FR Γ beweisbar, so erfüllt jede totale (p. l.) Bewertung V mindestens eine Formel aus Γ, wenn wir setzen V(~A) = V(¬A).

Beweis: Das gilt für das Axiom D, und gilt es für die Prämisse einer Regel, so auch für die Konklusion. In den Fällen A1 und A2 erhalten wir z. B.

A1: Gibt es eine totale Bewertung V, die keine Formel aus Γ erfüllt und für die gilt V(ΛxA[x]) = f, so gibt es nach T4.4-5 eine totale Interpretation V', die diesen Sätzen die gleichen Wahrheitswerte zuordnet. Es gibt also ein V'' mit $V'' \overline{\overline{_a}} V'$ und V''(A[b]) = f. Nach dem Koinzidenztheorem T4.4-1 gilt aber auch V''(S) = f für alle S aus Γ, so daß nicht jede totale Interpretation eine Formel der Prämisse erfüllt. Das gilt dann nach T4.4-6 auch für totale Bewertungen.

A2: Gilt V(~A[a]) = w, ist also V(A[a]) = f, so ist auch V(ΛxA[x]) = f.

T6.3-2: Erfüllt jede totale Bewertung eine Formel aus Γ, so ist Γ in **KP3** beweisbar.

Beweis: Ist Γ in **KP3** nicht beweisbar, so gibt es eine offene reguläre Herleitung $\mathfrak{H}$ aus Γ, also einen offenen Faden $\mathfrak{f}$ von $\mathfrak{H}$. Γ+ sei die Menge aller Formeln in FR von $\mathfrak{f}$. V sei definiert durch

a) V(A) = f gdw. AεΓ+
V(A) = w gdw. ~AεΓ+.

Dann ist V nach T6.2-3 eine Semi-Bewertung im Sinn von D4.4-9. Die a. l. Fälle wurden schon in 3.2 beim Vollständigkeitsbeweis von **KA3** behandelt. Ist V(ΛxA[x])=w, so ist nach (a) ~ ΛxA[x]εΓ+, also nach T6.2-3 ~ A[a]εΓ+ für alle GK a, also nach (a) V(A[a])=w für alle GK a. Ist V(ΛxA[x])=f, so ist nach (a) ΛxA[x]εΓ+, also nach T6.2-3 A[b]εΓ+ für eine GK b, also nach (a) V(A[b]) = f für eine GK b. V läßt sich nach T4.4-18 zu einer partiellen, und die nach T4.4-17 zu einer totalen Bewertung V' erweitern, die keine Formel aus Γ erfüllt.

7 Erweiterungen der Prädikatenlogik

7.1 Indeterminierte Namen

In diesem Kapitel wollen wir unter anderem Kennzeichnungsterme einführen, also komplexe Namen, deren Bezug von der Bedeutung der Prädikatausdrücke abhängt, mit denen sie gebildet sind. Damit können sich Indeterminiertheiten der Prädikate auf Namen vererben. Wir müssen daher nun auf die in 4.4 vernachlässigte Frage eingehen, wie indeterminierte Namen zu behandeln sind, also Ausdrücke der syntaktischen Kategorie *Name,* denen nicht in eindeutiger Weise ein Objekt zugeordnet ist, das sie bezeichnen sollen.

Eine erste Möglichkeit ist, solche Namen wie determinierte Namen zu verwenden, wie Namen also, die einen bestimmten Gegenstand bezeichnen, der aber nicht eindeutig festgelegt ist. Für diese Auffassung ist charakteristisch, daß die Prinzipien ΛxA[x]→A[a] und ~A[a]→~ΛxA[x] auch für indeterminierte GK a gelten. In einer entsprechenden Interpretationssemantik würde dann ein Satz mit indeterminierten Namen bei einer Interpretation V wahr sein, wenn er bei allen (zulässigen) Präzisierungen von V wahr ist, bei denen alle Namen determiniert sind. Wegen der semantischen Interdependenz von Namen und Prädikaten müßte es dann aber zu jeder Interpretation V (zulässige) vollständige Präzisierungen sowohl der Namen wie der Prädikate geben. Deren Existenz wollten wir hier aber nicht voraussetzen. Damit entfällt aber diese erste Möglichkeit. Wir können nicht alle Namen wie Objektbezeichnungen behandeln und müssen damit auch die beiden Prinzipien aufgeben.

Eine zweite Möglichkeit ist dann, neben determinierten Namen vollständig indeterminierte Namen zuzulassen und festzulegen, daß Atomsätze mit indeterminierten Namen immer indeterminiert sind. Einen entsprechenden Interpretationsbegriff erhält man in Entsprechung zu D4.4-5 so:

D7.1-1: Eine B-*Interpretation* von **P** ist ein Paar $\mathfrak{M} = \langle U, V \rangle$, für das gilt:

1. U ist eine nichtleere Objektmenge.
2. V ist eine Funktion, die eine Teilmenge der Menge aller GK von **P** in U abbildet, jeder n-stelligen PK F von **P** eine Funktion $V(F) \varepsilon \{w, f\}^{(U^n)}$ zuordnet, und die eine Teilmenge der Sätze von **P** so in $\{w, f\}$ abbildet, daß gilt:
   a) $V(F(a_1, \ldots, a_n)) = w$ gdw. $V(a_n) \neq u, \ldots, V(a_n) \neq u$ und $V(a_1), \ldots, V(a_n) \varepsilon V^w(F)$
   $V(F(a_1, \ldots, a_n)) = f$ gdw. $V(a_1) \neq u, \ldots, V(a_n) \neq u$ und $V(a_1), \ldots, V(a_n) \varepsilon V^f(F)$
   b) $V(\neg A) = w$ gdw. $V(A) = f$
   $V(\neg A) = f$ gdw. $V(A) = w$
   c) $V(A \land B) = w$ gdw. $V(A) = V(B) = w$
   $V(A \land B) = f$ gdw. $V(A) = f$ oder $V(B) = f$
   d) $V(\Lambda x A[x]) = w$ gdw.
   $\Lambda V'(V' \overline{\overline{_a}} V \land V'(a) \neq u \supset V'(A[a]) = w)$
   $V(\Lambda x A[x]) = f$ gdw.
   $\mathrm{V} V'(V' \overline{\overline{_a}} V \land V'(a) \neq u \land V'(A[a]) = f)$,
   wobei die GK a in beiden Bedingungen nicht in $\Lambda x A[x]$ vorkommt.

Es gelten dann das Koinzidenz- und das Überführungstheorem im Sinn von T4.4-9 und T4.4-10, und es gilt auch die Stabilität im Sinn von T4.4-8, wenn man bei der Definition der Extension nach D4.4-6 die Bedingung "$V(a) = V'(a)$" durch "$V(a) \neq u \supset V'(a) = V(a)$" ersetzt.

E sei nun eine einstellige PK von **P**, die wir generell so deuten wollen, daß gilt

e) $V^w(E) = U$, also $V^f(E) = \Lambda$.

Dann gilt für alle GK a: $V(Ea) = w$ gdw. $V(a) \neq u$, $V(Ea) = u$ gdw.

$V(a) = u$, also in jedem Fall $V(Ea) \neq f$. Und für alle B-Interpretationen gilt

T7.1-1: $V(\Lambda x A[x]) = V(\Lambda x(Ex \supset A[x]))$.

Beweis: Es gilt $V(\Lambda x A[x]) = w$ gdw. $\Lambda V'(V' \underset{a}{=} V \wedge V'(a) \neq u \supset V'(A[a]) = w)$ gdw. $\Lambda V'(V' \underset{a}{=} V \wedge V'(a) \neq u \supset V'(\neg Ea) = w \vee V'(A[a]) = w)$ (denn $V'(Ea)$ ist immer $\neq f$) gdw. $V(\Lambda x(Ex \supset A[x])) = w$. (In der minimalen Logik ist die Implikation im Sinn von D1.1-2,b definiert.)

Es sei A^+ der Satz, der aus A dadurch entsteht, daß man alle Teilsätze $\Lambda x B[x]$ von A durch $\Lambda x(Ex \supset B[x])$ ersetzt. Es sei $({\sim} A)^+ = {\sim} A^+$ und $(S_1, \ldots, S_n)^+ = S_1^+, \ldots, S_n^+$. Der Satz T7.1-1 legt nun den Gedanken nahe, die B-Logik ließe sich mit der Übersetzung von A in A^+ in die minimale P. L. einbetten, die SQ $\Delta^+ \rightarrow \Gamma^+$ stelle also genau dann einen P-gültigen Schluß dar (also einen bzgl. aller partiellen Interpretationen nach D4.4-5 gültigen Schluß), wenn die SQ $\Delta \rightarrow \Gamma$ B-gültig ist. Es gilt nun zwar die „wenn-dann"-Behauptung, nicht aber die „nur dann-wenn"-Behauptung. Das liegt u. a. daran, daß in der minimalen P. L. eine passende Implikation fehlt. In **MP1** sind folgende Regeln beweisbar:

VA1°: $\Delta, A[a] \rightarrow \Gamma;\ \Delta \rightarrow Ea, \Gamma \vdash \Delta, \Lambda x(Ex \supset A[x]) \rightarrow \Gamma$
HA2°: $\Delta \rightarrow {\sim} A[a], \Gamma;\ \Delta \rightarrow Ea, \Gamma \vdash \Delta \rightarrow {\sim} \Lambda x(Ex \supset A[x]), \Gamma$
VA2°: $\Delta, Eb, {\sim} A[b] \rightarrow \Gamma \vdash \Delta, {\sim} \Lambda x(Ex \supset A[x]) \rightarrow \Gamma$
HA1°: $\Delta \rightarrow {\sim} Eb, A[b], \Gamma \vdash \Delta \rightarrow \Lambda x(Ex \supset A[x]), \Gamma$.

Dabei soll die GK b in den Konklusionen der letzten beiden Regeln nicht mehr vorkommen.

Beweis:

$$\begin{array}{l}
\Delta \rightarrow Ea, \Gamma;\ Ea, {\sim} Ea \rightarrow \\ \hline
\Delta, {\sim} Ea \rightarrow \Gamma \\
\Delta, A[a] \rightarrow \Gamma;\ \Delta, \neg Ea \rightarrow \Gamma \\ \hline
\Delta, \neg Ea \vee A[a] \rightarrow \Gamma \\
\Delta, \Lambda x(Ex \supset A[x]) \rightarrow \Gamma
\end{array}$$

$$\begin{array}{l}
\Delta \rightarrow Ea, \Gamma \\ \hline
\Delta \rightarrow {\sim} \neg Ea, \Gamma;\ \Delta \rightarrow {\sim} A[a], \Gamma \\ \hline
\Delta \rightarrow {\sim} (\neg Ea \vee A[a]), \Gamma \\
\Delta \rightarrow {\sim} \Lambda x(Ex \supset A[x]), \Gamma
\end{array}$$

$$\begin{array}{l}
\Delta, Eb, {\sim} A[b] \rightarrow \Gamma \\
\Delta, {\sim} \neg Eb, {\sim} A[b] \rightarrow \Gamma \\
\Delta, {\sim} \neg Eb \vee A[b] \rightarrow \Gamma \\
\Delta, {\sim} \Lambda x(Ex \supset A[x]) \rightarrow \Gamma
\end{array}$$

$$\begin{array}{l}
\Delta \rightarrow {\sim} Eb, A[b], \Gamma \\
\Delta \rightarrow \neg Eb, A[b], \Gamma \\
\Delta \rightarrow \neg Eb \vee A[b], \Gamma \\
\Delta \rightarrow \Lambda x(Ex \supset A[x]), \Gamma
\end{array}$$

Wir können die Entsprechungen zu den ersten drei Regeln als p. l. Regeln der B-Logik ansehen. Anstelle von HA1° ist aber die stärkere Regel

HA1°°: $\Delta, Eb \rightarrow A[b], \Gamma \vdash \Delta \rightarrow \Lambda x A[x], \Gamma$

B-gültig. (die GK b soll hier wieder nicht in der Konklusion vorkommen.)

Die Einbettung der B-Logik in die minimale P. L. mißlingt freilich auch aus anderen Gründen. So gilt nach D7.1-1,2a $Fa \rightarrow Ea$, wegen ΛxGx, $Ea \rightarrow Ga$ also ΛxGx, $Fa \rightarrow Ga$, der Schluß $\Lambda x(Ex \supset Gx)$, $Fa \rightarrow Ga$ ist aber nicht P-gültig.

Es ist nun aber auch wenig plausibel, nur völlig determinierte und völlig indeterminierte Namen zu berücksichtigen. Vielmehr wird man mit mehr oder minder determinierten Namen arbeiten. Dazu bietet sich aber im Rahmen einer Interpretationssemantik kein Weg an. Würde man den Begriff der B-Interpretation so abändern, daß man in D7.1-1,2a die erste Bedingung ersetzt durch: „Ist $V(a_1) \neq u, \ldots, V(a_n) \neq u$, so gilt $V(F(a_1, \ldots, a_n)) = w$ gdw. $V(a_1), \ldots, V(a_n) \varepsilon V^w(F)$“, und entsprechend die zweite Bedingung, ließe man also auch zu, daß Atomsätze mit indeterminierten Namen Wahrheitswerte haben, so wären diese nicht mehr Funktionen der Bedeutungen der PK und der GK, man verließe also den Rahmen der Interpretationssemantik. Und wenn man den GK nichtleere Mengen von Objekten des Grundbereichs zuordnet, von denen sie eines bezeichnen sollen, das aber nicht näher bestimmt ist, also z. B. setzt $V(F(a_1, \ldots, a_n)) = w$ gdw. $V(a_1) x \ldots x V(a_n) \subset V^w(F)$, so gibt das, wie wir schon sahen, nur dann einen Sinn, wenn man Präzisierungen voraussetzt, die bzgl. der Namen vollständig sind, und das wollten wir nicht tun.

In einer Bewertungssemantik entfällt dieses Bedenken. In der Tat liegt es nahe, bei Zulassung indeterminierter Namen nicht von Interpretationen auszugehen, die **P** immer als Sprache über bestimmte Gegenstände deuten, sondern von partiellen Bewertungen. Dabei setzen wir dann nicht voraus, daß die mit ihnen gedeutete Sprache eine Sprache über Objekte ist, sondern es stellt sich vielmehr die Frage, ob eine bestimmte Verteilung von Wahrheitswerten auf Sätze von **P** – und, im Fall direkter Bewertungen, von Regeln über den Zusammenhang zwischen den Wahrheitswerten von Sätzen – eine Deutung der Sprache als Sprache über Gegenstände eines bestimmten Bereichs ermöglicht. Ist das nicht der Fall, so kann man die p. l. Sprache nicht mehr in der gewohnten Weise lesen, also z. B. einen Satz der Gestalt F(a) nicht mehr als „Das Prädikat F trifft auf das durch a bezeichnete Objekt zu“. Die Zulassung indeterminierter Namen bedeutet also u. U. eine gravierende Beschränkung für das normale Sprachverständnis. Diese Modifikation liegt aber in der Konsequenz unseres ganzen Ansatzes: Mit der Zulassung unvollständig definierter Prädikate haben wir schon die Lesart von F(a) als „Das durch a bezeichnete Objekt hat die durch F ausgedrückte Eigenschaft“ aufgegeben. Wenn es nun eine semantische Interdependenz zwischen Prädikaten und Namen gibt, kraft derer sich Indeterminiertheiten von Prädikaten auf Namen vererben, so kann wie von wohlbestimmten objektiven Eigenschaften, die unabhängig von unseren sprachlichen Regeln und unserer Erkenntnis auf die Gegenstände zutreffen oder nicht zutreffen, nicht mehr von eindeutigen Objekten die Rede sein.

Auf die Frage, welche Bewertungen objektivierbar sind, gehen wir später ein. Grob gesagt wird man eine Bewertung „objektivierbar" nennen, wenn es eine totale Interpretation gibt, die sie erweitert. Zunächst müssen wir aber einen passenden Bewertungsbegriff definieren. Gehen wir von partiellen Bewertungen im Sinn von D4.4-8 aus, so sind nun die Wahrheits- und Falschheitsbedingungen für Allsätze nach (c) zu modifizieren. Ist $V(\Lambda xA[x]) = w$, so ist nun nicht mehr zu fordern, daß für alle GK a gilt $V(A[a]) = w$, denn der Schluß $\Lambda xA[x] \rightarrow A[a]$ ist nun nicht mehr gültig. Die notwendige Bedingung für $V(\Lambda xA[x]) = w$ muß vielmehr lauten: Für alle GK a gilt: Ist $V(Ea) = w$, so ist $V(A[a]) = w$. Diese Bedingung können wir aber nicht als hinreichend ansehen, da sonst die Stabilität verletzt wäre. Extensionen sind im Sinn von D1.6-2 zu definieren. Es kann nun für V gelten: Ist $V(Ea) = w$, so ist $V(A[a]) = w$ für alle GK a, ohne daß das für alle Extensionen V' von V gilt, da für eine GK b mit $V(Eb) = u$ gelten kann $V'(Eb) = w$, aber $V'(A[b]) \neq w$. Man müßte also sagen: $V(\Lambda xA[x]) = w$ gdw. für alle GK a gilt: $V(A[a]) = w$ *folgt* aus $V(Ea) = w$. Gemeint ist hier aber ein Folgen im Sinn von semantischen Regeln, und um das auszudrücken, muß man entweder auch auf eine Bewertungssemantik verzichten und zur Wahrheitsregelsemantik übergehen oder zu direkten Bewertungen.[1]

Der erste Weg führt dazu, daß wir im Kalkül **MP1** die p. l. Regeln HA1 bis VA2 nach den obigen Überlegungen durch HA°° bis VA2° ersetzen. Den so entstehenden Kalkül nennen wir **MP1***.

Zu **MP1*** können wir also weder eine passende Interpretationssemantik angeben, noch eine passende Semantik für partielle Bewertungen. Anders sieht die Sache aus, wenn wir von den D-Bewertungen im Sinn von D2.4-1 und D5.3-2 ausgehen. Deuten wir hier Allsätze $\Lambda xA[x]$ im Sinn von $\Lambda x(Ex \supset A[x])$, so erhalten wir statt der Bedingung (3e)

e3*) $V_i(\Lambda xA[x]) = w$ gdw. für alle GK a gilt: $\Lambda j(j\varepsilon S_i \wedge V_j(Ea) = w \supset V_j(A[a]) = w)$
$V_i(\Lambda xA[x]) = f$ gdw. es eine GK a gibt mit $V_i(Ea) = w$ und $V_i(A[a]) = f$.

Wir bezeichnen solche Bewertungen als *D*-Bewertungen*.

[1] Man kann auch nicht setzen $V(\Lambda xA[x]) = w$ gdw. für alle GK a gilt $V(Ea) = f$ oder $V(A[a]) = w$. Denn gilt $V(Ea) = f$, so gilt das auch für alle möglichen Präzisierungen von V. Es gibt dann also keine Präzisierung von V, die a zu einem eindeutigen Namen macht. Das kommt aber nur in sehr speziellen Fällen vor.

Die Stabilität gilt dann im Sinn von T2.4-1. Dem Beweis sind im Induktionsschritt nur folgende Fälle hinzuzufügen: Ist $V_i(\Lambda xA[x]) = w$, so gilt für alle GK a $\Lambda j(j\varepsilon S_i \wedge V_j(Ea) = w \supset V_j(A[a]) = w)$. Ist $k\varepsilon S_j$, so ist nach D2.4-1,2b $k\varepsilon S_i$, also für $V_k(Ea) = w$ $V_k(A[a]) = w$. Es gilt also $\Lambda k(k\varepsilon S_j \wedge V_k(Ea) = w \supset V_k(A[a]) = w)$, also $V_j(\Lambda xA[x]) = w$. Und ist $V_i(\Lambda xA[x])=f$, so gibt es eine GK a mit $V_i(Ea)=w$ und $V_i(A[a])=f$. Ist also $j\varepsilon S_i$, so gilt nach I. V. auch $V_j(Ea)=w$ und $V_j(A[a])=f$, also $V_j(\Lambda xA[x])=f$.

Wenn wir also $\Lambda xA[x]$ nun im Sinn von $\Lambda x(Ex \supset A[x])$ deuten, so erhalten wir die Regeln:

HA1:* $\Delta \rightarrow Eb \supset A[b], \Gamma \vdash \Delta \rightarrow \Lambda xA[x], \Gamma$
VA1:* $\Delta, Ea \supset A[a] \rightarrow \Gamma \vdash \Delta, \Lambda xA[x] \rightarrow \Gamma$
HA2+ $\Delta \rightarrow \sim(Ea \supset A[a]), \Gamma \vdash \Delta \rightarrow \sim \Lambda xA[x], \Gamma$
VA2+ $\Delta, \sim(Eb \supset A[b]) \rightarrow \Gamma \vdash \Delta, \sim \Lambda xA[x] \rightarrow \Gamma$.

Dabei soll die GK b in HA1* und VA2+ nicht in der Konklusion vorkommen. HA2+ und VA2+ sind nun äquivalent mit den Regeln:

HA2:* $\Delta \rightarrow Ea, \Gamma; \Delta \rightarrow \sim A[a], \Gamma \vdash \Delta \rightarrow \sim \Lambda xA[x], \Gamma$
VA2:* $\Delta, Eb, \sim A[b] \rightarrow \Gamma \vdash \Delta, \sim \Lambda xA[x] \rightarrow \Gamma$.

Nach VA1* gilt auch

VA1':* $\Delta \rightarrow Ea, \Gamma; \Delta, A[a] \rightarrow \Gamma \vdash \Delta, \Lambda xA[x] \rightarrow \Gamma$.

Man kann umgekehrt auch VA1* durch diese Regel ersetzen: Es sei 𝔅 ein Beweis mit dem p. l. Regeln HA1* bis VA2*. Wir zeigen durch Induktion nach der Länge l von 𝔅, daß sich Anwendungen von VA1* durch solche von VA1*' ersetzen lassen. Dabei können wir voraussetzen, daß in den Axiomen von 𝔅 nur Atomformeln vorkommen, denn man beweist leicht, daß mit solchen Axionen die übrigen nach RF und WS beweisbar sind. Entsteht nun in 𝔅 eine SQ $\Delta, \Lambda xA[x] \rightarrow \Gamma$ durch VA1* aus $\Delta, Ea \supset A[a] \rightarrow \Gamma$, so ist die VF $Ea \supset A[a]$, da sie nicht in einem Axiom vorkommt, in jedem Ast von 𝔅 über der Prämisse durch VV eingeführt worden – dann ersetzen wir sie dort überall durch $\Lambda xA[x]$ – oder durch eine Anwendung von VI1 auf SQ $\Delta' \rightarrow Ea, \Gamma'$ und $\Delta', A[a] \rightarrow \Gamma'$. Dann wenden wir dort VA1*' an und erhalten $\Delta', \Lambda xA[x] \rightarrow \Gamma'$, und daraus wie vorher (nun ohne die fragliche Anwendung von VA1*) $\Delta, \Lambda xA[x] \rightarrow \Gamma$.

HA1* können wir aber nun nicht durch die Regel $\Delta, Eb \rightarrow A[b], \Gamma \vdash \Delta \rightarrow \Lambda xA[x], \Gamma$ ersetzen, denn ist Γ nicht leer, so folgt aus dieser Prämisse wegen der Beschränkung von HI1 auf SQ mit nur einer HF nicht $\Delta \rightarrow Eb \supset A[b], \Gamma$, woraus man mit HA1* die Konklusion erhielte. Man überlegt sich auch leicht, daß die SQ $\Lambda x(A[x] \vee C) \rightarrow \Lambda xA[x] \vee C$, die aus dieser Regel folgt, nach (e3*) nicht gültig ist. Wir müssen also bei HA1* bleiben, obwohl diese Regel wegen des Vorkommens der Implikation in der Einführungsregel für den Alloperator unschön ist. Wenn wir aber HA1* beibehalten müssen, so können wir auch bei der Regel VA1* bleiben.

Es sei nun **DP1*** jener Kalkül, der aus **DP1** durch Ersetzung der p. l. Regeln HA1 bis VA2 durch HA1* bis VA2* entsteht. Dann gilt:

T7.1-2: Eine SQ $\Delta \rightarrow \Gamma$ ist in **DP1*** genau dann beweisbar, wenn $\Delta^{+} \rightarrow \Gamma^{+}$ in **DP1** beweisbar ist.

Denn ist $\Delta \rightarrow \Gamma$ in DP1* beweisbar, so wegen der Äquivalenz von HA2* und VA2* und VA2* mit HA2+ und VA2+ offensichtlich auch $\Delta^{+} \rightarrow \Gamma^{+}$ in **DP1.** Und ist $\Delta^{+} \rightarrow \Gamma^{+}$ in **DP1** beweisbar, so ohne TR-Anwendungen, so daß im Beweis nur Allformeln der Gestalt $(\sim)\Lambda x(Ex \supset A[x])$ vorkommen. Dann können wir aber überall bei Ersetzung von HA1-Anwendungen durch solche von HA1* etc. statt der HPF $(\sim)\Lambda x(Ex \supset A[x])$ wegen der Äquivalenz von HA2* und VA2* mit HA2+ und VA2+ die HPF $(\sim)\Lambda xA[x]$ erhalten.

Ferner gilt:

T7.1-3: In **DP1*** ist $\Lambda xA[x] \leftrightarrow \Lambda x(Ex \supset A[x])$ beweisbar.

Es gilt also auch: In **DP1*** ist $\Delta^{+} \rightarrow \Gamma^{+}$ beweisbar gdw. $\Delta^{+} \rightarrow \Gamma^{+}$ in **DP1** beweisbar ist, und: Ist $\Delta \rightarrow \Gamma$ in **DP1** beweisbar, so in **DP1*** jede SQ $\Delta' \rightarrow \Gamma'$ für die $\Delta'^{+} = \Delta$ und $\Gamma'^{+} = \Gamma$ ist. In **DP1** kann man ohne die Voraussetzung $\Lambda x(Ex \vee \neg Ex)$ jedoch nicht beweisen $Vx(Ex \wedge A[x]) \leftrightarrow \neg \Lambda x(Ex \supset Ax)$, und ebensowenig in **DP1*** $VxA[x] \leftrightarrow Vx(Ex \wedge A[x])$. Nach (e3*) gilt ja auch nicht $V_i(VxA[x]) = V_i(Vx(Ex \wedge A[x]))$.

Die Behauptung von T7.1-3 ergibt sich nun so (a komme in $\Lambda xA[x]$) nicht vor:

$Ea \supset A[a], Ea \rightarrow Ea \supset A[a]$

$\Lambda xA[x], Ea \rightarrow Ea \supset A[a]$ VA1*

$\Lambda xA[x] \rightarrow Ea \supset (Ea \supset A[a])$

$\Lambda xA[x] \rightarrow \Lambda x(Ex \supset A[x])$

$Ea \supset (Ea \supset A[a]) \rightarrow Ea \supset A[a]$

$\Lambda x(Ex \supset A[x]) \rightarrow Ea \supset A[a]$ VA1*

$\Lambda x(Ex \supset A[x]) \rightarrow \Lambda xA[x]$ HA1*

$Ea, \sim A[a] \rightarrow \sim A[a]; Ea, \sim A[a] \rightarrow Ea$

$Ea, \sim A[a] \rightarrow \sim Ea \supset A[a]; Ea, \sim A[a] \rightarrow Ea$

$Ea, \sim A[a] \rightarrow \sim \Lambda x(Ex \supset A[x])$ HA2*

$\sim \Lambda xA[x] \rightarrow \sim \Lambda x(Ex \supset A[x])$ VA2*

$Ea, \sim A[a] \rightarrow \sim A[a]; Ea, \sim A[a] \rightarrow Ea$

$Ea, \sim A[a] \rightarrow \sim \Lambda xA[x]$ HA2*

$Ea, Ea, \sim A[a] \rightarrow \sim \Lambda xA[x]$

$Ea, \sim Ea \supset A[a] \rightarrow \sim \Lambda xA[x]$

$\sim \Lambda x(Ex \supset A[x]) \rightarrow \sim \Lambda xA[x]$ VA2*

Wir können also die D*-Logik in die direkte P. L. einbetten. Da nach 5.4 in **DP1** genau die D-wahren Sätze beweisbar sind und nach Definition der D*-Bewertungen ein Satz A genau dann D*-wahr ist, wenn A^+ D-wahr ist, ist **DP1*** nach T7.1-2 eine adäquate Formalisierung der D*-Logik.

Formal stellt sich unsere Logik für indeterminierte Namen als eine *freie Logik* dar.[1] In der freien Logik läßt man auch (determinierte) Namen für Objekte zu, die nicht dem Grundbereich angehören, auf dessen Elemente sich die Quantoren beziehen. Man erhält eine solche Logik aus der normalen, z.B. klassischen P. L., wenn man Allsätze $\Lambda xA[x]$ im Sinn von $\Lambda x(Ex \supset A[x])$ auffaßt, wobei das Prädikat E genau auf die Objekte des Grundbereichs zutrifft.

Wir definieren:

D7.1-2: Eine *totale freie Interpretation* von **P** ist ein Tripel $\mathfrak{M} = \langle U_o, U, V \rangle$, für das gilt:

1. U ist eine nichtleere Menge von Objekten und U_o eine Teilmenge von U.
2. V bildet die Menge aller GK von **P** in U ab, die Menge aller n-stelligen PK von **P** in die Potenzmenge von U^n, wobei gilt $V(E) = U_o$, und die Menge aller Sätze von **P** so in {w, f}, daß gilt:
   a) $V(F(a_1,\ldots,a_n)) = w$ gdw. $V(a_1),\ldots,V(a_n) \varepsilon V(F)$
   b) $V(\neg A) = w$ gdw. $V(A) = f$
   c) $V(A \wedge B) = w$ gdw. $V(A) = V(B) = w$
   d) $V(\Lambda xA[x]) = w$ gdw. $\Lambda V'(V' \overline{\overline{a}} V \wedge V'(a) \varepsilon U_o \supset V'(A[a]) = w)$, wobei die GK a nicht in $\Lambda xA[x]$ vorkommen soll.

Dann sind die bzgl. aller totalen freien Interpretationen wahren Sätze offenbar genau jene Sätze A, für die A^+ klassisch p. l. gültig ist.

Sieht man die Elemente des Grundbereichs U_o als existierende Dinge an, die Objekte aus $U\text{-}U_o$ hingegen als bloß mögliche Dinge, so ist E das Prädikat „existiert“. Der Einfachheit halber wollen wir auch unser Prädikat E so lesen, ohne damit zu implizieren, daß Namen a, für die der Satz Ea nicht gilt, mögliche Objekte oder überhaupt irgendwelche Objekte bezeichnen. Im gleichen übertragenen Sinn bezeichnen wir D*-Logik auch als „freie“ direkte Logik.

In der Regel wird man sich nur für Anwendungen der freien Logik interessieren, in denen U_o nicht leer ist, da sonst alle Allsätze wahr sind. Dann folgt aus ΛxAx der Satz $VxAx$. Ebenso werden wir uns vor

[1] Schon H. Leblanc und T. Hailperin haben in (1959) auf die freie Logik als geeigneten Rahmen für die Behandlung indeterminierter Namen hingewiesen. Vgl. dazu z.B. auch B. van Fraassen (1966).

allem für Anwendungen der D*-Logik interessieren, in denen die SQ $\rightarrow$ VxEx beweisbar ist, wir wollen sie aber nicht generell als Axiom verwenden.

Einen Satzkalkül der D*-Logik **DP*** erhalten wir aus **DP** (vgl. 5.1), wenn wir die p. l. Axiome und Regeln ersetzen durch

A16:* $\Lambda x A[x] \wedge Ea \supset A[a]$
A17:* $\neg A[a] \wedge Ea \supset \neg \Lambda x A[x]$
R2:* $A \supset (Ea \supset B[a]) \vee C \vdash A \supset \Lambda x B[x] \vee C$
R3:* $\neg A[a] \wedge Ea \supset B \vdash \neg \Lambda x A[x] \supset B$

wobei in R2* und R3* die GK a nicht in der Konklusion vorkommen darf.

Abschließend kommen wir auf das Problem der Objektivierbarkeit der Sprache **P** bei Deutung durch eine Bewertung zurück, auf die Frage also, wann sie sich als Sprache über Gegenstände und deren Attribute auffassen läßt. Unter Bezugnahme auf D*-Bewertungen läßt sich der Grundgedanke so formulieren:

D7.1-3: **P** ist bezgl. der D*-Bewertung $\mathfrak{M} = \langle I, S, V \rangle$ *objektivierbar* gdw. es eine freie totale Interpretation $\mathfrak{M}' = \langle U, V' \rangle$ gibt, die $\mathfrak{M}$ erweitert.

Es gilt dann

T7.1-4: **P** ist bzgl. $\mathfrak{M}$ objektivierbar gdw. $\mathfrak{M}$ eine totale Bewertung enthält oder mit einer D*-Bewertung äquivalent ist, für die das gilt.

Denn zu $\mathfrak{M}$ gibt es eine D-Bewertung $\mathfrak{M}' = \langle I', S', V' \rangle$ mit $V'(A+) = V(A)$ für alle Sätze A (α). (Man erhält, wie wir sahen, $\mathfrak{M}'$ einfach für $I' = I$, $S' = S$, $V' = V$.) Enthält $\mathfrak{M}$ eine totale Bewertung, so gilt das auch für $\mathfrak{M}'$, so daß sich nach T2.4-7 $\mathfrak{M}'$ zu einer totalen Bewertung V'' erweitern läßt (vgl. a. die Bemerkung in 5.3 zur Übertragbarkeit von T2.4-7 auf den p. l. Fall). Es gilt also für alle Sätze A: $V'(A) \neq u \supset V''(A) = V'(A)$ (β). Zu V'' gibt es nach T4.4-5 eine äquivalente totale Interpretation $\langle U, V''' \rangle$, für die also gilt: $V'''(A) = V''(A)$ (γ). Und dazu eine freie totale Interpretation $\langle U_o, U, V'''' \rangle$, für die gilt: $V''''(A) = V'''(A+)$ (δ). (Wir setzen $U_0 = V'''(E)$ und $V''''(a) = V'''(a)$ für alle GK und $V''''(F) = V'''(F)$ für alle PK F.) Aus (α) bis (δ) erhalten wir dann: $V(A) \neq u \supset V''''(A) = V(A)$. Die Umkehrung ergibt sich entsprechend mit T2.4-8, T4.4-4 und T4.4-3.

Man kann **P** bezgl. einer D*-Bewertung $\mathfrak{M} = \langle I, S, V \rangle$ auch als *vollständig objektivierbar* bezeichnen, wenn es eine totale Interpretation $\langle U, V' \rangle$ mit $V'(E) = U$ gibt, die V erweitert – wenn sich also alle Namen als Bezeichnungen für Objekte des Grundbereichs deuten lassen.

Das ist der Fall, wenn $\mathfrak{M}$ eine totale Präzisierung V_j von V_{i_0} enthält, für die gilt $V_j(Ea) = w$ für alle GK a. Und man kann **P** bzgl. $\mathfrak{M}$ als *objektivierbar im schwachen Sinn* bezeichnen, wenn es eine freie D-Interpretation gibt, die alle Sätze der Gestalt $\Lambda x_1 .. x_n(A[x_1,...,x_n] \vee \neg A [x_1,...,x_n])$ erfüllt, in denen keine GK mehr vorkommen. (Das soll auch den Fall der Sätze $A \vee \neg A$ einschließen, in denen in A keine GK vorkommen.) Wir wollen auf diese Modifikation hier jedoch nicht näher eingehen. Der Grundgedanke ist jedenfalls, daß objektivierbare Deutungen mit Wahrheitswertverteilungen und Wahrheitsregeln jene sind, bei denen sich **P** als Sprache über Objekte und ihre Attribute auffassen läßt und Wahrheit als Korrespondenz von Sätzen und objektiven Tatsachen, die sie darstellen. Gibt es semantische Interdependenzen zwischen Namen und Prädikaten, so läßt sich, wie wir sahen, eine Objektivierbarkeit der Namen (als Gegenstandsbezeichnungen) nicht von einer Objektivierbarkeit der Prädikate (als Ausdrücke für objektive Attribute) trennen.

7.2 Identität

Wir nehmen nun zum Alphabet von **P** noch das Grundzeichen = hinzu und legen fest, daß für zwei GK a und b der Ausdruck $a = b$ ein (Atom-)Satz ist. Die so entstehende Sprache sei $\mathbf{P}_1$. In ihr definieren wir

D7.2-1: $a \neq b := \neg(a = b)$

Wir referieren zunächst, wie die Identität im Rahmen der *klassischen* P. L. semantisch charakterisiert wird: Der Begriff der totalen Interpretation nach D4.4-1, der nun auf $\mathbf{P}_1$ zu beziehen ist, wird unter (2) durch die Bedingung ergänzt

e) $V(a = b) = w$ gdw. $V(a) = V(b)$

Die Sätze T4.4-1 und T4.4-2, d.h. das Koinzidenz- und das Überführungstheorem bleiben gültig. Zur Definition totaler Bewertungen nach D4.4-4 fügen wir die Bedingungen hinzu:

d) $V(a = a) = w$ für alle GK a.
e) Ist $V(a = b) = w$, so $V(A[a]) = V(A[b])$ für alle Atomsätze A[a].

Wo nicht eindeutig aus dem Kontext hervorgeht, ob p. l. Interpretationen oder Bewertungen im Sinn von D4.4-1 bzw. D4.4-4 gemeint sind oder identitätslogische (kurz i. l.) Interpretationen bzw. Bewertungen, die daneben den angegebenen Bedingungen (c) bzw. (d) und (e) genügen, verwenden wir die Zusätze „p. l." und „i. l.", sonst lassen wir sie auch weg. Es gilt dann für alle totalen i. l. Bewertungen V:

T7.2-1: $V(a = b) = w \supset V(A[a]) = V(A[b])$ für alle Sätze A[a].

Beweis: Ist g der Grad von A[a], so gilt die Behauptung für $g=0$ nach (e). Und ist sie bereits bewiesen für alle $g<n$, so gilt sie auch für $g=n$. Es sei $V(a=b)=w$. Dann gilt z. B.: $V(\Lambda xA[x,a])=w$ gdw. für alle GK c $V(A[c,a])=w$ gdw. (nach I. V.) für alle GK c $V(A[c,b])=w$ gdw. $V(\Lambda xA[x,b])=w$.

Die Semantik der totalen i. l. Bewertungen zeichnet wieder dieselben Sätze als logisch wahr aus wie die Semantik der totalen i. l. Interpretationen. Das beweist man auf demselben Wege wie in 4.4. Die Sätze T4.4-3 und T4.4-4 bleiben gültig. Am Beweis des ersteren Satzes ändert sich nichts, für den letzteren ist zusätzlich nur anzumerken, daß jede totale i. l. Interpretation V nach (e) alle Sätze $a=a$ erfüllt, und daß für $V(a=b)=w$ nach (e) und D4.4-1,2a auch $V(A[a])=V(A[b])$ für alle Atomsätze A[a] gilt.

Den Satz T4.4-5 beweisen wir nun wie folgt: V sei wieder die totale Bewertung, zu der eine äquivalente (normale) totale Interpretation V' anzugeben ist. Die Relation $a\approx b:=V(a=b)=w$ ist eine Äquivalenzrelation, denn nach den Bedingungen (d) und (e) gilt für alle GK a, b, c: $V(a=a)=w$ – also $a\approx a$ –, $V(a=b)=w \wedge V(b=c)=w \supset V(a=c)=w$ – also $a\approx b \wedge b\approx c \supset a\approx c$ – und $V(a=b)=w \supset V(b=a)=w$ – also $a\approx b \supset b\approx a$. Es sei nun $[a]=\{b:a\approx b\}$ und U die Menge der Äquivalenzklassen [a]. Setzen wir $V'(a)=[a]$ für alle GK a und $V'(F)=\{([a_1],\ldots,[a_n]): V(F(a_1,\ldots,a_n))=w\}$ für alle n-stelligen PK F, so ist $<U, V'>$ eine totale Interpretation. Denn ist $[a_i]=[b_i]$ $(1\leq i\leq n)$ also $a_i\approx b_i$, d. h. $V(a_i=b_i)=w$, so gilt nach der Bedingung (e) für totale i. l. Bewertungen $V(F(a_1,\ldots,a_n))=V(F(a_1,\ldots,a_{i-1}, b_i, a_{i+1},\ldots,a_n))$, also mit $([a_1],\ldots,[a_n])\varepsilon V'(F)$ auch $([a_1],\ldots,[a_{i-1}], [b_i], [a_{i+1}],\ldots,[a_n])\ \varepsilon V'(F)$. Ferner gilt $V'(A)=V(A)$ für alle Sätze A. Das beweisen wir wieder durch Induktion nach dem Grad g von A.

1. $g=0$: $V'(a=b)=w$ gdw. $V'(a)=V'(b)$ gdw. $a\approx b$ gdw. $V(a=b)=w$. $V'(F(a_1,\ldots,a_n))=w$ gdw. $(V'(a_1),\ldots,V'(a_n))\varepsilon V'(F)$ gdw. $([a_1],\ldots,[a_n])\ \varepsilon V'(F)$ gdw. $V(F(a_1,\ldots,a_n))=w$.

2. Die Behauptung sei bewiesen für alle $g<n$. Es sei nun $g=n$. Dann gilt im p. l. Fall: Ist $V'(\Lambda xA[x])=f$, so gibt es ein V'' mit $V'' \underset{a}{=} V' \wedge V''(A[a])=f$. Ist $V''(a)=[b]$, so gilt also $V''(a)=V'(b)$, also nach dem Überführungstheorem $V''(A[a])=V'(A[b])=f$. Nach I. V. ist dann $V(A[b])=f$, also $V(\Lambda xA[x])=f$. (V' ist also normal.) Gilt umgekehrt $V(\Lambda xA[x])=f$, so gibt es eine GK b mit $V(A[b])=f$, also nach I. V. $V'(A[b])=f$, also $V'(\Lambda xA[x])=f$.

Nach T4.4-3 bis T4.4-5 gilt dann auch wieder der Satz T4.4-6, nach dem genau jene Sätze, die von allen totalen Bewertungen erfüllt werden, auch von allen totalen Interpretationen erfüllt werden.

Einen SQ-Kalkül $\mathbf{KP1_1}$ erhält man aus **KP1**, indem man folgende Axiome hinzunimmt:

I1: $\rightarrow a = a$
I2: $a = b, S[a] \rightarrow S[b]$.

I2 kann man auf Atomformeln beschränken, denn die übrigen Axiome nach I2 lassen sich daraus ableiten, wie man durch Induktion nach dem Grad der Satzkomponente von S[a] leicht erkennt. Ist z.B. das Axiom $a = b, A[c, a] \rightarrow A[c, b]$ schon abgeleitet (wo c nicht in $\Lambda x A[x]$ vorkommt), so erhält man daraus

$$a = b, \Lambda x A[x, a] \rightarrow A[c, b], \text{ also } a = b, \Lambda x A[x, a] \rightarrow \Lambda x A[x, b].$$

Man benötigt dabei nur TR-Anwendungen, bei denen die SF eine Identitätsformel $a = b$ oder $\sim a = b$ ist, wie in den Fällen

$$\frac{\rightarrow a = a;\ a = b, a = a \rightarrow b = a}{a = b \rightarrow b = a} \qquad \frac{a = b \rightarrow b = a;\ b = a, b = c \rightarrow a = c}{a = b, b = c \rightarrow a = c}$$

$$\frac{\rightarrow a = a;\ a = a, \sim a = a \rightarrow}{\sim a = a \rightarrow} \text{ oder } \frac{\dfrac{\rightarrow b = a, \sim b = a;\ b = a \rightarrow a = b}{\rightarrow a = b, \sim b = a;\ a = b, \sim a = b \rightarrow}}{\sim a = b \rightarrow \sim b = a}$$

Es sei nun Π eine Menge von PK und $I(\Pi)$ sei die Menge der Sätze $\Lambda x(x = x)$ und $\Lambda xyz_1 . . z_n\, (x = y \supset (A[x,z_1, . . ., z_n] \sqcup A[y,z_1, . . ., z_n]))$ für alle atomaren Satzformen $A[x,z_1, . . ., z_n]$, die keine GK enthalten und nur PK aus Π. (Dabei braucht $x,z_1, . . ., z_n$ wieder nicht die Folge des Auftretens dieser GV in $A[x,z_1, . . ., z_n]$ zu sein). Es gilt dann:

T7.2-2: Eine SQ $\Delta \rightarrow \Gamma$ ist genau dann in $\mathbf{KP1}_1$ beweisbar, wenn die SQ $\Delta, I(\Pi) \rightarrow \Gamma$ in **KP1** beweisbar ist, wo Π die Menge der PK in den Formeln aus Δ und Γ sei.

Beweis: Ist $I(\Pi), \Delta \rightarrow \Gamma$ in **KP1** beweisbar, so $\Delta \rightarrow \Gamma$ in $\mathbf{KP1}_1$, denn alle Sätze aus $I(\Pi)$ sind in $\mathbf{KP1}_1$ beweisbar. Ist umgekehrt $\Delta \rightarrow \Gamma$ in $\mathbf{KP1}_1$ beweisbar, so $I(\Pi), \Delta \rightarrow \Gamma$ in **KP1**. Denn es gibt dann, wie wir sahen, einen Beweis $\mathfrak{H}$ dieser SQ, in dem alle Axiome nach I2 nur Atomformeln enthalten. Wir können auch voraussetzen, daß bei keiner TR-Anwendung die Prämissen eine PK enthalten, die in der Konklusion nicht mehr vorkommt. Denn der Beweis der anderen SQ nach I2 erfordert nur solche TR-Anwendungen, und nach dem Beweis von T5.1-2 lassen sich TR$^+$-Anwendungen eliminieren bis auf solche, in denen die Prämissen Σ_1 und Σ_2 entweder beide (atomare) Axiome nach I1 oder I2 sind oder in denen das für Σ_1 oder Σ_2 gilt, während Σ_2 bzw. Σ_1 ein Axiom nach WS bzw. TND ist. Enthält die Schnittformel S eine PK, so liegt also einer der folgenden Fälle vor:

$$\frac{a = b, S[a] \rightarrow S[b];\ b = c, S[b] \rightarrow S[c]}{a = b, b = c, S[a] \rightarrow S[c]}$$

$$\frac{a=b,\ S[a]\rightarrow S[b];\ S[b],\ \sim S[b]\rightarrow}{a=b,\ S[a],\ \sim S[b]\rightarrow}$$

oder

$$\frac{\rightarrow S[a],\ \sim S[a];\ a=b,\ S[a]\rightarrow S[b]}{a=b\rightarrow\ \sim S[a],\ S[b]}$$

In diesen Fällen wird aber die PK in S[a] nicht eliminiert. Wir formen nun $\mathfrak{H}$ wie folgt in einen Beweis $\mathfrak{H}'$ für die SQ Δ, I(Π)→ Γ in **KP1** um: Die Axiome nach I1 und I2 in $\mathfrak{H}$ werden ersetzt durch folgende Beweise in **KP1**:

$\rightarrow a=a$ durch $a=a\rightarrow a=a$

$$\Lambda x(x=x)\rightarrow a=a$$

$a=b,\ A[a,c]\rightarrow A[b,c]$ durch

$$\frac{a=b,\ A[a,c],\ A[b,c]\rightarrow A[b,c];\ a=b,\ A[a,c]\rightarrow A[a,c]}{a=b,\ A[a,c],\ A[a,c]\supset A[b,c]\rightarrow A[b,c]}$$
$$a=b,\ A[a,c],\ A[a,c]\sqcup A[b,c]\rightarrow A[b,c]$$
$$a=b,\ A[a,c],\ \Lambda xyz(A[x,z]\sqcup A[y,z])\rightarrow A[b,c]$$

Ebenso für andere Atomformeln.

Dadurch entsteht ein Beweis für eine SQ Δ, I(Π)'→ Γ, wobei I(Π)' eine Teilmenge von I(Π) ist. Durch VV erhält man damit die SQ Δ, I(Π)→ Γ

Die semantische Widerspruchsfreiheit von $\mathbf{KP1}_1$ beweist man wie üblich. Es gilt auch:

T7.2-3: $\mathbf{KP1}_1$ ist vollständig.

Beweis: Nach T6.3-2 ist **KP1** vollständig. Ist also die SQ Δ, I(Π)→ Γ nicht in **KP1** beweisbar, so gibt es eine totale Bewertung V, die alle Formeln aus Δ und I(Π) erfüllt, aber keine aus Γ. Aus $V(\Lambda x(x=x))=w$ folgt nun $V(a=a)=w$ für alle GK a und aus $V(\Lambda xyz_1..z_n(x=y\supset (A[x,z_1,\ldots,z_n]\sqcup A[y,z_1,\ldots,z_n]))=w$ folgt für alle GK a, b, $c_1,\ldots,c_n$: $V(a=b)=w\supset V(A[a,c_1,\ldots,c_n])=V(A[b,c_1,\ldots,c_n])$ für alle Atomsätze A, die eine PK aus I(Π) enthalten. Zu V gibt es dann aber eine totale Bewertung V', die mit V für alle diese Atomsätze und alle Identitätssätze übereinstimmt und für die z. B. gilt $V(A)=f$ für alle anderen Atomsätze. V' ist also eine i. l. Bewertung. Nach dem folgenden Hilfssatz gilt dann aber auch, daß V' alle Formeln aus Δ und I(Π), aber keine aus Γ erfüllt.

HS1: Gilt für zwei totale Bewertungen V und V' $V'(A)=V(A)$ für alle Atomsätze A, die mit PK aus einer Menge Π gebildet sind, so gilt $V'(B)=V(B)$ für alle Sätze B, die nur solche PK enthalten.

Das beweist man in einfacher Weise durch Induktion nach dem Grad von B.

Einen *Satzkalkül* der klassischen P. L. mit Identität erhält man aus **KP** (vgl. 6.1) durch Hinzunahme der Axiome:

A18: a = a
A19: a = b ∧ A[a] ⊃ A[b].

Diesen Kalkül nennen wir $\mathbf{KP}_1$.

Diese Überlegungen zum Aufbau einer Identitätslogik lassen sich nun mit geringfügigen Modifikationen auf die *direkte Logik* übertragen, der eine Deutung aller GK als Namen für Objekte zugrundeliegt: Die Definition der D-Interpretationen nach D5.3-1 ist, bezogen auf $\mathbf{P}_1$, unter (4) durch die Bedingungen zu ergänzen

f) $V_i(a=b) = w$ gdw. $V_i(a) = V_i(b)$
$V_i(a=b) = f$ gdw. $V_i(a) \neq V_i(b)$.

Und die Definition D5.3-2 der D-Bewertungen ist zu ergänzen durch

3f) $V_i(a=a) = w$
g) $V_i(a=b) = w \supset V_i(A[a]) = V_i(A[b])$ für alle Atomformeln A[a]
h) $V_i(a=b) \neq u$

für alle GK a, b und für alle $i \varepsilon I$.

Da also gilt $V_i(a=b \vee \neg a=b) = w$, müssen wir zum SQ-Kalkül **DP1** neben I1 und I2 auch das Axiom

I3: → a = b, ∼ a = b

hinzunehmen. Der so entstehende Kalkül sei $\mathbf{DP1}_1$. Und zum *Satzkalkül* **DP** (vgl. 5.1) nehmen wir entsprechend neben A18 und A19 das Axiom hinzu

A20: a = b ∨ a ≠ b.

Dieser Kalkül sei $\mathbf{DP}_1$. Er ist mit $\mathbf{DP1}_1$ im Sinn von T5.1-6 äquivalent.

Wie oben erhält man dann die Sätze:

T7.2-4: $\mathbf{DP1}_1$ ist semantisch widerspruchsfrei bzgl. i. l. D-Bewertungen.

T7.2-5: $\mathbf{DP1}_1$ ist vollständig bzgl. i. l. D-Bewertungen.

Den letzteren Satz beweist man wie T7.2-3 über den Satz

T7.2-6: Eine SQ Δ→ Γ ist genau dann in $\mathbf{DP1}_1$ beweisbar, wenn die SQ Δ,I'(Π)→ Γ in **DP1** beweisbar ist, wo Π die Menge der PK in den Formeln aus Δ und Γ ist.

Dabei sei I'(Π) die Menge I(Π) erweitert um den Satz $\Lambda xy(x=y \vee \neg x=y)$.

I2 läßt sich auch dann auf Atomformeln A[a] beschränken, wenn die Implikation als Grundoperator behandelt wird. Im Induktionsschritt sind der obigen Überlegung nun folgende Fälle hinzuzufügen:

$$\cfrac{\cfrac{\cfrac{\rightarrow a=a;\ a=b,\ a=a\rightarrow b=a}{a=b\rightarrow b=a;\ b=a,\ A[b]\rightarrow A[a]}}{a=b,\ A[b]\rightarrow A[a];\ a=b,\ B[a]\rightarrow B[b]}}{\begin{array}{l} a=b,\ A[b],\ A[a]\supset B[a]\rightarrow B[b] \\ a=b,\ A[a]\supset B[a]\rightarrow A[b]\supset B[b] \end{array}}$$

$$\cfrac{a=b,\ A[a],\ \sim B[a]\rightarrow A[b];\ a=b,\ A[a],\ \sim B[a]\rightarrow\ \sim B[b]}{\begin{array}{l} a=b,\ A[a],\ \sim B[a]\rightarrow\ \sim A[b]\supset B[b] \\ a=b,\ \sim A[a]\supset B[a]\rightarrow\ \sim A[b]\supset B[b] \end{array}}$$

Bei der Anwendung von TR im ersten Fall wird wieder nur eine Identitätsformel eliminiert.

Entsprechend verfährt man im Fall der Semantik der minimalen P. L. bei Zugrundelegung von partiellen Interpretationen und Bewertungen. Der Kalkül $\mathbf{MP1}_1$ entstehe aus **MP1** durch Hinzunahme der Axiome I1 bis I3. Die Vollständigkeit von $\mathbf{MP1}_1$ läßt sich jedoch nicht so beweisen wie bisher, da es in der minimalen Logik keine Implikation gibt, die der Folgebeziehung entspricht, so daß wir die Axiome nach I2 nicht durch äquivalente Sätze ausdrücken können. Der Vollständigkeitsbeweis für **MP1** bezog sich auf das in 4.3 angegebene mechanische Beweisverfahren. Das ist nun auf $\mathbf{MP1}_1$ zu übertragen. Dabei ergibt sich die Schwierigkeit, daß das Eliminationstheorem in $\mathbf{MP1}_1$ nicht gilt. Wir gehen daher von $\mathbf{MP1}_1$ zu einem äquivalenten Kalkül **MP1KI** über: zur Erweiterung von **MP2** durch die Axiome der Menge **KI**. **KI** sei jener Kalkül, der aus $\mathbf{MP1}_1$ entsteht, indem wir alle Axiome und Regeln auf SQ beschränken, in denen nur Atomformeln vorkommen. (**KI** enthält also keine logischen Regeln.) Für **KI** (wie auch für $\mathbf{MP1}_1$ und **MP1KI**) gilt nun:

HS2: Ist eine SQ $\Delta[a]\rightarrow\Gamma[a]$ beweisbar, so auch $\Delta[b]\rightarrow\Gamma[b]$ für alle GK b, wenn a in der letzten SQ nicht mehr vorkommt.

Das beweist man wie früher, indem man zeigt: Die Behauptung gilt für die Axiome und gilt sie für die Prämissen einer Regel, so auch für deren Konklusion.

Die *Reduktion* Σ^+ einer SQ Σ definieren wir so: Hat Σ weder die Gestalt $a=b,\ \Delta[a]\rightarrow\ \Gamma[a]$ (α) noch die Gestalt $\Delta[a]\rightarrow\ \Gamma[a],\ \sim a=b$ (β) (bis auf Vertauschungen), so ist Σ irreduzibel und $\Sigma^+=\Sigma$. Hat Σ die Gestalt (α) oder (β), so ist $\Delta[b]\rightarrow\Gamma[b]$ eine Reduktion von Σ, wobei a nicht mehr in $\Delta[b]\rightarrow\Gamma[b]$ vorkommen soll, falls a von b verschieden ist (wir wollen diese metasprachliche Aussage hier zur Unterscheidung von der objektsprachlichen $a\neq b$ durch $a\not\equiv b$ andeuten); ist b dieselbe

GK wie a, so ist $\Delta[b] \rightarrow \Gamma[b]$ die Reduktion von $b = b, \Delta[b] \rightarrow \Gamma[b]$ und von $\Delta[b] \rightarrow \Gamma[b], \sim b = b$. Eine durch solche Reduktionsschritte aus Σ entstehende irreduzible SQ ist dann eine Reduktion Σ^+ von Σ. (Verschiedene Reduktionen sind nach HS2 äquivalent.)

Es gilt nun:

HS3: Eine SQ Σ ist in **KI** genau dann beweisbar, wenn Σ^+ in **KI** beweisbar ist.

Ist $\Sigma^+ = \Sigma$, so ist die Behauptung trivial, und man erhält aus $a = b, \Delta[a] \rightarrow \Gamma[a]$ mit HS2 $b = b, \Delta[b] \rightarrow \Gamma[b]$, mit $\rightarrow b = b$ und TR also $\Delta[b] \rightarrow \Gamma[b]$. Man erhält ferner aus $\Delta[a] \rightarrow \Gamma[a], \sim a = b$ mit WS und TR $a = b, \Delta[a] \rightarrow \Gamma[a]$ und daraus wieder $\Delta[b] \rightarrow \Gamma[b]$. Ist umgekehrt $\Delta[b] \rightarrow \Gamma[b]$ beweisbar, so auch jede SQ $a = b, \Delta[a] \rightarrow \Gamma[a]$, wo b noch in $\Delta[a], \Gamma[a]$ vorkommen kann. Denn mit I2 und TR erhält man aus $\Delta[b] \rightarrow \Gamma[b]$ $a=b, \Delta[a] \rightarrow \Gamma[b]$, und daraus mit $a=b \rightarrow b=a$, I2 und TR $a=b, \Delta[a] \rightarrow \Gamma[a]$. Daraus erhält man $\Delta[a] \rightarrow \Gamma[a], \sim a=b$ mit $\rightarrow a=b, \sim a=b$ und TR.

HS4: Eine irreduzible SQ Σ ist in **KI** genau dann beweisbar, wenn sie mit VT, HT, VV, HV aus einer SQ der Gestalt RF, WS, I1 oder $\sim a = a \rightarrow$ hervorgeht.

Die letzteren SQ sind in **KI** beweisbar. Man erhält ja

$$\frac{\rightarrow a = a;\ a = a, \sim a = a \rightarrow}{\sim a = a \rightarrow}$$

Es gilt auch: **KI** ist semantisch widerspruchsfrei bzgl. partieller i. l. Bewertungen; in **KI** sind also nur SQ beweisbar, die i. l. P-gültige Schlüsse darstellen. Ist nun aber Σ irreduzibel und hat Σ nicht eine der angegebenen Gestalten, so gibt es eine partielle i. l. Bewertung V, bzgl. der Σ nicht gültig ist. Wir setzen $V(A) = w$ gdw. A VF von Σ ist und $V(A) = f$ gdw. $\sim A$ VF von Σ ist für alle Sätze A, die nicht die Gestalt $a = b$ haben, $V(a = b) = f$ für alle GK a, b mit $a \neq b$ und $V(a = a) = w$ für alle GK a. Nach dieser Bestimmung ordnet V jedem Satz höchstens einen Wahrheitswert zu, sonst ginge Σ aus WS mit Vertauschungen und Verdünnungen hervor. V ist eine partielle i. l. Bewertung. Sie erfüllt alle VF von Σ, denn da Σ irreduzibel ist, tritt in Σ keine VF der Gestalt $a = b$ für $a \neq b$ auf. Enthielte Σ aber eine VF $\sim a = a$, so ginge Σ aus $\sim a = a \rightarrow$ mit Verdünnungen und Vertauschungen hervor. V erfüllt keine HF von Σ, denn kein $\sim a = b$ ist für $a \neq b$ HF einer reduzierten SQ, und alle HF der Gestalt $a = b$ mit $a \neq b$ sind nach V falsch. Σ enthält ferner keine HF $a = a$, sonst ginge Σ aus I1 mit Verdünnungen und Vertauschungen hervor. Wäre aber eine hintere Atomformel A (bzw. $\sim A$), die keine Identitätsformel ist, wahr (bzw. falsch) bei V, so wäre nach der Definition von V A bzw. $\sim A$ auch VF von Σ, so daß Σ aus RF mit Verdünnungen und Vertauschungen entstünde.

Nach HS4 ist **KI** entscheidbar.

HS5: Die Kalküle $\mathbf{MP1}_1$ und **MP1KI** sind äquivalent.

Denn die SQ aus **KI**, die nicht Axiome von $\mathbf{MP1}_1$ sind, lassen sich in $\mathbf{MP1}_1$ beweisen, wie man sofort sieht, und in **MP1KI** sind umgekehrt all jene Axiome nach I2, die nicht auch SQ von **KI** sind, ohne TR beweisbar. Das haben wir bereits oben bewiesen. Von TR wurde dabei nur im Fall der Implikation Gebrauch gemacht.

Auf den Kalkül **MP1KI** kann man nun, da in ihm TR eliminierbar ist, das in 4.3 dargestellte mechanische Beweisverfahren anwenden, wobei nun auch SQ als geschlossen gelten, die aus solchen von **KI** durch VT, HT, VV und HV hervorgehen. Und man kann dann wie früher die Vollständigkeit von **MP1KI** und damit, nach HS5, jene von $\mathbf{MP1}_1$ beweisen.

Lassen wir nun auch *indeterminierte Namen* zu, gehen also von der D- zur D*-Logik über, so können wir zwar die Axiome nach I1 und I2 beibehalten, nicht aber I3. Die Wahrheit eines Satzes a = a auch für einen indeterminierten Namen a zu fordern, ist zumindest harmlos, da dieser Satz bei jeder Präzisierung gilt, die a zu einem determinierten Namen macht. Ist ferner a dieselbe GK wie b, so ist a = b, A[a]→ A[b] Axiom nach RF. Sind a und b verschieden, so brauchen für a = b a und b nicht determiniert zu sein, denn im Fall der Namen, die mit Prädikaten gebildet sind (wie Kennzeichnungs- oder Klassentermen) wird man z. B. fordern, daß aus der strikten Äquivalenz zweier Prädikate die Identität für die aus ihnen in gleicher Weise gebildeten Namen folgt. Identität liegt aber sicher nur dann vor, wenn eine wechselseitige Substituierbarkeit in allen Kontexten besteht. Das gilt jedenfalls in einer extensionalen Logik, wie wir sie hier betrachten. I3 gilt hingegen nicht mehr, wenn a oder b indeterminiert ist. Denn die Klasse der F's ist z. B. mit der Klasse der G's genau dann identisch, wenn gilt $\Lambda x(Fx \sqcup Gx)$, und sie sind verschieden genau dann, wenn gilt $Vx(Fx \wedge \neg Gx \vee \neg Fx \wedge Gx)$. Es gilt aber nicht allgemein $\Lambda x(Fx \sqcup Gx) \vee Vx(Fx \wedge \neg Gx \vee \neg Fx \wedge Gx)$. Wir ersetzen daher das Axiom I3 in $\mathbf{DP1^*}_1$ durch

I3:* Ea, Eb→ a = b, ∼ a = b.

Daraus folgt mit HA1* → $\Lambda xy(x=y \vee x \neq y)$.
Das Prinzip

1) A[a], ∼A[b]→ ∼ a=b

ist in $\mathbf{DP1}_1$ für beliebige Sätze A[a] beweisbar.

$$\cfrac{\cfrac{a=b, A[a]\rightarrow A[b];\ A[b], \sim A[b]\rightarrow}{a=b, \sim a=b;\ a=b, A[a], \sim A[b]\rightarrow}\ \rightarrow}{A[a], \sim A[b]\rightarrow \sim a=b.}$$

Da I3 jedoch in **DP1*$_1$** durch das schwächere Axiom I3* ersetzt wurde, gilt das hier nicht mehr.

Man wird aber (1) auch nicht generell annehmen können, wenn man indeterminierte Namen zuläßt, sondern nur für Atomsätze A[a]. Denn sind z.B. F und G vollständig definierte Prädikate, ist b determiniert und gilt V_i(Fb) = w und V_i (Gb) = f, also V_i(Fb⊃ Gb) = f, so kann man aus V_i(Fa⊃Ga) = w nicht auf ~ a = b schließen, da daraus nichts über V_i(Fa) und V_i(Ga) folgt. Wir nehmen also zu **DP1*$_1$** nur das Axiom hinzu

I4:* A[a], ~ A[b] → ~ a = b für alle Atomsätze A[a].

Das Gesetz Ea, ~ Eb → ~ a = b ist zwar fragwürdig, wenn man ~ Eb liest als „b ist nicht determiniert", aber diese Leseart ist nicht korrekt: Eb ist nicht schon dann als falsch ausgezeichnet, wenn b nicht determiniert ist – sonst würde für alle GK b gelten Eb ∨ ¬ Eb –, sondern nur dann, wenn durch semantische Regeln festgelegt ist, daß b nicht für ein Objekt des Grundbereiches steht. Denn ist bei einer Bewertung V V(Eb) = f, so gilt das auch für alle (zulässigen) Präsisierungen von V.

Entsprechend ist der Begriff der i. l. D*-Bewertung nun so zu bestimmen, daß wir zur Definition der D*-Bewertungen in 7.1 neben den oben angeführten Bedingungen (3f und 3g) für i. l. D-Bewertungen folgende hinzufügen:

3h) Gilt V (Ea) = V(Eb) = w, so ist V(a = b) ≠ u
3i) Gilt V(A[a]) = w und V(A[b]) = f für eine Atomformel A[a], so gilt V(a = b) = f.

Im folgenden sei J(Δ, Γ) die Menge jener Sätze der Gestalt Ea, für welche die GK a in den Formeln aus Δ oder Γ als Argument von = vorkommt; kommen dort keine GK als Argumente von = vor, so sei J(Δ, Γ) der Satz ∨xEx. Dann gilt für das Verhältnis der Kalküle **DP1*$_1$** und **DP1$_1$** der Satz:

T7.2-7 a) Ist Δ → Γ in **DP1*$_1$** beweisbar, so Δ + → Γ+ in **DP1$_1$**.
b) Ist Δ+ → Γ+ in **DP1$_1$** beweisbar, so J(Δ, Γ), Δ → Γ in **DP1*$_1$**.

Beweis: (a) ergibt sich aus der Überlegung zu T7.1-2, wenn man beachtet, daß die Axiome nach I1 und I2 beiden Kakülen gemeinsam sind und daß man aus I3 in **DP1$_1$** I3* und I4* erhält, wie wir oben gesehen haben. (b) Die Überlegung hierzu entspricht jener zu T7.1-2. Es sei 𝔅 nun ein Beweis von Δ + → Γ+ in **DP1$_1$**, in dem alle Axiome nur Atomformeln enthalten und in dem TR nur auf Atomformeln angewendet wird. Axiome nach I3 in 𝔅 werden durch solche nach I3* ersetzt. Dadurch treten in den entsprechenden SQ des Beweises 𝔅' in **DP1*$_1$** für J(Δ, Γ), Δ → Γ zusätzliche VF der Gestalt Ea auf für GK a, die in Formeln von Δ oder Γ Argumente von $=$ sind. Es ist zu zeigen, daß die durch Anwendung p. l. Regeln in $\mathfrak{B}$ eliminierten GK sich auch in den entsprechenden Schritten in $\mathfrak{B}'$ eliminieren lassen, so daß erstens die Konstantenbedingung für HA1* und VA2* in $\mathfrak{B}'$ nicht verletzt sind, und daß zweitens in der End-SQ von $\mathfrak{B}'$ nicht VF Ea stehen bleiben für GK a, die in Δ und Γ nicht als Argumente von $=$ vorkommen. Wird in $\mathfrak{B}$ aber eine GK b durch HA1 eliminiert, so früher durch HI1 auch eine VF Eb, und dann kann man in $\mathfrak{B}'$ ein zweites FV von Eb damit kontrahieren. Entsprechend für VA2*. Wird in $\mathfrak{B}$ die SQ $\Delta'^{+} \rightarrow \sim \mathrm{Ea} \supset A[a]^{+}, \Gamma'^{+}$ bewiesen und mit HA2 daraus die SQ $\Delta'^{+} \rightarrow \sim \Lambda x(\mathrm{Ex} \supset A[x]^{+}), \Gamma'^{+}$ abgeleitet, in der die GK a nicht mehr vorkommt, so ist nach I. V. in **DP1***$_1$ die SQ $J(\Delta', \Gamma', \Lambda x A[x]), (\mathrm{Ea}), \Delta' \rightarrow \sim \mathrm{Ea} \supset A[a], \Gamma'$ beweisbar, also auch $J(\Delta', \Gamma', \Lambda x A[x]), (\mathrm{Ea}), \Delta' \rightarrow \mathrm{Ea}, \Gamma'$ und $J(\Delta', \Gamma', \Lambda x A[x]), (\mathrm{Ea}), \Delta' \rightarrow \sim A[a], \Gamma'$, wobei die VF Ea nur dann anzugeben ist, wenn a in A[a] im Argument von $=$ steht. Mit HA2* erhalten wir daraus in $\mathfrak{B}'$ $J(\Delta', \Gamma', \Lambda x A[x]), (\mathrm{Ea}), \Delta' \rightarrow \sim \Lambda x A[x], \Gamma'$, wobei nun a nach Voraussetzung nur mehr in der VF Ea auftritt. Mit VA2* erhalten wir also $J(\Delta', \Gamma', \Lambda x A[x], \mathrm{VxEx}, \Delta' \rightarrow \sim \Lambda x A[x], \Gamma'$. Nach HA2* gilt aber $\mathrm{Ec} \rightarrow \mathrm{VxEx}$; enthält also $J(\Delta', \Gamma', \Lambda x A[x])$ einen Satz Ec, so kann man die VF VxEx weglassen. Entsprechend argumentiert man für VA1.

Man beachte, daß beim Beweis von (b) kein Gebrauch von I4* gemacht wird. Der Satz T7.2-7 gilt also auch für den Kalkül **DP1***$_1$ ohne I4*, obwohl dieser Kalkül natürlich schwächer ist. Ist $\Delta^{+} \rightarrow \Gamma^{+}$ in **DP1**$_1$ beweisbar, so ist eben oft nicht nur $J(\Delta, \Gamma), \Delta \rightarrow \Gamma$ in **DP1***$_1$ beweisbar, sondern die SQ $J', \Delta \rightarrow \Gamma$, wo J' eine echte Teilmenge von $J(\Delta, \Gamma)$ ist.

7.3 *Kennzeichnungen*

Kennzeichnungsausdrücke haben die symbolische Gestalt ιxFx – „dasjenige Objekt, auf welches das Prädikat F zutrifft". Um sie formulieren zu können, nehmen wir zur Sprache **P**$_1$ nun noch das Grundsymbol ι hinzu, den *Kennzeichnungsoperator.* Neben den GK treten in der erweiterten Sprache – wir nennen sie **P**$_2$ – auch Kennzeichnungsausdrücke als Namen für Objekte oder als *Terme* auf. Die Formregeln für **P**$_2$ lauten nun so:

D7.3-1: Terme und Sätze von **P**$_2$.

a) Alle GK von **P**$_2$ sind Terme von **P**$_2$.

b) Sind s und t Terme von **P**$_2$, so ist $s = t$ ein (Atom-)Satz von **P**$_2$.

c) Ist F eine n-stellige PK und sind $s_1, \ldots, s_n$ Terme von **P**$_2$, so ist $F(s_1, \ldots, s_n)$ ein (Atom-)Satz von **P**$_2$.

d) Ist A ein Satz von P_2, so auch $\neg A$.
e) Sind A und B Sätze von P_2, so auch $(A \wedge B)$ (sowie, im Fall der direkten Logik, $(A \supset B)$).
f) Ist A[a] ein Satz, a eine GK und x eine GV von P_2, die in A[a] nicht vorkommt, so ist auch ΛxA[x] ein Satz von P_2.
g) Ist A[a] ein Satz, a eine GK und x eine GV von P_2, die in A[a] nicht vorkommt, so ist ιxA[x] ein Term von P_2.

Als Mitteilungszeichen für Terme verwenden wir die Buchstaben s,t,. . . Die Buchstaben a, b, c,. . stehen weiterhin nur für GK.

Da in Kennzeichnungstermen GV vorkommen, ist der Ausdruck A[t] nicht immer wohlgeformt, d.h. ein Satz oder Term von P_2, wenn A[a] und t wohlgeformt sind. Dazu ist vielmehr erforderlich, daß keins der durch die eckigen Klammern ausgezeichneten Vorkommnisse der GK a in A[a] im Bereich eines Vorkommnisses eines Quantors Λx, Vx oder ιx mit einer GV x steht, die in t vorkommt. Der *Bereich* eines Vorkommnisses von Λx, Vx oder ιx in A ist der kleinste Ausdruck, der unmittelbar darauf folgt und zusammen mit Λx, Vx bzw. ιx bis auf evtl. Ersetzung von GV durch GK ein Satz bzw. Term von P_2 ist. So ist z.B. in dem Satz $A[a] = \Lambda x(F(x, a) \supset \vee y G(\iota z H(z, a, \iota x' I(x')), y)) \wedge \Lambda x \Lambda y F(x, y)$ der Ausdruck $F(x, a) \supset \vee y G(\iota z H(z, a, \iota x' I(x')), y)$ der Bereich des ersten und $\Lambda y F(x, y)$ jener des zweiten Vorkommnisses von Λx, $G(\iota z H(z, a, \iota x' I(x')), y)$ ist der Bereich des ersten, F(x, y) jener des zweiten Vorkommnisses von Vy, $H(z, a, \iota x' I(x'))$ ist der Bereich von ιz und $I(x')$ jener von ιx'. Beziehen sich nun die eckigen Klammern in A[a] auf beide Vorkommnisse von a und ist $t = \iota z \vee y G(z, y)$, so sind – da das zweite Vorkommnis von a im Bereich der Quantoren Vy und ιz steht – z und y vor der Einsetzung durch andere GV z' und y' zu ersetzen. Das soll im folgenden – wie auch in entsprechender Weise in den Sprachen der Typenlogik und der Klassenlogik – stillschweigend vorausgesetzt werden.

Ein Kennzeichnungsterm ιxA[x] („dasjenige Objekt, auf welches das Prädikat A[x] zutrifft") hat zunächst nur dann eine wohlbestimmte Bedeutung, wenn die *Normalbedingung* einer Kennzeichnung erfüllt ist, daß es genau ein Ding gibt, auf welches das Prädikat A[x] zutrifft. Diese Normalbedingung läßt sich so definieren:

D7.3-2: $\vee !x A[x] := \vee x(A[x] \wedge \Lambda y(y \neq x \supset \neg A[y]))$.

Ist die Normalbedingung nicht erfüllt, so wird man in der natürlichen Sprache den Kennzeichnungsausdruck zwar nicht als sinnlos ansehen, aber doch nicht als Namen, der ein bestimmtes Objekt bezeichnet. Der Sinn von Ausdrücken ist eine Sache sprachlicher Regeln und hängt nicht von empirischen Umständen ab. Daher wird man z.B. dem Ausdruck „Die Tafel im Hörsaal 359" durchaus einen Sinn zusprechen, egal ob sich dort genau eine Tafel befindet. Man wird ihm nur den Bezug absprechen, wenn sich dort keine Tafel oder mehrere Tafeln befinden. Da es nun in der extensionalen Logik nur um den Bezug, nicht um den Sinn der Ausdrücke geht, und (extensionale) Sätze, die einen bezugslosen Namen enthalten, keinen Wahrheitswert haben, ordnet man in der klassischen Logik Kennzeichnungen in Abweichung vom normalsprachlichen Gebrauch auch dann einen Bezug zu, wenn die Normalbedingung nicht erfüllt ist. Sonst hätte man Wahrheitswertlücken und müßte das Prinzip vom Ausgeschlossenen Dritten aufgeben. Welches Objekt ein Kennzeichnungsausdruck bezeichnen soll, falls die Normalbedingung nicht gilt, ist gleichgültig. Es muß nur irgendein Objekt des Grundbereichs sein, so daß man z. B. festlegen kann, daß alle Kennzeichnungen, für welche die Normalbedingung nicht erfüllt ist, dasselbe Objekt bezeichnen sollen wie eine bestimmte GK a_0.

Das ergibt folgende zusätzliche Bedingung für totale Interpretationen <U, V> von $\mathbf{P}_2$ (vgl. D4.4-1 und die Bedingung (e) aus 7.2):

f) V(ιxA[x]) = α falls gilt ΛV'(V' $=_{\bar{a}}$ V ∧ V'(A[a] = w ⊃ V'(a) = α) (a komme in ιxA[x] nicht vor, α sei ein Objekt aus U); V(a_0) falls es kein solches α gibt.

Daraus ergibt sich folgende Definition:

D7.3-3: ιxA[x] = b: = V!xA[x] ∧ A[b] ∨ ¬ V!xA[x] ∧ a_o = b.

Sie ist korrekt, da es für jedes A[x] genau ein Objekt b gibt, für welches das Definiens erfüllt ist. Äquivalent damit ist die Kontextdefinition:

D7.3-4: B[ιxA[x]]: = V!xA[x] ∧ Vx(A[x] ∧ B[x]) ∨ ¬ V!xA[x] ∧ B[a_0].

Umgekehrt ergibt sich aus jeder dieser beiden Definitionen die Interpretationsbedingung (f). Wir können also Kennzeichnungsterme in $\mathbf{P}_1$ definitorisch einführen und benötigen dafür keine eigenen Interpretationsbedingungen oder Axiome.

In $\mathbf{KP1}_1$ sind die p. l. Regeln VA1 und HA2 (vgl. 4.2) nun so zu formulieren, daß anstelle der GV a beliebige Terme s stehen können (entsprechendes gilt für die p. l. Axiome A16 und A17 von **KP** (vgl. 5.1)). Das gilt jedoch nicht für die p. l. Regeln HA1 und VA2, in denen die der Konstantenbedingung unterworfenen GK b nicht durch beliebige Terme ersetzt werden dürfen, da das Substitutionsprinzip T6.1-1 nicht für beliebige Terme gilt. Es ist z. B. beweisbar V!xA[x]→ A[ιxA[x]], aber nicht V!xA[x]→ A[b], woraus – falls b nicht in ΛxA[x] vorkommt – V!xA[x]→ ΛxA[x] folgen würde. Ebenso kann man die GK a in den Regeln R2 und R3 von **KP** (vgl. 5.1) nicht durch Terme ersetzen. In den i. l. Axiomen nach I1 und I2 kann man für die GK hingegen wieder beliebige Terme einsetzen.

In der *minimalen P. L.* ergibt sich nun das Problem, daß der Bezug des Terms $\iota xF(x)$ eine Funktion der Extension der PK F ist. Ist F total undefiniert, so kann man dem Term $\iota xF(x)$ nach der Stabilitätsbedingung kein bestimmtes Objekt α zuordnen, denn wie immer man α wählt, es gibt eine Präzisierung der PK F, bei der F genau auf ein von α verschiedenes Objekt des Grundbereichs zutrifft. Das gilt auch, falls F nur partiell definiert ist. Denn ist $V^w(F)$ leer, so gibt es für jedes Objekt α aus $U{-}V^f(F)$ – U sei der der partiellen Interpretation V zugrunde liegende Objektbereich – eine Extension V' von V, für die gilt $V'^w(F)=\{\alpha\}$; ist $V^w(F)=\{\alpha\}$, so gibt es Präzisierungen V', für die $V'^w(F)$ $\{\alpha\}$ echt enthält und andere mit $V'^w(F)=\{\alpha\}$. Nur dann, wenn $V^w(F)$ mehrere Elemente enthält, gilt das auch für alle Extensionen. Die Einführung von Kennzeichnungstermen bewirkt also, daß wir mit indeterminierten Namen arbeiten müssen, und das gilt auch, falls wir bereit sind, einem Term $\iota xA[x]$ selbst dann einen Bezug zuzuordnen, wenn der Satz $V!xA[x]$ falsch ist.

Indeterminierte Namen haben wir in 7.1 nur im Rahmen der *direkten P. L.* betrachtet.

In **DP1***$_1$ – nun mit den verallgemeinerten Regeln VA1 und HA2 – gilt:

T7.3-1: $V!xA[x] \rightarrow \Lambda x(A[x] \vee \neg A[x])$

Beweis:

$$\frac{\dfrac{\dfrac{Ea,Eb,A[a] \rightarrow b=a, \sim b=a; Ea,Eb,A[a],b=a \rightarrow A[b]}{Ea,Eb,A[a] \rightarrow A[b], \sim b=a; Ea,Eb,A[a], \neg A[b] \rightarrow \neg A[b]}}{Ea,Eb,A[a],b \neq a \supset \neg A[b] \rightarrow A[b], \neg A[b]; Ea,Eb \rightarrow Eb,A[b], \neg A[b]}}{Ea, Eb, A[a], \Lambda y(y \neq a \supset \neg A[y]) \rightarrow A[b] \vee \neg A[b]} \quad \text{I2 und I3*}, \text{VA1*}$$

$$Ea, A[a] \wedge \Lambda y(y \neq a \supset \neg A[y]) \rightarrow \Lambda x(A[x] \vee \neg A[x]) \qquad \text{HA1*}$$

$$Vx(A[x] \wedge \Lambda y(y \neq x \supset \neg A[y])) \rightarrow \Lambda x(A[x] \vee \neg A[x]) \qquad \text{VA2*}$$

Bei erfüllter Normalbedingung können wir also einem Kennzeichnungsterm ohne Verletzung der Stabilität einen bestimmten Bezug zuordnen. Wir tun das durch das Axiom

K1: $V!xA[x] \rightarrow A[\iota xA[x]]$.

Es besteht nun kein Anlaß, etwas über den Term $\iota xA[x]$ im Fall $\neg V!xA[x]$ festzulegen, weil wir damit doch Wahrheitswertlücken nicht vermeiden können. Wir fordern aber

K2: $V!xA[x] \rightarrow E(\iota xA[x])$
K3: $\Lambda x(A[x] \sqcup B[x]) \rightarrow \iota xA[x] = \iota xB[x]$.

Mit K1 und K2 erhalten wir:

T7.3-2 a) $V!xA[x], Eb \rightarrow b = \iota xA[x] \sqcup A[b]$

b) $V!xA[x] \rightarrow \Lambda xy(A[x] \land x \neq y \supset \neg A[y])$.

Beweis:

a1) Es gilt $V!xA[x] \rightarrow A[\iota xA[x]]$ nach K1, also wegen $A[\iota xA[x]], b = \iota xA[x] \rightarrow A[b]$ nach I2: $V!xA[x], b = \iota xA[x] \rightarrow A[b]$, also $V!xA[x] \rightarrow b = \iota xA[x] \supset A[b]$.

a2) Aus $V!xA[x], b = \iota xA[x] \rightarrow A[b]$ erhalten wir mit WS $V!xA[x], \sim A[b], b = \iota xA[x] \rightarrow$, mit $V!xA[x], Eb \rightarrow b = \iota xA[x], b \neq \iota xA[x]$(nach I3* und K2) und TR also $V!xA[x], Eb, \neg A[b] \rightarrow b \neq \iota xA[x]$.

b) Es gilt $\Lambda y(y \neq c \supset \neg A[y]), b \neq c, Eb \rightarrow \neg A[b]$, sowie $b = c, a \neq b \rightarrow a \neq c$ und $a \neq c, \Lambda y(y \neq c \supset \neg A[y]), Ea \rightarrow \neg A[a]$, also mit WS und HV $a \neq c, \Lambda y(y \neq c \supset \neg A[y]), Ea, A[a] \rightarrow \neg A[b]$, also $\Lambda y(y \neq c \supset \neg A[y]), Eb, a \neq b, Ea, A[a], b = c \lor b \neq c \rightarrow \neg A[b]$, also nach I3* $Ec, A[c], \Lambda y(y \neq c \supset \neg A[y]), Eb, a \neq b, Ea, A[a] \rightarrow \neg A[b]$, also nach VA2* $V!xA[x], Eb, Ea, a \neq b, A[a] \rightarrow \neg A[b]$. Es gilt also auch $V!xA[x] \rightarrow \Lambda xy(A[x] \land x \neq y \supset \neg A[y])$.

a3) Nach (b) gilt wegen K2 und K1 $V!xA[x], b \neq \iota xA[x], Eb \rightarrow \neg A[b]$.

a4) Mit T7.3-1 und I3* erhält man daraus endlich auch $V!xA[x], Eb, A[b] \rightarrow b = \iota xA[x]$.

T7.3-3: $V!xA[x] \rightarrow B[\iota xA[x]] \sqcup Vx(A[x] \land B[x])$.

Beweis: (a) Nach T7.3-2,a gilt $V!xA[x], Eb, A[b] \rightarrow b = \iota xA[x]$, nach I2 $b = \iota xA[x], B[b] \rightarrow B[\iota xA[x]]$; mit TR und VK1 erhalten wir daraus $V!xA[x], Eb, A[b] \land B[b] \rightarrow B[\iota xA[x]]$, mit VA2* $V!xA[x], Vx(A[x] \land B[x]) \rightarrow B[\iota xA[x]]$. (b) Es gilt $E(\iota xA[x]), A[\iota xA[x]], B[\iota xA[x]] \rightarrow Vx(A[x] \land B[x])$, mit K1 und K2 folgt daraus $V!xA[x], B[\iota xA[x]] \rightarrow Vx(A[x] \land B[x])$. (c) Mit K1, WS und HV erhalten wir $V!xA[x], \sim A[\iota xA[x]] \rightarrow \neg B[\iota xA[x]]$, mit $V!xA[x], \sim B[\iota xA[x]] \rightarrow \neg B[\iota xA[x]]$ folgt daraus $V!xA[x], \sim A[\iota xA[x]] \land B[\iota xA[x]] \rightarrow \neg B[\iota xA[x]]$, mit K2 und VA1* also $V!xA[x], \neg Vx(A[x] \land B[x]) \rightarrow \neg B[\iota xA[x]]$. (d) Nach T7.3-2, b gilt $V!xA[x], Eb, b \neq \iota xA[x] \rightarrow \sim A[b]$, also $V!xA[x], Eb, \neg B[\iota xA[x]], b \neq \iota xA[x] \rightarrow \sim A[b] \land B[b]$. Nach I2 gilt $\neg B[\iota xA[x]], b = \iota xA[x] \rightarrow \sim B[b]$, also $V!xA[x], Eb, \neg B[\iota xA[x]], b = \iota xA[x] \rightarrow \sim A[b] \land B[b]$, zusammen also $V!xA[x], Eb, \neg B[\iota xA[x]], b = \iota xA[x] \lor b \neq \iota xA[x] \rightarrow \sim A[b] \land B[b]$. Mit K2, I3* und TR erhalten wir daraus $V!xA[x], Eb, \neg B[\iota xA[x]] \rightarrow \sim A[b] \land B[b]$, mit HA1* also $V!xA[x], \neg B[\iota xA[x]] \rightarrow \neg Vx(A[x] \land B[x])$.

Die beiden Theoreme T7.3-2 und T7.3-3 zeigen, daß Kennzeichnungen bei erfüllter Normalbedingung die üblichen Eigenschaften haben.

Da wir im folgenden von der Theorie der Kennzeichnungen keinen Gebrauch machen werden, wollen wir hier nicht auf direkte Bewertungen der Sprach $\mathbf{P}_2$ eingehen. Im Sinn unserer Wahrheitsregelsemantik stellen die Axiome K1 bis K3 ja auch selbst schon semantische

Regeln dar. Bei der Theorie der Kennzeichnungen ging es uns hier nur um das Beispiel einer Sprache, in der man mit indeterminierten Prädikaten auch indeterminierte Namen einführen muß.

7.4 Funktionsterme und unendliche Induktion

In der Sprache $\mathbf{P}_2$ kann man Funktionsterme durch Kennzeichnungen einführen: Ist $A[x_1,\ldots,x_n,y]$ ein $n+1$stelliges Prädikat, für das gilt $\Lambda x_1\ldots x_n V!yA[x_1,\ldots,x_n,y]$, so ist $\iota yA[x_1,\ldots,x_n,y]$ ein n-stelliger Funktionsterm. Auf diese Weise erhalten wir aber nach T7.3-1 nur total definierte Funktionsterme, die jedem n-tupel von Argumenten $s_1,\ldots,s_n$ mit $Es_1,\ldots,Es_n$ genau einen Wert t mit Et zuordnen. Will man also auch partielle Funktionen betrachten, so wird man zum Alphabet von $\mathbf{P}_1$ auch Funktionskonstanten (kurz FK) mit einer Stellenzahl $n \geq 0$ hinzunehmen. Als Mitteilungszeichen für FK verwenden wir die Buchstaben f, g, h,... Die neue Sprache sei $\mathbf{P}_3$. *Terme* werden nun so definiert:

D7.4-1 a) Alle GK und alle 0-stelligen FK von $\mathbf{P}_3$ sind Terme von $\mathbf{P}_3$.
b) Sind $s_1,\ldots,s_n$ Terme und ist f eine n-stellige FK ($n>0$) von $\mathbf{P}_3$, so ist auch $f(s_1,\ldots,s_n)$ ein Term von $\mathbf{P}_3$.

Mit diesen Termen werden dann die Sätze von $\mathbf{P}_3$ in Entsprechung zu D7.3-1 definiert. 0-stellige FK sind im Prinzip entbehrlich, wir lassen sie aber zu im Sinn von GK, die bei Anwendungen der Logikkalküle eine ausgezeichnete Rolle spielen. Wir können dann immer voraussetzen, daß keine GK ausgezeichnet ist. Als *konstante Terme* (kurz KT) bezeichnen wir im folgenden Terme, die keine GK sind und in denen keine GK vorkommen. *Konstante Sätze* bzw. *Formeln* sind entsprechend solche, in denen keine GK vorkommen.

In der klassischen Logik werden n-stellige FK ($n>0$) im Sinn von Funktionen interpretiert, die für alle n-tupel aus Elementen des Grundbereichs definiert sind. Ist also $\mathfrak{M}=\langle U, V\rangle$ eine totale Interpretation von $\mathbf{P}_3$, die im übrigen die Bedingungen von D4.4-1 erfüllt, so soll $V(f)\varepsilon U^{U^n}$ sein für alle n-stelligen FK f von $\mathbf{P}_3$ für $n>0$, und für alle 0-stelligen FK f soll gelten $V(f)\varepsilon U$. Wir ersetzen die Bedingung (a) durch

a_1) $V(f(s_1,\ldots,s_n))=V(f)(V(s_1),\ldots,V(s_n))$
a_2) $V(s=t)=w$ gdw. $V(s)=V(t)$
a_3) $V(F(s_1,\ldots,s_n))=w$ gdw. $V(s_1),\ldots,V(s_n)\varepsilon V(F)$.

Die p. l. Regeln VA1 und HA2 von $\mathbf{KP1}_1$ sowie die Identitätsaxiome I1 und I2 sind wieder so zu verallgemeinern, daß anstelle der GK beliebige Terme stehen können. So wollen wir sie im folgenden immer verstehen.

Die Ersetzbarkeit identischer Terme in Termen ergibt sich aus I2 und I1, denn daraus erhalten wir $s=t, r[s]=r[s] \rightarrow r[s]=r[t]$, mit I1 also $s=t \rightarrow r[s]=r[t]$.

Es sei nun "0" eine 0-stellige FK, ' eine 1-stellige und + und · zwei 2-stellige FK von $\mathbf{P}_3$. Statt '(s), +(s, t) und ·(s, t) schreiben wir s', s+t und s·t. **K** sei ein Kalkül mit den Axiomen: $a+0=a$, $a+b'=(a+b)'$, $a\cdot 0=0$, $a\cdot b'=a\cdot b+a$, also ein Kalkül der Arithmetik. In $\mathbf{KP1}_1$ ist nun zwar z.B. für alle Zahlterme m, n und p, d.h. für alle Ausdrücke 0, 0', 0'',... beweisbar $(m+n)+p=n+(m+p)$ und $n\cdot m=m\cdot n$, aber die Sätze $(a+b)+c=b+(a+c)$ und $a\cdot b=b\cdot a$ sind nicht beweisbar, und daher auch nicht $\Lambda xyz((x+y)+z=x+(y+z))$ und $\Lambda xy(x\cdot y=y\cdot x)$. Der Beweis dieser Sätze erfolgt vielmehr induktiv, d.h. für verschiedene Zahlterme sehen die Beweise verschieden aus. Man erhält z.B. das Gesetz $(a+b)+n=a+(b+n)$ so:

1. $(a+b)+0=a+b=a+(b+0)$.
2. Ist bereits bewiesen $(a+b)+n=a+(b+n)$, so gilt auch $(a+b)+n'=((a+b)+n)'=(a+(b+n))'=a+(b+n)'=a+(b+n')$.

Soll der Basiskalkül nur atomare Aussagen enthalten, so kann er kein Induktionsprinzip wie $A[0] \wedge \Lambda x(A[x] \supset A[x']) \rightarrow \Lambda x A[x]$ enthalten, das ja für alle Aussageformen A[x] gelten soll. Man muß vielmehr *Regeln der unendlichen Induktion* verwenden, die unendlich viele Prämissen haben. Das sind die Regeln

U1: Ist $\Delta \rightarrow A[s], \Gamma$ beweisbar für alle KT s, so ist für jede GK b auch $\Delta \rightarrow A[b], \Gamma$ beweisbar.

U2: Ist $\Delta, \sim A[s] \rightarrow \Gamma$ beweisbar für alle KT s, so ist für jede GK b auch $\Delta, \sim A[b] \rightarrow \Gamma$ beweisbar.

Mit HA1 und VA2 erhalten wir daraus:

1. Ist $\Delta \rightarrow A[s], \Gamma$ beweisbar für alle KT s, so ist auch $\Delta \rightarrow \Lambda x A[x], \Gamma$ beweisbar.
2. Ist $\Delta, \sim A[s] \rightarrow \Gamma$ beweisbar für alle KT s, so ist auch $\Delta, \sim \Lambda x A[x] \rightarrow \Gamma$ beweisbar.

Man kann aber U1 und HA1 bzw. U2 und VA2 nicht durch (1) bzw. (2) ersetzen, da man z.B. aus $a+0=a$ auch auf $\Lambda x(x+0=x)$ schließen will. Auch die Beschränkung, daß s in (1) und (2) KT sein sollen, läßt sich nicht aufgeben, da eben z.B. $\rightarrow a\cdot b=b\cdot a$ nicht beweisbar ist, man also ohne diese Beschränkung nicht $\rightarrow \Lambda xy(x\cdot y=y\cdot x)$ erhielte. Die Regeln (1) und (2) und daher U1 und U2 sind natürlich nur sinnvoll, wenn der Grundbereich nur solche Objekte enthält, die durch KT bezeichnet werden, wenn er also in unserem arithmetischen Beispiel die Menge der natürlichen Zahlen ist.

Man kann nun nicht unendlich viele SQ beweisen. Ein Beweis, der Anwendungen von U1 oder U2 enthält, läßt sich also nicht hinschreiben. Es läßt sich nur mit metatheoretischen Mitteln, insbesondere induktiv zeigen, daß alle SQ $\Delta \rightarrow A[s], \Gamma$ bzw. $\Delta, \sim A[s] \rightarrow \Gamma$ für KT s beweisbar sind. Damit verläßt man aber den Rahmen formaler Kalküle. Man bezeichnet daher Kalküle mit Regeln, die unendlich viele Prämissen haben, als *halbformale Kalküle.* Um die Konstruktivität des Beweisbegriffes dennoch zu garantieren, wird man fordern, daß die Regeln U1 und U2 nur in einer geordneten Folge angewendet werden: Der Gesamtkalkül $\mathfrak{K}$ wird als eine Folge $\mathfrak{K}o$, $\mathfrak{K}_1$, $\mathfrak{K}_2, \ldots$, $\mathfrak{K}_\alpha, \ldots$ (α seien konstruktiv definierbare Ordinalzahlen) aufgefaßt, die wie folgt definiert werden:

1. Jedes Axiom von $\mathfrak{K}$ ist in $\mathfrak{K}_0$ beweisbar.
2. Jede SQ, die durch formale Regeln (mit endlich vielen Prämissen) aus SQ ableitbar sind, die in $\mathfrak{K}_\alpha$ beweisbar sind, ist in $\mathfrak{K}_\alpha$ beweisbar.
3. Ist $\alpha < \beta$, so soll jede in $\mathfrak{K}_\alpha$ beweisbare SQ auch in $\mathfrak{K}_\beta$ beweisbar sein.
4. Lassen sich alle Prämissen einer U-Regel in Systemen $\mathfrak{K}_{\alpha_i}$ mit $\alpha_i < \beta$ beweisen, so läßt sich die Konklusion in $\mathfrak{K}_\beta$ beweisen.

Eine SQ ist genau dann in $\mathfrak{K}$ beweisbar, wenn sie in einem $\mathfrak{K}_\alpha$ beweisbar ist. Diese Restriktion für die Anwendung der U-Regeln verhindert, daß die Konklusion einer solchen Regel zur Ableitung einer ihrer Prämissen verwendet werden kann. Die metatheoretischen Beweise für die Beweisbarkeit aller Prämissen einer U-Regel sollen ferner ein Verfahren liefern, nach dem sich solche Beweise konstruieren lassen. Diese Beschränkungen implizieren, daß man vom Prinzip des Ausgeschlossenen Dritten in der Metatheorie der Systeme, das ja in Anwendung auf unendliche Beweise problematisch wird, keinen uneingeschränkten Gebrauch macht. Man kann z. B. die Existenz eines unendlichen Beweises nicht indirekt begründen.

Ein Beweis in $\mathfrak{K}$ ist dann ein SQ-Baum, der unendlich viele Äste enthalten kann. Jeder Ast ist aber endlich. Regeln mit unendlich vielen Prämissen hat schon D. Hilbert in (1931) eingeführt. Man kann die Regeln U1 und U2 auch zu den Kalkülen der minimalen und direkten P. L. hinzunehmen. Bei Annahme indeterminierter Namen erhält man aus den Prämissen $\Delta \rightarrow Es \supset A[s], \Gamma$ mit U1 $\Delta \rightarrow Eb \supset A[b], \Gamma$, also Δ, $Eb \rightarrow A[b], \Gamma$ und mit HA1* $\Delta \rightarrow \Lambda x A[x], \Gamma$, und entsprechend erhält man aus den Prämissen $\Delta, Es, \sim A[s] \rightarrow \Gamma$ mit U2 und VA2* $\Delta, \sim \Lambda x A[x] \rightarrow \Gamma$.

Die Eliminationstheoreme für **MP1, DP1** und **KP1** bleiben bei der Erweiterung dieser Kalküle durch die U-Regeln weiterhin gültig. Es gilt z. B. das Theorem T4.2-1a in der Fassung: Ist $\Delta[a] \rightarrow \Gamma[a]$ beweisbar für eine GK a, so auch $\Delta[s] \rightarrow \Gamma[s]$ für jeden Term s. Das ergibt sich aus dem Beweis für T4.2-1a, und den U-Regeln ohne weiteres. Im Beweis des Eliminationstheorems T4.3-1 tritt nun nur der Fall unter (2) neu auf, daß eine Regel unendlich viele Prämissen haben kann; die Argumente übertragen sich aber ohne weiteres auf diesen Fall.

Für die Diskussion eines halbformalen Systems der Arithmetik vgl. Schütte (1960), Kap. VI.

7.5 Semantische Antinomien

Nachdem wir nun zwei Versionen einer P. L. ohne *tertium non datur* entwickelt haben, wollen wir auf den Ausgangspunkt dieser ganzen Untersuchung, das Antinomienproblem zurückkommen und uns überlegen, wie sich die semantischen Antinomien, die sich in einer p. l. Sprache formulieren lassen, in diesem Rahmen darstellen und ob sich hier eine intuitiv akzeptable Lösung für sie ergibt. Wir betrachten drei Antinomien: Den „Lügner", die Antinomie von K. Grelling und jene von Berry und Finsler.

Die Antinomie des „Lügners" haben wir schon in der Einleitung erwähnt. Sie ergibt sich aus dem Satz „Dieser Satz ist nicht wahr". Man kann eine direkte Selbstbezüglichkeit des problematischen Satzes auch vermeiden, indem man ihn z.B. so formuliert: „Der 537. Satz dieses Buches ist nicht wahr", wobei dann eine Abzählung der Sätze ergeben möge, daß der 537. Satz eben dieser Satz selbst ist.[1] In jedem Fall beruht die Antinomie darauf, daß für einen Namen b eines Satzes B gilt

a) B ist der Satz $\neg W(b)$.

Nach der Wahrheitskonvention von A. Tarski, die der Adäquationstheorie der Wahrheit entspricht, ist ein Satz genau dann wahr, wenn das zutrifft, was er behauptet. Wenn wir die p. l. Sprache **P** so erweitern, daß sie Namen für ihre eigenen Sätze enthält und eine PK W für „ist wahr", so daß W(a) ein Satz ist, falls a ein Name für einen Satz ist, so läßt sich diese Konvention durch folgende semantische Regel wiedergeben

T: Ist a ein Name für den Satz A, so gilt $V(W(a)) = w$ gdw. $V(A) = w$.

Dabei sei V eine totale Bewertung im Sinn von D4.4-4.

Aus (a) erhalten wir mit T für beliebige totale Bewertungen V: $V(B) = V(\neg W(b)) = w$ gdw. $V(W(b)) = f$ gdw. $V(B) = f$. Der Satz $B \equiv \neg B$ ist also p. l. wahr, und aus ihm folgt klassisch $B \wedge \neg B$.

Diese Antinomie verschwindet nun, wenn wir indeterminierte

[1] Vgl. dazu z.B. die Formulierung von Lukasiewicz, die in Tarski (1936) angegeben wird, oder auch die Konstruktion von Quine in (1951), § 59, bei der ein Gedanke von Gödel zur Konstruktion eines unentscheidbaren Satzes der Arithmetik verwendet wird.

Sätze zulassen und zu partiellen Bewertungen übergehen. T ist dann im Sinn der Fidelität und Stabilität (vgl. 1.6) zu ersetzen durch:

T': Ist a ein Name für den Satz A, so gilt:
V(W(a)) = w gdw. V(A) = w,
V(W(a)) = f gdw. V(A) = f.

Wir erhalten dann wie oben den M-wahren Satz B≡ ¬B, aus dem nun aber in der minimalen Logik nicht B ∧ ¬ B folgt. Der Satz B ≡ ¬ B besagt nur: Wenn B wahr ist, so ist B falsch, und umgekehrt. Daraus folgt aber weder, daß B wahr ist, noch daß B falsch ist, sondern vielmehr, daß B wesentlich indeterminiert ist, daß man also B im Einklang mit den semantischen Regeln keinen Wahrheitswert zuordnen kann. Entsprechendes gilt für die direkte Logik.

Gegen diese Lösung des Lügners durch Zulassung indeterminierter Sätze wendet man oft ein, daß aus der Annahme, B sei indeterminiert, ja folge, daß B nicht wahr ist; ist aber B nicht wahr, so ist der Satz ¬ W(b) wahr, also wegen (a) auch B. Daraus ergäbe sich dann mit B ≡ ¬ B auch in der minimalen Logik ein Widerspruch.

Hier wird aber von V(B)≠w auf V(¬W(b))=w geschlossen. Das setzt entweder andere Wahrheitsbedingungen für W als T' voraus, nämlich solche, nach denen gilt V(A) ≠ w ⊃ V(W(a)) = f, oder andere Wahrheitsbedingungen für ¬, nach denen gilt: V(A) ≠ w ⊃ V(¬ A) = w. Beide Bedingungen verstoßen jedoch gegen das Prinzip der Stabilität. Gibt es Wahrheitswertlücken, so bedeutet „nicht wahr“ nicht dasselbe wie „falsch“. Indeterminiertheit ist auch kein dritter Wahrheitswert, sondern eine Unbestimmtheit des Wahrheitswertes, die in der Regel durch Präzisierungen aufgehoben werden kann, also durch eine Ergänzung der semantischen Regeln. Daher sind Operatoren, wie z. B. eine „starke“ Negation N, für die gelten würde V(NA) = w gdw. V(A) ≠ w und V(NA) = f gdw. V(A) = w, die also einem Satz NA einen Wahrheitswert zuordnen, wenn das Argument A indeterminiert ist, nicht zulässig. Eine Wahrheitsregel „Ist A indeterminiert, so ist NA wahr“, wäre im System nicht anwendbar, da Wahrheitsregeln Sätze nicht als indeterminiert auszeichnen, sondern immer nur als wahr oder als falsch. Ebenso wäre eine Deduktionsregel der Gestalt: „Ist A nicht beweisbar, so ist B beweisbar“ keine formale Regel, da Sätze im System nicht als unbeweisbar ausgezeichnet werden. Wie die Unbeweisbarkeit eines Satzes ist auch seine Indeterminiertheit nur metatheoretisch feststellbar.

Erweitern wir nun die P. L. um Namen für ihre Sätze und das Wahrheitsprädikat im Sinn von T', so zeigt die Antinomie des „Lügners“, daß es Sätze gibt, die *wesentlich* indeterminiert, d. h. indeterminierbar sind: Jede Erweiterung der semantischen Regeln, die dem Satz B einen Wahrheitswert zuordnet, ergibt ein inkonsistentes System semantischer Regeln, das B sowohl als wahr wie als falsch auszeichnet. Hier zeigt sich: Man kann nicht einfach voraussetzen, daß jeder Satz einer Sprache wahr oder falsch ist, sondern das hängt von den semantischen Regeln der Sprache ab und – wie die Version des „Lügners" von Lukasiewicz zeigt – u. U. auch von nichtsprachlichen Tatsachen. Und die können so aussehen, daß sie eine Wahrheitsdefinitheit ausschließen. Ebenso kann man nicht annehmen, ein widerspruchsfreier Kalkül bliebe widerspruchsfrei, wenn man das Postulat hinzunimmt, jeder Satz sei in ihm beweisbar oder widerlegbar. (Ersetzt man z. B. in **KA** die Axiomenschemata durch Axiome mit SK und nimmt eine zweite Regel hinzu, welche die Ersetzung von SK durch beliebige Sätze erlaubt, so würde dieser Kalkül durch ein solches Postulat widerspruchsvoll.)

K. Grelling und L. Nelson haben in (1907) folgende Antinomie angegeben: Man nennt ein Prädikat „heterologisch", wenn es nicht die Eigenschaft hat, die es ausdrückt. So ist das Prädikat „kurz" nicht heterologisch, weil es kurz ist, „lang" ist hingegen heterologisch, weil es nicht lang ist. Wird die Sprache **P** so erweitert, daß sie Namen für ihre einstelligen Prädikate enthält, so kann man die PK H (für „heterologisch" so einführen:

H1: Ist a ein Name für das einstellige Prädikat A[x], so gilt:
$V(H(a)) = w$ gdw. $V(A[a]) = f$.

Ist nun b ein Name für das Prädikat H(x), so gilt danach für alle totalen p. l. Bewertungen $V(H(b)) = w$ gdw. $V(H(b)) = f$, so daß der Satz $H(b) \equiv \neg H(b)$ p. l. wahr ist. Aus ihm folgt klassisch aber der Widerspruch $H(b) \wedge \neg H(b)$.

In der minimalen Logik ist nun H1 wieder zu ersetzen durch

H2: Ist a ein Name für das einstellige Prädikat A[x], so gilt:
$V(H(a)) = w$ gdw. $V(A[a]) = f$ und
$V(H(a)) = f$ gdw. $V(A[a]) = w$.

Dabei ist nun V eine partielle Bewertung. Auch damit erhält man den Satz $H(b) \equiv \neg H(b)$, aus dem aber kein Widerspruch folgt. Wie im Fall des Lügners liegt hier vielmehr ein wesentlich indeterminierter Satz vor.

Eine explizite Definition $H(x) := \Lambda f(N(x, f) \supset \neg fx)$ im Rahmen einer Prädikatenlogik 2. Stufe, in der N(x, f) besagt, daß x ein Name für die Eigenschaft f ist (wobei diese Relation nacheindeutig sein soll), ändert an dieser Überlegung nichts: Man erhält in der minimalen P. L. wieder $H(b) \equiv \neg H(b)$, aber weder H(b) noch $\neg H(b)$. $\neg H(b)$ ließe sich nur mit H(b) gewinnen, und H(b) nur über $\neg H(b)$.

Die Antinomie von G. G. Berry, die B. Russell zuerst in den „Principles of Mathematics" (1903) veröffentlicht hat, lautet in der Version von P. Finsler so: Auf einer Tafel mögen nur die Ausdrücke stehen „0", „1" und „Die kleinste natürliche Zahl, für die kein Name auf dieser Tafel steht". Bezeichnet der letzte Ausdruck eine natürliche Zahl, und wenn ja welche? Bezeichnet er keine Zahl, so gibt es eine kleinste natürliche Zahl, nämlich 2, für die kein Name auf der Tafel steht. Dann bezeichnet aber der fragliche Ausdruck diese Zahl. Bezeichnet er umgekehrt eine Zahl n, so muß n von 0 und 1 verschieden sein, für die ja Namen auf der Tafel stehen. Ist $n=2$, so ist 3 die kleinste natürliche Zahl, für die kein Name auf der Tafel steht; dieser Fall ist also ebenfalls ausgeschlossen. Ist n endlich >2, so ist 2 die kleinste Zahl, für die kein Name auf der Tafel steht, so daß auch diese Möglichkeit entfällt. Bezeichnet der Ausdruck eine Zahl, so bezeichnet er also keine. Er bezeichnet also weder eine natürliche Zahl noch bezeichnet er keine.

Der mysteriöse Ausdruck – wir nennen ihn a – hat die Gestalt einer Kennzeichnung $\iota xA[x]$, wobei $A[x]$ das Prädikat $Zx \land \neg \lor y(Ty \land N(y,x)) \land \land z(Zz \land \neg \lor y(Ty \land N(y, z)) \supset x \leq z)$ ist. Zx stehe für „x ist eine natürliche Zahl", Ty für „y steht auf der Tafel" und N(y, x) für „y ist ein Name für x". Eine Aussage N(b, c) ist nun nur für determiniertes c determiniert – jedenfalls für Ausdrücke b, die überhaupt als Namen infrage kommen. Der Ausdruck $\iota xA[x]$ ist aber seinerseits nur determiniert, wo $N(a, \iota xA[x])$ determiniert ist. Denn nach Lage der Dinge kann $\iota xA[x]$ allenfalls die Zahl 2 bezeichnen, gilt aber N(a, 2), so ist $\iota xA[x]=3$ und gilt $\neg N(a, 2)$, so ist $\iota xA[x]=2$. Die Ausdrücke $N(a, \iota xA[x])$ und $\iota xA[x]$ – und ebenso $E(\iota xA[x])$ – sind also indeterminiert, so daß in der direkten Logik zwar gilt $N(a, 2) \equiv \neg N(a, 2)$, aber nicht $N(a, 2) \land \neg N(a, 2)$. Angesichts der Forderung der Stabilität kann man die Indeterminiertheit von $\iota xA[x]$ auch nicht in der Objektsprache ausdrücken, und daraus auf $\neg N(a, \iota xA[x])$ schließen: Ein Satz $\neg Eb$ ist nicht schon dann wahr, wenn b indeterminiert ist, sondern nur dann, wenn b durch semantische Regeln als Objekt ausgezeichnet ist, das nicht zum Grundbereich gehört. Solche Regeln haben wir aber in der freien direkten Logik nicht angegeben.

Diese Hinweise zur Auflösung der Antinomien können freilich nicht den exakten Nachweis ersetzen, daß sich im Rahmen der minimalen oder direkten Logik Syntax und Semantik der Objektsprache in ihr selbst widerspruchsfrei formulieren lassen. Der Aufbau einer solchen Theorie wäre aber ein umfangreiches Projekt, das hier nicht angegangen werden kann.[1] Hier geht es um die Grundlagen von Logik und Mathematik, und dafür sind die mengentheoretischen Antinomien wichtiger als die semantischen.

[1] Eine Wahrheitstheorie im Rahmen einer Logik, die der minimalen entspricht, hat S. Kripke in (1975) skizziert.

8 Typenlogik

8.1 Die Sprache der Typentheorie

In diesem Kapitel wollen wir kurz auf die höhere Prädikatenlogik eingehen. Wir beschränken uns dabei aber im wesentlichen auf ein Referat der klassischen Version dieser Logik, denn aus ihr erhält man die minimale und die direkte höhere Prädikatenlogik in derselben Weise wie man die minimale und die direkte Prädikatenlogik 1. Stufe aus der klassischen erhält. Wer mit der klassischen Theorie vertraut ist, kann dieses Kapitel also überschlagen.

Die höhere P. L. geht aus der P. L. 1. Stufe, die wir bisher behandelt haben, dadurch hervor, daß sie auch Quantoren für Prädikate enthält, Konstanten für Prädikatenprädikate, also für Prädikate, die auf Prädikate anwendbar sind, usf. Wir stellen sie hier in Form der *(einfachen) Typentheorie* dar.[1] Man kann die Typenlogik auch als eine Klassenlogik betrachten, in der die Klassen hierarchisch geordnet sind. Da diese Hierarchie jedoch nur als Hierarchie von Begriffen intuitiv plausibel ist (vgl. dazu den Abschnitt 9.1), fassen wir sie hier als eine Formulierung der höheren P. L. auf.

Zur Sprache der (einfachen) Typenlogik (kurz T. L.) gelangt man von der Sprache **P** der P. L. 1. Stufe auf folgendem Weg:
1. Prädikate werden durch Terme ersetzt und die Erfüllungsrelation wird durch ε ausgedrückt. Atomsätze $F(a_1,\ldots,a_n)$ von **P** werden in der Form „$a_1,\ldots,a_n\varepsilon b$" geschrieben: „Das n-tupel $a_1,\ldots,a_n$ erfüllt das Attribut b (fällt unter den Begriff b)". Man kann das auch lesen als „Das n-tupel $a_1,\ldots,a_n$ ist Element des Umfangs des Begriffes b". Wir haben ja in der Interpretationssemantik von **P** PK Umfänge von Begriffen zugeordnet, und diese extensionale Deutung verwenden wir nun auch in der Objektsprache. Da Umfänge von Begriffen Klassen sind, lesen wir „$a_1,\ldots,a_n\varepsilon b$"auch oft als „Das n-tupel $a_1,\ldots,a_n$ ist Element der Klasse b". Komplexe Prädikate $A[x_1,\ldots,x_n]$ von **P** werden durch Abstraktionsterme $\lambda x_1..x_nA[x_1,\ldots,x_n]$ ersetzt, wobei das *Abstraktionsprinzip* gelten soll:

AP: $a_1,\ldots,a_n\varepsilon\lambda x_1..x_nA[x_1,\ldots,x_n]$ gdw. $A[a_1,\ldots,a_n]$.

Darin zeigt sich, daß ε die Erfüllungsrelation ist, die in **P** durch die runden Klammern in Atomsätzen ausgedrückt wird.

[1] Neben der einfachen gibt es auch eine verzweigte Typentheorie, die aber intuitiv wenig befriedigend ist und ihr Interesse weitgehend verloren hat, nachdem es gelungen ist, die Widerspruchsfreiheit der sehr viel stärkeren einfachen Typenlogik zu beweisen. Beide Theorien sind von B. Russell entwickelt worden, während Frege zuerst in seiner „Begriffsschrift" eine höhere P. L. (in einer nicht an der Mengenlehre orientierten Weise) formuliert hat. Zur verzweigten Typentheorie vgl. z.B. Schütte (1960), Kap. IX.

Zwischen Individuen und Begriffen, die für Individuen definiert sind, sowie zwischen Begriffen mit verschiedener Stellenzahl besteht ein ontologischer Unterschied, der nun, da wir sie alle durch Terme bezeichnen, als Typenunterschied der Terme auch syntaktisch zu fixieren ist. Individuen wie Begriffsumfänge bezeichnen wir als „Objekte" und sagen, Individuen seien Objekte des Typs 0 und Umfänge n-stelliger Begriffe, die für Individuen erklärt sind, seien Objekte vom Typ (0,. . .,0) (eine n-gliedrige Folge von Nullen). Dieser Typenunterschied wird syntaktisch ausgedrückt. Wir unterscheiden die GK nach dem Typ der Objekte, die sie bezeichnen. σ,τ, . . . seien Mitteilungszeichen für Typen. Ist a eine GK vom Typ τ, so deuten wir das durch die Schreibweise a^τ an.

2. Bisher haben wir nur eine andere Notation für die P. L. 1. Stufe eingeführt. Zur P. L. 2. Stufe gelangt man erst, wenn man erstens auch GV für Objekte der Typen (0), (0,0), usf. einführt – sie sind dann wieder syntaktisch von den GV für Individuen zu unterscheiden – und über diese Objekte quantifiziert, und wenn man zweitens auch GK für Prädikatenprädikate einführt, d. h. für Umfänge von Begriffen 2. Stufe, die auf Begriffe 1. Stufe (und evgl. auch auf Individuen) zutreffen. Ist z. B. F(x, y) eine Relation zwischen Individuen, so ist die Aussage, diese Relation sei transitiv, eine Aussage über sie, in der ihr eine Eigenschaft 2. Stufe zugesprochen wird. Diese Aussage können wir in der Form $\lambda xyF(x, y)\varepsilon c$ ausdrücken, wo c nun eine GK ist, die den Umfang des Begriffs 2. Stufe ‚transitiv' bezeichnet. Sind $\tau_1,\ldots,\tau_n$ die Typen der Argumente eines n-stelligen Begriffs 2. Stufe (so daß die τ_i $(1 \leq i \leq n)$ die Gestalt 0 oder (0,. . .,0) haben, so sei $(\tau_1,\ldots,\tau_n)$ der Typ des Umfangs dieses Begriffs. Der Umfang des Begriffs ‚transitiv' (in Anwendung auf Begriffe 1. Stufe) hat also den Typ ((0,0)), die Relation ‘x ist ein Unterbegriff von y‘ zwischen Objekten x und y vom Typ (0) hat den Typ ((0), (0)), die Relation ε zwischen Individuen und Begriffsumfängen des Typs (0) hat den Typ (0, (0)), usf.

3. Den zweiten Schritt kann man dann iterieren und so Begriffe immer höherer Stufen einführen.

Das führt zu folgender allgemeiner Definition der Typen

D8.1-1: Typen

a) 0 ist ein Typ.

b) Sind $\tau_1,\ldots,\tau_n$ Typen, so auch $(\tau_1,\ldots,\tau_n)$.

Stufen von Typen werden so erklärt: 0 ist ein Typ der Stufe 0, und sind $\tau_1,\ldots,\tau_n$ Typen der Stufe $r_1,\ldots,r_n$, so ist $(\tau_1,\ldots,\tau_n)$ ein Typ der Stufe $\max(r_1,\ldots,r_n)+1$.

Die Sprache T der T. L. wird nun so bestimmt:

Das *Alphabet* von T enthält die logischen Symbole $\neg, \wedge, \Lambda, \lambda, \varepsilon$, als Hilfszeichen das Komma und runde Klammerzeichen, sowie unendlich viele GK und GV jeden Typs.

D8.1-2: Sätze und Terme von **T**

1. GK des Typs τ von **T** sind Terme des Typs τ von **T**.
2. Sind $s_1, \ldots, s_n$ Terme der Typen $\tau_1, \ldots, \tau_n$ und ist t ein Term des Typs $(\tau_1, \ldots, \tau_n)$ von **T**, so ist $(s_1, \ldots, s_n \varepsilon t)$ ein (Atom-)Satz von **T**. (Ist t eine GK, so ist dieser Satz ein *Primsatz*, sind auch $s_1, \ldots, s_n$ GK, so ist er ein *Basissatz*.)
3. Ist A ein Satz von **T**, so auch $\neg A$.
4. Sind A, B Sätze von **T**, so auch $(A \wedge B)$.
5. Ist A[a] ein Satz, a eine GK und x eine GV vom Typ τ von **T**, die in A[a] nicht vorkommt, so ist auch $\Lambda xA[x]$ ein Satz von **T**.
6. Ist $A[a_1, \ldots, a_n]$ ein Satz, sind $a_1, \ldots, a_n$ GK und $x_1, \ldots, x_n$ GV der Typen $\tau_1, \ldots, \tau_n$, die in $A[a_1, \ldots, a_n]$ nicht vorkommen, so ist $\lambda x_1, \ldots, x_n A[x_1, \ldots, x_n]$ ein Term des Typs $(\tau_1, \ldots, \tau_n)$ von **T**.

Die Klammerregeln sind dieselben wie für **P** und wir definieren die Operatoren $\vee$, $\supset$, $\equiv$ und V wie früher.

Die Satz- und Termeigenschaft von Ausdrücken von **T** ist entscheidbar. Denn die Konstanteneigenschaft ist entscheidbar, und nach D8.1-2, (2)–(6) läßt sich jeder Satz und Term, der keine Konstante ist, auf höchstens eine Weise aus kürzeren Sätzen oder Termen erzeugen. Ist ferner a^τ eine GK, t^τ ein Term von **T**, so ist $A[a^\tau]$ genau dann ein Satz von **T**, wenn das für $A[t^\tau]$ gilt. Daraus folgt: Ist t^τ ein Term von **T**, so ist $\Lambda x^\tau A[x^\tau]$ genau dann ein Satz von **T**, wenn das für $A[t^\tau]$ gilt. In allen Sätzen der Gestalt $s_1{}^{\tau_1}, \ldots, s_n{}^{\tau_n} \varepsilon t$ von **T** ist t vom Typ $(\tau_1, \ldots, \tau_n)$, also von einem Typ höherer Stufe als die s_i $(i = 1, \ldots, n)$.

Es sei $\mathbf{T}^m$ die Teilsprache von **T**, die nur Variablen und Terme der Stufen $\leq m$ enthält, $\mathbf{T}^{m'}$ die Teilsprache von **T** die nur Variablen der Stufen $\leq m$ und Terme der Stufen $\leq m+1$ enthält. Dann ist $\mathbf{T}^{0'}$ die P. L. 1. Stufe, $\mathbf{T}^1$ die reine P. L. 2. Stufe, $\mathbf{T}^{1'}$ die volle P. L. 2. Stufe, usf.

Als Mitteilungszeichen für GK verwenden wir wieder die Buchstaben a, b, c, ..., als solche für Terme die Buchstaben s, t, ...

Bei induktiven Beweisen in der Semantik von **P** wie in der Metatheorie der verschiedenen Logikkalküle über **P** hatten wir im Grad der Sätze einen Induktionsparameter, für den der Wahrheitswert eines Satzes bzw. seine Beweisbarkeit (ohne Schnitte) nur von den Wahrheitswerten von Sätzen kleineren Grades abhing und seine Beweisbarkeit nur von den deduktiven Relationen zwischen solchen Sätzen. Ein entsprechender Induktionsparameter steht uns nun in der T. L. nicht mehr zur Verfügung. Man kann aber zwei induktive Parameter angeben, die für manche Zwecke brauchbar sind:

Den *p. l. Grad* kurz Grad_P oder g_P – von Sätzen von **T** bestimmen wir wie früher so:

D8.1-3 a) $g_P(A)=0$ für alle Atomsätze A.
b) $g_P(\neg A)=g_P(A)+1$
c) $g_P(A\wedge B)=g_P(A)+g_P(B)+1$
d) $g_P(\Lambda xA[x])=g_P(A[a])+1$.

Daneben kann man, wie K. Schütte in (1960a) gezeigt hat, einen *t. l. Grad* – kurz Grad_M oder g_M – der Sätze von T einführen:

D8.1-4 a) $g_M(A)=0$ für alle Primsätze A
b) $g_M(\neg A)=g_M(A)+1$
c) $g_M(A\wedge B)=g_M(A)+g_M(B)+1$
d) $g_M(\Lambda xA[x])=g_M(A[a])+1$
e) $g_M(s_1,\ldots, s_n\varepsilon\lambda x_1\ldots x_nA[x_1,\ldots, x_n])=g_M(A[s_1,\ldots,s_n])$ $+1$.

Diese Definition ist nun im Gegensatz zu D8.1-4 nicht induktiv nach der Länge der Sätze oder der Anzahl von Vorkommnissen logischer Operatoren in ihnen, denn $A[s_1,\ldots, s_n]$ kann länger sein als $s_1,\ldots, s_n\varepsilon\lambda x_1\ldots x_nA[x_1,\ldots, x_n]$, wie das Beispiel $\lambda x\mathrm{V}y(\neg x\varepsilon y)\varepsilon\lambda z(z\varepsilon a\vee b\varepsilon z)$ gegenüber $\lambda x\mathrm{V}y(\neg x\varepsilon y)\varepsilon a\vee b\varepsilon\lambda x\mathrm{V}y(\neg x\varepsilon y)$ zeigt. D8.1-4 ist aber induktiv nach dem *Rang* der Sätze, der auf folgendem Weg definiert wird:

D8.1-5: *Unterausdrücke* (UA)
1. GK haben keine UA.
2. Ein Primsatz $t_1,\ldots, t_n\varepsilon a$ hat die UA $t_1,\ldots, t_n$.
3. Ein Satz $\neg A$ hat den UA A.
4. Die Sätze $A\wedge B$ haben die UA A und B.
5. Ein Satz $\Lambda x^\tau A[x^\tau]$ hat die UA $A[a^\tau]$ für alle GK a vom Typ τ.
6. Ein Satz $t_1,\ldots, t_n\varepsilon\lambda x_1\ldots x_nA[x_1,\ldots, x_n]$ hat den UA $A[t_1,\ldots, t_n]$.
7. Ein Term $\lambda x_1{}^{\tau_1}\ldots x_n{}^{\tau_n}A[x_1{}^{\tau_1},\ldots, x_n{}^{\tau_n}]$ hat die UA $A[a_1{}^{\tau_1},\ldots, a_n{}^{\tau_n}]$ für alle GK $a_i{}^{\tau_i}$ $(1\leq i\leq n)$.

D8.1-6: Eine *UA-Kette* zu einem Term oder Satz Φ ist eine (endliche oder unendliche) Folge von Ausdrücken Φ_1, $\Phi_2,\ldots$ für die gilt:
a) $\Phi_1=\Phi$,
b) Ist Φ_i keine GK, so enthält die Kette einen Ausdruck Φ_{i+1}, der ein UA von Φ_i ist.
c) Ist Φ_i eine GK, so ist Φ_i das letzte Glied der Kette.

Ist Φ_n das letzte Glied der Kette, so ist n die *Länge* der UA-Kette.

D8.1-7: Ein Satz oder Term Φ heißt *regulär*, wenn es eine Zahl n gibt, so daß alle UA-Ketten von Φ eine Länge $\leq n$ haben. Der *Rang* eines regulären Ausdrucks ist die maximale Länge der UA-Ketten von A.

T8.1-1: Ist $\Phi[a^{\tau}]$ regulär und vom Rang r, so auch $\Phi[b^{\tau}]$, für alle GK b^{τ}.

Das folgt direkt aus D8.1-5. Und aus D8.1-7 und T8.1-1 folgt:

T8.1-2: Ist jeder UA von Φ regulär, so auch Φ selbst, und umgekehrt.

Denn hat ein Ausdruck unendlich viele UA, so unterscheiden sich diese nach T8.1-1 nicht in ihrem Rang. Es kann also nicht vorkommen, daß zwar alle UA von A regulär sind, daß es aber keine obere Schranke für ihre Ränge gibt.

T8.1-3: $\Phi[t^{\tau}]$ ist regulär, wenn $\Phi[a^{\tau}]$ und t^{τ} regulär sind.

Wir beweisen die Behauptung durch Induktion nach der Länge von τ, wobei im Induktionsschritt eine Induktion nach dem Rang r von $\Phi[a^{\tau}]$ vorgenommen wird:

1. Es sei $\tau=0$. Dann ist $t^{\tau}=a^{o}$ und $\Phi[a^{o}]$ ist regulär nach der Voraussetzung des Satzes.
2. Es sei die Behauptung bewiesen für alle Typen kleinerer Länge als τ.

a) Es sei $r=0$. Dann ist $\Phi[a^{\tau}]=a^{\tau}$ und $\Phi[t^{\tau}]$ ist regulär nach Voraussetzung.

b) Es sei die Behauptung bewiesen für alle Sätze und Terme $\Psi[a^{\tau}]$ mit kleinerem Rang als r.

α) $\Phi[a^{\tau}]$ und t^{τ} seien regulär.

β) Ist $\Phi=a^{\tau}$, so ist $\Phi[t^{\tau}]$ regulär nach (α).

γ) Ist $\Phi=s_1{}^{\tau_1}, \ldots, s_n{}^{\tau_n}\varepsilon a^{\tau}$, so ist $\tau=(\tau_1, \ldots, \tau_n)$. Da $\Phi[a^{\tau}]$ nach (α) regulär ist, sind die $s_1{}^{\tau_1}, \ldots, s_n{}^{\tau_n}$ regulär (nach D8.1-5,2) und von kleinerem Rang als $\Phi[a^{\tau}]$. Nach (b) sind also die $s_i{}^{\tau_i}[t^{\tau}]$ regulär ($i=1, \ldots, n$). $s_i{}^{\tau_i}$ sei $s_i{}^{\tau_i}[a^{\tau}]$.

γ1. Ist t^{τ} eine GK, also $\Phi[t^{\tau}]$ Primsatz, so sind $s_i{}^{\tau_i}[t^{\tau}]$ die einzigen UA von $\Phi[t^{\tau}]$, nach T8.1-2 ist also $\Phi[t^{\tau}]$ regulär.

γ2. Ist $t^{\tau}=\lambda x_1{}^{\tau_1} \ldots x_n{}^{\tau_n}B[x_1{}^{\tau_1}, \ldots, x_n{}^{\tau_n}]$, so ist $B[b_1{}^{\tau_1}, \ldots, b_n{}^{\tau_n}]$ UA von t^{τ}. Nach (α) ist also $B[b_1{}^{\tau_1}, \ldots, b_n{}^{\tau_n}]$ regulär. Nach (2) ist dann auch $B[s_1{}^{\tau_1}[t^{\tau}], \ldots, s_n{}^{\tau_n}[t^{\tau}]]$ regulär. Das ist aber der einzige UA von $\Phi[t^{\tau}]$; also ist $\Phi[t^{\tau}]$ regulär.

δ) Hat $\Phi[a^{\tau}]$ eine andere Gestalt, so hat jeder UA von $\Phi[t^{\tau}]$ die Gestalt $\Psi[t^{\tau}]$, wo $\Psi[a^{\tau}]$ UA von $\Phi[a^{\tau}]$ ist. Nach (α) ist also $\Psi[a^{\tau}]$ regulär und von kleinerem Rang als $\Phi[a^{\tau}]$. Nach (b) ist dann $\Psi[t^{\tau}]$ regulär, also nach T8.1-2 auch $\Phi[t^{\tau}]$.

T8.1-4: Ist Φ ein Term oder Satz von **T**, so ist Φ regulär.

Beweis: Durch Induktion nach der Länge l von Φ.

a) $l=1$. Ist Φ eine GK, so ist Φ regulär (und vom Rang 0).

b) Es sei die Behauptung bewiesen für alle Terme und Sätze der Länge $<n$, und es sei nun $l(\Phi)=n$.

α) Hat Φ die Gestalt $t_1, \ldots, t_n \varepsilon \lambda x_1 \ldots x_n B[x_1, \ldots, x_n]$, so gilt nach I. V., daß die t_i und $B[a_1, \ldots, a_n]$ regulär sind; nach T8.1-3 ist also $B[t_1, \ldots, t_n]$ regulär; das ist aber der einzige UA von Φ, so daß auch Φ regulär ist.

β) Ist Φ ein anderer Ausdruck, so ist jeder UA von A kürzer als Φ, also nach I. V. regulär.

8.2 *Interpretationen und Bewertungen*

Klassische Interpretationen der Sprache **T** definiert man wie folgt:

D8.2-1: Eine *Interpretation* von **T** ist ein Paar $\mathfrak{M} = \langle U, V \rangle$, für das gilt:

1. U ist eine nichtleere Menge von Individuen. Es sei $U_0 = U$, $U_{(\tau_1, \ldots, \tau_n)} = P(U_{\tau_1} x .. x U_{\tau_n})$. P(M) sei die Potenzmenge, d.h. die Menge aller Teilmengen von M.
2. V bildet die GK des Typs τ ab in U_τ.
3. V bildet die Menge aller Sätze von **T** in die Menge {w, f} so ab, daß gilt:
   a) $V(s_1, \ldots, s_n \varepsilon t) = w$ gdw. $V(s_1), \ldots, V(s_n) \varepsilon V(t)$
   b) $V(\neg A) = w$ gdw. $V(A) = f$
   c) $V(A \wedge B) = w$ gdw. $V(A) = V(B) = w$
   d) $V(\Lambda x^\tau A[x^\tau]) = w$ gdw. $\Lambda V'(V' \overline{\overline{a}} V \supset V'(A[a^\tau]) = w)$, wo a eine GK vom Typ τ ist, die in $\Lambda x A[x]$ nicht vorkommt.
4. $V(\lambda x_1^{\tau_1} \ldots x_n^{\tau_n} A[x_1^{\tau_1}, \ldots, x_n^{\tau_n}]) = \{(\alpha_1, \ldots, \alpha_n) \varepsilon U_{\tau_1} x \ldots U_{\tau_n}: \vee V'(V' \overline{\overline{a_1, \ldots, a_n}} V \wedge V'(a_1) = \alpha_1 \wedge \ldots \wedge V'(a_n) = \alpha_n \wedge V'(A[a_1, \ldots, a_n]) = w)\}$.
   Dabei seien die a_i $(i=1, \ldots, n)$ GK vom Typ τ_i, die in $A[x_1, \ldots, x_n]$ nicht vorkommen.

Ist U gegeben und ist V für alle GK definiert, so ist V für alle Sätze und Terme von **T** definiert. Das zeigt eine Induktion nach der Länge der Ausdrücke.

T8.2-1: (Koinzidenztheorem): Gilt $V' \overline{\overline{a}} V$, so gilt $V'(\Phi) = V(\Phi)$ für alle Sätze und Terme Φ, in denen die GK a nicht vorkommt.

T8.2-2: (Überführungstheorem): Gilt $V' \overline{\overline{a}} V$ und $V'(a^\tau) = V(t^\tau)$, so ist $V'(\Phi[a^\tau]) = V(\Phi[t^\tau])$ für alle Sätze und Terme $\Phi[a]$, bei denen a nicht in $\Phi[t]$ vorkommt.

Beide Sätze beweist man durch Induktion nach der Länge von $\Phi[a]$.

T8.2-3: $V(s_1, \ldots, s_n \varepsilon \lambda x_1..x_n A[x_1, \ldots, x_n]) = V(A[s_1, \ldots, s_n])$.

Beweis: Es gilt z. B. $V(s\varepsilon\lambda x A[x]) = w$ gdw. $V(s)\varepsilon V(\lambda x A[x])$ gdw. $\bigvee V'(V' \underset{a}{=} V \wedge V'(a) = V(s) \wedge V'(A[a]) = w)$ gdw. $V(A[s]) = w$ nach T8.2-2.

T8.2-4: Zu jeder Interpretation $\mathfrak{M}$ und jeder Satzmenge (SM) $\mathfrak{K}$, die unendlich viele GK jeden Typs nicht enthält, gibt es eine mit $\mathfrak{M}$ bzgl. $\mathfrak{K}$ äquivalente *normale* Interpretation $\mathfrak{M}' = \langle U, V' \rangle$, d. h. eine Interpretation, für die gilt: Ist $V'(\Lambda x A[x]) = f$, so gibt es eine GK a mit $V(A[a]) = f$.

Das beweist man wie im p. l. Fall.

Jeder formale Kalkül der T. L. ist unvollständig, wie K. Gödel in (1931) gezeigt hat. Man kann aber die Vollständigkeit des Kalküls **KT1**, den wir im folgenden angeben, bzgl. *beschränkter* Interpretationen beweisen, wie das zuerst Henkin in (1950) getan hat.

D8.2-2: Eine *beschränkte Interpretation* von **T** ist ein Paar $\mathfrak{M} = \langle U, V \rangle$, für das gilt:

1. U ist eine nichtleere Menge von Individuen, $U_0 = U$ und für jeden Typ $(\tau_1 \ldots, \tau_n)$ gilt $\Lambda \neq U_{(\tau_1, \ldots, \tau_n)} \subset P(U_{\tau_1} x..x U_{\tau_n})$.

(2) bis (4) wie in D8.2-1.

5. Für alle Abstraktionsterme gilt $V(\lambda x_1^{\tau_1}..x_n^{\tau_n} A[x_1^{\tau_1}, \ldots, x_n^{\tau_n}]) \varepsilon U_{(\tau_1, \ldots, \tau_n)}$.

Die Mengen U_τ enthalten also die Extensionen aller in **T** bildbaren Terme vom Typ τ.

Da nun die Bedeutung eines Abstraktionsterms wie $\lambda x^\tau \bigvee y^\rho A[x^\tau, y^\rho]$ vom Typ (τ) einerseits von U_ρ abhängt, andererseits aber für $\rho = (\tau)$ die Extension U_ρ nach (5) wieder von der Bedeutung dieses Abstraktionsterms, kann man nicht ohne weiteres feststellen, ob eine Funktion V, welche den GK a^τ bestimmte Objekte aus U_τ zuordnet, (5) erfüllt, also eine beschränkte Interpretation über U ist. Der Begriff der beschränkten Interpretation ist daher nicht ohne weiteres brauchbar. Wir erweisen seine Brauchbarkeit auf dem Weg über Bewertungen. Zunächst geben wir aber noch einen Satz über beschränkte Interpretationen an:

T8.2-5: Zu jeder beschränkten Interpretation $\mathfrak{M}$ und jeder SM $\mathfrak{K}$, die für jeden Typ τ unendlich viele GK vom Typ τ nicht enthält, gibt es eine normale beschränkte mit $\mathfrak{M}$ $\mathfrak{K}$-äquivalente Interpretation $\mathfrak{M}'$.

Das beweist man wie im p. l. Fall, vgl. T4.4-3; der Begriff der normalen Interpretation entspricht dem in D4.4-2 definierten.

Wir führen nun im Blick auf den Vollständigkeitsbeweis für **KT1** nicht nur totale Bewertungen ein, sondern auch partielle und Semi-Bewertungen.

D8.2-3: Eine (t. l.) *Semi-Bewertung* ist eine Abbildung einer Teilmenge der Sätze von **T** in die Menge {w, f}, für die gilt:

a) $V(\neg A) = w \supset V(A) = f$
$V(\neg A) = f \supset V(A) = w$

b) $V(A \wedge B) = w \supset V(A) = V(B) = w$
$V(A \wedge B) = f \supset V(A) = f$ oder $V(B) = f$

c) $V(\Lambda x A[x]) = w \supset V(A[t]) = w$ für alle Terme t passenden Typs
$V(\Lambda x A[x]) = f \supset V(A[t]) = f$ für einen Term t passenden Typs

d) $V(s_1, \ldots, s_n \varepsilon \lambda x_1 .. x_n A[x_1, \ldots, x_n]) = w \supset V(A[s_1, \ldots, s_n]) = w$
$V(s_1, \ldots, s_n \varepsilon \lambda x_1 .. x_n A[x_1, \ldots, x_n]) = f \supset V(A[s_1, \ldots, s_n]) = f.$

D8.2-4: Eine *partielle* (t.l.) Bewertung ist eine (t.l.) Semi-Bewertung, für die auch die Umkehrungen der Bedingungen (a)–(d) von D8.2-3 gelten. Eine partielle t. l. Bewertung heißt *total,* wenn sie jedem Satz einen Wahrheitswert zuordnet.

Partielle und totale Bewertungen sind im t. l. Fall nicht mehr induktiv definiert, da der Wahrheitswert eines Satzes $\Lambda x A[x]$ (wie z. B. $\Lambda x(a \varepsilon x)$) von den Wahrheitswerten der Sätze A[t] abhängt, die von größerem Grad_M wie größerem Rang und größerer Länge sein können als $\Lambda x A[x]$, während der Wahrheitswert von $s \varepsilon \lambda x A[x]$ vom Wahrheitswert des Satzes A[s] abhängt, der von größerem Grad_P und größerer Länge als $s \varepsilon \lambda x A[x]$ sein kann. Man erhält jedoch eine induktive Definition im Falle ausgezeichneter Bewertungen. Wir beweisen deren Existenz für totale Bewertungen. Der Beweis läßt sich auf Semi-Bewertungen und partielle Bewertungen übertragen. Hier wie in den folgenden Überlegungen zur Semantik schließen wir uns wieder an Schütte (1960a) an.

D8.2-5: Eine totale Bewertung V heißt *ausgezeichnet,* wenn es zu jedem Term t^τ eine GK a^τ gibt, so daß für alle Sätze $A[a^\tau]$ gilt $V(A[a^\tau]) = V(A[t^\tau])$.

T8.2-6: Zu jeder totalen Bewertung V und jeder SM $\mathfrak{K}$, deren Sätze unendlich viele GK jeden Typs nicht enthalten, gibt es eine ausgezeichnete totale Bewertung V', die mit V $\mathfrak{K}$-äquivalent ist, d.h. für die gilt $V'(A) = V(A)$ für alle Sätze A aus $\mathfrak{K}$.

Beweis: Γ^τ sei eine unendliche Menge von GK des Typs τ, die in den Sätzen von $\mathfrak{K}$ nicht vorkommen. Γ_i^τ $(i = 1,2, \ldots)$ seien unendlich viele disjunkte Teilmengen von Γ^τ, die jeweils unendlich viele GK enthalten. Γ_o sei die Menge der GK in Sätzen von $\mathfrak{K}$. Es sei Γ_{j+1} die Vereinigung von Γ_j und den Mengen Γ_{j+1}^τ für alle τ. t_{jk}^τ $(j = 0,1,2, \ldots; k = 1,2, \ldots)$ sei eine Abzählung der Terme vom Typ τ über Γ_j (d. h. jener Terme, in denen nur GK aus Γ_j vorkommen). Wir ordnen t_{jk}^τ die GK $a_{j+1,k}^\tau$ zu und setzen: (α) $V'_0(A) = V(A)$ für alle Sätze A über Γ_0 und (β) $V'_{j+1}(A[a^\tau_{j+1,k}]) = V'_j(A[t^\tau_{jk}])$. V' sei die Vereinigung aller V'_n, d.h. es gelte $V'(A) = w$ bzw. $= f$ gdw. es ein n mit $V'_n(A) = w$ bzw. $= f$ gibt. Es gilt dann:

a) Alle V'_n sind totale Bewertungen über jener Teilsprache von **T**, die nur GK aus Γ_n enthält ($n \geq 0$). Das gilt für $n = 0$ nach Voraussetzung, und gilt es für n, so auch für $n+1$. Denn erstens ordnet V'_{n+1} jedem Satz über Γ_{n+1} nach (α) und (β) genau einen Wahrheitswert zu, und zweitens sind die Bedingungen für partielle Bewertungen erfüllt. Gilt z.B. $V'_{n+1}(\Lambda x^\sigma A[x^\sigma, a^\tau_{j+1,k}]) = w$, so nach (β) $V'_n(\Lambda x^\sigma A[x^\sigma, t^\tau_{jk}]) = w$, also nach I. V. $V'_n(A[s^\sigma_{jl}, t^\tau_{jk}]) = w$ für alle Terme s^σ_{jl} ($l = 1,2,\ldots$). Ist nun $s^\sigma[a^{\tau_1}_{j+1,k_1}, \ldots, a^{\tau_m}_{j+1,k_m}]$ ein Term über Γ_{n+1}, so gilt
$V'_{n+1}(A[s^\sigma[a^{\tau_1}_{j+1,k_1}, \ldots, a^{\tau_m}_{j+1,k_m}]) = V'_n(A[s^\sigma[t^{\tau_1}_{jk_1}, \ldots, t^{\tau_m}_{jk_m}], t^\tau_{jk}]) = w$.
Und gilt umgekehrt $V'_{n+1}(A[s^\sigma_{j+1,l}, a^\tau_{j+1,k}]) = w$ für alle Terme $s^\sigma_{j+1,l}$ über Γ_{n+1}, so auch $V'_{n+1}(A[a^\sigma_{j+1,l}, a^\tau_{j+1,k}]) = w$ für alle $l = 1,2,\ldots$, also nach (β) $V'_n(A[t^\sigma_{jl}, t^\tau_{jk}]) = w$ für alle l, also $V'_n(\Lambda x^\sigma A[x^\sigma, t^\tau_{jk}]) = w$, also nach (β) $V'_{n+1}(\Lambda x^\sigma A[x^\sigma, a^\tau_{j+1,k}]) = w$. Und gilt $V'_{n+1}(s[a^\tau_{j+1,k}] \varepsilon \lambda x A[x, a^\tau_{j+1,k}]) = w$, so $V'_n(s[t^\tau_{jk}] \varepsilon \lambda x A[x, t^\tau_{jk}]) = w$, also nach I. V. $V'_n(A[s[t^\tau_{jk}], t^\tau_{jk}]) = w$, also nach (β) $V'_{n+1}(A[s[a_{j+1,k}], a_{j+1,k}]) = w$, und umgekehrt.

b) V' ist eine totale Bewertung von **T**. Denn nach (α) ist V'_m für $m > n$ eine Erweiterung von V'_n. Gäbe es also V'_m und V'_n mit $V'_m(A) = w$ und $V'_n(A) = f$, so wäre für $m \geq n$ $V'_m(A) = w$ und $V'_m(A) = f$, im Widerspruch zu (a). V' ordnet also jedem Satz von **T** höchstens einen Wahrheitswert zu. Da es zu jeder endlichen Menge von GK ferner ein Γ_j gibt, das sie enthält, gibt es zu jedem Satz A von **T** ein j, so daß V'_j – und damit auch V' – für A definiert ist. V' erfüllt ferner die Bedingungen für partielle Bewertungen. Gilt z.B. $V'(\Lambda x^\tau A[x^\tau]) = f$, so gibt es ein j mit $V'_j(\Lambda x^\tau A[x^\tau]) = f$, also nach (a) einen Term t^τ_{jk} mit $V'_j(A[t^\tau_{jk}]) = f$, also $V'(A[t^\tau_{jk}]) = f$. Und gibt es einen Term t^τ mit $V'(A[t^\tau]) = f$, so gibt es ein j mit $V'_j(A[t^\tau]) = f$ – t^τ ist also ein Term über Γ_j –, also nach (a) $V'_j(\Lambda x^\tau A[x^\tau]) = f$, also $V'(\Lambda x^\tau A[x^\tau]) = f$.[1]

c) V' ist ausgezeichnet, denn zu jedem Term t^τ_{jk} gibt es eine GK $a_{j+1,k}$, so daß für alle Sätze $A[a^\tau_{j+1,k}]$ gilt $V'_{j+1}(A[a^\tau_{j+1,k}]) = V'_j(A[t^\tau_{jk}])$ nach (β). Es ist aber V' eine Erweiterung von V'_{j+1}.

[1] Im Fall partieller Bewertungen V'_j und V' argumentiert man weiter so: Ist $V'(\Lambda x^\sigma A[x^\sigma]) = w$, so gibt es ein j mit $V'_j(\Lambda x^\sigma A[x^\sigma]) = w$, und nach (α) gilt für alle $i \geq j$ $V'_i(\Lambda x^\sigma A[x^\sigma]) = w$, also $V'_i(A[t^\sigma]) = w$ für alle t^σ über Γ_i nach (a), also $V'(A[t^\sigma]) = w$ für alle t^σ. Und ist $\Lambda x^\sigma A[x^\sigma$ ein Satz über Γ_j, so gilt nach (α) $V'(\Lambda x^\sigma A[x^\sigma]) = V'_j(\Lambda x^\sigma A[x^\sigma])$ und $V'(A[t^\sigma]) = V'_j(A[t^\sigma])$ für alle Terme t^σ über Γ_j. Ist also $V'(A[t^\sigma]) = w$ für alle Terme t^σ, so $V'(A[t^\sigma]) = w$ für alle Terme t^σ über Γ_j, also $V'(A[t^\sigma]) = w$ für alle diese Terme, also $V'_j(\Lambda x^\sigma A[x^\sigma]) = w$, also $V'(\Lambda x^\sigma A[x^\sigma]) = w$.

d) V' ist $\mathfrak{K}$-äquivalent mit $V = V'_o$, da V' eine Erweiterung von V'_o ist.

Nach T8.2-6 sind die bei allen totalen Bewertungen wahren Sätze genau die bei allen ausgezeichneten totalen Bewertungen wahren Sätze. Denn ist ein Satz A bei allen totalen Bewertungen wahr, so auch bei allen ausgezeichneten totalen Bewertungen, und gibt es eine totale Bewertung, die A nicht erfüllt, so nach T8.2-6 auch eine ausgezeichnete totale Bewertung, die A nicht erfüllt. Für ausgezeichnete totale Bewertungen V gilt nun:

$V(\Lambda x^\tau A[x^\tau]) = w$ gdw. $V(A[a^\tau]) = w$ für alle GK a^τ.

Ersetzt man die Bedingung D8.2-3c und ihre Umkehrung durch diese Bedingung, so ist die Definition der ausgezeichneten totalen Bewertungen induktiv nach dem Grad_M der Sätze.

Zwischen beschränkten Interpretationen und totalen Bewertungen bestehen folgende Beziehungen:

T8.2-7: Zu jeder normalen beschränkten (wie auch unbeschränkten) Interpretation $\mathfrak{M} = \langle U, V \rangle$ gibt es eine äquivalente totale Bewertung V'.

Beweis: Wir setzen $V'(A) = V(A)$ für alle Sätze. Dann sind die Bedingungen (a)–(d) von D8.2-3 und ihre Umkehrungen erfüllt. (d) gilt nach T8.2-3. V' ist normal.

T8.2-8: Zu jeder SM $\mathfrak{K}$, deren Sätze unendlich viele GK jeden Typs nicht enthalten, und jeder totalen Bewertung V gibt es eine beschränkte Interpretation $\mathfrak{M} = \langle U, V' \rangle$, die mit V $\mathfrak{K}$-äquivalent ist.

Beweis:

I. Nach T8.2-6 gibt es zu V eine $\mathfrak{K}$-äquivalente, ausgezeichnete totale Bewertung V+, die jedem Term t^τ eine GK a^τ zuordnet. Ist a^τ dem Term t^τ zugeordnet, so drücken wir das durch $a^\tau \approx t^\tau$ aus.

II. Wir definieren $\mathfrak{M} = \langle U, V' \rangle$ wie folgt:
a) Es sei U_o die Menge der natürlichen Zahlen. $a^o_1, a^o_2, \ldots$ sei eine Abzählung der GK vom Typ 0 und es sei $V'(a^o_i) = i$.
b) $V'(a^{(\tau_1,\ldots,\tau_n)}) = \{(\alpha_1,\ldots,\alpha_n) \varepsilon U_{\tau_1} x..x U_{\tau_n} : \mathrm{V} b^{\tau_1}_1..b^{\tau_n}_n(V'(b^{\tau_1}_1) = \alpha_1 \wedge \ldots \wedge V'(b^{\tau_n}_n) = \alpha_n \wedge V+(b^{\tau_1}_1,\ldots,b^{\tau_n}_n \varepsilon a^{(\tau_1,\ldots,\tau_n)}) = w)\}$
c) $U_{(\tau_1,\ldots,\tau_n)}$ sei der Wertevorrat von $V'(a^{(\tau_1,\ldots,\tau_n)})$.
Dadurch wird V' für alle GK a^τ definiert und zugleich U_τ durch Induktion nach den Typen.

III.) Es gilt nun
1. $V'(A) = V+(A)$ für alle Sätze A und $V'(t^\tau) = V'(a^\tau)$ für $a^\tau \approx t^\tau$.
2. $\langle U, V' \rangle$ ist eine beschränkte Interpretation.

Wir beweisen (1) durch Induktion nach der Länge der Formeln:
α) $V'(A)=V^+(A)$ für alle Basissätze, denn $V'(a_1,\ldots,a_n\varepsilon b)=w$ gdw. $V'(a_1),\ldots, V'(a_n)\varepsilon V'(b)$ gdw. $V^+(a_1,\ldots,a_n\varepsilon b)=w$.
β) Die Induktion für die a. l. Fälle ergibt sich ohne weiteres.
$V'(\Lambda xA[x])=f$ gdw. es eine GK a^τ mit $V'(A[a^\tau])=f$ gibt (das gilt nach (c)) gdw. $V^+(A[a])=f$ (nach I. V.), gdw. $V^+(\Lambda xA[x])=f$ (V^+ ist ausgezeichnet).
Ferner gilt z. B.
$V'(\lambda xA[x])=\{V'(b){:}V'(A[b])=w\}$
$=\{V'(b){:}\ V^+(A[b])=w\}$ (nach I. V.)
$=\{V'(b){:}\ V^+(b\varepsilon\lambda xA[x])=w\}$
$=\{V'(b){:}\ V^+(b\varepsilon c)=w\}$, wo $c\approx\lambda xA[x]$,
$=\{V'(b){:}\ V'(b\varepsilon c)=w\}$ nach I. V., da $b\varepsilon c$ ein Primsatz ist,
$=\{V'(b){:}\ V'(b)\varepsilon V'(c)\}$.
Es gilt also $V'(\lambda xA[x])=V'(c)$, so daß die Bedingung (5) aus D8.2-2 erfüllt ist. Daher gilt auch die obige Behauptung (2).

Es gilt daher allgemein für Primsätze

$V'(t_1,\ldots,t_n\varepsilon a)=V'(b_1,\ldots,b_n\varepsilon a)=V^+(b_1,\ldots,b_n\varepsilon a)=V^+(t_1,\ldots,t_n\varepsilon a)$, wo $t_i\approx b_i$ $(1\leq i\leq n)$. Endlich gilt:
$V'(t_1,\ldots,t_n\varepsilon\lambda x_1..x_nA[x_1,\ldots,x_n])=w$ gdw. $V'(t_1,\ldots,t_n\varepsilon b)=w$ gdw. $V^+(t_1,\ldots,t_n\varepsilon b)=w$ gdw. $V^+(t_1,\ldots,t_n\varepsilon\lambda x_1..x_nA[x_1,\ldots,x_n])=w$, wo $b\approx\lambda x_1..x_nA[x_1,\ldots,x_n]$.

Damit ist T8.2-8 bewiesen.

Nach T8.2-7 und T8.2-8 gilt nun

T8.2-9: Ein Schluß ist gültig bzgl. aller beschränkten Interpretationen gdw. er gültig ist bzgl. aller totalen Bewertungen.

Wie in der P. L. kann man also auch in der klassischen T. L. von einer Bewertungssemantik ausgehen.

Das Verhältnis von Semi-Bewertungen, partiellen und totalen Bewertungen wird durch folgende beiden Sätze charakterisiert:

T8.2-10: Jede Semi-Bewertung V läßt sich zu einer partiellen Bewertung V' erweitern.

Dieser Satz läßt sich nicht mehr so beweisen wie die analogen Sätze T1.6-4 und T4.4-18, da t. l. Bewertungen nicht induktiv definiert sind. Wir folgen einer Überlegung von K. Schütte in (1962), S. 49ff:

Eine Semi-Bewertung V heißt *maximal,* wenn es keine Semi-Bewertung V' gibt, die V echt erweitert. Es gilt nun:

1. Jede Semi-Bewertung V läßt sich zu einer maximalen V' erweitern.

Es sei $A_1, A_2,\ldots$ eine Abzählung der Sätze von **T**, und die Folge V_1,

$V_2, \ldots$ von Semi-Bewertungen sei so definiert: $V_1 = V$ und $V_{n+1} = V_n$, falls es keine Erweiterung V^+ von V_n gibt mit $V^+(A_n) \neq u$, sonst $V_{n+1} = V^+$ für ein solches V^+. Es sei V' die Vereinigung der V_i. Dann ist V' eine Semi-Bewertung. Denn ist z.B. $V'(\Lambda x A[x]) = w$, so gibt es ein i mit $V_i(\Lambda x A[x]) = w$, also – da die V_i Semi-Bewertungen sind – $V_i(A[t]) = w$ für alle Terme t passenden Typs, also $V'(A[t]) = w$ für alle diese Terme. Und ist $V'(\Lambda x A[x]) = f$, so gibt es ein i mit $V_i(\Lambda x A[x]) = f$, also auch einen Term t mit $V_i(A[t]) = f$, also $V'(A[t]) = f$. V' ist ferner maximal. Denn gäbe es einen Satz A_n mit $V'(A_n) = u$ und eine echte Erweiterung V^+ von V' mit $V^+(A_n) = w$ oder $V^+(A_n) = f$, so erhielten wir einen Widerspruch zur Konstruktion von V'.

2. Jede maximale Semi-Bewertung V' ist eine partielle Bewertung.

Würde eine der Umkehrungen der Bedingungen für Semi-Bewertungen bei V' nicht gelten, so wäre V' echt erweiterbar, d.h. nicht maximal. Würde z.B. für alle Terme t^τ gelten $V'(A[t^\tau]) = w$, aber $V'(\Lambda x^\tau A[x^\tau]) = u$ – $V'(\Lambda x^\tau A[x^\tau]) = f$ kann nicht gelten, da sonst $V'(A[t^\tau]) = f$ wäre für ein t^τ –, so ist jene Funktion V^+, für die gilt $V^+(A) = V'(A)$ für alle Sätze A, die von $\Lambda x^\tau A[x^\tau]$ verschieden sind, und $V^+(\Lambda x^\tau A[x^\tau]) = w$ eine Semi-Bewertung und eine echte Erweiterung von V'. Und würde gelten $V'(A[t^\tau]) = f$, aber $V'(\Lambda x^\tau A[x^\tau]) = u$, so ist die Funktion V^+, die sich von V' nur dadurch unterscheidet, daß gilt $V^+(\Lambda x^\tau A[x^\tau]) = f$ eine Semi-Bewertung und eine echte Erweiterung von V'.

Die Behauptung von T8.2-10 folgt unmittelbar aus (1) und (2).

T8.2-11: Jede partielle Bewertung läßt sich zu einer totalen Bewertung erweitern.

Dieser Satz wird für den semantischen Beweis des Eliminationstheorems verwendet, auf den wir im nächsten Abschnitt eingehen. Er ist zuerst von M. Takahashi in (1967) und D. Prawitz in (1968) – unabhängig voneinander, aber im wesentlichen mit demselben Gedanken – bewiesen worden.[1]

Uns genügt für das folgende der schwächere Satz

T8.2-12: Zu jeder partiellen Bewertung V und jeder SM $\mathfrak{K}$, in deren Sätzen unendlich viele GK jeden Typs nicht vorkommen, gibt es eine totale Bewertung V', die V auf $\mathfrak{K}$ erweitert, so daß also für alle Sätze A aus $\mathfrak{K}$ gilt: Ist $V(A) \neq u$, so ist $V'(A) = V(A)$.

Beweis: Da T8.2-6 auch für partielle Bewertungen gilt, gibt es zu V eine $\mathfrak{K}$-äquivalente ausgezeichnete partielle Bewertung V^+. Wir setzen $V'(A) = V^+(A)$ für alle Primsätze A, für die $V^+(A) \neq u$ ist. Gilt $a_i \approx t_i$ $(1 \leq i \leq n)$ – das besage wieder, daß bzgl. V^+ die GK a_i dem Term t_i zu-

[1] Vgl. dazu auch Takahashi (1969).

geordnet ist –, so soll für die anderen Primsätze gelten $V'(t_1, \ldots, t_n \varepsilon b) = V'(a_1, \ldots, a_n \varepsilon b)$. (Das gilt dann wegen $V^+(t_1, \ldots, t_n \varepsilon b) = V^+(a_1, \ldots, a_n \varepsilon b)$ für alle Primsätze.) Im übrigen ordne V' diesen Primsätzen beliebige Wahrheitswerte zu. V' wird für die anderen Sätze nach dem $Grad_M$ induktiv so definiert, daß die Bedingungen für partielle Bewertungen gelten, wobei die p. l. Bedingungen ersetzt werden durch: $V'(\Lambda x^\tau A[x^\tau]) = w$ gdw. für alle GK a^τ gilt $V'(A[a^\tau]) = w$, und $V'(\Lambda x^\tau A[x^\tau]) = f$ gdw. es eine GK a^τ gibt mit $V'(A[a^\tau]) = w$. Durch Induktion nach dem $Grad_M$ der Sätze A[a] beweisen wir

a) $V'(A[t]) = V'(A[a])$ für $a \approx t$.

Das gilt für Primsätze nach Definition von V' und ist es bereits bewiesen für alle Sätze von einem $Grad_M < n$, so gilt es auch für n. Denn es ist z. B. $V'(s[t]\varepsilon\lambda x A[x, t]) = w$ gdw. $V'(A[s[t],t]) = w$, und das gilt nach I. V. gdw. $V'(A[s[a],a]) = w$, also gdw. $V'(s[a]\varepsilon\lambda x A[x, a]) = w$. – Daraus folgt: Ist $V'(\Lambda x^\tau A[x^\tau]) = w$, so gilt für alle Terme t^τ $V'(A[t^\tau]) = w$.

b) V' ist eine Erweiterung von V^+.

Ist z. B. $V^+(\Lambda x^\tau A[x^\tau]) = w$, so gilt für alle GK a^τ $V^+(A[a^\tau]) = w$, also nach I. V. $V'(A[a^\tau]) = w$, also $V'(\Lambda x^\tau A[x^\tau]) = w$. Und ist $V^+(\Lambda x^\tau A[x^\tau]) = f$, so gibt es, da V^+ ausgezeichnet ist, eine GK a^τ mit $V^+(A[a^\tau]) = f$, also nach I. V. $V'(A[a^\tau]) = f$, also $V'(\Lambda x^\tau A[x^\tau]) = f$.

8.3 Der Kalkül **KT1**

Die Terme $\lambda x_1 \ldots x_n A[x_1, \ldots, x_n]$ werden durch das Abstraktionsprinzip eingeführt. Wir erhalten also den Kalkül **KT1** der klassischen T. L., wenn wir zu **KP1** folgende Regeln hinzunehmen

HM1: $\Delta \rightarrow A[s_1, \ldots, s_n], \Gamma \vdash \Delta \rightarrow s_1, \ldots, s_n \varepsilon \lambda x_1 \ldots x_n A[x_1, \ldots, x_n], \Gamma$
HM2: $\Delta \rightarrow \sim A[s_1, \ldots, s_n], \Gamma \vdash \Delta \rightarrow \sim s_1, \ldots, s_n \varepsilon \lambda x_1 \ldots x_n A[x_1, \ldots, x_n], \Gamma$
VM1: $\Delta, A[s_1, \ldots, s_n] \rightarrow \Gamma \vdash \Delta, s_1, \ldots, s_n \varepsilon \lambda x_1 \ldots x_n A[x_1, \ldots, x_n] \rightarrow \Gamma$
VM2: $\Delta, \sim A[s_1, \ldots, s_n] \rightarrow \Gamma \vdash \Delta, \sim s_1, \ldots, s_n \varepsilon \lambda x_1 \ldots x_n A[x_1, \ldots, x_n] \rightarrow \Gamma$

Wir verwenden in **KT1** wieder die Regeln VA1 und HA2 in der verallgemeinerten Form:

$\Delta, A[t] \rightarrow \Gamma \vdash \Delta, \Lambda x A[x] \rightarrow \Gamma$ und
$\Delta \rightarrow \sim A[t], \Gamma \vdash \Delta \rightarrow \sim \Lambda x A[x], \Gamma$.

Entsprechend erhält man aus **KP2** den Kalkül **KT2** durch Hinzunahme der Regeln HM1 und VM1 und Verallgemeinerung der Regel VA auf Terme. Zu **KP3** sind, neben der Verallgemeinerung der Regel A2, die Regeln

M1: $\Gamma, A[s_1, \ldots, s_n] \vdash \Gamma, s_1, \ldots, s_n \varepsilon \lambda x_1 \ldots x_n A[x_1, \ldots, x_n]$
M2: $\Gamma, \sim A[s_1, \ldots, s_n] \vdash \Gamma, \sim s_1, \ldots, s_n \varepsilon \lambda x_1 \ldots x_n A[x_1, \ldots, x_n]$

hinzuzunehmen. Und von **KP** gelangen wir zu einem Satzkalkül **KT** der klassischen T. L., in dem wir die Axiome A16 und A17 verallgemeinern zu

$\Lambda x A[x] \supset A[s]$
$\neg A[s] \supset \neg \Lambda x A[x]$

und das Abstraktionsprinzip hinzunehmen

A21: $s_1, \ldots, s_n \varepsilon \lambda x_1 \ldots x_n A[x_1, \ldots, x_n] \equiv A[s_1, \ldots, s_n]$.

Die Äquivalenz dieser Kalküle im Sinn von T3.1-2, T3.2-1 und T3.2-2 beweist man wie diese Sätze.

Es gilt nun:

T8.3-1: In **KT1** kann man die Axiome auf solche beschränken, die nur Primformeln enthalten; ebenso in **KT2** und **KT3**.

Das zeigt man durch Induktion nach dem Grad_M von A.

T8.3-2: Ist in **KT1** eine SQ $S_1[a], \ldots, S_n[a] \rightarrow T_1[a], \ldots, T_n[a]$ beweisbar, so auch die SQ $S_1[t], \ldots, S_m[t] \rightarrow T_1[t], \ldots, T_n[t]$ für jeden Term t (m, n ≤ 0), falls die GK a in den Formeln der letzteren SQ nicht mehr vorkommt.

Dieser Satz gilt jedoch nur dann, wenn man die Axiome nicht auf Primformeln beschränkt. Ansonsten beweist man ihn wie T4.2-1a.

Einem Beweis des Eliminationstheorems für **KT1** stellt sich nun die Schwierigkeit entgegen, daß ein geeigneter Induktionsparameter, der an die Stelle des Grades der Schnittformel (SF) tritt, nicht in Sicht ist. Man kann zwar den Beweis von T6.1-2 wie folgt ergänzen:

Zu (3a):

$$\frac{\begin{matrix}\Delta \rightarrow (\sim)A[s], \Gamma & \Delta', (\sim)A[s] \rightarrow \Gamma \\ \Delta \rightarrow (\sim)s\varepsilon\lambda x A[x]; & \Delta', (\sim)s\varepsilon\lambda x A[x] \rightarrow \Gamma'\end{matrix}}{\Delta, \Delta' \rightarrow \Gamma, \Gamma'}$$

$$\Rightarrow \frac{\Delta \rightarrow (\sim)A[s], \Gamma; \; \Delta', (\sim)A[s] \rightarrow \Gamma'}{\begin{matrix}\Delta, \Delta'_{(\sim)A[s]} \rightarrow \Gamma_{A[s]}, \Gamma' \\ \Delta, \Delta' \rightarrow \Gamma, \Gamma'\end{matrix}} \qquad \text{VV, HV, VT, HT}$$

Zu (3b):

$$\frac{\begin{matrix}\Delta \rightarrow (\sim)A[s], \Gamma & \\ \Delta \rightarrow (\sim)s\varepsilon\lambda x A[x], \Gamma; & s\varepsilon\lambda x A[x], \sim s\varepsilon\lambda x A[x] \rightarrow\end{matrix}}{\Delta, (\sim)s\varepsilon\lambda x A[x] \rightarrow}$$

$$\Rightarrow \quad \frac{\Delta \to (\sim)A[s];\ A[s],\ \sim A[s] \to}{\begin{array}{c}\Delta, (\sim)A[s] \to \\ \Delta, (\sim)s\varepsilon\lambda xA[x] \to\end{array}}$$

Zu (3c):

$$\frac{\begin{array}{c}\Delta', (\sim)A[s] \to \Gamma' \\ \to s\varepsilon\lambda xA[x],\ \sim s\varepsilon\lambda xA[x];\ \Delta', (\sim)s\varepsilon\lambda xA[x] \to \Gamma'\end{array}}{\Delta' \to (\sim)s\varepsilon\lambda xA[x], \Gamma'}$$

$$\Rightarrow \quad \frac{\to A[s],\ \sim A[s];\ \Delta', (\sim)A[s] \to \Gamma'}{\begin{array}{c}\Delta', (\sim)A[s] \to \Gamma' \\ \Delta', (\sim)s\varepsilon\lambda xA[x] \to \Gamma'\end{array}}$$

(Entsprechend für $s_1,\ldots,s_n\varepsilon\lambda x_1\ldots x_nA[x_1,\ldots,x_n]$.)

Aber als Induktionsparameter kommt hier der Grad_P der SF nicht infrage, weil der für $A[s_1,\ldots,s_n]$ in der Regel größer ist als für $s_1,\ldots,s_n\varepsilon\lambda x_1\ldots x_nA[x_1,\ldots,x_n]$. Auch die Länge des ersteren Satzes kann größer sein als die des letzteren, wie wir gesehen haben. Der Grad_M der SF kommt ebenfalls nicht in Betracht, weil der für $(\sim)A[t]$ größer sein kann als für $(\sim)\Lambda xA[x]$, so daß hier die Induktion in den Fällen (η) und (θ) unter (3a) bis (3c) nicht funktioniert. Ordnet man endlich den FV in einem Beweis $\mathfrak{B}$ Stufen zu, die von der Anzahl der Anwendungen logischer Regeln abhängen, mit denen sie in $\mathfrak{B}$ gewonnen wurden, so erhöht sich diese Stufe der SF in den Fällen (3b) und (3c). (Das würde vermieden, wenn man sich im Sinn von T8.3-1 auf Axiome mit Primformeln beschränkt, aber dann gilt T8.3-2 nicht mehr, und diesen Satz braucht man bei der Elimination der Schnitte. Bei Verwendung von Regeln der unendlichen Induktion benötigt man andererseits zwar nicht den Satz T8.3-2, aber dann kann man T8.3-1 nicht mehr beweisen.)

Die Eliminierbarkeit der Regel TR läßt sich bisher nur auf semantischem Weg beweisen, d.h. aber auf einem nicht mehr konstruktiven Weg. Insbesondere gibt dieser Beweis kein Verfahren an, nach dem sich ein Beweis mit TR-Anwendungen in einen Beweis derselben SQ ohne TR-Anwendungen umformen läßt. Man kann zwar, wie das zuerst G. Gentzen in (1936) getan hat, auf konstruktive, ja elementare Weise eine totale Bewertung V angeben und zeigen, daß jede in **KT1** beweisbare SQ V-gültig ist; daraus folgt, daß in **KT1** für keinen Satz zugleich $\to A$ und $\to \sim A$ beweisbar ist. Diese Konstruktion nimmt jedoch eine endliche Menge von Individuen an und versagt daher bei Hinzunahme des Unendlichkeitsaxioms, das für die Begründung von Arithmetik und Analysis im Rahmen der T. L. wesentlich ist.

Die semantische Widerspruchsfreiheit von **KT1** läßt sich auf dem üblichen Wege beweisen.

T8.3-3: Jede in **KT1** beweisbare SQ ist gültig bzgl. aller totalen Bewertungen.

Entsprechendes gilt nach T8.2-7 (mit T8.2-4 und T8.2-5) also auch für (beschränkte) totale Interpretationen. Man beweist den Satz, indem man zeigt, daß alle Axiome bzgl. aller totalen Bewertungen gültig sind, und daß das für die Konklusion jeder Regel von **KT1** gilt, wenn es für ihre Prämissen gilt.

Die Vollständigkeit von **KT1** bzgl. totaler Bewertungen wird in zwei Schritten bewiesen: Wir zeigen zunächst, daß es zu jeder in **KT1** ohne TR unbeweisbaren SQ Σ eine Semi-Bewertung gibt, bzgl. derer Σ nicht gültig ist. Daraus folgt dann nach T8.2-10 und T8.2-12, daß es zu jeder in **KT1** ohne TR unbeweisbaren SQ eine totale Bewertung gibt, bzgl. derer sie nicht gültig ist. Daraus ergibt sich mit T8.3-3 auch: In **KT1** ist mit TR nicht mehr beweisbar als ohne TR; TR ist also eliminierbar.

Wir definieren Herleitungen und reguläre Herleitungen wie in 4.3 bzgl. des Kalküls **MP1**, wobei in Anwendung auf **KP1** auch SQ der Gestalt $\Delta \rightarrow \Gamma(A, \sim A)$ als geschlossen anzusehen sind. An die Stelle einer Abzählung der GK treten nun Abzählungen der Terme t^τ für alle Typen τ. Die Umkehrungen der HA1- und VA2-Regeln von **KT1**' (einem Kalkül, der sich zu **KT1** verhalten soll wie **MP1**' zu **MP1**) werden so angewendet, daß die dabei neu eingeführte GK b^τ die erste GK in der Abzählung der Terme dieses Typs ist, die in der Prämisse nicht vorkommt. Die Umkehrungen der VA1- und HA2-Regeln von **KT1**' werden so angewendet, daß t^τ der erste Term in der Abzählung der Terme vom Typ τ ist, für den die VF A[t] bzw. die HF $\sim$A[t] nicht in Δ bzw. Γ vorkommt.

Es gelten dann wieder die Entsprechungen zu T4.3-4, T4.3-5 und T4.3-6, wobei im letzteren Satz die Formeln A[t] bzw. $\sim$A[t] an die Stelle von A[a] bzw. $\sim$A[a] treten.

Es gilt nun:

T8.3-4: Jede bzgl. aller partiellen Bewertungen gültige SQ ist in **KT1** ohne TR-Anwendungen beweisbar.

Beweis: Es sei $\Delta \rightarrow \Gamma$ nicht in **KT1** ohne TR beweisbar. Dann gibt es eine offene reguläre Herleitung $\mathfrak{H}$ aus $\Delta \rightarrow \Gamma$. Es sei $\mathfrak{f}$ ein offener Faden von $\mathfrak{H}$. Dann definieren wir eine Semi-Bewertung V bzgl. $\mathfrak{f}$ wie folgt:

V(A) = w gdw. A VF oder $\sim$A HF einer SQ von $\mathfrak{f}$ ist,
V(A) = f gdw. $\sim$A VF oder A HF einer SQ von $\mathfrak{f}$ ist.

Es gilt nun:

a) Keine Formel ($\sim$)A tritt zugleich als VF und als HF von $\mathfrak{f}$ auf. Denn sonst wäre eine SQ von $\mathfrak{f}$ nach RF geschlossen, da in $\mathfrak{f}$ weder VF noch HF eliminiert werden.

b) Für keinen Satz A tritt zugleich A und $\sim A$ als VF auf. Denn sonst wäre $\mathfrak{f}$ nach WS geschlossen.
c) Für keinen Satz A tritt zugleich A und $\sim A$ als HF auf. Denn sonst wäre $\mathfrak{f}$ nach TND geschlossen.
d) V ist eine Semi-Bewertung. Nach den Überlegungen zu T4.5-2 und T1.7-2 ist nur mehr zu zeigen:

Ist $V(s\varepsilon\lambda xA[x]) = w$, so ist $s\varepsilon\lambda xA[x]$ VF von $\mathfrak{f}$ – dann aber auch $A[s]$ – oder $\sim s\varepsilon\lambda xA[x]$ ist HF von $\mathfrak{f}$ – dann aber auch $\sim A[s]$. In beiden Fällen ist $V(A[s]) = w$.

Ist $V(s\varepsilon\lambda xA[x]) = f$, so ist $\sim s\varepsilon\lambda xA[x]$ VF von $\mathfrak{f}$ – dann aber auch $\sim A[s]$ – oder $s\varepsilon\lambda xA[x]$ ist HF von $\mathfrak{f}$ – dann aber auch $A[s]$. In beiden Fällen ist $V(A[s]) = f$.

Die p. l. Fälle sind nun etwas anders zu formulieren.

Ist z. B. $V(\Lambda x^\tau A[x^\tau]) = w$, also $\Lambda x^\tau A[x^\tau]$ VF von $\mathfrak{f}$ – dann aber für alle Terme t^τ auch $A[t^\tau]$ – oder $\sim \Lambda x^\tau A[x^\tau]$ HF von $\mathfrak{f}$ – dann aber auch für alle Terme t^τ $\sim A[t^\tau]$ –, so ist in beiden Fällen $V(A[t^\tau])=w$ für alle Terme t^τ.

Allgemein argumentieren wir nun nicht so, daß $V(A) \neq w$ bzw. $V(A) \neq f$ ist für alle HF A bzw. VF $\sim A$ von $\mathfrak{f}$, sondern so, daß für sie $V(A) = f$ bzw. $V(A) = w$ ist. Die Überlegungen verlaufen aber im übrigen ganz analog. Es gilt also insbesondere $V(S) = w$ für alle S aus Δ und $V(T) = f$ für alle T aus Γ (es sei wieder $V(\sim A) = V(\neg A)$). Nach T8.2-10 läßt sich nun V zu einer partiellen Bewertung erweitern, für die dasselbe gilt.

T8.3-5: Jede bzgl. aller totalen Bewertungen gültige SQ ist in **KT1** ohne TR beweisbar.

Beweis: Ist $\Delta \rightarrow \Gamma$ nicht in **KT1** ohne TR beweisbar, so gibt es nach T8.3-4 eine partielle Bewertung V, die alle Formeln aus Δ wahr macht und alle aus Γ falsch. Nach T8.2-12 gibt es dazu aber eine totale Bewertung, für die das gleiche gilt.

KT1 ohne TR, also erst recht der volle Kalkül **KT1**, ist daher vollständig bzgl. totaler Bewertungen, nach T8.2-8 gilt also auch:

T8.3-6: **KT1** ist vollständig bzgl. beschränkter Interpretationen.

Endlich erhalten wir

T8.3-7: TR ist in **KT1** eliminierbar.

Denn **KT1** mit TR ist nach T8.3-3 semantisch widerspruchsfrei bzgl. aller totalen Bewertungen, und **KT1** ohne TR ist nach T8.3-5 vollständig bzgl. solcher Bewertungen. Also kann mit TR keine SQ beweisbar sein, die nicht auch ohne TR beweisbar wäre.

8.4 Minimale und direkte Typenlogik

Die Semantik der minimalen T. L. ist die der partiellen Bewertungen, die schon in 8.2 definiert worden sind. Da sich partielle Bewertungen nach T8.2-11 zu totalen erweitern lassen und totalen Bewertungen nach T8.2-8 beschränkte Interpretationen entsprechen, lassen sich partielle Deutungen von **T** vollständig präzisieren, so daß man keine indeterminierten Terme annehmen muß, sondern die Terme wie Bezeichnungen bestimmter Objekte verwenden kann. Partielle Deutungen von **T** sind also im Sinn von 7.1 objektivierbar. Entsprechendes gilt für direkte t. l. Bewertungen, die sich also im Sinn von D2.4-1 definieren lassen, wobei nun die p. l. Wahrheitsbedingungen (3e) in D5.3-2 wieder so abzuändern sind, daß darin allgemein von Termen statt von GK die Rede ist.

Obwohl daher für ein nicht vollständig erklärtes Prädikat A[x] der Term λxA[x] indeterminiert ist, kann man wegen der vollständigen Präzisierbarkeit aller Prädikate die Abstraktionsterme behandeln als ob sie determiniert seien. Daher wollen wir im Fall der T. L. auch keine Version mit indeterminierten Namen betrachten.

Aus **MP1** erhält man den Kalkül **MT1** der minimalen T. L., wenn man die M-Regeln von **KT1** hinzunimmt und die p. l. Regeln VA1 und HA2 wie in **KT1** verallgemeinert. Das Eliminationstheorem für **MT1** läßt sich, im Gegensatz zu jenem für **KT1** konstruktiv beweisen, d. h. es läßt sich ein Verfahren angeben, nach dem sich jeder Beweis in **MP1** in einen schnittfreien Beweis umformen läßt. Denn der Gedanke zum Beweis des Eliminationstheorems für den Kalkül **MK1** der minimalen Klassenlogik des Abschnitts 10.1 läßt sich ohne weiteres auf **MT1** übertragen.

Entsprechend erhält man aus **DP1** einen Kalkül **DT1** der direkten T. L., wenn man die M-Regeln hinzunimmt und VA1 und HA2 verallgemeinert. Wir wollen jedoch auf diese Kalküle hier nicht näher eingehen. Die Aussagen dazu ergeben sich bereits aus dem Gesagten. Angesichts der Widerspruchsfreiheit der klassischen T. L. gibt es hier im Gegensatz zur Klassenlogik auch keine logischen Antinomien, die einen Übergang zu Systemen ohne *tertium non datur* motivieren würden. Wie in der elementaren P. L. kann man natürlich Logiken entwickeln, die auf das Vorkommen von Wahrheitswertlücken zugeschnitten sind, die sich aus außerlogischen Gründen ergeben – aus sprachlichen Regeln, die nicht die Einführung logischer Operatoren betreffen –, aber dabei ergeben sich gegenüber den Überlegungen, die wir schon früher, speziell in 7.1, angestellt haben, keine wesentlich neuen Gesichtspunkte.

Teil III: Klassenlogik

9 Klassische Mengenlehre

9.1 Die Sprache der Klassenlogik

Die Ausdrücke „Klasse" und „Menge" werden meist synonym verwendet. Daher bedeuten auch die Ausdrücke „Klassenlogik" und „Mengenlehre" dasselbe. Nur in den Systemen der axiomatischen Mengenlehre von v. Neumann-Bernays-Gödel-Typ macht man einen Unterschied zwischen Klassen und Mengen. Wir werden hier einen solchen Unterschied erst im Abschnitt 11.3 machen.

Die Sprache **K** der Klassenlogik (kurz K. L.) entsteht aus der t. l. Sprache **T**, wenn wir dort die Typenunterscheidungen weglassen, also nur eine Sorte von Objekten betrachten und entsprechend nur eine Sorte von GK und GV. Eine Typenunterscheidung im Bereich der Begriffe bzw. Prädikate ist nicht nur sinnvoll, sondern unverzichtbar, und so ergeben sich die Typen der Ausdrücke in **T** auf natürliche Weise, wenn wir die Abstraktionsterme $\lambda x_1..x_n A[x_1,...,x_n]$ als Bezeichnungen für Begriffe lesen und die Ausdrücke $s_1,...,s_n \varepsilon \lambda x_1..x_n A[x_1,...,x_n]$ als „das n-tupel der Entitäten $s_1,...,s_n$ fällt unter den Begriff $\lambda x_1..x_n A[x_1,...,x_n]$". Wie schon Frege betont hat, sind Klassen jedoch Gegenstände und eine Typenunterscheidung im Bereich der Objekte ist nicht ohne weiteres sinnvoll. Es ist nicht ersichtlich, wieso eine Klasse nicht zugleich Individuen, Klassen von Individuen, Klassen von n-tupeln von Individuen und Klassen etc. enthalten können sollte. Obwohl daher Frege die Typenunterscheidungen für Begriffe (bzw. Funktionen) und Prädikate selbst entwickelt und als wesentlich erklärt hat, lehnte er Russells Typentheorie als Klassenlogik ab. Als Klassenlogik verstanden erscheint die Typenlogik lediglich als eine Restriktion der Klassenlogik mit dem Zweck, deren Antinomien zu vermeiden, und in diesem Sinn ist sie auch von Russell eingeführt worden.

Der Wegfall der Typenunterscheidung bedeutet nun aber nicht nur den Verzicht auf eine Stufenunterscheidung, sondern auch den Verzicht auf die Unterscheidung zwischen Klassen von n-tupeln für verschiedene $n \geq 1$ (ein 1-tupel (a) sei dabei der Gegenstand a selbst). Solange man n-tupel für $n > 1$ nicht als Klassen auffassen kann, ist diese Unterscheidung inhaltlich unverzichtbar, da man dann eben keinen einheitlichen Objektbereich hat. Ist z. B. a eine Klasse von n-tupeln, so ist der Ausdruck $s_1,...,s_m \varepsilon a$ für $n \neq m$ nicht ohne weiteres sinnvoll. Das ergibt dann aber im Effekt wieder dieselbe Hierarchie von Typen wie in der T. L., da nun n-tupel zu unterscheiden sind, bei denen für ein i ($1 \leq i \leq n$) die i-ten Glieder Klassen von m_1- bzw. m_2-tupeln sind mit $m_1 \neq m_2$. In der klassischen Mengenlehre kann man aber, wie wir sehen werden, n-tupel als Mengen definieren. Wir können daher die k. l. Sprache **K** so aufbauen, daß in ihr nur Abstraktionsterme der Form $\lambda xA[x]$ auftreten und nur Atomformeln der Gestalt $s\varepsilon t$.

Eine sprachliche Unterscheidung zwischen Individuen und Klassen ist hingegen nicht erforderlich. Zwar sind Aussagen des Inhalts, ein Objekt sei Element eines Individuums (z. B. eines Aschenbechers) oder es sei nicht Element dieses Individuums, nicht ohne weiteres sinnvoll, aber man kann ein Prädikat „ist ein Individuum" einführen und festlegen, daß Individuen keine Elemente haben. Mit diesem Prädikat kann man auch das Extensionalitätsprinzip, nach dem zwei Objekte identisch sind, wenn sie dieselben Elemente enthalten, auf Klassen beschränken. In vielen Anwendungen der Mengenlehre schließt man aber auch Individuen aus dem Grundbereich aus. Auch wir wollen das zunächst tun und daher vorläufig auf ein Individuenprädikat verzichten.

Die Sprache **K** sieht dann so aus: Das Alphabet von **K** enthält die logischen Symbole $\neg$, $\wedge$ (im Fall der direkten K. L. auch $\supset$), Λ, ε, λ, als Hilfszeichen das Komma und die runden Klammerzeichen, sowie unendlich viele GK und GV.

D9.1-1: Terme und Sätze von **K**

1. GK von **K** sind Terme von **K**.
2. Sind s und t Terme von **K**, so ist $s\varepsilon t$ ein (Atom-)Satz von **K**. (Ist t eine GK, so ist der Satz ein *Primsatz*, ist auch s eine GK, so ein *Basissatz.*)
3. Ist A ein Satz von **K**, so auch $\neg A$.
4. Sind A und B Sätze von **K**, so auch $(A \wedge B)$ (und im Fall der direkten Logik $(A \supset B)$).
5. Ist A[a] ein Satz, a eine GK, x eine GV von **K**, die in A[a] nicht vorkommt, so ist auch $\Lambda xA[x]$ ein Satz von **K**.
6. Ist A[a] ein Satz, a eine GK, x eine GV von **K**, die in A[a] nicht vorkommt, so ist $\lambda xA[x]$ ein Term von **K**.

Wir übernehmen für **K** die früheren Definitionen wie die Klammerregeln.

Die Satz- bzw. Termeigenschaft ist entscheidbar, da das für die GK gilt und sich jeder Term und Satz nur auf einem einzigen Weg aus kürzeren Termen bzw. Sätzen gewinnen läßt. Ein p. l. Grad der Sätze von **K** läßt sich wie in der P. L. oder in der T. L. definieren (vgl. D8.1-3), ein k. l. Grad – in Entsprechung zum t. l. Grad nach D8.1-4 jedoch nicht. Denn wenn man Unterausdrücke (UA) im Sinn von D8.1-5 definiert, so sind nicht alle Sätze und Terme regulär im Sinn von D8.1-7. Der Satz $\lambda x(x\varepsilon x)\varepsilon\lambda x(x\varepsilon x)$ hat z. B. sich selbst als UA, die

Kette seiner UA ist also nicht endlich, so daß eine Induktion nach dem Rang der Sätze und Terme hier nicht möglich ist.

Bei der Einsetzung von Termen für GK ist das in 7.2 Gesagte zu beachten.

9.2 Der Kalkül **KK1**

Wir erhalten einen Kalkül der klassischen Mengenlehre – wir nennen ihn **KK1** –, aus **KP1**, bezogen auf **K**, wenn wir die p. l. Regeln VA1 und HA2 wie früher für Terme verallgemeinern und folgende k. l. Regeln hinzunehmen, die wieder dem Abstraktionsprinzip entsprechen:

HM1: $\Delta\rightarrow A[s], \Gamma \vdash \Delta\rightarrow s\varepsilon\lambda xA[x], \Gamma$
HM2: $\Delta\rightarrow \sim A[s], \Gamma \vdash \Delta\rightarrow \sim s\varepsilon\lambda xA[x], \Gamma$
VM1: $\Delta, A[s]\rightarrow \Gamma \vdash \Delta, s\varepsilon\lambda xA[x]\rightarrow \Gamma$
VM2: $\Delta, \sim A[s]\rightarrow \Gamma \vdash \Delta, \sim s\varepsilon\lambda xA[x]\rightarrow \Gamma$.

Einen äquivalenten Satzkalkül **KK** erhalten wir aus **KP** durch Verallgemeinerung der p. l. Axiome A16 und A17 und durch Hinzunahme des vereinfachten Axiomenschemas

A21: $s\varepsilon\lambda xA[x]\equiv A[s]$.

Definieren wir die Identität durch

D9.2-1: $s=t:=\Lambda x(x\varepsilon s\equiv x\varepsilon t)$,

so ist die SQ$\rightarrow s=s$ beweisbar, die Substituierbarkeit des Identischen ist aber zu fordern, so daß wir zu **KK1** noch das Axiom

I2: $s=t, A[s]\rightarrow A[t]$

hinzunehmen. Daraus erhält man auch $s=t\rightarrow A[s]\equiv A[t]$, also auch $s=t\rightarrow s\varepsilon a\equiv t\varepsilon a$, also $s=t\rightarrow \Lambda x(s\varepsilon x\equiv t\varepsilon x)$. Ebenso erhält man $s=t, r[s]=r[s]\rightarrow r[s]=r[t]$, also $s=t\rightarrow r[s]=r[t]$.

Man kann nun geordnete Paare (s, t) definieren durch

D9.2-2: $(s, t):=\{\{s\}, \{s,t\}\}$.

Dabei sei $\{s\}:=\lambda x(x=s)$ und $\{s,t\}:=\lambda x(x=s\vee x=t)$.

Es gilt nämlich:

T9.2-1: $\{\{s\}, \{s,t\}\}=\{\{s'\}, \{s',t'\}\}\equiv s=s'\wedge t=t'$.

Beweis: (a) Die Behauptung $s=s'\wedge t=t'\supset\{\{s\}, \{s,t\}\}=\{\{s'\}, \{s',t'\}\}$ ist nach I2 trivial. (b) Es gelte nun $\{\{s\}, \{s,t\}\}=\{\{s'\}, \{s',t'\}\}$. Ist $s=t$, so ist $\{s,t\}=\{s\}$, also $\{\{s\}, \{s,t\}\}=\{\{s\}\}$. Wegen $\Lambda x(x\varepsilon\{\{s\}\}\equiv x\varepsilon\{\{s'\}, \{s',t'\}\})$ gilt dann $x=\{s\}\equiv x=\{s'\}\vee x=\{s',t'\}$, also $\{s'\}=\{s\}$, d. h. $s'=s$, und $\{s',t'\}=\{s\}$, d. h. $s'=t'=s$, also $s=s'\wedge t=t'$. Ist $s\neq t$, so gilt $\Lambda x(x=\{s\}\vee x=\{s,t\}\equiv x=\{s'\}\vee x=\{s',t'\})$, also $\{s\}=\{s'\}\vee\{s\}=\{s',t'\}$, also $s=s'$ oder $s=s'=t'$, also in jedem Fall $s=s'$.

Und es gilt $\{s,t\}=\{s'\} \vee \{s,t\}=\{s',t'\}$, also $s=s' \wedge t=s'$ – das ist aber nach der Annahme $s \neq t$ ausgeschlossen – oder $s=s' \wedge t=t'$ oder $s=t' \wedge t=s'$ – wegen $s=s'$ und $s \neq t$ ist der letztere Fall aber ausgeschlossen. Es gilt also auch für $s \neq t$ $s=s' \wedge t=t'$.

Für $n>2$ kann man dann die n-tupel induktiv so definieren:

D9.2-3: $(s_1,\ldots,s_n):=((s_1,\ldots,s_{n-1}),s_n)$.

In der klassischen Mengenlehre läßt sich ein Modell der Peanoaxiome angeben, welche die natürlichen Zahlen charakterisieren. In ihnen kommen folgende Grundterme vor: 0, N (für die Menge der natürlichen Zahlen) und ' (für die Nachfolgerfunktion). Sie lauten:

P1: $0 \varepsilon N$
P2: $\Lambda x(x\varepsilon N \supset x'\varepsilon N)$
P3: $\Lambda xy(x'=y' \supset x=y)$
P4: $\Lambda x(x' \neq 0)$
P5: $\Lambda x(0\varepsilon x \wedge \Lambda y(y\varepsilon N \wedge y\varepsilon x \supset y'\varepsilon x) \supset \Lambda y(y\varepsilon N \supset y\varepsilon x))$.

Das v. Neumannsche Modell – eine Vereinfachung des Modells von Frege – ergibt sich aus den Definitionen:

$0:=\Lambda$
$x'=x \cup \{x\}$
$N:=\bigcap \lambda x(0\varepsilon x \wedge \Lambda y(y\varepsilon x \supset y'\varepsilon x))$.

Mit ihnen werden die Peanoaxiome zu beweisbaren Sätzen. Die Tatsache der Definierbarkeit der natürlichen Zahlen im Rahmen der klassischen Mengenlehre ist die Grundlage für die weitergehende These des *Logizismus,* daß sich alle mathematischen Begriffe in der Sprache **K** definieren und mit diesen Definitionen alle mathematischen Sätze in einem Kalkül wie **KK1** beweisen lassen. Da Klassen als Begriffsumfänge logische Gegenstände sind und man das Abstraktionsprinzip, mit dem **KK1** über **KP1** hinausgeht: „Jeder Begriff hat einen Umfang" oder „Zu jedem Begriff gibt es eine Klasse, die genau jene Objekte enthält, die unter ihn fallen" als ein *logisches* Prinzip ansehen wird, lassen sich damit alle mathematischen Begriffe durch rein logische definieren und mit diesen Definitionen kann man alle mathematischen Theoreme auf rein logischem Wege beweisen. Die Leistungsfähigkeit der klassischen Mengenlehre reicht auch über die Begründung der Arithmetik weit hinaus. In ihr läßt sich u.a. auch die Theorie der reellen und komplexen Zahlen, der Ordinal- und der Kardinalzahlen aufbauen. Sie ist also ein außerordentlich starkes System.

9.3 Die Inkonsistenz der klassischen Mengenlehre

Die klassische Mengenlehre ist nun aber inkonsistent, da es Sätze A gibt, für die in **KK1** sowohl $\rightarrow A$ wie $\rightarrow \sim A$ beweisbar ist. Daraus erhält man mit WS, TR und HV einen Beweis für jeden beliebigen Satz von **K**. Wir zeigen das hier an zwei Beispielen:

Die Antinomie von Russell

Es sei r der Term $\lambda x \neg (x \varepsilon x)$. Dann erhalten wir

$\rightarrow r\varepsilon r, \sim r\varepsilon r$	TND	und	$\rightarrow r\varepsilon r, \sim r\varepsilon r$	TND
$\rightarrow r\varepsilon r, \neg r\varepsilon r$	HN1		$\rightarrow \sim \neg r\varepsilon r, \sim r\varepsilon r$	HN2
$\rightarrow r\varepsilon r, r\varepsilon r$	HM1		$\rightarrow \sim r\varepsilon r, \sim r\varepsilon r$	HM2
$\rightarrow r\varepsilon r$	HK		$\rightarrow \sim r\varepsilon r$	HK

Die Antinomie von Curry

Es sei c der Term $\lambda x(x\varepsilon x \supset A)$, wo A eine beliebige Aussage ist.

$A \rightarrow A$	RF
$c\varepsilon c \rightarrow c\varepsilon c;\ c\varepsilon c, A \rightarrow A$	RF, VV
$c\varepsilon c, c\varepsilon c \supset A \rightarrow A$	VI1
$c\varepsilon c, c\varepsilon c \rightarrow A$	VM1
$c\varepsilon c \rightarrow A$	VK (α)
$\rightarrow c\varepsilon c \supset A$	HI1
$\rightarrow c\varepsilon c;\ c\varepsilon c \rightarrow A$	HM1, (α)
$\rightarrow A$	TR

(Die Regeln VI1, HI1 sind in **KK1** wie **KP1** beweisbar.) In **KK1** läßt sich auf diesem Weg jeder Satz A beweisen.

Neben diesen beiden Antinomien gibt es eine Fülle weiterer mengentheoretischer Antinomien, auf die wir hier jedoch nicht eingehen wollen.

10 Minimale Klassenlogik

10.1 Die Kalküle MK1 *und* MK2

Die minimale Logik ist wesentlich schwächer als die klassische Logik. Damit ergibt sich die Möglichkeit, daß diese Logik – bezogen auf die volle (typenfreie) Sprache **K** – mit dem unbeschränkten Abstraktionsprinzip verträglich ist. So ist es tatsächlich, und die minimale ist die einzige der hier betrachteten Logiken, für die das gilt.

Obwohl die Definition der n-tupel in der minimalen K. L. nicht allgemein so möglich ist wie in der klassischen, gehen wir hier zunächst von der Sprache **K** aus. Die folgenden Überlegungen lassen sich ohne weiteres auf eine Erweiterung von **K** übertragen, in der auch Atomformeln der Gestalt $s_1, \ldots, s_n \varepsilon t$ vorkommen.

MK1 sei der Kalkül über der Sprache **K**, der aus **MP1** durch Verallgemeinerung der p. l. Regeln VA1 und HA2 und der Hinzunahme der k. l. Regeln HM1 bis VM2 (vgl. 9.2) entsteht. **MK2+** sei **MK1**, erweitert um die Regeln U1 und U2 der unendlichen Induktion (vgl. 7.4).

Beide Kalküle sind nun trivialerweise widerspruchsfrei, da in ihnen keine SQ $\rightarrow \Gamma$ beweisbar ist. Das gilt in dem gleichen Sinn, in dem wir das schon in 1.3 für **MA1** gezeigt haben: Da alle Axiome VF enthalten und die Regeln außer TR keine VF eliminieren, wäre ein SQ $\rightarrow \Gamma$ nur mit TR-Anwendungen beweisbar. In diesem Fall gäbe es eine kleinste Zahl n, so daß eine solche SQ mithilfe von n TR-Anwendungen beweisbar ist. Ein derartiger Beweis sähe so aus, daß darin bei der n-ten TR-Anwendung die letzte VF verschwinden müßte. Diese Anwendung hätte also die Gestalt $\rightarrow S, \Gamma; S \rightarrow \Gamma \vdash \rightarrow \Gamma$. Dann wäre aber $\rightarrow S, \Gamma$, d.h. eine SQ der fraglichen Gestalt im Widerspruch zur Annahme schon mit n-1 TR-Anwendungen beweisbar.

Es ist also die Widerspruchsfreiheit von Anwendungen der Kalküle **MK1** und **MK2+** zu beweisen, d.h. die Widerspruchsfreiheit aller Systeme **MK1K** bzw. **MK2+K** für widerspruchsfreie Basiskalküle **K,** in denen nur SQ beweisbar sind, die lediglich Primformeln enthalten. Da für solche Anwendungen die Regeln unendlicher Induktion wichtig sind, beweisen wir zunächst die Widerspruchsfreiheit des Systems mit diesen Regeln.Dabei muß man dann wie in 7.4 zwei Sorten von Konstanten unterscheiden: GK (im Sinn freier GV) und Grundterme, die zu den konstanten Termen (KT) zu rechnen sind. Die Primformeln in den Axiomen von **K** sollen nur KT enthalten, also konstante Formeln sein. GK bezeichnen wir wie bisher durch die Buchstaben a, b, c,. . ., Grundterme durch a°, b°,. . . . Würde man z.B. ein Axiom $\rightarrow s\varepsilon a$, $\sim s\varepsilon a$ in **K** zulassen für alle KT s statt der Axiome $\rightarrow s\varepsilon a^\circ$, $\sim s\varepsilon a^\circ$ für alle Grundterme a° und alle KT s, so erhielte man die Russellsche Antinomie: Aus $\rightarrow r\varepsilon a$, $\sim r\varepsilon a$ folgt $\rightarrow \Lambda x(r\varepsilon x \vee \neg r\varepsilon x)$, daraus $\rightarrow r\varepsilon r \vee \neg r\varepsilon r$, also $\rightarrow r\varepsilon r$, $\sim r\varepsilon r$. Daraus ergibt sich aber die Antinomie wie in 9.3.

Wir wollen hier jedoch einen anderen Weg einschlagen: Wir fassen alle GK als Grundterme auf, verzichten also auf die Einführung eigener Grundterme, und ersetzen U1 und HA1 durch die Regel:

UA1: Sind die SQ $\Delta \rightarrow A[s], \Gamma$ für alle Terme s beweisbar, so auch die SQ $\Delta \rightarrow \Lambda x A[x], \Gamma$.

U2 und VA2 werden entsprechend durch die Regel ersetzt:

UA2: Sind die SQ $\Delta, \sim A[s] \rightarrow \Gamma$ für alle Terme s beweisbar, so auch die SQ $\Delta, \sim \Lambda x A[x] \rightarrow \Gamma$.

Damit werden GK zum Ausdruck der Allgemeinheit überflüssig.

Ist **MK2** der so aus **MK2+** entstehende Kalkül, so gilt:

T10.1-1: Ist Σ eine SQ, die nur konstante Formeln enthält, ist Σ' jene SQ, die daraus durch Ersetzung der Grundterme a° durch GK a entsteht, und ist **K'** der Kalkül, der aus **K** durch die gleiche Ersetzung von Grundtermen durch GK entsteht, so ist Σ

in **MK2+K** genau dann beweisbar, wenn Σ' in **MK2K'** beweisbar ist.

Beweis: (a) Einen Beweis von Σ in **MK2+K** können wir so umformen, daß darin keine GK vorkommen, also auch keine Anwendungen von U1 und U2, und daß Anwendungen von HA1 und VA2 durch Anwendungen von UA1 und UA2 ersetzt werden, wobei diese Regeln auf KT s bezogen werden. In **MK2+K** gilt ja das Substitutionsprinzip: Ist eine SQ Σ[a] beweisbar, so auch für jeden Term t die SQ Σ[t], falls a nicht in Σ[t] vorkommt. Das ergibt sich daraus, daß die Axiome von **K** keine GK enthalten. Ist also die SQ Δ→ A[a], Γ beweisbar, wo a nicht in Δ, Γ, ΛxA[x] vorkommt, so auch Δ→ A[s], Γ für alle KT s, also mit UA1 Δ→ ΛxA[x], Γ. Und ist die SQ Δ, ~A[a]→ Γ beweisbar, wo a nicht in Δ, Γ, ΛxA[x] vorkommt, so auch Δ, ~A[s]→ Γ für alle KT s, also mit UA2 Δ, ~ΛxA[x]→ Γ. Der so umgeformte Beweis von Σ ergibt aber einen Beweis von Σ' in **MK2K'**, wenn man jeden GT a° durch die GK a ersetzt. (b) Ein Beweis von Σ' in **MK2K'** ist ein Beweis von Σ in **MK2+K** mit den neuen Regeln, wenn man alle GK a durch KT a° ersetzt. Die Regeln UA1 und UA2, bezogen auf KT s, sind ja in **MK2+** mit HA1 und U1 bzw. mit VA2 und U2 beweisbar.

Wir verwenden also im folgenden den Kalkül **MK2** und verzichten auf konstante Grundterme. Es ist zu beachten, daß dann das Substituierbarkeitsprinzip für die angewandten Kalküle **MK2K** nicht mehr generell gilt, sondern nur für GK, die in **K** nicht ausgezeichnet sind (vgl. dazu den Abschnitt 4.2). Die Regeln UA1 und UA2 rechnen wir zu den *logischen Regeln,* und die in den Prämissen spezifizierten FV bezeichnen wir als NBF des in der Konklusion spezifizierten FV.

Es sei **K** eine (entscheidbare) Menge von SQ, die nur Primformeln enthalten. **K+** sei die Menge aller SQ, die sich daraus mithilfe der auf Primformeln beschränkten Axiome und Regeln vom **MK2** ableiten lassen. Dabei kann **K+** auch die SQ → sεa, ~sεa für beliebige GK a und Terme s enthalten.[1] **K** ist widerspruchsfrei genau dann, wenn die SQ → nicht in **K+** enthalten ist.

Wir beweisen zunächst das *Eliminationstheorem:*

T10.1-2: Jede in **MK2K** beweisbare SQ ist in **MK2K+** ohne TR-Anwendungen beweisbar.

Das früher in 1.4 und 4.3 verwendete Beweisschema für die Schnitteliminierbarkeit ist nun in mehreren Punkten zu modifizieren:

[1] Aus → rεa, ~rεa erhält man in **MK2** nicht mehr → Λx(rεx ∨ ¬rεx). Als Regel der hinteren Alleinführung steht in **MK2** nur die Regel UA1 zur Verfügung, und damit würde man die SQ→ Λx(rεx ∨ ¬rεx) nur erhalten, wenn das TND nicht nur für Primformeln, sondern für alle Atomformeln gelten würde.

A) Wir ersetzen zunächst die Regeln VK1, HK2 durch die Regeln:

VK1': $\Delta, A \rightarrow \Gamma \vdash \Delta, A \wedge B \rightarrow \Gamma$
$\Delta, B \rightarrow \Gamma \vdash \Delta, A \wedge B \rightarrow \Gamma$
HK2': $\Delta \rightarrow \sim A, \Gamma \vdash \Delta \rightarrow \sim A \wedge B, \Gamma$
$\Delta \rightarrow \sim B, \Gamma \vdash \Delta \rightarrow \sim A \wedge B, \Gamma$.

Dann ergibt sich in den Fällen (3a), γ und δ des Beweises von T1.4-3 jeweils in $\mathfrak{B}'$ nur *ein* Schnitt:

$$\dfrac{\dfrac{\Delta \rightarrow A, \Gamma;\ \Delta \rightarrow B, \Gamma}{\Delta \rightarrow A \wedge B, \Gamma} \qquad \dfrac{\Delta', A \rightarrow \Gamma'}{\Delta', A \wedge B \rightarrow \Gamma'}}{\Delta, \Delta' \rightarrow \Gamma, \Gamma'} \quad \Rightarrow \quad \dfrac{\Delta \rightarrow A, \Gamma;\ \Delta', A \rightarrow \Gamma'}{\Delta, \Delta' \rightarrow \Gamma, \Gamma'}$$

Ebenso für eine Prämisse $\Delta', B \rightarrow \Gamma'$ von Σ_2.

$$\dfrac{\dfrac{\Delta \rightarrow \sim A, \Gamma}{\Delta \rightarrow \sim A \wedge B, \Gamma} \qquad \dfrac{\Delta', \sim A \rightarrow \Gamma';\ \Delta', \sim B \rightarrow \Gamma'}{\Delta, \sim A \wedge B \rightarrow \Gamma'}}{\Delta, \Delta' \rightarrow \Gamma, \Gamma'} \quad \Rightarrow \quad \dfrac{\Delta \rightarrow \sim A, \Gamma;\ \Delta', \sim A \rightarrow \Gamma'}{\Delta, \Delta' \rightarrow \Gamma, \Gamma'}$$

Ebenso für eine Prämisse $\Delta \rightarrow \sim B, \Gamma$ von Σ_1.

B) Anstelle der Regel TR+ verwenden wir die Regel

TR+': $\Delta \rightarrow \Gamma[S];\ \Delta'[S] \rightarrow \Gamma' \vdash \Delta, \Delta'[\ ] \rightarrow \Gamma[\ ], \Gamma'$.

Dabei sei Γ[S] eine Formelreihe, die an einer oder mehreren bestimmten Stellen (die durch die eckigen Klammern angedeutet sind) S enthält. Γ[ ] sei die daraus durch Streichung all dieser Vorkommnisse von S entstehende Formelreihe. Die Vorkommnisse von S in Γ[S], die in Γ[ ] fehlen, bezeichnen wir als *ausgezeichnete Vorkommnisse* (kurz AV) von S in Γ[S].

Bei Verwendung dieser Regel müssen wir nun jeweils angeben, welche FV mit den eckigen Klammern in den Prämissen von Σ_1 bzw. Σ_2 gemeint sind. Das legen wir aber generell durch die Forderung fest:

(*) Die AV der Prämissen von Σ_1 und Σ_2 in $\mathfrak{B}$ sollen genau jene UFV der AV der SF in Σ_1 und Σ_2 sein, welche die in den Prämissen angegebene Form haben.

„UFV" steht dabei für *Unterformelvorkommnis,* und die UFV eines in der Konklusion einer Regel von **MK2** spezifizierten FV sind die in den Prämissen spezifizierten FV (bei den logischen Regeln also die NBF, bei den Kontraktionsregeln die kontrahierten FV, bei den VT-Regeln die gestaltgleichen vertauschten FV) und bei den unspezifizierten FV die gestaltgleichen (an der analogen Stelle stehenden) FV der Prämissen (die Vorkommnisse von C in C, $\sim A \rightarrow \Gamma$ und C, $\sim B \rightarrow \Gamma$ sind also z. B. UFV von C in C, $\sim A \wedge B \rightarrow \Gamma$). FV in Axiomen oder solche, die durch HV oder VV eingeführt werden, haben keine UFV im Beweis. Die angegebenen UFV eines FV in der Konklusion einer Regel, die FV in der oder den Prämissen sind, nennen wir auch unmittelbare UFV. Allgemein soll ein FV S UFV eines FV T in einem Beweis $\mathfrak{B}$ heißen, wenn es eine Folge $S_1, \ldots, S_n$ $(n \geq 1)$ von FV gibt, so daß für alle i $(1 \leq i \leq n)$ S_i unmittelbares UFV von S_{i+1} ist und $S_i = S$ und $S_n = T$.

TR erhält man mit TR+' so

$$\frac{\Delta \rightarrow S, \Gamma \quad \Delta, S \rightarrow \Gamma}{\Delta, \Delta \rightarrow \Gamma, \Gamma}$$
$$\Delta \rightarrow \Gamma \qquad \text{VK, VT, HK, HT}$$

TR+' erhält man mit TR so

$$\begin{array}{lll} \Delta \rightarrow \Gamma[S] & \Delta'[S] \rightarrow \Gamma' & \\ \Delta \rightarrow S, \Gamma[\ ] & \Delta'[\ ], S \rightarrow \Gamma' & \text{HK, VK} \\ \multicolumn{2}{l}{\Delta, \Delta'[\ ] \rightarrow S, \Gamma[\ ], \Gamma'; \Delta, \Delta'[\ ], S \rightarrow \Gamma[\ ], \Gamma'} & \text{VV, HV} \\ \hline \multicolumn{2}{c}{\Delta, \Delta'[\ ] \rightarrow \Gamma[\ ], \Gamma'} & \end{array}$$

C) Wir führen den Beweis der TR+'-Eliminierbarkeit, indem wir zeigen, daß die jeweils 1. Anwendung von TR+' eliminierbar ist. Das geschieht durch eine 3fach geschachtelte Induktion: Nach der *Stufe* s des Schnittes, dem p. l. *Grad* der SF S und dem *Rang* des Schnitts $r = r_1 + r_2$. Die Prämissen $\Delta \rightarrow \Gamma[S]$ und $\Delta'[S] \rightarrow \Gamma'$ der ersten Anwendung von TR+', im gegebenen Beweis $\mathfrak{B}$ bezeichnen wir wieder als Σ_1 und Σ_2, und die Konklusion $\Delta, \Delta'[\ ] \rightarrow \Gamma[\ ], \Gamma'$ als Σ_3. $\mathfrak{B}_1$ sei der in $\mathfrak{B}$ enthaltene Beweis von Σ_1, $\mathfrak{B}_2$ der in $\mathfrak{B}$ enthaltene Beweis von Σ_2. $\mathfrak{B}'$ sei der modifizierte Beweis.

Der linke *Rang* r_1 eines Schnitts sei die größte Zahl $n \geq 1$, so daß es eine Folge $\Sigma_1, \ldots, \Sigma_n$ von im gegebenen Beweis $\mathfrak{B}_1$ von Σ_1 unmittelbar übereinanderstehenden SQ gibt und eine Folge $S^1, \ldots, S^n$ von gestaltgleichen FV, so daß S^i $(1 \leq i \leq n)$ HF von Σ_i ist, S^1 ein AV von S in Σ_1, und S^{j+1} $(1 \leq j < n)$ UFV von S^j ist.[1] Analog sei r_2 bestimmt, und r sei wieder $r_1 + r_2$.

[1] Ist $r := \lambda x \neg (x \varepsilon x)$, so ist z. B. r_1 im Fall eines Beweises $\mathfrak{B}_1$:

$\Delta \rightarrow \neg r \varepsilon r, \neg r \varepsilon r$
$\Delta \rightarrow \neg r \varepsilon r, r \varepsilon r$
$\Delta \rightarrow r \varepsilon r, r \varepsilon r$
$\Delta \rightarrow r \varepsilon r, \sim \neg r \varepsilon r$
$\Delta \rightarrow r \varepsilon r, \sim r \varepsilon r$
$\Delta \rightarrow r \varepsilon r, \neg r \varepsilon r$
$\Delta \rightarrow r \varepsilon r, r \varepsilon r$

(diese letzte SQ sei Σ_1; beide FV von $r \varepsilon r$ in Σ_1 seien AV) nicht 6, sondern 5, da das zweite Vorkommnis von $r \varepsilon r$ in der 2. SQ von oben zwar UFV eines AV von $r \varepsilon r$ in Σ_1 ist, aber in der 3. SQ als NBF auftritt. Wäre nur das 2. Vorkommnis von $r \varepsilon r$ in Σ_1 ausgezeichnet, so wäre $r_1 = 1$.

Die *Stufe* eines FV ist relativ zum Beweis. Sie soll im wesentlichen ein Maß für die Zahl der Anwendungen von M-Regeln sein, durch die ein FV im Beweis entsteht. Wir ordnen den FV in den gegebenen Beweisen $\mathfrak{B}_1$, $\mathfrak{B}_2$ von Σ_1, Σ_2 in zwei Schritten Stufen zu:

a1) Alle FV in Axiomen nach RF und in SQ von $\mathbf{K}^+$ erhalten die Stufe 0; ebenso die FV, die durch HV, VV eingeführt werden.
a2) Die FV in Axiomen nach WS in $\mathfrak{B}_1$ erhalten die Stufe 0.
a3) Die FV in Axiomen nach WS in $\mathfrak{B}_2$, die keine UFV von AV der SF S in $\Delta'[S]$ enthalten oder nur Primformeln, erhalten die Stufe 0. Die FV in den übrigen Axiomen nach WS in $\mathfrak{B}_2$ erhalten die *vorläufige Stufe* 0.
b) Die Stufe eines FV in der Konklusion einer Regel ist das Maximum der Stufen der UFV in der oder den Prämissen, mit Ausnahme der M- und der UA-Regeln.[2] Bei den M-Regeln ist die Stufe der HPF die um 1 erhöhte Stufe der NBF. Bei den UA-Regeln hat die HPF als Stufe die kleinste Ordinalzahl, die größer oder gleich allen Stufen der NBF ist. Hat in UFV eines FV S eine vorläufige Stufe, so gilt auch die so errechnete Stufe von S als vorläufig.

Nach (a) und (b) sind die Stufen aller FV in $\mathfrak{B}_1$ (also auch in Σ_1) festgelegt, und die Stufen oder vorläufigen Stufen aller FV in $\mathfrak{B}_2$ (also auch in Σ_2). Es sei α das Maximum der Stufen der AV von S in $\Gamma[S]$, d.h. in Σ_1. Dann ersetzen wir im 2. Schritt
c) die vorläufigen Stufen γ von FV in $\mathfrak{B}_2$ durch die Stufen $\alpha + \gamma$.
Alle Primformeln haben also die Stufe 0 und beide FV in Axiomen nach WS haben immer dieselbe Stufe, nämlich 0 oder α.

Es gilt nun nicht mehr generell, daß sich die Stufe einer VF S in der Konklusion einer Regel in $\mathfrak{B}_2$ aus den Stufen ihrer UFV in den Prämissen nach (b) berechnet. Denn hat z.B. $\sim A$ die (definitive) Stufe γ_1, $\sim B$ die vorläufige Stufe γ_2 und ist $\gamma_1 \geq \gamma_2$, so daß die daraus mit VK2 entstehende HPF $\sim A \wedge B$ die vorläufige Stufe γ_1 hat, so ist für $\alpha + \gamma_2 < \gamma_1$ die Stufe $\alpha + \gamma_1$ von $\sim A \wedge B$ nicht mehr das Maximum von γ_1 und $\alpha + \gamma_2$. Es gilt aber:

1) Die Stufe β einer HPF ist größer oder gleich den Stufen β' (und β'') der NBF, und im Fall der M-Regeln ist sie $\beta' + 1$. Das gilt, wo die NBF sämtlich bereits nach (a) und (b) definitive Stufen erhalten, denn dann ist auch die Stufe der HPF bereits nach (a) und (b) bestimmt. Es gilt

[2] Bei der Regelanwendung

$$\frac{S^{\alpha_1}, T^{\beta_1} \rightarrow A^{\gamma_1} \quad S^{\alpha_2}, T^{\beta_2} \rightarrow B^{\gamma_2}}{S^{\alpha}, T^{\beta} \rightarrow A \wedge B^{\gamma}}$$

– die (vorläufigen) Stufen der FV schreiben wir als obere Indices – soll also z.B. nicht nur $\gamma = \max(\gamma_1, \gamma_2)$ sein, sondern auch $\alpha = \max(\alpha_1, \alpha_2)$ und $\beta = \max(\beta_1, \beta_2)$.

auch, wo alle NBF (und damit auch die HPF) erst nach (c) eine definitive Stufe erhalten. Denn für beliebige OZ γ', γ, α gilt: Ist $\gamma' < \gamma$, so ist $\alpha + \gamma' < \alpha + \gamma$, und wegen der Assoziativität der OZ-Addition gilt: Ist $\gamma = \gamma' + 1$, so ist $\alpha + \gamma = \alpha + (\gamma' + 1) = (\alpha + \gamma') + 1$. Hat endlich (im Fall einer HPF $\sim A \wedge B$) eine NBF eine Stufe γ' nach (a) und (b), die andere eine Stufe $\alpha + \gamma''$ nach (c), so ist die vorläufige Stufe der HPF $\gamma = \max(\gamma', \gamma'')$, also $\alpha + \gamma \geq \alpha + \gamma''$ und $\alpha + \gamma \geq \alpha + \gamma' \geq \gamma'$. Das gilt auch im Fall unendlich vieler Prämissen (also für U2): Ist $\gamma \geq \gamma_1, \gamma_2, \ldots, \delta_1, \delta_2, \ldots$, wo die γ_i vorläufige und die δ_i definitive Stufen nach (a) und (b) sind, so ist $\alpha + \gamma \geq \alpha + \gamma_1, \alpha + \gamma_2, \ldots, \delta_1, \delta_2, \ldots$.

2. Die Stufe eines FV, das nach VK oder VK2 aus zwei gestaltgleichen UFV hervorgeht, ist größer oder gleich den Stufen der UFV. – Das beweist man ebenso.

Im übrigen bleiben die Stufen von FV, die aus der Prämisse unverändert (auch nach VT) mitgeführt werden, in der Konklusion unverändert.

Als *Stufe s des Schnitts* bezeichnen wir das Maximum der Stufe der AV der SF in $\Delta'[S]$ und $\Gamma[S]$.

Wir schließen uns an das Schema der Beweise von T1.4-3 und T4.3-1 an. Die dort diskutierten Fälle (1) bis (4) sind nun sämtlich Fälle von s=0.

I) *s = 0*

1. *g = 0, r = 2.*

a) Σ_1 *ist Axiom nach RF* (für beliebige s, g, r_2)

$$\frac{S \rightarrow S;\ \Delta'[S] \rightarrow \Gamma'}{S, \Delta'[\ ] \rightarrow \Gamma'} \Rightarrow \quad \begin{array}{ll} \Delta'[S] \rightarrow \Gamma' & \\ S, \Delta'[S] \rightarrow \Gamma' & \text{VV} \\ S, \Delta'[\ ] \rightarrow \Gamma' & \text{VK} \end{array}$$

Vertauschungen werden hier wie im folgenden nicht registriert.

b) Σ_2 *ist Axiom nach RF* (für beliebige s, g, r)

$$\frac{\Delta \rightarrow \Gamma[S];\ S \rightarrow S}{\Delta \rightarrow \Gamma[\ ], S} \Rightarrow \quad \begin{array}{ll} \Delta \rightarrow \Gamma[S] & \\ \Delta \rightarrow \Gamma[S], S & \text{HV} \\ \Delta \rightarrow \Gamma[\ ], S & \text{HK} \end{array}$$

In (a) wie (b) kann sich die Stufe von S als VF bzw. HF der letzten SQ in $\mathfrak{B}'$ gegenüber $\mathfrak{B}$ durch die Kontraktion erhöhen, zumal die Stufe von S in Σ_1 bzw. Σ_2 0 ist. Es ist daher unter 2a2 und 2b2 zu zeigen, daß sich durch einen oder mehrere Schnitte nach 1a,b im Zuge der Elimination des oberen Schnitts in $\mathfrak{B}'$ die Stufe des nachfolgenden Schnitts nicht erhöht.

c) Σ_1 *entsteht durch HV mit S* (für beliebige r_2, s, g)

$$\begin{array}{c} \Delta \to \Gamma \\ \Delta \to S, \Gamma;\ \Delta'[S] \to \Gamma' \\ \hline \Delta, \Delta'[\ ] \to \Gamma, \Gamma' \end{array} \Rightarrow \begin{array}{l} \Delta \to \Gamma \\ \Delta, \Delta'[\ ] \to \Gamma, \Gamma' \end{array} \qquad \text{VV, HV}$$

Für $r_1 > 1$ wird dieser Fall unter 2a2γ behandelt.

d) Σ_2 *entsteht durch VV mit S* (für beliebige r_1, s, g)

$$\begin{array}{c} \Delta' \to \Gamma' \\ \Delta \to \Gamma[S];\ \Delta', S \to \Gamma' \\ \hline \Delta, \Delta' \to \Gamma[\ ], \Gamma' \end{array} \Rightarrow \begin{array}{l} \Delta' \to \Gamma' \\ \Delta, \Delta' \to \Gamma[\ ], \Gamma' \end{array} \qquad \text{VV, HV}$$

Für $r_2 > 1$ wird dieser Fall unter 2b2γ behandelt.

e) Σ_1 *und* Σ_2 *sind SQ von* **K+**

Dann ist auch Σ_3 eine SQ von **K+**.

Andere Fälle können für s = 0, g = 0, r = 2 nicht vorkommen. Nur Σ_2 kann Axiom nach WS sein, aber dann ist Σ_1 wegen s = g = 0 entweder SQ aus **K+**, also auch Σ_3, oder es liegt einer der Fälle (a) oder (c) vor.

In (c), (d) und (e) findet keine Stufenerhöhung statt.

2. *g = 0, r > 2*

a) $r_1 > 1$ (für beliebige r_2, s, g)

a1) *Durch die Regel R, die zu Σ_1 führt, wird kein neues Vorkommnis von S eingeführt, das AV von S in* $\Gamma[S]$ ist.

α) *R hat mehrere Prämissen, die sämtlich S als HF und als UFV von AV von S in Γ[S] enthalten*[1]

$$\begin{array}{c} R\ \dfrac{\Delta'' \to \Gamma''[S];\ \Delta''' \to \Gamma'''[S]}{\Delta \to \Gamma[S];\ \Delta'[S] \to \Gamma'} \\ \hline \Delta, \Delta'[\ ] \to \Gamma[\ ], \Gamma' \end{array} \Rightarrow$$

$$R\ \dfrac{\dfrac{\Delta'' \to \Gamma''[S];\ \Delta'[S] \to \Gamma'}{\Delta'', \Delta'[\ ] \to \Gamma''[\ ], \Gamma'} \qquad \dfrac{\Delta''' \to \Gamma'''[S];\ \Delta'[S] \to \Gamma'}{\Delta''', \Delta'[\ ] \to \Gamma'''[\ ], \Gamma'}}{\Delta, \Delta'[\ ] \to \Gamma[\ ], \Gamma'}$$

Nach (B) (vgl. (*)) sind die AV von S in $\Gamma''[S]$ und $\Gamma'''[S]$ die UFV der AV von S in $\Gamma[S]$. (Andernfalls könnte sich einer der beiden oberen Schnitte auf ein Vorkommnis von S beziehen, das eine höhere Stufe hat als die AV von S in $\Gamma[S]$ und $\Delta'[S]$. Dann wäre die I. V. für die Elimi-

[1] Die Wörter „als HF und" kann man auch weglassen, denn keine VF einer Prämisse ist in den M-Kalkülen UFV einer HF der Konklusion. Entsprechend im folgenden.

nierbarkeit dieser Schnitte nicht erfüllt.) Ist ein FV von S in $\Gamma''[S]$ oder $\Gamma'''[S]$ NBF bzgl. R, so ist es nach (a1) kein UFV der AV von S in $\Gamma[S]$. Als Mehr-Prämissenregel kann R nur eine a. l. Regel oder eine UA-Regel sein, so daß die NBF von R von der HPF verschieden sind; eine NBF kann mit einer HPF nur im Fall einer M-Regel gestaltgleich sein.

Ebenso verfährt man im Fall der UA-Regeln. Die TR+'-Anwendungen in $\mathfrak{B}'$ lassen sich nach I. V. eliminieren, da für sie r_1 kleiner ist, r_2 aber den gleichen Wert hat wie in $\mathfrak{B}$.

β) *R hat mehrere Prämissen, von denen nur einige, aber nicht alle S als HF und als UFV von AV von S in* $\Gamma[S]$ *enthalten.*

Dieser Fall kann nicht vorkommen, da eine Mehr-Prämissen-Regel (die von TR+' verschieden ist) eine a. l. Regel oder eine UA-Regel ist. Dann unterscheiden sich aber die Prämissen nur in den NBF. Es müßte also $\Gamma''[S]$ bzw. $\Gamma'''[S]$ ein Vorkommnis von S enthalten, das UFV von AV von S in $\Gamma[S]$ ist und NBF von R. Bei Mehrprämissenregeln ist aber S nicht NBF von S.

γ) *R hat eine Prämisse*

$$\mathrm{R}\ \frac{\dfrac{\Delta''\rightarrow\Gamma''[S]}{\Delta\rightarrow\Gamma[S];\ \Delta'[S]\rightarrow\Gamma'}}{\Delta,\Delta'[\ ]\rightarrow\Gamma[\ ],\Gamma'} \quad\Rightarrow\quad \frac{\dfrac{\Delta''\rightarrow\Gamma''[S];\ \Delta'[S]\rightarrow\Gamma'}{\Delta'',\Delta'[\ ]\rightarrow\Gamma''[\ ],\Gamma'}}{\Delta,\Delta'[\ ]\rightarrow\Gamma[\ ],\Gamma'}\ \mathrm{R}$$

Ist ein FV von S in $\Gamma''[S]$ NBF eines VF in Σ_1, das kein AV von S in $\Gamma[S]$ ist, so ist es kein UFV der AV von S in $\Gamma[S]$, also nach (B) kein AV von S in $\Gamma''[S]$, wird also in $\mathfrak{B}'$ nicht eliminiert. Ist ein AV von S in $\Gamma''[S]$ NBF eines AV von S in $\Gamma[S]$ – so ist z.B. $\lambda x(x\varepsilon x)\varepsilon\lambda(x\varepsilon x)$ NBF von $\lambda x(x\varepsilon x)\varepsilon\lambda x(x\varepsilon x)$ nach HM1 –, so sind Prämisse und Konklusion von R in $\mathfrak{B}$ identisch. Man kann dann einfach r_1 durch Streichung der Konklusion reduzieren. Ist R HK mit einem AV von S in $\Gamma''[S]$, so entfällt die Anwendung von HK in $\mathfrak{B}'$. Ebenso, wo R HT mit einem AV von S in $\Gamma''[S]$ ist.

Beim Schnitt in $\mathfrak{B}'$ ist r_1 wieder um 1 kleiner und r_2 unverändert gegenüber $\mathfrak{B}$, so daß dieser Schnitt nach I. V. eliminierbar ist.

a2) *Durch die Regel R, die zu* Σ_1 *führt, wird ein neues Vorkommnis von S eingeführt, das AV von S in* $\Gamma[S]$ *ist.*

α) *R hat mehrere Prämissen, die alle S als HF und als UFV eines AV von S in* $\Gamma[S]$ *enthalten.*

$$\mathrm{R}\ \frac{\dfrac{\Delta''\rightarrow\Gamma''[S];\ \Delta'''\rightarrow\Gamma'''[S]}{\Delta\rightarrow S,\Gamma[S];\ \Delta'[S]\rightarrow\Gamma'}}{\Delta,\Delta'[\ ]\rightarrow\Gamma[\ ],\Gamma'} \quad\Rightarrow$$

$$
R\;\frac{\dfrac{\Delta'' \to \Gamma''[S];\ \Delta'[S] \to \Gamma'}{\Delta'', \Delta'[\ ] \to \Gamma''[\ ], \Gamma'} \qquad \dfrac{\Delta''' \to \Gamma'''[S];\ \Delta'[S] \to \Gamma'}{\Delta''', \Delta'[\ ] \to \Gamma'''[\ ], \Gamma'}}{\dfrac{\Delta, \Delta'[\ ] \to S, \Gamma[\ ], \Gamma';\ \Delta'[S] \to \Gamma'}{\dfrac{\Delta, \Delta'[\ ], \Delta'[\ ] \to \Gamma[\ ], \Gamma', \Gamma'}{\Delta, \Delta'[\ ] \to \Gamma[\ ], \Gamma' \qquad \text{VK, HK}}}}
$$

Entsprechend für die UA-Regeln. Aus denselben Gründen wie im Fall 2a1α wird durch die oberen Schnitte in $\mathfrak{B}'$ keine NBF von R eliminiert. Im unteren Schnitt in $\mathfrak{B}'$ werden nur Δ'- mit Δ'- und Γ'- mit Γ'-Formeln kontrahiert. Dadurch kann sich keine Stufenerhöhung eines FV ergeben. Bei den oberen Schnitten in $\mathfrak{B}'$ ist r um 1 kleiner als bei dem Schnitt in $\mathfrak{B}$; sie sind so nach I. V. eliminierbar. Für den unteren Schnitt ist r_2 wie in $\mathfrak{B}$, r_1 ist jedoch 1. Früher, im Beweis von T1.4-3, mußten wir voraussetzen, daß Γ' S nicht enthält, da sonst $r_1 > 1$ wäre; solche Fälle waren nach 1b zu behandeln. Hier gilt jedoch: Enthält Γ' Vorkommnisse von S, so sind das keine AV von S in den Prämissen des unteren Schnittes in $\mathfrak{B}'$, da in $\mathfrak{B}'$ nur solche Vorkommnisse von S AV sind, für die das auch in $\mathfrak{B}$ gilt. Sie spielen also für die Berechnung der Stufe dieses Schnittes keine Rolle.

β) *R hat mehrere Prämissen, von denen nur einige, nicht aber alle S als HF und als UFV von A V von S in Γ[S] enthalten.*

Dieser Fall kann nach den Überlegungen zu 2a1β nicht vorkommen, da HPF und NBF nur bei M-Regeln identisch sein können.

γ) *R hat eine Prämisse*

$$
\frac{\dfrac{\Delta'' \to \Gamma''[S]}{\Delta \to S, \Gamma[S]};\ \Delta'[S] \to \Gamma'}{\Delta, \Delta'[\ ] \to \Gamma[\ ], \Gamma'}
\quad \Rightarrow \quad
R\;\frac{\dfrac{\Delta'' \to \Gamma''[S];\ \Delta'[S] \to \Gamma'}{\Delta'', \Delta'[\ ] \to \Gamma''[\ ], \Gamma'}}{\dfrac{\Delta, \Delta'[\ ] \to S, \Gamma[\ ], \Gamma';\ \Delta'[S] \to \Gamma'}{\dfrac{\Delta, \Delta'[\ ], \Delta'[\ ] \to \Gamma[\ ], \Gamma', \Gamma'}{\Delta, \Delta'[\ ] \to \Gamma[\ ], \Gamma' \qquad \text{VK, HK.}}}}
$$

In $\mathfrak{B}'$ werden nur Δ'- mit Δ'- und Γ'- mit Γ'-Formeln kontrahiert. Dadurch ergibt sich keine Stufenerhöhung. Wäre ein AV von S in Γ''[S] NBF der HPF S bei R, so würde kein neues Vorkommnis von S eingeführt, so daß man r_1 durch Streichung der Konklusion reduzieren kann. Ist R HV mit S, so enfällt die Anwendung von R in $\mathfrak{B}'$. Beim ersten Schnitt in $\mathfrak{B}'$ ist r um 1 kleiner als in $\mathfrak{B}$; er ist also nach I. V. eliminierbar. Für den 2. Schnitt ist r_2 unverändert gegenüber $\mathfrak{B}$ und r_1 ist 1. Wie unter 2a2α kann kein Vorkommnis von S in Γ' ein AV des 2. Schnitts sein.

Wir haben nun gesehen, daß sich bei Elimination des oder der oberen Schnitte in $\mathfrak{B}'$ nach 1a oder 1b die Stufe von FV erhöhen kann.

Es ist also zu zeigen, daß das in den Fällen 2a2 für den unteren Schnitt in $\mathfrak{B}'$ unschädlich ist.

Es gilt aber:

α) UFV von HV von Σ_1 sind immer nur HF von SQ aus $\mathfrak{B}_1$, und UFV von VF von Σ_2 sind immer nur VF von SQ aus $\mathfrak{B}_2$.[1]

β) Bei der Elimination eines Schnitts mit der SF S werden neue Schnitte immer nur auf AV von S oder auf UFV von AV von S angewendet.

Daraus folgt: In keinem Axiom nach RF sind beide FV AV von S oder UFV von AV von S. Jedes solche Axiom gehört zu $\mathfrak{B}_1$ – dann kann nur seine HF AV von S oder UFV von AV von S sein – oder zu $\mathfrak{B}_2$ – dann kann nur seine VF AV von S oder UFV von AV von S sein. Die Erhöhung der Stufen von FV nach 1a oder 1b bei der Elimination der oberen Schnitte in $\mathfrak{B}'$ bewirkt daher keine Erhöhung der Stufe des neu eingeführten AV von S in der Prämisse des unteren Schnittes in $\mathfrak{B}'$.

b) $r_2 > 1$ (für beliebige r_1, s, g)

Die Überlegungen entsprechen hier genau jenen unter (a).

3) $g > 0, r = 2$

a) *Die AV von S werden in Σ_1 und Σ_2 durch logische Regeln eingeführt*

(Wegen s=0 sind es keine M-Regeln.)

α) *S hat die Gestalt ¬ A*

$$\dfrac{\dfrac{\Delta \rightarrow \sim A, \Gamma \quad \Delta', \sim A \rightarrow \Gamma'}{\Delta \rightarrow \neg A, \Gamma \quad \Delta', \neg A \rightarrow \Gamma'}}{\Delta, \Delta' \rightarrow \Gamma, \Gamma'} \quad \Rightarrow \quad \dfrac{\Delta \rightarrow \sim A, \Gamma; \Delta', \sim A \rightarrow \Gamma'}{\Delta, \Delta' \rightarrow \Gamma, \Gamma'}$$

Die in den Prämissen spezifizierten FV sind jeweils die einzigen UFV der durch den Schnitt eliminierten FV von ¬A. Typengleiche Vorkommnisse von ∼A in Γ oder Δ' werden nicht eliminiert, sind also anders als früher nicht durch Verdünnungen wieder einzuführen. (Bei einer Verwendung der Regel TR+ könnte man nicht voraussetzen, daß alle solchen Vorkommnisse von ∼A in Γ oder Δ' von kleinerer oder gleicher Stufe sind als die UFV der SF.)

Dasselbe gilt für die übrigen a. l. Fälle, die im übrigen wie im Beweis von T1.4-3 unter (3) behandelt werden. Die Abweichungen, die sich unter (γ), (δ) aufgrund der modifizierten Regeln VK1' und HK2' ergeben, wurden schon unter (A) besprochen. An die Stelle der p. l. Fälle (η) und (θ) im Beweis von T4.3-1 treten nun die Fälle:

[1] Bei Hinzunahme der Implikationsregeln HI1 und VI1 würde das nicht mehr gelten.

η') *S hat die Gestalt* $\Lambda xA[x]$

$$\frac{\dfrac{\Delta\rightarrow A[t_i], \Gamma \text{ für alle Terme } t_i\ (i=1,2,\ldots)}{\Delta\rightarrow \Lambda xA[x], \Gamma} \qquad \dfrac{\Delta', A[s]\rightarrow \Gamma'}{\Delta', \Lambda xA[x]\rightarrow \Gamma'}}{\Delta, \Delta'\rightarrow \Gamma, \Gamma'}$$

$$\Rightarrow \frac{\Delta\rightarrow A[s], \Gamma;\ \Delta', A[s]\rightarrow \Gamma'}{\Delta, \Delta'\rightarrow \Gamma, \Gamma'}$$

θ') *S hat die Gestalt* $\sim \Lambda xA[x]$

$$\frac{\dfrac{\Delta\rightarrow \sim A[s], \Gamma \qquad \Delta', \sim A[t_i]\rightarrow \Gamma' \text{ für alle Terme } t_i}{\Delta\rightarrow \sim \Lambda xA[x], \Gamma;\ \Delta', \sim \Lambda xA[x]\rightarrow \Gamma'}}{\Delta, \Delta'\rightarrow \Gamma, \Gamma'}$$

$$\Rightarrow \frac{\Delta\rightarrow \sim A[s], \Gamma;\ \Delta', \sim A[s]\rightarrow \Gamma'}{\Delta, \Delta'\rightarrow \Gamma, \Gamma'}$$

In beiden Fällen sei $t_1, t_2, \ldots$ eine Abzählung der Terme von **M**.

b) *Σ_1 geht aus einer logischen Regel mit der SF S als HPF hervor, Σ_2 ist Axiom nach WS* (beliebige s)

α) *S hat die Gestalt* $\neg A$

$$\frac{\dfrac{\Delta\rightarrow \sim A^{\beta}, \Gamma}{\Delta\rightarrow \neg A^{\beta}, \Gamma;\ \neg A^{\alpha}, \sim\neg A^{\alpha}\rightarrow}}{\Delta, \sim\neg A^{\alpha}\rightarrow \Gamma} \quad \Rightarrow \quad \frac{\dfrac{\Delta\rightarrow \sim A^{\beta}, \Gamma;\ A^{\beta}, \sim A^{\beta}\rightarrow}{\Delta, A^{\beta}\rightarrow \Gamma}}{\Delta, \sim\neg A^{\beta}\rightarrow \Gamma}$$

Hier wird nun in 𝔅' ein neues Axiom nach WS eingeführt. Die Stufen der FV darin sind nach (C) zu berechnen, so daß sich für die neuen FV die Stufe β ergibt. Im Blick auf die Fälle 2a2, 2b2, in denen bei der Elimination eines Schnittes in 𝔅 – wir nennen ihn den *originalen* – zwei aufeinander folgende Schnitte in 𝔅' auftreten, sind zwei Fälle zu unterscheiden:

1. Der angegebene Schnitt ist der einzige, der zur Debatte steht. Dann kommen nur Stufen bzgl. dieses Schnittes infrage und wir erhalten nach (C) $\alpha=\beta$.

2. Der angegebene Schnitt ergibt sich im Zuge der Elimination eines früheren Schnittes (des originalen) nach 2a2 oder 2b2. Dann haben wir es in dem Fall, daß es sich um die Elimination eines oberen Schnittes handelt, auch mit Stufen bzgl. nachfolgender Schnitte zu tun. Diese dürfen sich bei der Elimination des Schnittes nicht erhöhen.

In diesem Fall kann $\alpha \neq \beta$ sein. Es ist jedoch immer $\alpha \geq \beta$, denn die SF $\neg A$ in Σ_1 ist ja UFV eines AV der originalen SF, so daß deren Stufe $\geq \beta$ ist, α war aber das Maximum der Stufen der AV in der linken SQ des originalen Schnitts, und als HF kann $\neg A$ nach unserer

Überlegung zu 2a2 nur UFV einer HF der linken Prämisse des originalen Schnitts sein. Durch den angegebenen Schnitt in 𝔅' erhöht sich also die Stufe von $\sim\neg A$ in der End-SQ von 𝔅' nicht gegenüer 𝔅. Analog in den anderen a. l. Fällen, die ebenso zu behandeln sind wie im Beweis von T1.4-3.

η') *S hat die Gestalt ΛxA[x]*

$$\frac{\begin{array}{l}\Delta\rightarrow A[t_i]^{\beta_i}, \Gamma \text{ für alle } t_i\\ \Delta\rightarrow \Lambda xA[x]^{\beta}, \Gamma;\ \Lambda xA[x]^{\alpha}, \sim\Lambda xA[x]^{\alpha}\rightarrow\end{array}}{\Delta, \sim\Lambda xA[x]^{\alpha}\rightarrow \Gamma}$$

$$\Rightarrow \frac{\Delta\rightarrow A[t_i]^{\beta_i}, \Gamma;\ A[t_i]^{\beta_i}, \sim A[t_i]^{\beta_i}\rightarrow}{\begin{array}{l}\Delta, \sim A[t_i]^{\beta_i}\rightarrow \Gamma \text{ für alle } t_i\\ \Delta, \sim\Lambda xA[x]^{\beta}\rightarrow \Gamma\end{array}}$$

Hier sei wieder $t_1, t_2, \ldots$ eine Abzählung der Terme von **M** und β sei die kleinste OZ $\geq \beta_1, \beta_2, \ldots$

θ') *S hat die Gestalt* $\sim\Lambda xA[x]$

$$\frac{\begin{array}{l}\Delta\rightarrow \sim A[t]^{\beta}, \Gamma\\ \Delta\rightarrow \sim\Lambda xA[x]^{\beta}, \Gamma;\ \Lambda xA[x]^{\alpha}, \sim\Lambda xA[x]^{\alpha}\rightarrow\end{array}}{\Delta, \Lambda xA[x]^{\alpha}\rightarrow \Gamma}$$

$$\Rightarrow \frac{\Delta\rightarrow \sim A[t]^{\beta}, \Gamma;\ A[t]^{\beta}, \sim A[t]^{\beta}\rightarrow}{\begin{array}{l}\Delta, A[t]^{\beta}\rightarrow \Gamma\\ \Delta, \Lambda xA[x]^{\beta}\rightarrow \Gamma.\end{array}}$$

Auch in diesen Fällen gilt nach der Überlegung zum Fall (α) $\beta \leq \alpha$.

4. *g>0, r>2*

Diese Fälle sind schon unter (2) erledigt worden.

II) *s> 0*

1. *g= 0, r= 2*

Gegenüber I,1 treten hier folgende Fälle neu auf:

f) *S wird in Σ_1 wie Σ_2 durch eine M-Regel eingeführt*

$$\frac{\begin{array}{l}\Delta\rightarrow (\sim)A[t], \Gamma \qquad \Delta', (\sim)A[t]\rightarrow \Gamma'\\ \Delta\rightarrow (\sim)t\varepsilon\lambda xA[x], \Gamma;\ \Delta', (\sim)t\varepsilon\lambda xA[x]\rightarrow \Gamma'\end{array}}{\Delta, \Delta'\rightarrow \Gamma, \Gamma'}$$

$$\Rightarrow \frac{\Delta\rightarrow (\sim)A[t], \Gamma;\ \Delta', (\sim)A[t]\rightarrow \Gamma'}{\Delta, \Delta'\rightarrow \Gamma, \Gamma'}$$

Nur die in den Prämissen von Σ_1, Σ_2 spezifizierten FV sind UFV der AV der SF. Nur sie werden in 𝔅' eliminiert. Die Stufe des Schnittes in 𝔅' ist kleiner als jene in 𝔅, vgl. (C, b). Der neue Schnitt ist also nach I. V. eliminierbar.

g) *S wird in Σ_1 durch eine M-Regel eingeführt, Σ_2 ist Axiom nach WS*

$$\frac{\Delta \rightarrow (\sim)A[t]^{\beta-1}, \Gamma \quad \quad \Delta \rightarrow (\sim)t\varepsilon\lambda x A[x]^{\beta}, \Gamma; \; t\varepsilon\lambda x A[x]^{\alpha}, \; \sim t\varepsilon\lambda x A[x]^{\alpha} \rightarrow}{\Delta, (\sim)t\varepsilon\lambda x A[x]^{\alpha} \rightarrow \Gamma}$$

$$\Rightarrow \frac{\Delta, (\sim)A[t]^{\beta-1}; \; A[t]^{\beta-1}, \; \sim A[t]^{\beta-1} \rightarrow}{\Delta, (\sim)A[t]^{\beta-1} \rightarrow \Gamma}$$
$$\Delta, (\sim)t\varepsilon\lambda x A[x]^{\beta} \rightarrow \Gamma$$

(β ist nach (C, b) keine Limeszahl, so daß $\beta-1$ definiert ist.) Hier gilt nach den Überlegungen zu I,3b wieder $\beta \leq \alpha$.

2. *g = 0, r > 2*

Diese Fälle wurden schon unter I,2 behandelt.

3. *g > 0, r = 2*

Hier argumentiert man ebenso wie unter II,3.

4. *g > 0, r > 2*

Diese Fälle wurden schon unter I,2 behandelt.

Damit ist das Eliminationstheorem bewiesen. Ein Substituierbarkeitsprinzip haben wir für den Beweis nicht gebraucht, da es für die p. l. Regeln von **MK2** keine Konstantenbedingung gibt.

Aus T10.1-2 ergibt sich sofort der Satz:

T10.1-3: Ist **K** widerspruchsfrei, so auch **MK2K.**

Denn ist **K** widerspruchsfrei, so enthält **K+** nicht die SQ→. In **MK2K+**, das mit **MK2K** äquivalent ist, wäre diese SQ also nur mit TR ableitbar, TR ist aber eliminierbar.

Aus der Widerspruchsfreiheit von **MK2K** ergibt sich nach T10.1-1 auch jene von **MK2+K,** also auch die des Teilsystems **MK1K,** in dem man, wie in **MK2+K,** zwischen Grundtermen und GK zu unterscheiden hat – in den Systemen **MK2+** und **MK1** ist diese Unterscheidung natürlich überflüssig.

Der Beweis des Eliminationstheorems läßt sich auf den Kalkül **MK1** übertragen. Es gilt also:

T10.1-4: Jede in **MK1K+** beweisbare SQ ist ohne TR-Anwendungen beweisbar. Ist **K** widerspruchsfrei, so auch **MK1K.**

In **MK1** (wie in **MK2** – auf die p. l. Regeln kommt es ja nicht an) sind nun die Antinomien von Russell und Curry nicht mehr ableitbar. Setzen wir wieder $r := \lambda x \neg (x \varepsilon x)$, so sind zwar die SQ $r\varepsilon r \rightarrow \sim r\varepsilon r$, $\sim r\varepsilon r \rightarrow r\varepsilon r$, $r\varepsilon r \rightarrow$ und $\sim r\varepsilon r \rightarrow$ beweisbar, aber daraus ergibt sich kein Widerspruch, da man aus $r\varepsilon r \rightarrow$ bzw. $\sim r\varepsilon r \rightarrow$ nicht wie in der klassischen Logik $\rightarrow \sim r\varepsilon r$ bzw. $\rightarrow r\varepsilon r$ gewinnt.

Im Fall der Antinomie von Curry ist von der Definition der Implikation durch $A \supset B := \neg (A \wedge \neg B)$ auszugehen. Ohne TND erhält man daraus zwar die Regeln HI2 und VI2 sowie VI1:

$$\dfrac{\dfrac{\Delta \rightarrow A, \Gamma;\ A, \sim A \rightarrow}{\Delta, \sim A \rightarrow \Gamma} \qquad \dfrac{\Delta, B \rightarrow \Gamma}{\Delta, \sim \neg B \rightarrow \Gamma}}{\dfrac{\Delta, \sim A \wedge \neg B \rightarrow \Gamma}{\Delta, \neg (A \wedge \neg B) \rightarrow \Gamma,}}$$

aber nicht die Regel HI1, die man zur Konstruktion der Antinomie benötigt. Setzen wir wieder $c := \lambda x(x\varepsilon x \supset A)$, so erhält man zwar $c\varepsilon c \rightarrow A$, also für ein A wie z. B. $B \wedge \neg B$, für das $A \rightarrow$ beweisbar ist, insbesondere $c\varepsilon c \rightarrow$ und $\sim c\varepsilon c \rightarrow$, also auch $c\varepsilon c \vee \neg c\varepsilon c \rightarrow$, aber das stellt in der minimalen K. L. keinen Widerspruch dar.

10.2 Partielle klassenlogische Bewertungen

Partielle Bewertungen für **K** lassen sich in Entsprechung zu jenen für die t. l. Sprache **T** nach D8.2-4 so definieren:

D10.2-1: Eine *partielle (k. l.) Bewertung* von **K** ist eine Abbildung einer Teilmenge der Sätze von **K** in die Menge {w, f}, für die gilt:

a) $V(\neg A) = w$ gdw. $V(A) = f$,
$V(\neg A) = f$ gdw. $V(A) = w$.

b) $V(A \wedge B) = w$ gdw. $V(A) = V(B) = w$,
$V(A \wedge B) = f$ gdw. $V(A) = f$ oder $V(B) = f$.

c) $V(\Lambda x A[x]) = w$ gdw. $V(A[t]) = w$ für alle Terme t,
$V(\Lambda x A[x]) = f$ gdw. $V(A[t]) = f$ für einen Term t.

d) $V(s\varepsilon\lambda x A[x]) = w$ gdw. $V(A[s]) = w$,
$V(s\varepsilon\lambda x A[x]) = f$ gdw. $V(A[s]) = f$.

Solche partiellen Bewertungen sind wie im t. l. Fall nicht induktiv definiert. Man kann aber jedenfalls sagen, daß es partielle Bewertungen gibt, denn die Funktion V_0, die keinem Satz von **K** einen Wahrheitswert zuordnet, erfüllt trivialerweise alle Bedingungen von D10.2-1. In der T. L. konnten wir (vgl. T8.2-6) den partiellen Bewertungen ausgezeichnete zuordnen, die induktiv definiert waren. Auch in der K. L. kann man ausgezeichnete Bewertungen einführen, aber sie sind nicht induktiv definiert. Wir verwenden sie im folgenden zum semantischen Widerspruchsfreiheitsbeweis für **MK1** und heben deswegen nur auf ihre Normalität ab.

D10.2-2: Eine partielle Bewertung V heißt *normal*, wenn es zu jedem Allsatz $\Lambda xA[x]$ mit $V(\Lambda xA[x]) \neq w$ eine GK b gibt, für die gilt $V(A[b]) = V(\Lambda xA[x])$.

T10.2-1: Zu jeder partiellen Bewertung V und jeder SM $\mathfrak{K}$, deren Elemente unendlich viele GK nicht enthalten, gibt es eine normale, mit V $\mathfrak{K}$-äquivalente partielle Bewertungen V', so daß also für alle Sätze A aus $\mathfrak{K}$ gilt $V'(A) = V(A)$.

Beweis: Wir beweisen das ähnlich wie den Satz T8.2-6. Es sei Γ_0 die Menge der GK, die in den Sätzen aus $\mathfrak{K}$ vorkommen. Γ_i $(i = 1,2, \ldots)$ seien unendlich viele disjunkte Teilmengen jeweils unendlich vieler GK, die nicht zu Γ_0 gehören. Es sei $\Gamma'_0 = \Gamma_0$ und $\Gamma'_{j+1} = \Gamma'_j \cup \Gamma_{j+1}$ $(j = 0,1,2, \ldots)$. t_{jk} $(k = 1,2, \ldots)$ sei eine Abzählung der Terme über Γ'_j. Wir ordnen t_{jk} die GK $a_{j+1,k}$ zu und setzen $V'_0(A) = V(A)$ für alle Sätze über Γ_0 und (α) $V'_{j+1}(A[a_{j+1,k_1}, \ldots, a_{j+1,k_n}]) = V'_j(A[t_{jk_1}, \ldots, t_{jk_n}])$. Dabei seien die $a_{j,k_1}, \ldots, a_{jk_n}$ jeweils die einzigen GK aus Γ_j, die in $A[a_{jk_1}, \ldots, a_{jk_n}]$ vorkommen. Falls A keine GK aus Γ_j enthält, soll gelten (β) $V'_{j+1} = V'_j(A)$. V' sei die Vereinigung aller V'_j, d.h. es soll gelten $V'(A) = w/f$ gdw. es ein j mit $V'_j(A) = w/f$ gibt.

V' ist nun eine normale, mit V $\mathfrak{K}$-äquivalente partielle Bewertung. Denn V'_0 ordnet keinem Satz zwei Wahrheitswerte zu, und gilt das für V'_j, so nach (α) und (β) auch für V'_{j+1}. Es gilt auch für V', da V'_{j+1} eine Erweiterung von V'_j ist.

Jedes V'_i ist ferner eine normale partielle Bewertung über jener Teilsprache von **K**, die nur GK aus Γ'_i enthält. Wir schreiben der Kürze halber $A[a_{jk}]$ bzw. $A[t_{jk}]$ für $A[a_{jk_1}, \ldots, a_{jk_n}]$ bzw. $A[t_{jk_1}, \ldots, t_{jk_n}]$, wo a_{jk_l} $(l=1, \ldots, n)$ alle GK aus Γ_i sind, die in dem ersteren Satz vorkommen. Dann gilt die Behauptung für $i = 1$. Denn $V'_1(\neg A[a_{1k}]) = w/f$ gdw. $V'_0(\neg A[t_{ok}]) = w/f$ gdw. $V'_0(A[t_{ok}]) = f/w$ gdw. $V'_1(A[a_{1k}]) = f/w$. Ebenso argumentiert man im Fall eines Satzes der Gestalt $A[a_{1k}] \wedge B[a_{1k}]$. Ist $V'_1(\Lambda xA[x,a_{1k}]) = w$, so $V'_0(\Lambda xA[x,t_{ok}]) = w$, also $V'_0(A[s,t_{ok}]) = w$ für alle Terme s über Γ'_0. Ist nun $r[a_{1k'}]$ ein Term über Γ'_1, so gilt also $V'_1(A[r[a_{1k'}],a_{1k}]) = V'_0(A[r[t_{ok'}],t_{ok}) = w$. (Dabei seien wieder $a_{1k'_j}$ alle GK aus Γ_1, die in $r[a_{1k'}]$ vorkommen; kommt in $r[a_{1k'}]$ keine GK aus Γ_1 vor, so ist $r[a_{1k'}] = r[t_{ok}]$.) Gilt umgekehrt $V'_1(A[r,a_{1k}]) = w$ für alle Terme r über Γ'_1, so auch $V'_1(A[a_{1k'},a_{1k}]) = w$ für alle GK $a_{1k'}$ aus Γ_1, also $V'_0(A[s,t_{ok}]) = w$ für alle Terme s über Γ'_0, da jedem Term s über Γ'_0 eine GK $a_{1k'}$ entspricht. Es gilt also $V'_0(\Lambda xA[x,t_{ok}]) = w$, also $V'_1(\Lambda xA[x,a_{1k}]) = w$. Ist $V'_1(\Lambda xA[x,a_{1k}]) = f$, so $V'_0(\Lambda xA[x,t_{ok}]) = f$, es gibt also einen Term $t_{ok'}$ über Γ'_0 mit $V'_0(A[t_{ok'},t_{ok}]) = f$, also $V'_1(A[a_{1k'},a_{1k}]) = f$. Ist umgekehrt $V'_1(A[r[a_{1k'}],a_{1k}]) = f$ für einen Term $r[a_{1k'}]$ über Γ'_1, so $V'_0(A[r[t_{ok'}],t_{ok}]) = f$, also $V'_0(\Lambda xA[x,t_{ok}]) = f$, also $V'_1(\Lambda xA[x,a_{1k}]) = f$. Und ist $V'_1(\Lambda xA[x,a_{1k}]) = u$, so ist $V'_0(\Lambda xA[x,t_{ok}]) = u$, es gibt also ein $t_{ok'}$ mit V'_0(A

$[t_{ok'},t_{ok}])=u$, also $V_1^{\prime}A[a_{ok'},a_{ok}])=u$. $V_1^{\prime}$ ist also normal. Endlich gilt $V_1^{\prime}(s[a_{1k}]\varepsilon\lambda xA[x,a_{1k}])=w/f$ gdw. $V_o^{\prime}(s[t_{ok}]\varepsilon\lambda xA[x,t_{ok}])=w/f$ gdw. $V_o^{\prime}(A[s[t_{ok}],t_{ok}])=w/f$ gdw. $V_1^{\prime}(A[s[a_{1k}],a_{1k}])=w/f$. Ebenso argumentiert man für $i+1$, wenn die Behauptung schon für i beweisen ist.

Auch V' ist nun eine normale partielle Bewertung über **K.** Das folgt aus der Definition von V' und der Tatsache, daß alle $V_i^{\prime}$ partielle Bewertungen über den Teilsprachen von **K** sind, die nur GK aus $\Gamma_i^{\prime}$ enthalten, für die Bedingungen (a), (b), (d) von D10.2-1. Für die Bedingung (c) erhalten wir: (1) Ist $V'(\Lambda xA[x])=f$, so gilt für ein i $V_i^{\prime}(\Lambda xA[x])=f$, also für eine GK a_{ik} aus $\Gamma_i^{\prime}$ $V_i^{\prime}(A[a_{ik}])=f$, also $V'(A[a_{ik}])=f$. (2) Ist $V'(\Lambda xA[x])=u$, so gilt für alle i, insbesondere also für das kleinste i, für das $\Lambda xA[x]$ ein Satz über $\Gamma_i^{\prime}$ ist, $V_i^{\prime}(\Lambda xA[x])=u$, also $V_i^{\prime}(A[a_{ik}])=u$ für eine GK a_{ik} aus $\Gamma_i^{\prime}$; das gilt dann nach (β) auch für alle $V_j^{\prime}$ mit $j>i$ und für alle $V_j^{\prime}$ mit $j<i$, da diese $V_j^{\prime}$ nicht für $A[a_{ik}]$ definiert sind. Es gilt also auch für V'. (3) Ist endlich $V'(\Lambda xA[x])=w$, so gilt für ein i $V_i^{\prime}(\Lambda xA[x])=w$. Ist t_{jk} ein Term, so gilt für $j\leqq i$ $V_i^{\prime}(A[t_{jk}])=w$, da $V_i^{\prime}$ eine partielle Bewertung über $\Gamma_i^{\prime}$ ist. Ist hingegen $j>i$, so gilt nach (β) $V_j^{\prime}(\Lambda xA[x])=V_i^{\prime}(\Lambda xA[x])=w$, also $V_j^{\prime}(A[t_{jk}])=w$, da $V_j^{\prime}$ eine partielle Bewertung über $\Gamma_j^{\prime}$ ist. Aus (1) und (2) ergibt sich die Normalität von V', aus (2) und (3) ergibt sich: Ist $V'(A[t])=w$ für alle Terme t, so ist $V'(\Lambda xA[x])=w$. Und aus der Definition von V' als Vereinigung der $V_j^{\prime}$ und der Tatsache, daß alle $V_j^{\prime}$ partielle Bewertungen sind, folgt: Ist $V'(A[t])=f$ für einen Term t, so ist $V'(\Lambda xA[x])=f$.

P-Wahrheit von Sätzen und P-Gültigkeit von Schlüssen wird wie in D1.6-4 definiert. Setzen wir $V(\sim A)=V(\neg A)$, so können wir wie früher sagen, daß eine SQ $\Delta\rightarrow\Gamma$ einen P-gültigen Schluß darstellt, wenn für alle partiellen (k. l.) Bewertungen V gilt: Erfüllt V alle Formeln aus Δ, so erfüllt V auch mindestens eine Formel aus Γ. (Ein leeres Δ wird von allen partiellen Bewertungen erfüllt, ein leeres Γ von keiner partiellen Bewertung.)

Der Kalkül **MK1** ist widerspruchsfrei bzgl. partieller k. l. Bewertungen:

T10.2-2: In **MK1** sind nur SQ beweisbar, die P-gültige Schlüsse darstellen.

Das beweist man wie früher durch Induktion nach der Länge des Beweises einer SQ Σ in **MK1** (vgl. T1.7-1 und T4.5-1). Es sei z. B. der Schluß $\Delta\rightarrow A[b], \Gamma$ beweisbar und P-gültig. Wäre die Konklusion $\Delta\rightarrow\Lambda xA[x], \Gamma$ nach HA1, in der die GK b nicht mehr vorkommt, nicht P-gültig, so gäbe es eine partielle Bewertung V, die alle Formeln aus Δ, aber keine Formel aus Γ erfüllt und auch nicht $\Lambda xA[x]$. Es gäbe also einen Term s, so daß $V(A[s])\neq w$ ist, nach T10.2-1 also eine normale partielle Bewertung V', die den Formeln Δ, $\Lambda xA[x]$, Γ die gleichen Werte (einschließlich u) zuordnet wie V, und eine GK c, die in den Formeln aus Δ, Γ, ΛxA[x] nicht vorkommt, mit V'(A[c])≠w. Der Schluß Δ→A[c], Γ wäre also nicht P-gültig. Da in **MK1** jedoch mit einer SQ Δ[a]→Γ[a] jede SQ Δ[s]→Γ[s] beweisbar ist, in der die GK a nicht mehr vorkommt, ist nach I. V. mit Δ→A[b], Γ auch der Schluß Δ→A[c], Γ P-gültig (vgl. den Beweis von T4.2-1).

Die Vollständigkeit von **MK1** bzgl. partieller Bewertungen läßt sich hingegen in Analogie zu den Sätzen T1.7-2 und T4.5-2 nicht mehr beweisen. Denn das mechanische Beweisverfahren funktioniert nun nicht mehr (vgl. T4.3-3). Da ein passender Induktionsparameter fehlt, kann man hier nicht mehr beweisen, daß reguläre Herleitungen die Eigenschaften nach T4.3-6 haben, daß also insbesondere zwischen zwei Anwendungen der Regel zur Tilgung der Unterstreichungen von VF der Gestalt ΛxC[x] und HF der Gestalt ~ΛxC[x] nur endlich viele Schritte liegen.

10.3 Indeterminierte Namen

In **MK1** und **MK2** haben wir p. l. Regeln verwendet, die auf den Fall zugeschnitten sind, daß sich alle Terme als determinierte Namen ansehen lassen. Ein Klassenterm λxA[x] bezeichnet aber nur dann ein bestimmtes Objekt, wenn das Prädikat A[x] vollständig definiert ist. Andernfalls gibt es verschiedene Präzisierungen dieses Prädikats, bei denen dann auch der Abstraktionsterm verschiedene Klassen bezeichnet, so daß er aus Gründen der Stabilität als indeterminiert anzusehen ist. Im Gegensatz zur T. L. läßt sich nun nicht jede partielle k. l. Bewertung zu einer totalen erweitern, so daß auch die Rechtfertigung der Behandlung der Abstraktionsterme als determinierte Namen, die wir in 8.4 gegeben haben, hier entfällt. Die Antinomie von Russell zeigt, daß es wesentlich indeterminierte – und zwar aus *logischen* Gründen wesentlich indeterminierte – Namen und Prädikate in **K** gibt. Wie wir in 7.1 sahen, ist zwar die direkte Logik besser zur Behandlung indeterminierter Namen geeignet, aber wir können ihnen auch in der minimalen K. L. durch Modifikation der p. l. und k. l. Regeln Rechnung tragen.

Statt des Existenzprädikats E führen wir dazu in **K** einen Grundterm m ein, so daß die Aussage sεm der Aussage E(s) entspricht. m ist also die Klasse der Objekte des Grundbereichs. Die Wahl des Buchstabens „m" versteht sich daraus, daß wir die Klassen aus m als *Mengen* bezeichnen. Mengen sind also nun spezielle Klassen. Daneben können zu m freilich auch Individuen gehören.

Die p. l. Regeln VA1 und HA2 sind nun durch die auf Terme verallgemeinerte Regeln VA1* und HA2* aus 7.1 zu ersetzen, in **MK1** sind auch die Regeln VA2 und HA1 durch die verallgemeinerten Regeln

VA2* und HA1* zu ersetzen, während in **MK2** statt UA1 und UA2 die folgenden Regeln zu verwenden sind:

UA1:* Sind die SQ Δ, sεm→A[s], Γ für alle Terme s beweisbar, so auch die SQ Δ→ΛxA[x], Γ.
UA2:* Sind die SQ Δ, sεm, ∼A[s]→Γ für alle Terme s beweisbar, so auch die SQ Δ, ∼ΛxA[x]→Γ.

Das bisher verwendete Abstraktionsprinzip sελxA[x]↔A[s] ersetzen wir durch

AP:* sελxA[x]↔sεm ∧ A[s].

Damit wird also ein Term λxA[x] im Sinn von λx(xεm ∧ A[x]) gedeutet, und das entspricht, wie die Deutung von ΛxA[x] als Λx(xεm ⊃ A[x]), der Tatsache, daß sich die GV in den Quantoren auf die Objekte des Grundbereichs beziehen. Ist also s indeterminiert, so kann man aus A[s] nicht auf sελxA[x] schließen.

Mit *AP** sind nun folgende k. l. Regeln äquivalent:

HM1:* Δ→ A[s], Γ; Δ→ sεm, Γ ⊢ Δ→ sελxA[x], Γ
HM2:* Δ→ ∼A[s], ∼sεm, Γ ⊢ Δ→ ∼sελxA[x], Γ
VM1:* Δ, A[s], sεm→ Γ ⊢Δ, sελxA[x]→ Γ
VM2:* Δ, ∼A[s]→ Γ; Δ, ∼sεm→ Γ ⊢Δ, ∼sελxA[x]→ Γ.

Die so aus **MK1** bzw. **MK2** entstehenden Kalküle nennen wir **MK1*** und **MK2***. Solange wir keine logischen Prinzipien für m angeben, sind diese Kalküle offenbar ebenfalls widerspruchsfrei. Man kann in Analogie zu T10.1-2 auch das Eliminationstheorem für **MK2*K+** beweisen. Die Sätze sεm fungieren dabei als Primsätze, haben also immer die Stufe 0. Man sieht leicht, wie Verschiebungen der Schnitte in den Fällen unter I,3a und 3b sowie II,1f und 1g nun funktionieren. Dabei wird – bis auf einen Fall – der Schnitt durch zwei aufeinanderfolgende ersetzt. Als unteren Schnitt kann man dabei immer jenen wählen, für den eine Formel (∼)sεm die Schnittformel ist. Im Fall I,3a,η' tritt dabei nun für den Schnitt mit der SF sεm in 𝔅' eine SQ auf, die aus $\mathfrak{B}_2$ stammt. Das ist im Blick auf die Überlegung zu I,2a2,γ von Bedeutung, da nun die Aussage (α) dort nicht mehr gilt. Da aber die SF dabei eine Primformel ist, ist das harmlos. Die Elimination des oberen Schnittes kann die Stufe dieser SF nicht erhöhen.

Egal, welche SQ mit (∼)sεm im Basiskalkül **K** enthalten sind – ist **K** nur widerspruchsfrei, so auch **MK2*K.**

Da m determinierte Klassenterme enthalten soll, und da man einen Klassenterm λxA[x] als determiniert ansehen wird, wenn das Prädikat A[x] determiniert ist, d.h. wenn gilt Λx(A[x] ∨ ¬ A[x]), so liegt es nahe zu sagen, λxA[x]εm solle genau dann gelten, wenn Λx(A[x] ∨ ¬A[x])

gilt, oder – wegen der Beweisbarkeit von $\Lambda x(A[x] \vee \neg A[x]) \leftrightarrow \Lambda x(x\varepsilon \lambda y A[y] \vee \neg x\varepsilon\lambda y A[y])$ – allgemein, $s\varepsilon m$ solle genau dann gelten, wenn $\Lambda x(x\varepsilon s \vee \neg x\varepsilon s)$ gilt. Das ergibt das Prinzip

*) $s\varepsilon m \leftrightarrow \Lambda x(x\varepsilon s \vee \neg x\varepsilon s)$.

Die Hinzunahme dieses Prinzips zu **MK2*** bewirkt nun aber, daß wir die Antinomie von Russell ableiten können: Nach VA1* gilt $s\varepsilon m$, $\Lambda x(x\varepsilon s \vee \neg x\varepsilon s) \rightarrow s\varepsilon s \vee \neg s\varepsilon s$, daraus folgt mit (*) $s\varepsilon m \rightarrow s\varepsilon s \vee \neg s\varepsilon s$, also $s\varepsilon m \rightarrow s\varepsilon s, \sim s\varepsilon s$ (1), also auch $s\varepsilon m \rightarrow \sim \neg s\varepsilon s, \neg s\varepsilon s, \sim s\varepsilon m$ (mit HN1, HN2 und HV). Daraus folgt mit $s\varepsilon m \rightarrow s\varepsilon m$ nach HM1* $s\varepsilon m \rightarrow \sim \neg s\varepsilon s, s\varepsilon r, \sim s\varepsilon m$, wo $r = \lambda x \neg (x\varepsilon x)$ die Russellsche Klasse ist, nach HM2* also $s\varepsilon m \rightarrow \sim s\varepsilon r, s\varepsilon r$, also $s\varepsilon m \rightarrow s\varepsilon r \vee \neg s\varepsilon r$. Da das für alle Terme s gilt, erhalten wir mit UA1* $\rightarrow \Lambda x(x\varepsilon r \vee \neg x\varepsilon r)$, also mit (*) $\rightarrow r\varepsilon m$. Nach (1) gilt ferner $r\varepsilon m \rightarrow r\varepsilon r, \sim r\varepsilon r$ mit TR erhalten wir also $\rightarrow r\varepsilon r, \sim r\varepsilon r$, und daraus ergibt sich die Antinomie wie in 9.3, wobei nun bei der Anwendung der M*-Regeln $\rightarrow r\varepsilon m$ als zusätzliche Prämisse verwendet wird.

Man kann also zwar die $\Lambda x(x\varepsilon s \vee \neg x\varepsilon s) \rightarrow s\varepsilon m$ zu **MK2*** hinzunehmen oder die Umkehrung $s\varepsilon m \rightarrow \Lambda x(x\varepsilon s \vee \neg x\varepsilon s)$ – da **MK2*K** für beliebige konsistente Basiskalküle **K** konsistent ist, gilt das auch für jene, welche die SQ $\rightarrow s\varepsilon m$ bzw. $s\varepsilon m \rightarrow$ für alle Terme s enthalten, und daraus sind die SQ ableitbar –, aber nicht beide zusammen. Es bleibt so nur der Weg einer induktiven Auszeichnung der Aussagen $s\varepsilon m$:

Wir gehen von einem Kalkül $\mathbf{K}_0$ aus, der für alle GK a und alle Terme s (inclusive m) die SQ $\rightarrow s\varepsilon a, \sim s\varepsilon a$ enthält und sonst keine SQ. $\mathbf{MK2^*K}_0$ ist nach den obigen Überlegungen widerspruchsfrei. Es sei nun $\mathbf{K}_1$ der Kalkül $\mathbf{K}_0$ erweitert um die SQ $\rightarrow s\varepsilon m$ für alle Terme s, für die $\rightarrow \Lambda x(x\varepsilon s \vee \neg x\varepsilon s)$ in $\mathbf{MK2^*K}_0$ beweisbar ist. Auch $\mathbf{MK2^*K}_1$ ist widerspruchsfrei und eine Erweiterung von $\mathbf{MK2^*K}_0$. In $\mathbf{MK2^*K}_0$ sind mit den SQ $\rightarrow s\varepsilon a, \sim s\varepsilon a$ die SQ $s\varepsilon m \rightarrow s\varepsilon a \vee \neg s\varepsilon a$ für alle Terme s und alle GK a beweisbar, also nach UA1* die SQ $\rightarrow \Lambda x(x\varepsilon a \vee \neg x\varepsilon a)$ für alle GK a, so daß die SQ $\rightarrow a\varepsilon m$ zu $\mathbf{K}_1$ gehören. Wegen $s\varepsilon m \rightarrow s\varepsilon m \vee \neg s\varepsilon m$ ist in $\mathbf{MK2^*K}_0$ ferner $\rightarrow \Lambda x(x\varepsilon m \vee \neg x\varepsilon m)$ beweisbar, so daß auch $\rightarrow m\varepsilon m$ zu $\mathbf{K}_1$ gehört. In dieser Konstruktion können wir fortfahren und so zu den Kalkülen $\mathbf{MK2^*K}_2$, $\mathbf{MK2^*K}_3$, ... übergehen. Ist $\mathbf{K}_\omega$ die Vereinigung der $\mathbf{K}_i$ ($i = 0, 1, 2, \ldots$), so daß eine SQ Σ genau dann in $\mathbf{K}_\omega$ ist, wenn es ein i gibt, so daß Σ in $\mathbf{K}_i$ ist, so ist auch $\mathbf{MK2^*K}_\omega$ widerspruchsfrei und eine Erweiterung aller $\mathbf{K}_i$. Auch $\mathbf{K}_\omega$ können wir erweitern usf. Gibt es nun eine Ordinalzahl λ, für die gilt $\mathbf{K}_{\lambda+1} = \mathbf{K}_\lambda$, so ist in $\mathbf{MK2^*K}_\lambda$ $\rightarrow s\varepsilon m$ genau dann beweisbar, wenn $\rightarrow \Lambda x(x\varepsilon s \vee \neg x\varepsilon s)$ beweisbar ist. Denn ist $\rightarrow \Lambda x(x\varepsilon s \vee \neg x\varepsilon s)$ in $\mathbf{MK2^*K}_\lambda$ beweisbar, so in $\mathbf{MK2^*K}_{\lambda+1} = \mathbf{MK2^*K}_\lambda$ die SQ $\rightarrow s\varepsilon m$, und umgekehrt. Wegen der Eliminierbarkeit von TR gilt ja für jedes $\mathbf{MK2^*K}_{\beta+1}$: $\rightarrow s\varepsilon m$ ist nur beweisbar, wenn diese SQ in $\mathbf{K}_{\beta+1}$ ist, wenn also in $\mathbf{MK2^*K}_\beta$

$\rightarrow \Lambda x(x\varepsilon s \vee \neg x\varepsilon s)$ beweisbar ist. Das gilt aber nur deswegen, weil wir von einem Kalkül $\mathbf{K}_0$ ohne SQ $\rightarrow s\varepsilon m$ ausgegangen sind.

Es muß nun aber ein solches λ geben, denn kommen zu den $\mathbf{K}_\alpha$ immer neue SQ $\rightarrow s\varepsilon m$ hinzu, so sind die Terme s wegen ihrer Abzählbarkeit endlich erschöpft. Gibt es aber ein solches λ, so auch ein kleinstes: λ_0. In $\mathbf{K}_{\lambda_0}$ ist die SQ $\rightarrow r\varepsilon m$ nicht enthalten. Sonst wäre $\rightarrow \Lambda x(x\varepsilon r \vee \neg x\varepsilon r)$ in $\mathbf{MK2^*K}_{\lambda_0}$ beweisbar, und aus diesen beiden SQ erhielten wir mit $r\varepsilon m$, $\Lambda x(x\varepsilon r \vee \neg x\varepsilon r) \rightarrow r\varepsilon r$, $\sim r\varepsilon r$ die SQ $\rightarrow r\varepsilon r$, $\sim r\varepsilon r$, also die Antinomie von Russell. Die Terme s, für die $\rightarrow s\varepsilon m$ nicht in $\mathbf{K}_{\lambda_0}$ ist, nennen wir *unfundiert*. Neben dem Term r ist z. B. auch $q = \lambda x(x\varepsilon x)$ unfundiert. Denn einen Beweis von $\rightarrow \Lambda y(y\varepsilon q \vee \neg y\varepsilon q)$ würde man wegen der Eliminierbarkeit von TR nur über $s\varepsilon m \rightarrow s\varepsilon s \vee \neg s\varepsilon s$ für alle Terme s erhalten, also über $q\varepsilon m \rightarrow q\varepsilon q \vee \neg q\varepsilon q$. Diese SQ ist aber ohne TR nicht beweisbar, da man sie nur aus $q\varepsilon m \rightarrow q\varepsilon q$, $\sim q\varepsilon q$ erhält und das nur mit M*-Regeln aus derselben SQ.

Die $\mathbf{MK2^*K}_\alpha$ sind für $\alpha > 0$ zwar keine Kalküle mehr, da die Menge der Axiome von $\mathbf{K}_\alpha$ nicht entscheidbar ist, der Beweisbegriff bleibt aber entscheidbar.

Man kann auch den einen Teil von (*), die SQ $s\varepsilon m \rightarrow \Lambda x(x\varepsilon s \vee \neg x\varepsilon s)$ als generelles Prinzip akzeptieren. Denn es ergibt sich aus

TND° : $\rightarrow \Lambda xy(x\varepsilon y \vee \neg x\varepsilon y)$.

Diese SQ ist mit $\mathbf{MK2^*K}_0$ verträglich. Andernfalls gäbe es einen Beweis für die SQ $\rightarrow$ mit *TND°*, den man durch Hinzufügung der VF $\Lambda xy(x\varepsilon y \vee \neg x\varepsilon y)$ in diesem Axiom und den darunter stehenden SQ in einen Beweis von $\Lambda xy(x\varepsilon y \vee \neg x\varepsilon y) \rightarrow$ in $\mathbf{MK2^*K}_0^+$ umformen könnte. Die letztere SQ wäre dann ohne TR beweisbar. Man erhält sie aber nur aus $s\varepsilon t \vee \neg s\varepsilon t \rightarrow$ und $\rightarrow s\varepsilon m$ und $\rightarrow t\varepsilon m$ mit VA1*. Die SQ $\rightarrow s\varepsilon m$ und $\rightarrow t\varepsilon m$ sind jedoch in $\mathbf{MK2^*K}_0^+$ nicht beweisbar.

Man kann $\mathbf{MK2^*K}_0$ mit TND° nicht wie $\mathbf{MK2^*K}_0$ erweitern. Denn mit TND° ist z. B. $\rightarrow \Lambda x(x\varepsilon r \vee \neg x\varepsilon r)$ beweisbar, wie wir gesehen haben. Würde man also $\rightarrow r\varepsilon m$ hinzunehmen, so erhielte man wieder die Antinomie von Russell.

Mit $\mathbf{MK2^*K}_0$ haben wir nun eine Logik, die einer klassischen freien Logik eng entspricht. Denn ist **KK2*** jener Kalkül, der sich zu **KK1** verhält wie **MK2*** zu **MK1**, so gilt:

T10.3-1: Ist eine SQ $\Delta \rightarrow \Gamma$ in $\mathbf{MK2^*K}_0$ mit TND° beweisbar, so auch in **KK2***. Und ist $\Delta \rightarrow \Gamma$ in **KK2*** beweisbar, so die SQ $s_1\varepsilon m, \ldots, s_n\varepsilon m, \Delta \rightarrow \Gamma$ in $\mathbf{MK2^*K}_0$ mit TND°, wo $s_1, \ldots, s_n$ jene Terme seien, die keine GK sind und in den Formeln aus Δ und Γ vorkommen.

Wir beweisen das durch Induktion nach der Länge l des vorgegebenen Beweises. (a) In **KK2*** kann man das Axiomenschema TND auf Atomformeln beschränken, wie man durch Induktion nach dem p. l. Grad leicht sieht. Es sei nun 𝔅 ein Beweis von Δ→ Γ, in dem nur solche Axiome nach TND vorkommen. Dann gilt die Behauptung für l = 1, da die Axiome von **KK2*** außer TND Axiome von **MK2*** sind, die Axiome → sεa, ~ sεa nach TND Axiome von K_0, und da statt der übrigen Axiome → sεt, ~ sεt nach TND die SQ sεm, tεm→ sεt, ~ sεt aus TND° ableitbar sind. Ist die Behauptung schon bewiesen für alle Beweise einer Länge l ≤ n, so gilt sie auch für einen Beweis 𝔅 der Länge n + 1: Das ist trivial für alle Regeln außer den p. l.

VA1*: Entsteht Δ, ΛxA[x]→ Γ in 𝔅 aus Δ, A[s]→ Γ und Δ→ sεm, Γ, so ist nach I. V. die SQ Π, sεm, Δ, A[s]→ Γ in **MK2*K_0** beweisbar, wo Π die Formelreihe t_1εm, . . .,t_nεm für alle Terme sei, die nicht GK und von s verschieden sind und in den Formeln aus Δ, A[s], Γ vorkommen. Mit sεm→ sεm erhält man daraus Π, sεm, Δ, ΛxA[x]→ Γ. Kommt nun s nicht mehr in Δ, ΛxA[x], Γ vor, so erhalten wir mit sεm→ sεm und VA1* daraus Π, Λx(xεm), ΛxA[x]→ Γ. Aus sεm→ sεm folgt aber mit HA1* → Λx(xεm), so daß wir Π, ΛxA[x]→ Γ erhalten.

Ebenso argumentiert man für HA2*.

UA1*: Entsteht Δ→ ΛxA[x], Γ in 𝔅 aus Δ, sεm→ A[s], Γ für alle Terme s, so ist nach I. V. in **MK2*K_0** die SQ Π, Δ, sεm→ A[s], Γ für alle Terme s beweisbar, mit UA1* also Π, Δ→ ΛxA[x], Γ.

Ebenso argumentiert man für UA2*.

(b) Da die SQ aus K_0 in **KK2*** beweisbar sind und TND° aus TND folgt, läßt sich jeder Beweis einer SQ Δ→ Γ in **MK2*K_0** in einen Beweis von Δ→ Γ in **KK2*** umformen, da **KK2*** alle Axiome und Regeln von **MK2*** enthält.

Ohne beweisbare SQ → sεm sind jedoch beide Kalküle so schwach, daß sie trivialerweise konsistent sind. Es stellt sich also die Frage nach konsistenten Erweiterungen dieser Kalküle um solche SQ. Solche Erweiterungen gibt es viele, es geht aber nicht um *irgendwelche* konsistenten Kalküle, sondern um ein intuitiv einleuchtendes Prinzip zur Auszeichnung von Klassen als Elementen von m. Der Gedanke, SQ→ λxA[x]εm für Terme λxA[x] hinzuzunehmen, für die → Λx(A[x] ∨ ¬ A[x]) beweisbar ist, ist jedenfalls nicht mehr brauchbar. Auf dieses Problem werden wir im 12. Kapitel zurückkommen.

11 Direkte Klassenlogik

11.1 Die Antinomie von Curry

Beziehen wir den Kalkül der direkten P. L. **DP1** auf die k. l. Sprache **K** – wobei die Regeln VA1 und HA2 wieder in der verallgemeinerten Version zu verwenden sind – und nehmen wir die M-Regeln hinzu, so entsteht ein inkonsistenter Kalkül, in dem sich die Antinomie von Curry ableiten läßt. Sie setzt ja nicht das Axiom TND voraus, ist also nicht nur ein Problem der klassischen Mengenlehre.[1] Es bieten sich nun drei Wege zur Elimination dieser Antinomie an: Der erste, den wir in diesem und dem folgenden Abschnitt darstellen, führt zu einer Modifikation der Sprache **K**. Der zweite Weg, den wir in 11.3 untersuchen, ergibt eine Beschränkung der Gesetze der direkten P. L. im k. l. Bereich. Der dritte Weg, der im Abschnitt 11.4 behandelt wird, berücksichtigt das Vorkommen indeterminierter Namen. Auf den beiden ersten Wegen wird sich kein befriedigendes System einer direkten K. L. ergeben. Eilige Leser können daher gleich zum Abschnitt 11.4 übergehen.

Sehen wir uns die Konstruktion der Antinomie von Curry näher an und untersuchen, was dabei passiert! Ihre Ableitung sah so aus – c sei wieder der Term $\lambda x(x\varepsilon x \supset A)$:

1.	$c\varepsilon c \rightarrow c\varepsilon c;\ c\varepsilon c, A \rightarrow A$	RF			
2.	$c\varepsilon c, c\varepsilon c \supset A \rightarrow A$	VI1			
3.	$c\varepsilon c, c\varepsilon c \rightarrow A$	VM1	1.	$c\varepsilon c \rightarrow c\varepsilon c;\ c\varepsilon c, A \rightarrow A$	RF
4.	$c\varepsilon c \rightarrow A$	VK	2.	$c\varepsilon c, c\varepsilon c \supset A \rightarrow A$	VI1
5.	$\rightarrow c\varepsilon c \supset A$	HI1	3.	$c\varepsilon c, c\varepsilon c \rightarrow A$	VM1
6.	$\rightarrow c\varepsilon c$	HM1	4.	$c\varepsilon c \rightarrow A$	VK
		$\rightarrow A$		TR	

Der problematische Punkt ist hier der Schritt von (3) zu (4). VK ist zwar eine grundlegende Regel, die sich aus der inhaltlichen Deutung

[1] Ein ähnliches Problem ergibt sich im Fall des „Lügners" (vgl. 7.5), wenn wir hier von dem Satz ausgehen: „Wenn dieser Satz wahr ist, so gilt C", wo C ein beliebiger Satz ist, z. B. eine Kontradiktion. Ist B dieser Satz, so gilt also, falls b ein Name für B ist:
a) B ist der Satz $W(b) \supset C$.
Die Wahrheitskonvention T' aus 7.5 ist für direkte Bewertungen $<I, S, V>$ so zu formulieren:
T'': Ist a ein Name für den Satz A, so gilt für alle $i\varepsilon I$:
$V_i(W(a)) = w$ gdw. $V_i(A) = w$,
$V_i(W(a)) = f$ gdw. $V_i(A) = f$.
Wir können T'' durch die Schlüsse
1. $(\sim)A \rightarrow (\sim)W(a)$ und
2. $(\sim)W(a) \rightarrow (\sim)A$
ausdrücken. Dann erhalten wir mit (a) aus (2) $W(b) \rightarrow W(b) \supset C$, also $W(b), W(b) \rightarrow C$, also $W(b) \rightarrow C$ und daraus $\rightarrow W(b) \supset C$. Aus (a) und (1) folgt ferner $W(b) \supset C \rightarrow W(b)$, mit $\rightarrow W(b) \supset C$ also $\rightarrow W(b)$ und mit $W(b) \rightarrow C$ endlich $\rightarrow C$.

der SQ als Schlüsse ergibt, aber ihre Anwendung erscheint im vorliegenden Fall als fragwürdig, weil die intuitive Deutung der beiden Vorkommnisse von $c\varepsilon c$ im Beweis verschieden ist: Das erste Vorkommnis von $c\varepsilon c$ steht für das Antezedens der Wahrheitsregel $c\varepsilon c \rightarrow A$, die wir durch die Implikation $c\varepsilon c \supset A$ ausdrücken, das zweite Vorkommnis hingegen steht für diese Regel selbst. Bei der intuitiven Einführung der Implikation als Ausdruck einer Ableitbarkeitsbeziehung in 2.1 und 2.2 sind wir von R-Formeln ausgegangen, denen sich nach D2.1-2 eindeutig Schichten zuordnen ließen. Ebenso wichtig wie die Unterscheidung zwischen Formeln und SQ war jene zwischen den R-Formeln höherer Schichten. An dieser Unterscheidbarkeit der Schichten hing die Deutung der R-Formeln. Mit der Einführung der Implikation konnten R-Formeln höherer Schicht eindeutig Implikationsformeln zugeordnet werden, so daß wir die ganze Hierarchie der höheren R-Formeln in einem einfachen SQ-Kalkül darstellen konnten. Der Schicht einer R-Formel S entsprach der Implikationsgrad (kurz I-Grad) des ihr zugeordneten Satzes, den wir in der P. L. wie folgt definieren können:

D11.1-1: P. L. Implikationsgrade

a) Atomsätze haben den I-Grad 0.
b) $\neg A$ hat denselben I-Grad wie A.
c) $A \wedge B$ hat als I-Grad das Maximum der I-Grade von A und von B.
d) $A \supset B$ hat als I-Grad 1 + das Maximum der I-Grade von A und von B.
e) $\Lambda x A[x]$ hat denselben I-Grad wie A[a].

Der I-Grad von Sätzen kann nun, wie das Beispiel des Übergangs von $c\varepsilon c \supset A$ zu $c\varepsilon c$ zeigt, durch Anwendungen von M-Regeln reduziert werden. Man kann daher dem Satz $c\varepsilon c$ keine R-Formel einer bestimmten Schicht zuordnen; der Satz ist, was seine Schicht anbelangt, mehrdeutig. Man muß daher durch eine syntaktische Unterscheidung die Sätze von K so desambiguieren, daß ihnen ein I-Grad entspricht, der sich durch Anwendungen der M-Regeln nicht verändert. $s\varepsilon\lambda x A[x]$ muß also denselben I-Grad haben wie A[s]. Nur dann läßt sich die Deutung der Implikation als Ausdruck der Folgebeziehung auch für eine k. l. Sprache halten.

Aufgrund dieser Überlegungen gehen wir von der Sprache **K** über zur Sprache **K**°, die sich von **K** dadurch unterscheidet, daß wir das eine Symbol ε durch Symbole $\varepsilon_1, \varepsilon_2, \ldots, \varepsilon_\alpha, \ldots$ ersetzen, wobei die α Elemente eines passenden Anfangsabschnitts Ω der Ordinalzahlen sind – welchen Abschnitt man zu wählen hat, hängt von den p. l. Regeln der Kalküle ab; im Kalkül **DK1** kommt man z. B. mit natürlichen Zahlen aus. Aus jedem Satz und Term von **K** entsteht ein Satz bzw. Term von

K°, wenn wir die Vorkommnisse von ε mit irgendwelchen Ordinalzahlen aus Ω indizieren. Umgekehrt entsteht aus jedem Satz oder Term von K° durch Streichung der ε-Indices ein Satz bzw. Term von **K**. Wir beschränken also die Sprache **K** nicht, sondern desambiguieren sie im angegebenen Sinn.

Den I-Grad von Sätzen von $\mathbf{K}^\circ$ bestimmen wir nun so:

D11.1-2: K. L. Implikationsgrade

a) Ein Atomsatz $s\varepsilon_\alpha t$ hat den I-Grad α.

b) Die I-Grade von Sätzen eines p. l. Grads >0 ergeben sich daraus nach D11.1-1,b–e.

Eine Formel $\sim A$ soll denselben I-Grad wie A haben. Nach D11.1-2 gilt: Hat A[s] den I-Grad α, so auch A[t] für beliebige Terme t.

Die M-Regeln lauten nun:

HM1° : $\Delta \rightarrow A[s], \Gamma \vdash \Delta \rightarrow s\varepsilon_\alpha \lambda x A[x], \Gamma$

HM2° : $\Delta \rightarrow \sim A[s], \Gamma \vdash \Delta \rightarrow \sim s\varepsilon_\alpha \lambda x A[x], \Gamma$

VM1° : $\Delta, A[s] \rightarrow \Gamma \vdash \Delta, s\varepsilon_\alpha \lambda x A[x] \rightarrow \Gamma$

VM2° : $\Delta, \sim A[s] \rightarrow \Gamma \vdash \Delta, \sim s\varepsilon_\alpha \lambda x A[x] \rightarrow \Gamma$.

In allen vier Regeln sei α der I-Grad von A[s].

Diese Regeln bedeuten eine gewisse Einschränkung des Abstraktionsprinzips: Es gibt zwar zu jeder Satzform A[x] einen Term $\lambda x A[x]$ und zu jedem Satz A[s] ein α, so daß $s\varepsilon_\alpha \lambda x A[x]$ strikt äquivalent mit A[s] ist, aber das gilt nicht für alle α.

Beziehen wir nun den Kalkül **DP1** auf die Sprache $\mathbf{K}^\circ$, verallgemeinern die Regeln VA1 und HA2 für Terme und nehmen die M°-Regeln hinzu, so entsteht ein Kalkül **DK1** der direkten K. L.

In **DK1** ist nun die Antinomie von Curry nicht mehr ableitbar. Wir erhalten zwar für $c := \lambda x(x\varepsilon_\alpha x \supset A)$

$c\varepsilon_\beta c, c\varepsilon_\beta c \supset A \rightarrow A$ für beliebige β, daraus mit VM1° aber nur $c\varepsilon_\beta c, c\varepsilon_\gamma c \rightarrow A$, wo $\gamma > \beta$ ist, so daß man VK nicht mehr anwenden kann. Ebenso würde aus $c\varepsilon_\gamma c \rightarrow A$ folgen $\rightarrow c\varepsilon_\gamma c \supset A$, daraus aber nicht $\rightarrow c\varepsilon_\gamma c$, sondern $\rightarrow c\varepsilon_\delta c$ mit $\delta > \gamma$. Aus $c\varepsilon_\gamma c \rightarrow A$ und $\rightarrow c\varepsilon_\delta c$ folgt aber mit TR nicht $\rightarrow A$.[1]

[1] Analog erfordert die Unterscheidung von Schichten in einer p. l. Sprache, die Namen für ihre Sätze und ein Wahrheitsprädikat enthält, im Fall der oben angegebenen Konstruktion des „Lügners", daß der Satz „W(a)" dieselbe Schicht erhält wie der Satz A, für den a ein Name ist. Wir ersetzen also die PK W durch PK W_α, wo α ein Schichtindex ist, und sagen $W_\alpha(a)$ habe die Schicht α. Die I-Grade werden dann analog wie in D11.1-2 bestimmt, und die Wahrheitskonvention wird durch Schlüsse

1'. $(\sim)A \rightarrow (\sim)W_\alpha(a)$ und

2'. $(\sim)W_\alpha(a) \rightarrow (\sim)A$

ausgedrückt, in denen α der I-Grad von A ist und a ein Name für A. Dann erhalten wir

Man kann die M-Regeln nicht so liberalisieren, daß α größer oder gleich dem I-Grad von A[s] ist. Denn damit erhielte man aus $A[s] \rightarrow A[s]$ nach VM1° $s\varepsilon_\alpha \lambda x A[x] \rightarrow A[s]$, nach HM1° also $s\varepsilon_\alpha \lambda x A[x] \rightarrow s\varepsilon_\beta \lambda x A[x]$ (*), wo α und $\beta \geq$ dem I-Grad von A[s] sind. Ist nun c wieder $\lambda x(x\varepsilon_\alpha x \supset A)$, so gilt

$c\varepsilon_\alpha c, c\varepsilon_\alpha c \supset A \rightarrow A$, also
$c\varepsilon_\alpha c, c\varepsilon_\beta c \rightarrow A$ mit $\beta > \alpha$, also mit (*) und TR
$c\varepsilon_\beta c, c\varepsilon_\beta c \rightarrow A$, mit VK also
$c\varepsilon_\beta c \rightarrow A$, also
$\rightarrow c\varepsilon_\beta c \supset A$, also
$\rightarrow c\varepsilon_{\beta+1} c$.

Ebenso wie $c\varepsilon_\beta c \rightarrow A$ erhalten wir aber mit (*) auch $c\varepsilon_{\beta+1} c \rightarrow A$, also $\rightarrow A$.

Jeder Aussage vom I-Grad α läßt sich aber für jeden I-Grad β mit $\beta > \alpha$ eine strikt äquivalente Aussage dieses I-Grads zuordnen. Denn es gilt $\vdash (T \supset A) \leftrightarrow A$, wo T eine Tautologie ist; und ist T eine Tautologie $D \supset D$ des I-Grads 1, so ist $T \supset A$ vom I-Grad $\alpha + 1$, wo A vom I-Grad α ist. Setzen wir $(A)^\circ := A$ und $(A)^{n+1} := T \supset (A)^n$, so sind also A und $(A)^n$ strikt äquivalent. Diese Aussagen sind jedoch syntaktisch verschieden.

Aussagen der Form $(\sim)s\varepsilon_\alpha \lambda x A[x]$, in denen α nicht der I-Grad von A[x] ist, fungieren wie Primformeln: Sie werden nicht durch logische Regeln eingeführt, sondern nur durch Axiome oder die Regeln VV und HV.

11.2 Der Kalkül **DK1**

Es gilt nun:

T11.2-1: Ist eine SQ $\Delta[a] \rightarrow \Gamma[a]$ in **DK1** beweisbar, so auch die SQ $\Delta[t] \rightarrow \Gamma[t]$ für jeden Term t, falls die GK a in dieser SQ nicht mehr vorkommt.

Das beweist man wie früher so, daß die Behauptung für Axiome gilt, und daß sie für die Konklusion jeder Regel von **DK1** gilt, falls sie für deren Prämisse(n) gilt.

Im Fall HM1° erhalten wir z. B.: Ist mit $\Delta[a] \rightarrow A[s[a],a], \Gamma[a]$ auch $\Delta[t] \rightarrow A[s[t],t], \Gamma[t]$ beweisbar, so mit $\Delta[a] \rightarrow s[a]\varepsilon_\alpha \lambda x A[x,a], \Gamma[a]$, wo α

mit $B = W_\alpha(b) \supset C$ aus (2') $W_\beta(b) \rightarrow W_\alpha(b) \supset C$ für ein $\beta > \alpha$, also $W_\beta(b), W_\alpha(b) \rightarrow C$, aber nicht $W_\alpha(b) \rightarrow C$. Ebenso folgt aus (1') nur $W_\alpha(b) \supset C \rightarrow W_\beta(b)$. Damit wird also die Konstruktion des „Lügners" ausgeschlossen. Die intuitive Berechtigung der Schichtenunterscheidung ergibt sich hier wie im Fall des Operators ε daraus, daß die Einführung der Implikation nach den Gedanken in 2.1 und 2.2 eine eindeutige Zuordnung aller Sätze bzw. R-Formeln zu Schichten voraussetzt.

der I-Grad von A[s[a],a] ist, auch $\Delta[t] \rightarrow s[t]\varepsilon_\alpha \lambda x A[x,t], \Gamma[t]$. Denn der I-Grad von A[s[t],t] ist derselbe wie der von A[s[a],a], da er nicht von den ε-Indices in den Termen des Satzes A[s[t],t] abhängt.

Mithilfe dieses Satzes beweisen wir das *Eliminationstheorem:*

T11.2-2: Ist eine SQ in **DK1** beweisbar, so ist sie ohne TR-Anwendungen beweisbar.

Der Beweis stützt sich auf jenen von T10.1-2. Der Unterschied besteht nur darin, daß wir nun der Induktion nach der Stufe (s), dem (p. l.) Grad (g) und dem Rang (r) noch eine Induktion nach dem I-Grad (i) der SF überordnen. Im übrigen sind noch die Stufen von Implikationsformeln (~)A⊃B festzulegen. Sie sollen immer 0 sein. Die Stufen jener FV, die solche FV zu UFV haben, errechnen sich wie früher. (Auch in Axiomen nach WS sollen also Implikationsformeln immer die Stufe 0 haben.)

A) i=0

Dieser Fall ist mit den Fällen unter I und II im Beweis von T10.1-2 bereits erledigt. Nur die p. l. Fälle sind hier natürlich anders zu behandeln, nämlich unter Benutzung von T11.2-1 so wie im Beweis von T4.3-1.

B) *i> 0*

I) *s= 0*

1) *g= 0, r= 2:* Hier treten keine neuen Fälle auf.

2) *g= 0, r> 2* (behandelt für beliebige s, g).

In den Fällen 2a2 und 2b2 ist nun zu zeigen, daß auch im Fall i>0 eine Stufenerhöhung von FV im Zuge der Elimination der oberen Schnitte nach I,1a,b keine Stufenerhöhung der AV der SF des unteren Schnitts bewirken. In **DK1** gilt ja die Aussage (α) nicht mehr, daß UFV von VF (HF) immer VF (HF) sind. Es gilt aber:

α') UFV einer HF (bzw. VF) S sind nur dann nicht HF (bzw. VF), wenn sie von einem kleineren I-Grad sind. – Denn nur eine HF der Gestalt A⊃B hat eine VF (A) als UFV (nach HI1), und nur eine VF der Gestalt A⊃B hat eine HF (A) als UFV (nach VI1). A ist aber immer von kleinerem I-Grad als A⊃B.

β') Die Erhöhung der Stufe eines UFV von S, das einen kleineren I-Grad hat als S, bewirkt nach der Festlegung über die Stufen von Implikationsformeln keine Stufenerhöhung von S.

Es kann also zwar das FV T, dessen Stufe sich bei der Elimination eines oberen Schnitts erhöht, UFV eines AV der SF S des unteren

Schnittes sein, aber das kann nach (α') nur dann der Fall sein, wenn T von kleinerem I-Grad ist als S, und dann wirkt sich die Stufenerhöhung von T nicht auf S aus.

3. *g> 0, r= 2*

Hier treten gegenüber AI3 folgende Fälle neu auf (vgl. dazu den Beweis von T2.3-2):

a) *S wird in Σ_1 wie Σ_2 durch eine I-Regel eingeführt:*

ε) *S hat die Gestalt $A \supset B$*

$$\cfrac{\cfrac{\Delta, A \rightarrow B;\ \Delta' \rightarrow A, \Gamma';\ \Delta', B \rightarrow \Gamma'}{\Delta \rightarrow A \supset B;\ \Delta', A \supset B \rightarrow \Gamma'}}{\Delta, \Delta' \rightarrow \Gamma'} \quad \Rightarrow \quad \cfrac{\cfrac{\Delta' \rightarrow A, \Gamma';\ \Delta, A \rightarrow B}{\Delta', \Delta \rightarrow \Gamma', B;\ \Delta', B \rightarrow \Gamma'}}{\begin{array}{c}\Delta', \Delta, \Delta' \rightarrow \Gamma', \Gamma' \\ \Delta, \Delta' \rightarrow \Gamma'\end{array}} \qquad \text{VK, HK}$$

η) *S hat die Gestalt $\sim A \supset B$*

$$\cfrac{\cfrac{\Delta \rightarrow A, \Gamma;\ \Delta \rightarrow \sim B, \Gamma}{\Delta \rightarrow \sim A \supset B, \Gamma} \qquad \cfrac{\Delta', A, \sim B \rightarrow \Gamma'}{\Delta', \sim A \supset B \rightarrow \Gamma'}}{\Delta, \Delta' \rightarrow \Gamma, \Gamma'}$$

$$\Rightarrow \quad \cfrac{\cfrac{\Delta \rightarrow A, \Gamma;\ \Delta', A, \sim B \rightarrow \Gamma'}{\Delta \rightarrow \sim B, \Gamma;\ \Delta, \Delta', \sim B \rightarrow \Gamma, \Gamma'}}{\begin{array}{c}\Delta, \Delta, \Delta' \rightarrow \Gamma, \Gamma, \Gamma' \\ \Delta, \Delta' \rightarrow \Gamma, \Gamma'\end{array}} \qquad \text{VK, HK}$$

In beiden Fällen erhöhen sich durch die Anwendungen von VK und HK keine Stufen von FV in der End-SQ, da nur Δ'- mit Δ'- und Γ'- mit Γ'-Formeln kontrahiert werden bzw. nur Δ mit Δ und Γ- mit Γ-Formeln. Alle Schnitte in 𝔅' lassen sich nach I. V. eliminieren, da ihre SF einen kleineren I-Grad haben als $A \supset B$. Nach der Festsetzung über die Stufen der Implikationsformeln kann dabei die Stufe der neuen SF größer sein als die von $A \supset B$.

Bei der Elimination des oberen Schnitts nach (1a) oder (1b) kann sich wieder eine Stufenerhöhung von FV ergeben. Selbst wenn sie sich auf ein AV der SF B bzw. $\sim B$ im unteren Schnitt auswirken würde, wäre das ohne Bedeutung, da für die Elimination des 2. Schnitts die I. V. benutzt wird, daß die $TR^{+\prime}$-Eliminierbarkeit für alle kleineren i sowie beliebige s, g und r bereits bewiesen ist.

b) *S wird in Σ_1 mit einer HI-Regel eingeführt, Σ_2 ist Axiom nach WS:*

ε) *S hat die Gestalt $A \supset B$*

$$\cfrac{\cfrac{\Delta, A^{\alpha} \rightarrow B^{\beta}}{\Delta \rightarrow A \supset B^{\circ};\ A \supset B^{\circ}, \sim A \supset B^{\circ} \rightarrow}}{\Delta, \sim A \supset B^{\circ} \rightarrow} \quad \Rightarrow \quad \cfrac{\Delta, A^{\alpha} \rightarrow B^{\beta};\ B^{\beta}, \sim B^{\beta} \rightarrow}{\begin{array}{c}\Delta, A^{\alpha}, \sim B^{\beta} \rightarrow \\ \Delta, \sim A \supset B^{\circ} \rightarrow\end{array}}$$

η) *S hat die Gestalt* $\sim A \supset B$

$$\dfrac{\dfrac{\Delta\rightarrow A\alpha, \Gamma;\ \Delta\rightarrow \sim B\beta, \Gamma}{\Delta\rightarrow \sim A\supset B^{\circ}, \Gamma;\ A\supset B^{\circ}, \sim A\supset B^{\circ}\rightarrow}}{\Delta, A\supset B^{\circ}\rightarrow \Gamma} \Rightarrow \dfrac{\dfrac{\Delta\rightarrow \sim B\beta, \Gamma;\ B\beta, \sim B\beta\rightarrow}{\Delta\rightarrow A\alpha, \Gamma \quad \Delta, B\beta\rightarrow \Gamma}}{\Delta, A\supset B^{\circ}\rightarrow \Gamma}$$

Die angegebenen Stufenzuordnungen ergeben sich nach den Festlegungen über die Stufen von Implikationsformeln und den Bestimmungen im Beweis von T10.1-2. Eine Erhöhung der Stufen von FV in der End-SQ von 𝔅' gegenüber jenen in der End-SQ von 𝔅 findet also nicht statt. Nach I. V. lassen sich die Schnitte in 𝔅' eliminieren, da ihre SF eine kleinere Schicht haben als (~)A⊃B.

4. *g> 0, r> 2*

Die Fälle wurden schon unter (2) behandelt.

II. *s> 0*

1. *g= 0, r= 2*

Diese Fälle werden wie im Beweis von T10.1-2 unter II,1 behandelt. Es ergeben sich wieder die Unterfälle (f) und (g). In beiden Fällen sind nach den M°-Regeln die Schichten von (~)sελxA[x] mit denen von (~)A[s] identisch.

Bei den restlichen Fällen unter II ergibt sich nichts Neues.

Damit ist der Satz T11.2-2 bewiesen. Aus ihm folgt unmittelbar

T11.2-3: Der Kalkül **DK1** ist widerspruchsfrei.

Denn wäre für einen Satz A sowohl →A wie → ~A beweisbar, so mit WS und TR auch →. Die SQ → ist aber nicht ohne TR beweisbar.

11.3 Der Kalkül **DK2**

Wir haben nun zwar mit dem Hinweis auf die Deutung der Implikationen ein intuitives Argument für den Übergang von der Sprache **K** zu **K°** angegeben und betont, daß K° keine Restriktion, sondern eine Desambiguierung von **K** ist, die Einführung der ε-Indices bedeutet aber doch ein Abweichen von der normalen k. l. Sprache, das viele Nachteile mit sich bringt. Daher wollen wir noch einen anderen Weg zur Überwindung der Probleme untersuchen, die sich für die direkte Logik mit dem Übergang zu Klassen stellen, einen Weg, bei dem wir die Sprache **K** beibehalten können.

In den SQ-Kalkülen der P. L., speziell in **DP1,** kann man die Axiome auf SQ beschränken, die nur Atomformeln enthalten, in der k. l. Schreibweise also Primformeln. Denn man kann damit die übrigen Axiome beweisen. (Das gilt auch in der T. L., vgl. T8.3-1.) Das zeigt eine Induktion nach dem p. l. Grad der Sätze. Gilt z. B. $\sim A \rightarrow \sim A$, so nach VN1 und HN1 auch $\neg A \rightarrow \neg A$, und gilt $A \rightarrow A$, so nach VN2 und HN2 auch $\sim \neg A \rightarrow \sim \neg A$. Gilt $A \rightarrow A$ und $B \rightarrow B$, also nach VV $A, B \rightarrow B$, so nach VI1 $A, A \supset B \rightarrow B$, nach HI1 also $A \supset B \rightarrow A \supset B$. Aus $A \rightarrow A$ erhält man $A, \sim B \rightarrow A$, aus $\sim B \rightarrow \sim A$ $A, \sim B \rightarrow \sim B$, mit HI2 also $A, \sim B \rightarrow \sim A \supset B$, mit VI2 also $\sim A \supset B \rightarrow \sim A \supset B$. Und gilt $A[a], \sim A[a] \rightarrow$, so nach VA1 $\Lambda xA[x], \sim A[a] \rightarrow$, nach VA2 also, wo a nicht in $\Lambda xA[x]$ vorkommt, $\Lambda xA[x], \sim \Lambda xA[x] \rightarrow$. Und gilt $A \rightarrow A$, also $A, \sim B \rightarrow A$, und $B, \sim B \rightarrow$, also $A, B, \sim B \rightarrow$, so nach VI1 $A \supset B, A, \sim B \rightarrow$, also nach VI2 $A \supset B, A \supset B \rightarrow$, usf. (Diese Beweise erfordern sämtlich keine TR-Anwendungen.) Diese Tatsache kann man nun als Rechtfertigung der allgemeinen Axiome nach RF und WS ansehen. Denn obwohl die SQ $S \rightarrow S$ und $A, \sim A \rightarrow$ intuitiv elementare Schlüsse darstellen, bilden sie doch, falls in S bzw. A logische Operatoren vorkommen, semantische Regeln für diese Operatoren. Die Beweisbarkeit dieser Regeln zeigt, daß sie keine *zusätzlichen* Festlegungen bilden. Im Fall der K. L. ist ein solcher Beweis aber nicht mehr generell möglich. Man erhält zwar aus $(\sim)A[s] \rightarrow (\sim)A[s]$ mit den M-Regeln $(\sim)s\varepsilon\lambda xA[x] \rightarrow (\sim)s\varepsilon\lambda xA[x]$ und ebenso aus $A[s], \sim A[s] \rightarrow$ $s\varepsilon\lambda xA[x], \sim s\varepsilon\lambda xA[x] \rightarrow$, aber es fehlt ein Induktionsparameter, mit dem man zeigen könnte, daß auf diesem Weg alle Axiome nach RF und WS beweisbar sind. Tatsächlich erhält man z. B. für die Russellsche Klasse $r\varepsilon r \rightarrow r\varepsilon r$ nur aus $\neg r\varepsilon r \rightarrow \neg r\varepsilon r$, das nur aus $\sim r\varepsilon r \rightarrow \sim r\varepsilon r$, das nur aus $\sim \neg r\varepsilon r \rightarrow \sim \neg r\varepsilon r$, und das wiederum nur aus $r\varepsilon r \rightarrow r\varepsilon r$. Der Gedanke ist also, die Axiome auf Primformeln zu beschränken und damit zusätzliche semantische Bestimmungen zu vermeiden. Die Antinomie von Curry zeigt, daß die Regel $c\varepsilon c \rightarrow c\varepsilon c$, so elementar sie scheint, mit den semantischen Regeln nicht verträglich ist.

Bei der Beschränkung der Axiome auf Primformeln müssen wir nun zu einem Kalkül mit Regeln der unendlichen Induktion übergehen, in dem alle GK als Grundterme aufgefaßt werden. Aus den Axiomen $s\varepsilon a \rightarrow s\varepsilon a$ für alle Terme s und alle GK a würde man sonst $c\varepsilon a \rightarrow c\varepsilon a$ erhalten, also $\rightarrow c\varepsilon a \supset c\varepsilon a$, also mit HA1 $\rightarrow \Lambda x(c\varepsilon x \supset c\varepsilon x)$, also mit $\Lambda xA[x] \rightarrow A[s]$ – das folgt aus VA1 – $\rightarrow c\varepsilon c \supset c\varepsilon c$, also $c\varepsilon c \rightarrow c\varepsilon c$. Es sei nun **DK2** jener Kalkül, der aus **DP1** dadurch entsteht, daß man ihn auf die Sprache **K** bezieht, seine Axiome auf Primformeln beschränkt, die p. l. Regeln VA1 und HA2 auf Terme verallgemeinert und die Regeln HM1 bis VM2 aus 9.2 hinzunimmt. **K** sei wieder eine (entscheidbare) Menge von SQ, die nur Primformeln enthalten und **K**+ sei die Menge jener SQ, die sich daraus mit den Axiomen und den auf Primformeln beschränkten Regeln von **DK2** ergeben. Insbesondere kann **K** die SQ $\rightarrow A, \sim A$ für alle Primformeln A enthalten. Dann gilt:

T11.3-1: In **DK2K**+ ist die Regel TR eliminierbar.

Das beweist man im wesentlichen so wie das Theorem T10.1-2, wobei die Überlegung nun dadurch wesentlich vereinfacht wird, daß es keine vorläufigen Stufen mehr gibt, da alle Axiome nur Primformeln mit der Stufe 0 enthalten. Unter I, 1a und 1b entfällt damit das Problem einer Stufenerhöhung und damit auch die Überlegung unter 2a2 und 2b2. Unter I,3a treten die Fälle (ε) und (η) aus BI,3a des Beweises von T11.2-2 neu auf. Schichten gibt es nun nicht mehr und daher sind die Stufen von Implikationsformeln nach C,b zu berechnen. Stufenerhöhung finden auch bei (ε) und (η) nicht statt. Unter BI,3b treten die Fälle (ε) und (η) aus BI,3b des Beweises von T11.2-2 neu auf.

Aus T11.3-1 ergibt sich aber nun nicht mehr unmittelbar die Widerspruchsfreiheit von **DK2K+**, da uns das allgemeine Axiomenschema WS nicht mehr zur Verfügung steht. Man kann sie aber mit der Regel:

WS:* $\Delta \rightarrow A, \Gamma; \Delta \rightarrow \sim A, \Gamma \vdash \Delta \rightarrow \Gamma$

beweisen. Diese Regel folgt aus dem allgemeinen WS, die Umkehrung gilt aber nicht, da uns in **DK2** das allgemeine Axiomenschema RF nicht zu Gebote steht. Es gilt nun:

T11.3-2: Die Regel WS* ist in **DK2K+** zulässig.

Beweis: Wir ersetzen zunächst WS* durch

WS+'*: $\Delta \rightarrow \Gamma[A]; \Delta' \rightarrow \Gamma'[\sim A] \vdash \Delta, \Delta' \rightarrow \Gamma[\ ], \Gamma'[\ ]$.

Die Schreibweise versteht sich wie jene von TR+' im Beweis von T10.1-2.

Diese Regel ist mit WS* äquivalent, denn wir erhalten mit WS*

$$\dfrac{\begin{array}{lll} \Delta \rightarrow \Gamma[A] & \Delta' \rightarrow \Gamma'[\sim A] & \\ \Delta \rightarrow A, \Gamma[\ ] & \Delta' \rightarrow \sim A, \Gamma'[\ ] & \text{HK, VK} \\ \Delta, \Delta' \rightarrow A, \Gamma[\ ], \Gamma'[\ ] & \Delta, \Delta' \rightarrow \sim A, \Gamma[\ ], \Gamma'[\ ] & \text{VV, HV} \end{array}}{\Delta, \Delta' \rightarrow \Gamma[\ ], \Gamma'[\ ]}\ \text{WS*}$$

Und mit WS*+' erhalten wir

$$\dfrac{\Delta \rightarrow A, \Gamma; \Delta \rightarrow \sim A, \Gamma}{\Delta, \Delta \rightarrow \Gamma, \Gamma}\ \text{WS*+'}$$
$$\Delta \rightarrow \Gamma \quad \text{VK, HK}$$

Der Beweis vollzieht sich nun wieder ganz analog zu dem von T10.1-2 (mit den zu T11.3-1 angegebenen Vereinfachungen), durch eine dreifach geschachtelte Induktion nach der Stufe (s) des „Schnitts“, dem Grad (g) der „Schnittformel“ und dem Rang (r) des „Schnitts“. All das ist wie oben zu definieren. Wir zeigen wieder, daß die jeweils erste Anwendung von WS*+' in einem Beweis eliminierbar ist.

Σ_1 sei nun $\Delta \rightarrow \Gamma[A]$, $\Sigma_2 = \Delta' \rightarrow \Gamma'[\sim A]$ und $\Sigma_3 = \Delta, \Delta' \rightarrow \Gamma[\ ], \Gamma'[\ ]$.

$\mathfrak{B}$ ($\mathfrak{B}_1$, $\mathfrak{B}_2$) sei wieder der ursprüngliche Beweis von Σ_3 (bzw. Σ_1, Σ_2), $\mathfrak{B}'$ ($\mathfrak{B}_1'$, $\mathfrak{B}_2'$) der neue. Die AV in $\mathfrak{B}'$ werden wieder so bestimmt, daß die AV der Prämissen von Σ_1 und Σ_2 in $\mathfrak{B}$ genau die UFV der AV der SF in Σ_1 und Σ_2 sein sollen, welche die in den Prämissen angegebene Form haben. In **K**+ ist WS*+' zulässig, weil es mit TR und WS (für Primformeln) beweisbar ist.

I. s=0

1. *g=0, r=2*

a) *Σ_1, Σ_2 sind Axiome.* Dann sind Σ_1, Σ_2 SQ aus **K**+, und das gilt dann auch für Σ_3.

b) *Σ_1 entsteht durch HV mit A als Verdünnungsformel* (beliebige g, s)

$$\frac{\dfrac{\Delta\to\Gamma}{\Delta\to A,\Gamma};\ \Delta'\to\Gamma'[\sim A]}{\Delta,\Delta'\to\Gamma,\Gamma'[\ ]} \Rightarrow \frac{\Delta\to\Gamma}{\Delta,\Delta'\to\Gamma,\Gamma'[\ ]}\quad \text{VV, HV}$$

c) *Σ_2 entsteht durch HV mit $\sim$ A als Verdünnungsformel* (beliebige g, s):

$$\frac{\Delta\to\Gamma[A];\ \dfrac{\Delta'\to\Gamma'}{\Delta'\to\sim A,\Gamma'}}{\Delta,\Delta'\to\Gamma[\ ],\Gamma'} \Rightarrow \frac{\Delta'\to\Gamma'}{\Delta,\Delta'\to\Gamma[\ ],\Gamma'}\quad \text{VV, HV}$$

2. *g=0, r>2*

a) $r_1>1$ (beliebige s, g)

a1) *Durch die Regel R, die zu Σ_1 führt, wird kein neues Vorkommnis der SF A eingeführt, das AV von A in $\Gamma[A]$ ist:*

a) *R hat 2 Prämissen; beide enthalten A als HF und als UFV eines AV von A in $\Gamma[A]$:*[1]

$$\frac{\mathrm{R}\,\dfrac{\Delta''\to\Gamma''[A];\ \Delta'''\to\Gamma'''[A]}{\Delta\to\Gamma[A]}\qquad \Delta'\to\Gamma'[\sim A]}{\Delta,\Delta'\to\Gamma[\ ],\Gamma'[\ ]} \Rightarrow$$

$$\mathrm{R}\,\frac{\dfrac{\Delta''\to\Gamma''[A];\ \Delta'\to\Gamma'[\sim A]}{\Delta'',\Delta'\to\Gamma''[\ ],\Gamma'[\ ]}\qquad \dfrac{\Delta'''\to\Gamma'''[A];\ \Delta'\to\Gamma'[\sim A]}{\Delta''',\Delta'\to\Gamma'''[\ ],\Gamma'[\ ]}}{\Delta,\Delta'\to\Gamma[\ ],\Gamma'[\ ]}$$

Vor die Anwendung von R in $\mathfrak{B}'$ sind ggf. solche von VT, HT einzuschieben. Ebenso in den folgenden Fällen. Nach (*) wird durch die beiden Schnitte in $\mathfrak{B}'$ keine NBF von R eliminiert. Als 2-Prämissenregel ist

[1] Die Worte „als HF und" kann man wieder weglassen.

R eine a. l. Regel und dabei ist die HPF von den NBF verschieden, so daß keine UFV A von einem AV von A in Γ[A] NBF sein kann. Entsprechend im Fall unendlich vieler Prämissen bei UHA1 und UVA2. Die Schnitte in 𝔅' lassen sich nach I. V. eliminieren, da r um 1 kleiner ist als vorher.

Nach T.11.3-1 kann man voraussetzen, daß 𝔅 keine Anwendungen von TR enthält. Da wir unter (3) jedoch bei der Elimination eines WS+'-Schnittes die mit TR äquivalente Regel TR': $\Delta\rightarrow A, \Gamma;\ \Delta', A\rightarrow \Gamma \vdash \Delta, \Delta'\rightarrow \Gamma, \Gamma'$ benutzen, zeigen wir, daß die Überlegung auch im Fall von TR funktioniert:

$$\dfrac{\mathrm{TR'}\ \dfrac{\Delta''\rightarrow S, \Gamma''[A];\ \Delta''', S\rightarrow \Gamma'''[A]}{\Delta'', \Delta'''\rightarrow \Gamma''[A], \Gamma'''[A];\ \Delta'\rightarrow \Gamma'[\sim A]}}{\Delta'', \Delta''', \Delta'\rightarrow \Gamma''[\ ], \Gamma'''[\ ], \Gamma'[\ ]} \Rightarrow$$

$$\dfrac{\dfrac{\Delta''\rightarrow S, \Gamma''[A];\ \Delta'\rightarrow \Gamma'[\sim A]}{\Delta'', \Delta'\rightarrow S, \Gamma''[\ ], \Gamma'[\ ]} \qquad \dfrac{\Delta''', S\rightarrow \Gamma'''[A];\ \Delta'\rightarrow \Gamma'[\sim A]}{\Delta''', S, \Delta'\rightarrow \Gamma'''[\ ], \Gamma'[\ ]}}{\Delta'', \Delta', \Delta''', \Delta'\rightarrow \Gamma''[\ ], \Gamma'[\ ], \Gamma'''[\ ], \Gamma'[\ ]}\ \mathrm{TR'}$$

$$\Delta'', \Delta''', \Delta'\rightarrow \Gamma''[\ ], \Gamma'''[\ ], \Gamma'[\ ] \qquad \mathrm{VK, HK}$$

Ist S=A, so ist dieses FV von S doch kein UFV von A in Γ[A]. Eine Stufenerhöhung findet nicht statt, da nur Δ'- mit Δ'- und Γ'- mit Γ'-Formeln kontrahiert werden.

β) *R hat 2 Prämissen; nur eine enthält A als HF und als UFV eines AV von A in Γ[A].*

Dieser Fall kann nicht vorkommen, da 2-Prämissenregeln nur a. l. Regeln sind oder TR'. Bei ihnen dürfen sich die Prämissen aber nur durch die NBF unterscheiden. Eine HPF zu A nach diesen Regeln ist aber von A verschieden. Die HPF ist also kein AV von A in Γ[A], also ist auch die NBF A kein UFV eines AV von A in Γ[A].

γ) *R hat 1 Prämisse*

$$\dfrac{\mathrm{R}\ \dfrac{\Delta''\rightarrow \Gamma''[A]}{\Delta\rightarrow \Gamma[A];\ \Delta'\rightarrow \Gamma'[\sim A]}}{\Delta, \Delta'\rightarrow \Gamma[\ ], \Gamma'[\ ]} \Rightarrow \quad \dfrac{\dfrac{\Delta''\rightarrow \Gamma''[A];\ \Delta'\rightarrow \Gamma'[\sim A]}{\Delta'', \Delta'\rightarrow \Gamma''[\ ], \Gamma'[\ ]}}{\Delta, \Delta'\rightarrow \Gamma[\ ], \Gamma'[\ ]}\ \mathrm{R}$$

Ist ein FV von A in Γ''[A] NBF von R, so ist es kein UFV eines AV von A in Γ[A], wird also durch den Schnitt in 𝔅' nicht eliminiert. Denn die HPF ist entweder von anderer Gestalt als A oder sie ist mit A identisch (wie im Fall der HM1 Regel, die von λx(xεx)ελx(xεx) zu eben dieser Formel als HPF führt); dann ist Δ''→ Γ''[A] mit Δ→ Γ[A] identisch, und eine Anwendung von R entfällt in 𝔅'. Ist R HK mit einem AV von A in Γ''[A], so entfällt R in 𝔅'. Ebenso, wo R HT mit einem AV von A in Γ''[A] ist.

Für den Schnitt in $\mathfrak{B}'$ ist r wieder um 1 kleiner als in $\mathfrak{B}$, so daß er nach I. V. eliminierbar ist.

a2) *Durch die Regel R, die zu Σ_1 führt, wird ein neues Vorkommnis der SF A eingeführt, das AV von A in $\Gamma[A]$ ist:*

α) *R hat 2 Prämissen; beide enthalten A als HF und als UFV eines AV von A in* $\Gamma[A]$:

$$\frac{\frac{\Delta''\to\Gamma''[A];\ \Delta'''\to\Gamma'''[A]}{\Delta\to A,\Gamma[A]}R \qquad \Delta'\to\Gamma'[\sim A]}{\Delta,\Delta'\to\Gamma[\ ],\Gamma'[\ ]} \Rightarrow$$

$$\frac{\frac{\Delta''\to\Gamma''[A];\ \Delta'\to\Gamma'[\sim A]}{\Delta'',\Delta'\to\Gamma''[\ ],\Gamma'[\ ]} \qquad \frac{\Delta'''\to\Gamma'''[A];\ \Delta'\to\Gamma'[\sim A]}{\Delta''',\Delta'\to\Gamma'''[\ ],\Gamma'[\ ]}}{\frac{\Delta,\Delta'\to A,\Gamma[\ ],\Gamma'[\ ];\ \Delta'\to\Gamma'[\sim A]}{\frac{\Delta,\Delta',\Delta'\to\Gamma[\ ],\Gamma'[\ ],\Gamma'[\ ]}{\Delta,\Delta'\to\Gamma'[\ ]}\ \text{VK, HK}}}R$$

Aus denselben Gründen wie bei 2a1α wird durch die oberen beiden Schnitte in $\mathfrak{B}'$ keine NBF von R eliminiert. Bei den oberen Schnitten in $\mathfrak{B}'$ ist r kleiner als in $\mathfrak{B}$. Sie sind also nach I. V. eliminierbar. Für den unteren Schnitt gilt: r_2 ist wie in $\mathfrak{B}$, r_1 aber ist 1, so daß dieser Schnitt ebenfalls nach I. V. eliminiert werden kann.

Enthält Γ' FV von A, so sind das keine UFV von AV von A in Σ_1 oder Σ_2; sie spielen also für die Berechnung des Rangs keine Rolle. Entsprechend, wo Σ_1 unendlich viele Prämissen hat. Bei den Kontraktionen werden nur Δ'- mit Δ'- und Γ'- mit Γ'-Formeln kontrahiert, so daß sich dabei keine Stufenerhöhung ergibt.

β) *R hat 2 Prämissen; nur eine enthält A als HF und als UFV eines AV von A in $\Gamma[A]$:*

Der Fall kann aus den unter 2a1β genannten Gründen nicht vorkommen.

γ) *R hat eine Prämisse*

$$\frac{\frac{\Delta''\to\Gamma''[A]}{\Delta\to A,\Gamma[A]}R;\ \Delta'\to\Gamma'[\sim A]}{\Delta,\Delta'\to\Gamma[\ ],\Gamma'[\ ]} \Rightarrow \frac{\frac{\frac{\Delta''\to\Gamma''[A];\ \Delta'\to\Gamma'[\sim A]}{\Delta'',\Delta'\to\Gamma''[\ ],\Gamma'[\ ]}R}{\Delta,\Delta'\to A,\Gamma[\ ],\Gamma'[\ ]};\ \Delta'\to\Gamma'[\sim A]}{\frac{\Delta,\Delta',\Delta'\to\Gamma[\ ],\Gamma'[\ ],\Gamma'[\ ]}{\Delta,\Delta'\to\Gamma[\ ],\Gamma'[\ ]}\ \text{HK, VK}}$$

In $\mathfrak{B}'$ werden wieder nur Δ' – mit Δ' – und Γ' mit Γ'-Formeln kontrahiert, so daß sich keine Stufenerhöhung von FV ergibt. Wäre ein AV von A in Γ''[A] NBF der HPF A eines AV in Γ[A], so würde kein neues Vorkommnis von A eingeführt. Ist R HV mit A, so entfällt die Anwendung von R in $\mathfrak{B}'$. Beim 1. Schnitt in $\mathfrak{B}'$ ist r um 1 kleiner als in $\mathfrak{B}$; er ist also nach I. V. eliminierbar. Beim 2. Schnitt ist r_2 unverändert, r_1 aber 1. Das ergibt sich aus denselben Überlegungen wie zu 2a2α: Γ' kann kein UFV eines AV von A in Σ_1 oder Σ_2 enthalten.

b) $r_2 > 1$ (beliebige s, g)

Die Überlegungen dazu entsprechen jenen unter (a).

3. $g > 0$, $r = 2$ (s beliebig)

Die Fälle, daß A bzw. $\sim$A in Σ_1 bzw. Σ_2 durch HV eingeführt wird, wurden schon unter (1b,c) behandelt. Ist g>0, so kann weder Σ_1 noch Σ_2 ein Axiom sein. Also werden wegen r=2 A bzw. $\sim$A in Σ_1 und Σ_2 durch semantische Regeln eingeführt, die wegen g>0 keine M-Regeln sind.

$$\dfrac{\begin{array}{cc}\Delta\to\ \sim A,\Gamma & \Delta'\to A,\Gamma' \\ \Delta\to\neg A,\Gamma & \Delta'\to\ \sim\neg A,\Gamma'\end{array}}{\Delta,\Delta'\to\Gamma,\Gamma'} \quad\Rightarrow\quad \dfrac{\Delta\to\ \sim A,\Gamma;\ \Delta'\to A,\Gamma'}{\Delta,\Delta'\to\Gamma,\Gamma'}$$

Die in den Prämissen von Σ_1, Σ_2 spezifizierten FV sind jeweils die einzigen UFV der durch den Schnitt in $\mathfrak{B}$ eliminierten FV. Die Prämissen können zwar typengleiche FV enthalten, aber diese werden in $\mathfrak{B}'$ nicht eliminiert. (Hätten wir WS*+ statt WS*+' verwendet, so könnten Γ und Γ' FV von A bzw. $\sim$A enthalten, die von einer mindestens ebenso großen Stufe wie jene der $\neg$A in Σ_1,Σ_2 sind. Damit wäre die I. V. nicht erfüllt.) Ebenso in den folgenden Fällen.

$$\dfrac{\dfrac{\Delta\to A,\Gamma;\ \Delta\to B,\Gamma}{\Delta\to A\wedge B,\Gamma} \qquad \begin{array}{c}\Delta'\to\ \sim A,\ \sim B,\Gamma' \\ \Delta'\to\ \sim A\wedge B,\Gamma'\end{array}}{\Delta,\Delta'\to\Gamma,\Gamma'}$$

$$\Rightarrow\quad \begin{array}{l}\dfrac{\dfrac{\Delta\to A,\Gamma;\ \Delta'\to\ \sim A,\ \sim B,\Gamma'}{\Delta,\Delta'\to\Gamma,\ \sim B,\Gamma';\ \Delta\to B,\Gamma}}{\Delta,\Delta,\Delta'\to\Gamma,\Gamma,\Gamma'} \\ \Delta,\Delta'\to\Gamma,\Gamma' \qquad\qquad \text{VK, HK}\end{array}$$

Bei den Kontraktionen erhöhen sich die Stufen nicht, da nur Δ- mit Δ-Formeln und Γ- mit Γ-Formeln kontrahiert werden. Analog im folgenden Fall:

$$\dfrac{\begin{array}{c}\Delta,A\to B,\Gamma \\ \Delta\to A\supset B,\Gamma;\end{array}\ \dfrac{\Delta'\to A,\Gamma';\ \Delta'\to\ \sim B,\Gamma'}{\Delta'\to\ \sim A\supset B,\Gamma'}}{\Delta,\Delta'\to\Gamma,\Gamma'}$$

$$\Rightarrow\quad \text{TR}'\ \begin{array}{l}\dfrac{\dfrac{\Delta'\to A,\Gamma';\ \Delta,A\to B,\Gamma}{\Delta',\Delta\to\Gamma',B,\Gamma;\ \Delta'\to\ \sim B,\Gamma'}}{\Delta',\Delta,\Delta'\to\Gamma',\Gamma,\Gamma'} \\ \Delta,\Delta'\to\Gamma,\Gamma' \qquad \text{VK, HK}\end{array}$$

Das ist der einzige Fall, in dem wir TR' benötigen.

$$\frac{\dfrac{\Delta \rightarrow A[t], \Gamma \text{ für alle Terme t}}{\Delta \rightarrow \Lambda x A[x], \Gamma} \qquad \dfrac{\Delta' \rightarrow \sim A[s], \Gamma'}{\Delta' \rightarrow \sim \Lambda x A[x], \Gamma'}}{\Delta, \Delta' \rightarrow \Gamma, \Gamma'}$$

$$\Rightarrow \quad \frac{\Delta \rightarrow A[s], \Gamma; \Delta' \rightarrow \sim A[s], \Gamma'}{\Delta, \Delta' \rightarrow \Gamma, \Gamma'}$$

Die Stufe von A[s] in $\Delta \rightarrow A[s], \Gamma$ ist höchstens so groß wie jene von $\Lambda x A[x]$ in Σ_1.

4. *g> 0, r> 0*

Diese Fälle wurden schon unter (2) erledigt.

II) *s> 0*

1. *g= 0, r= 2*

Nach den Überlegungen unter (3) tritt nur der Fall neu auf, daß A und $\sim A$ in Σ_1 bzw. Σ_2 durch eine M-Regel eingeführt wird:

$$\frac{\dfrac{\Delta \rightarrow A[t], \Gamma}{\Delta \rightarrow t\varepsilon\lambda x A[x], \Gamma} \qquad \dfrac{\Delta' \rightarrow \sim A[t], \Gamma'}{\Delta' \rightarrow \sim t\varepsilon\lambda x A[x], \Gamma'}}{\Delta, \Delta' \rightarrow \Gamma, \Gamma'} \quad \Rightarrow \quad \frac{\Delta \rightarrow A[t], \Gamma; \Delta' \rightarrow \sim A[t], \Gamma'}{\Delta, \Delta' \rightarrow \Gamma, \Gamma'}$$

Die Stufe des Schnitts in $\mathfrak{B}'$ ist niedriger als jene des Schnitts in $\mathfrak{B}$.

2. *g=0, r> 2*

Das wurde schon unter I,2 erledigt.

3. *g> 0, r= 2*

Das wurde schon unter I,3 erledigt.

4. *g> 0, r> 2*

Das wurde schon unter I,2 erledigt.

Damit ist der Satz T11.3-2 bewiesen. Aus ihm folgt nun sofort:

T11.3-3: Ist der Basiskalkül **K** widerspruchsfrei, so auch **DK2K**+ (und damit der äquivalente Kalkül **DK2K**).

Denn wäre für einen Satz A sowohl $\rightarrow A$ wie $\rightarrow \sim A$ beweisbar, so mit WS* auch $\rightarrow$. Diese SQ ist aber nicht ohne TR beweisbar, nach T11.3-1 also überhaupt nicht.

Der Kalkül **DK2** hat nun aber gravierende Nachteile: Einfache Schlüsse wie $A \rightarrow A$ sind in ihm nicht mehr allgemein beweisbar, und dasselbe gilt für einfache a. l. und p. l. Gesetze wie A, $A \supset B \rightarrow B$,

$A \wedge B \rightarrow A$ oder $\Lambda x A[x] \rightarrow A[s]$. Daher lassen sich die V-Regeln auch nicht mehr als Umkehrungen der H-Regeln erweisen, usf. **DK2** enthält zwar die direkte P. L. – deren Gesetze bleiben für die p. l. Teilsprache von **DK2** gültig –, aber der gesamte Ansatz zur Begründung der direkten Logik versagt in Anwendung auf die Sprache **K**. Daher ist dieser Kalkül aus intuitiven Gründen nicht brauchbar.

Auch der Kalkül **DK1** kann aber nicht befriedigen. Er beruhte auf dem Gedanken, daß den Formeln Schichten zugeordnet sein müßten. Die Forderung ist aber zu rigide. Ist $\rightarrow A$ beweisbar, so erhält man daraus $c\varepsilon c \rightarrow A$ mit VV – c sei wieder die Klasse $\lambda x(x\varepsilon x \supset A)$ –, also mit HI1 $\rightarrow c\varepsilon c \supset A$, also mit HM1 $\rightarrow c\varepsilon c$. Daraus kann man dann nach der Konstruktion von Curry wieder $\rightarrow A$ gewinnen. In diesem Fall ist aber eine solche Ableitung völlig harmlos, obwohl man dem Satz $c\varepsilon c$ in der Ableitung von $\rightarrow c\varepsilon c$ aus $\rightarrow A$ keine bestimmte Schicht zuordnen kann.

In der P. L. lassen sich notwendige und hinreichende Bedingungen für die Wahrheit und Falschheit der komplexen Sätze angeben, die nur auf die Wahrheitswerte von Primsätzen und Zusammenhänge zwischen solchen Wahrheitswerten Bezug nehmen. Komplexe Sätze sind – in diesem weiteren Sinn – also Wahrheitsfunktionen ihrer einfachen Komponenten. In der K. L. gilt das nicht mehr. Für manche Sätze wie z. B. $r\varepsilon r$ lassen sich weder notwendige noch hinreichende Bedingungen für Wahrheit oder Falschheit unter Bezugnahme auf Primformeln angeben, weil sie keine Primformelkomponenten haben. Für $r\varepsilon r$ kann man aufgrund der semantischen Regeln nur sagen, daß der Satz wesentlich indeterminiert ist. Wenn wir den Satz $r\varepsilon r$ trotzdem nicht verwerfen, so ist das auch im Fall $c\varepsilon c$ nicht gerechtfertigt. Die Schichtenunterscheidung war für die Konstruktion der direkten Logik wichtig. In einer befriedigenden direkten K. L. müßten Sätze, denen sich keine Schichten zuordnen lassen, aber ohne Modifikation der Sprache **K** als indeterminiert erscheinen.

Wir wollen daher zusehen, ob sich nicht durch eine Berücksichtigung indeterminierter Namen eine intuitiv befriedigende Lösung des Problems finden läßt.

11.4 Indeterminierte Namen

Dem Vorkommen indeterminierter Namen können wir auf die gleiche Weise Rechnung tragen wie wir das in 10.3 für die minimale K. L. getan haben. Es sei also DK3 jener Kalkül, der aus MK2* durch Hinzunahme der I-Regeln und von TND° entsteht. $\mathbf{K_0}$ sei wieder jener Basiskalkül, der genau die SQ $\rightarrow s\varepsilon a$, $\sim s\varepsilon a$ für alle GK a enthält. Es gilt dann in Entsprechung zu T10.3-1 der Satz:

T11.4-1: Ist eine SQ $\Delta \rightarrow \Gamma$ in $\mathbf{DK3K_0}$ beweisbar, so auch in **KK2***. Und ist $\Delta \rightarrow \Gamma$ in **KK2*** beweisbar, so $s_1 \varepsilon m, \ldots, s_n \varepsilon m, \Delta \rightarrow \Gamma$ in **DK3K$_o$**, wo $s_1, \ldots, s_n$ jene Terme – außer GK – sind, die in den Formeln aus Δ und Γ vorkommen.

Das beweist man wie T10.3-1, wobei nun unter (a) zu berücksichtigen ist, daß die I-Regeln in **KK2*** beweisbar sind (vgl. 3.1).

Die Antinomie von Curry ist nun nicht mehr beweisbar. Denn aus $c\varepsilon c$, $c\varepsilon c \supset A \rightarrow A$ erhalten wir zwar mit VM1* (und VV) $c\varepsilon c$, $c\varepsilon c \rightarrow A$, also $c\varepsilon c \rightarrow A$, also $\rightarrow c\varepsilon c \supset A$. Daraus folgt aber mit HM1* nur $c\varepsilon m \rightarrow c\varepsilon c$, also nur $c\varepsilon m \rightarrow A$.

Im Rahmen der direkten Logik kann man nun die Identität definieren durch

D11.4-1: $s = t := \Lambda x(x\varepsilon s \sqcup x\varepsilon t)$.

Daraus ergibt sich dann das Prinzip I1:$\rightarrow s = s$ aus 7.2. Das Substitutionsprinzip:

I2: $s = t, A[s] \rightarrow A[t]$

bleibt jedoch ein Axiom. Aus ihm folgt über $s = t, r[s] = r[s] \rightarrow r[s] = r[t]$ und I1 $s = t \rightarrow r[s] = r[t]$, also die Substituierbarkeit des Identischen in Termen.

*I3** $s\varepsilon m, t\varepsilon m \rightarrow s = t, \sim s = t$

erhalten wir nun mit TND°.

Ohne Prinzipien, die einen Beweis von SQ der Form $\rightarrow s\varepsilon m$ erlauben, ist **DK3K$_o$** jedoch ohne Interesse, ebenso wie **MK2*K$_o$** und **KK2***. Wir wenden uns daher im nächsten Kapitel der Frage nach solchen Prinzipien zu.

12 Axiomatische Mengenlehre

12.1 Vorüberlegungen

Wir haben in 10.3 und 11.4 drei konsistente Systeme einer freien K. L. angegeben: das klassische System **KK2***, den Kalkül **MK2* (K$_o$)** der minimalen und den Kalkül **DK3(K$_o$)** der direkten K. L. Diese Systeme enthalten jedoch noch keine Prinzipien zum Beweis von SQ der Gestalt $\rightarrow s\varepsilon m$, so daß sie noch keine Mengenlehre i.e.S. des Wortes darstellen. Wir wollen uns nun der Frage der Bestimmung von m zuwenden.

Dazu beziehen wir uns auf die klassische Logik. Die Systeme der minimalen und der direkten Logik sollen dem Auftreten von Wahrheitswertlücken Rechnung tragen. Solche Lücken können aus logischen wie außerlogischen Gründen entstehen. In der Mengenlehre und bei der Begründung der Mathematik sind nun außerlogische Gründe nicht relevant. In den Systemen der freien Logik hängt aber das Auftreten von „logischen“ Wahrheitswertlücken von der Bestimmung der Klasse m ab. Man kann also statt der Frage: „Wie ist m zu bestimmen, wenn sεm nur für determinierte Terme s gelten soll?“auch die Frage stellen: „Wie ist m zu bestimmen, damit sich alle Terme als determinierte Terme ansehen lassen können, damit also die Logik mit dem generellen *tertium non datur* verträglich ist?“ Diese Frage bestimmt aber den Ansatz der Mengenlehre im Rahmen der klassischen Logik.

In der Sprache **K** treten Wahrheitswertlücken genau dann auf, wenn es indeterminierte Terme gibt. Wir haben jedoch in 7.1 gesehen, daß das Auftreten indeterminierter Terme eine tiefgreifende Abweichung der Deutung der Aussagen von ihrer normalen Interpretation bewirkt, da sie sich nicht mehr als Aussagen über Objekte verstehen lassen. Die Sprache der Mathematik soll aber eine Sprache über Objekte, über Klassen, Funktionen, Zahlen usw. sein. Die Begründung einer so verstandenen Mathematik erfordert also Systeme, in denen das Prinzip vom Ausgeschlossenen Dritten uneingeschränkt gültig ist. Die Frage der Objektivierbarkeit der Theorien der minimalen oder direkten K. L. führt also ebenfalls auf das Problem einer Bestimmung von m, die mit diesem Prinzip verträglich ist, d. h. auf die Frage, wie m im Rahmen der freien klassischen Logik zu bestimmen ist.

Da es im folgenden nicht um Eliminationstheoreme geht – die lassen sich, wie wir gesehen haben, schon für Systeme der höheren Prädikatenlogik nicht mehr beweisen –, gehen wir von einem Satzkalkül der freien klassischen Logik aus. Dieser Kalkül entsteht aus dem Kalkül **KK** durch Ersetzung der p. l. und k. l Axiome und Regeln im Sinn der freien Logik. Der Einfachheit wegen ersetzen wir ihn hier durch den äquivalenten Kalkül **KK***:

a1: $A \supset (B \supset A)$
a2: $(A \supset (B \supset C)) \supset ((A \supset B) \supset (A \supset C))$
a3: $(\neg A \supset \neg B) \supset (B \supset A)$
a4: $\Lambda x A[x] \wedge s\varepsilon m \supset A[s]$
a5: $s = s$
a6: $s = t \wedge A[s] \supset A[t]$
a7: $s\varepsilon\lambda x A[x] \equiv s\varepsilon m \wedge A[s]$
r1: $A, A \supset B \vdash B$
r2: $A \wedge a\varepsilon m \supset B[a] \vdash A \supset \Lambda x B[x]$, wobei die GK a nicht in der Konklusion vorkommen soll.

Da wir auch Individuen zulassen wollen, können wir $s = t$ nicht allgemein durch $\Lambda x(x\varepsilon s \equiv x\varepsilon t)$ definieren. Wir müssen daher noch ein Extensionalitätsprinzip für Klassen angeben. Dazu nehmen wir m_0 als Grundterm zur Sprache **K** hinzu. m_0 soll die Klasse der Individuen sein. Das Extensionalitätsprinzip lautet dann:

a8: $\Lambda x(x\varepsilon s \equiv x\varepsilon t) \wedge \neg s\varepsilon m_o \wedge \neg t\varepsilon m_o \supset s = t$.

Individuen enthalten keine Elemente, daher fordern wir

a9: $s\varepsilon m_o \supset \neg t\varepsilon s$.

Und da Abstraktionsterme keine Individuen bezeichnen, soll gelten:

a10: $\neg \lambda x A[x] \varepsilon m_o$.

a9 und a10 kennzeichnen m_o als Klasse von Individuen. Das ist also der Rahmen einer freien klassischen Mengenlehre, in dem wir nun Axiome für die Zugehörigkeit zu m angeben müssen. Dazu benötigen wir aber noch einige Definitionen. Es sind die üblichen, wobei aber darauf zu achten ist, daß sie auch für Individuen gelten sollen:

D12.1–1 a) $\Lambda := \lambda x \neg (x = x)$
b) $s \subset t := \Lambda x(x\varepsilon s \supset x\varepsilon t)$
c) $s \cup t := \lambda x(x\varepsilon s \vee x\varepsilon t)$
d) $s \cap t := \lambda x(x\varepsilon s \wedge x\varepsilon t)$
e) $\bar{s} := \lambda x \neg (x\varepsilon s)$
f) $s - t := s \cap \bar{t}$
g) $\bigcup s := \lambda x \bigvee y(y\varepsilon s \wedge x\varepsilon y)$
h) $\bigcap s := \lambda x \Lambda y(y\varepsilon s \supset x\varepsilon y)$
i) $V := \lambda x(x = x)$
j) $\{s_1, \ldots, s_n\} := \lambda x(x = s_1 \vee \ldots \vee x = s_n)$
k) $P(s) := \lambda x(x \subset s)$
l) $\langle s_1, s_2 \rangle := \{\{s_1\}, \{s_1, s_2\}\}$
m) $\langle s_1, \ldots, s_{n+1} \rangle := \langle \langle s_1, \ldots, s_n \rangle, s_{n+1} \rangle$ für $n \geq 2$.

Bezgl. der Operationen $\cup$, $\cap$, $\bigcup$, $\bigcap$, $^{-}$ verhalten sich Individuen wie die Nullklasse. Nach (b) gilt wegen a9 $s\varepsilon m_o \supset s \subset t$. Das wollen wir hier zulassen. Es bewirkt aber nach (k) $m_o \subset P(s)$ für alle Terme s. Die normale Potenzmenge wäre zu definieren durch

k*) $P^*(s) := \lambda x(\neg x\varepsilon m_o \wedge x \subset s)$.

Es ist also $P(s) = P^*(s) \cup m_o$. Da sich Individuen bzgl. P^* wie die Nullmenge verhalten, so daß gilt $s\varepsilon m_o \supset P^*(s) = \{\Lambda\}$, ist also $P(s) = \{\Lambda\} \cup m_o$ für $s\varepsilon m_o$. Für das folgende bedeutet jedoch die Verwendung von P eine Vereinfachung der Schreibweise. Für $m_o = \Lambda$ ergeben sich die normalen Bedeutungen der Relationen und Operationen.

Es bietet sich an, die Klasse m induktiv zu bestimmen. Es sollen sich also den Elementen von m Ordinalzahlen zuordnen lassen, und zwar soll, da eine Menge nach dem Extensionalitätsprinzip durch ihre Elemente bestimmt ist, allen Elementen einer Menge eine kleinere Ordinalzahl zugeordnet sein als ihr selbst. In der T. L. ist die Stufe einer Menge eine solche Ordinalzahl. Das Konstruktionsprinzip für Mengen in der T. L. soll nun aber liberalisiert werden. Wie dort beginnen wir mit den Individuen als Urelementen von m.

Unsere erste Forderung ist also, daß alle Individuen existieren, d. h.

1) $s \varepsilon m_0 \supset s \varepsilon m$.

(Das ist nicht mit $m_0 \subset m$ äquivalent, was nach D12.1–1,b trivialerweise gilt; aus $s \subset t$ folgt aber in der freien Logik nicht $r \varepsilon s \supset r \varepsilon t$, sondern nur $r \varepsilon s \wedge r \varepsilon m \supset r \varepsilon t$.) Die zweite Forderung ist dann, daß alle Klassen von Individuen existieren:

2) $s \subset m_0 \supset s \varepsilon m$.

(Das ist wiederum nicht äquivalent mit $s \varepsilon P(m_0) \supset s \varepsilon m$, denn das gilt nach a7 trivialerweise. Aus (2) folgt aber $s \subset m_0 \supset s \varepsilon P(m_0)$, d. h. $s \subset m_0 \equiv s \varepsilon P(m_0)$.) Daraus ergibt sich insbesondere $m_0 \varepsilon m$ und $\Lambda \varepsilon m$. Den Elementen von m_0 ordnen wir die Stufe 0 zu, den Klassen von Elementen von m_0 die Stufe 1. Setzen wir $m_1 = P(m_0)$, so ordnen wir also den Elementen von $m_1 - m_0$ die Stufe 1 zu.

Im dritten Schritt fordern wir, daß auch alle Klassen existieren sollen, die nur Individuen und Klassen von Individuen enthalten. Das bedeutet nun eine Liberalisierung gegenüber der T. L., da dort alle Elemente einer Klasse immer dieselbe Stufe haben. Das ergibt die Forderung

3) $s \subset m_1 \supset s \varepsilon m$.

Danach gilt $s \subset m_1 \equiv s \varepsilon P(m_1)$. Setzen wir $m_2 = P(m_1)$, so ordnen wir den Elementen von $m_2 - m_1$ die Stufe 2 zu. Das sind also Klassen, die Klassen von Individuen als Elemente enthalten.

In dieser Weise können wir fortfahren und generell setzen $m_{\alpha+1} = P(m_\alpha)$ und

4) $s \subset m_\alpha \supset s \varepsilon m$ für alle $\alpha = 0, 1, 2, \ldots$

Es gilt dann $m_\alpha \subset m_{\alpha+1}$, so daß m schrittweise erweitert wird. Wir haben ja schon gesehen, daß $m_0 \subset m_1$ gilt; daraus folgt aber: Ist $x \varepsilon m_1$, also $x \subset m_0$, so $x \subset m_1$, also $x \varepsilon P(m_1) = m_2$, also $m_1 \subset m_2$, usf. Die Elemente von $m_{\alpha+1} - m_\alpha$ erhalten die Stufe $\alpha + 1$, und jede Menge aus $m_{\alpha+1}$ enthält nur Elemente aus m_α.

Setzen wir $m = m_0$, verzichten also auf die Schritte (2), (3) usf., so haben wir ein System der monadischen P. L. 1. Stufe mit Identität vor uns. Hören wir nach dem 2. Schritt auf, so daß $m = m_1 = P(m_0)$ ist, so haben wir ein System der monadischen P. L. (bzw. T. L.) 2. Stufe mit Identität vor uns. Hören wir nach dem n-ten Schritt auf, so daß $m = m_{n-1}$ ist, so haben wir ein System der kumulativen monadischen T. L. n-ter Stufe mit Identität vor uns – kumulativ, weil es nur einen einzigen Objektbereich gibt.

Wir können die Konstruktion nun auch für transfinite Ordinalzahlen fortsetzen, indem wir für Limeszahlen β (d.h. Ordinalzahlen, die von 0 verschieden und nicht Nachfolgerzahlen $\alpha+1$ sind) setzen $m_\beta = \bigcup_{\alpha<\beta} m_\alpha$ und

5) $s \subset m_\beta \supset s \varepsilon m$.

m_β ist also die Vereinigung der Klassen m_α für alle Ordinalzahlen α, die kleiner sind als β. Es gilt dann wieder $m_\alpha \subset m_\beta$ für alle $\alpha<\beta$. ω ist die kleinste Limeszahl, also jene Zahl, die in der Reihe der Ordinalzahlen auf alle natürlichen Zahlen 0,1,2, ... folgt. Es ist also $m_\omega = \bigcup_{n=0}^{\infty} m_n$. Setzen wir $m = m_\omega$, so haben wir ein System der vollen kumulativen T. L. mit Identität vor uns. In diesem System können wir beliebige n-tupel nach D12.1–1 definieren: Gilt $s_1, \ldots, s_n \varepsilon m_\omega$, so auch $\langle s_1, \ldots, s_n \rangle \varepsilon m_\omega$, so daß man $\lambda x_1..x_n A[x_1, \ldots, x_n]$ durch $\lambda y V x_1..x_n (y = \langle x_1, \ldots, x_n \rangle \wedge A[x_1, \ldots, x_n])$ ersetzen kann.

Für Ordinalzahlen $\beta+1$, $\beta+2$, ..., die auf eine Limeszahl β folgen, soll dann wieder die Bestimmung (3) gelten. Für $m = m_{\omega+1}$ erhalten wir ein System, in dem sich das v. Neumannsche mengentheoretische Modell der Peanoaxiome angeben läßt, in dem sich also die Arithmetik begründen läßt. Auf diese Weise erhalten wir also intuitiv befriedigende und leistungsfähige Systeme.

Der Kalkül **KK*** ist entsprechend um die folgenden Axiome zu erweitern:

a11:* $m_{\alpha+1} = P(m_\alpha)$
a12:* $m_\alpha \subset m_\beta$ für Limeszahlen β und alle $\alpha<\beta$.

Daneben benötigen wir noch die Regel:

r3:* Ist β Limeszahl und ist für alle $\alpha<\beta$ $m_\alpha \subset s$ beweisbar, so auch $m_\beta \subset s$.

Denn da wir in der Objektsprache ja weder Ordinalzahlen definiert haben noch die Relation < für Ordinalzahlen, können wir nicht setzen $m_\beta = \bigcup_{\alpha<\beta} m_\alpha$. Die α sind nur Indices der Grundterme m_α.

Hören wir mit dem Schritt σ auf, so ist

a13: $m = m_\sigma$

das Abschlußaxiom für das entsprechende System. Sollen *alle* m_α Elemente von m sein, so ist statt a13* zu fordern:

a13:* $s \subset m_\alpha \supset s \varepsilon m$ für alle α.

r4:* Ist für alle α beweisbar $m_\alpha \subset s$, so auch $m \subset s$.

Das entspricht der Festlegung $m = \bigcup_{\alpha} m_\alpha$. Es läßt sich zeigen, daß alle Klassen fundiert sind, d.h. daß es keine unendliche Folge $s_1, s_2, \ldots$ (nicht notwendig verschiedener Glieder) mit $\ldots, s_{n+1} \varepsilon s_n, \ldots, s_3 \varepsilon s_2, s_2 \varepsilon s_1$ gibt. Daraus folgt insbesondere $\neg s \varepsilon s$, also auch $\neg m \varepsilon m$, und $\neg m_\alpha \varepsilon m_0$ für alle α

Diese Überlegung hat aber nur heuristischen Wert, denn wir haben Ordinalzahlen als Indices verwendet, obwohl ja die Ordinalzahlen erst auf mengentheoretischem Weg einzuführen sind. Von der Stärke der Mengentheorie hängt es insbesondere auch ab, welche Ordinalzahlen es gibt. Daher wollen wir im folgenden Abschnitt diese intuitiven Überlegungen so formalisieren, daß der induktive Aufbau von m ohne Verwendung der Klassenterme m_α für $\alpha > 0$ axiomatisch fixiert wird. Wir orientieren uns dabei an der Arbeit (1974) von D. Scott.[1]

12.2 Das System **S**

Es sei S ein Grundterm, den wir – neben den Grundtermen m und m_0 – zur Sprache **K** hinzunehmen. S soll, intuitiv gesehen, die Klasse aller m_α sein. Zu den Axiomen a1 bis a10 und den Regeln r1 und r2 von **KK*** – dem Rahmensystem für eine freie klassische Mengenlehre – nehmen wir nun folgende Axiome hinzu:

m1: $s \varepsilon m \equiv \bigvee x(x \varepsilon S \land s \subset x)$.

Das entspricht dem Axiom a13* in 12.1 und der Regel r4*. Denn ist $m \subset \bigcup_{\alpha} m_\alpha$, so gibt es für jedes $s \varepsilon m$ ein α mit $s \varepsilon m_\alpha$. Ist $\alpha = 0$, so gilt auch $s \subset m_0$, und ist $\alpha > 0$, so gibt es ein $\beta < \alpha$ mit $s \subset m_\beta$. Das gilt für $\alpha = \beta + 1$, und ist α eine Limeszahl, so gibt es ein $\gamma < \alpha$ mit $s \varepsilon m_\gamma$, also $s \subset m_{\gamma+1}$.

m2: $\bigwedge x(x \varepsilon S \land x \neq m_0 \supset \bigwedge y(y \varepsilon x \equiv \bigvee z(z \varepsilon S \land z \varepsilon x \land (y \subset z \lor y \varepsilon z))))$.

Dieses Axiom legt fest, daß höhere Elemente m_α von S genau die Elemente und Teilmengen von niedrigeren Elementen m_β von S $(\beta < \alpha)$ enthalten. Ist α eine Nachfolgerzahl $\gamma + 1$, so gilt das nach a11* und a12*; ist α eine Limeszahl, so gilt das wegen a12* und r3 bzw. $m_\alpha = \bigcup_{\gamma < \alpha} m_\gamma$; denn ist $y \varepsilon m_\gamma$ für ein $\gamma < \alpha$, so auch $y \varepsilon m_\alpha$, und ist $y \subset m_\gamma$, so $y \varepsilon m_{\gamma+1}$, also $y \varepsilon m_\alpha$; ist umgekehrt $y \varepsilon m_\alpha$, so gibt es ein $\gamma < \alpha$ mit $y \varepsilon m_\gamma$.

m3: $\bigwedge x(x \varepsilon S \supset m_0 \subset x)$.

m_0 ist ja nach a12* Teilmenge aller m_α.

[1] Scotts System wird auch in Ebbinghaus (1979), Kap. XII dargestellt.

m2 und m3 geben nur notwendige Bedingungen für Elemente von S an. S kann danach – und nach m1 – auch leer sein. Wir formulieren nun drei Prinzipien, durch welche die Elemente von S induktiv bestimmt werden. Das sind also im Blick auf m1 die Existenzaxiome.

m4: $m_0 \varepsilon S$.

m5: $\Lambda x(x\varepsilon S \supset P(x)\varepsilon S)$

m4 und m5 besagen, daß m_0 eine S-Menge sein soll und mit m_α auch $m_{\alpha+1}$. Daneben wäre im Sinn von 12.1 zu fordern, daß mit jeder S-Menge m_α auch die auf sie folgende Limesmenge m_β ein Element von S ist, also

*) $\Lambda x(x\varepsilon S \supset Vy(y\varepsilon S \wedge x\varepsilon y \wedge \Lambda z(z\varepsilon y \supset P(z)\varepsilon y)))$.

(Daraus folgt m5.) Denn mit $x = m_\alpha$ enthält y $m_{\alpha+1}$, also auch $m_{\alpha+2}$ usf., so daß y mindestens m_β sein muß. Wenn nun aber S die Mengen m_α für alle Ordinalzahlen α enthalten soll, die sich in der axiomatischen Mengenlehre bilden lassen, so brauchen wir noch ein stärkeres Existenzprinzip, m7, und im Blick auf dieses Prinzip genügt es, statt (*) die Existenz der ersten Limesmengen m_ω zu fordern:

m6: $Vy(y\varepsilon S \wedge m_0\varepsilon y \wedge \Lambda z(z\varepsilon y \supset P(z)\varepsilon y))$.

Um m7 formulieren zu können, definieren wir:

D12.2-1 a) $a\mathrm{x}b := \lambda z Vxy(x\varepsilon a \wedge y\varepsilon b \wedge z = \langle x,y\rangle)$ (Cartesisches Produkt)
b) $R(a) := a \subset m\mathrm{x}m \wedge \neg a\varepsilon m_0$ (Relation)
c) $U(a) := \Lambda xyz(\langle x,y\rangle\varepsilon a \wedge \langle x,z\rangle\varepsilon a \supset y = z)$ (Nacheindeutigkeit)
d) $Fkt(a) := R(a) \wedge U(a)$ (Funktion)
e) $D(a) := \lambda x Vy(\langle x,y\rangle\varepsilon a)$ (Definitionsbereich)
f) $W(a) := \lambda y Vx(\langle x,y\rangle\varepsilon a)$ (Wertevorrat)
e) Für $Fkt(a)$ und $s\varepsilon D(a)$ setzen wir $a's = t := \langle s,t\rangle\varepsilon a$.

m7: $Fkt(f) \wedge D(f)\varepsilon S \supset Vy(y\varepsilon S \wedge W(f) \subset y)$.

Dieses Axiom besagt also, daß es zu jeder Funktion f, deren Definitionsbereich eine S-Menge x ist, eine S-Menge y gibt, die alle Funktionswerte enthält. Zum Nachweis, daß f eine Funktion auf x ist, braucht man schon die Existenz aller Werte von f für Argumente aus x, d.h. es gilt nach m1 $\Lambda z(z\varepsilon x \supset Vy(y\varepsilon s \wedge f'z \subset y))$, also nach m5 $\Lambda z(z\varepsilon x \supset Vy(y\varepsilon S \wedge f'z\varepsilon y))$. Daraus folgt jedoch nicht $Vy(y\varepsilon S \wedge \Lambda z(z\varepsilon x \supset f'z\varepsilon y))$, also $Vy(y\varepsilon \wedge W(f) \subset y)$; das stellt erst m7 sicher. m7 ist also ein Prinzip, das die Existenz einer Menge W(f) garantiert, deren Elemente existieren. Diese Existenz impliziert aber nach m1 jene einer Obermenge aus S. Mit m7 lassen sich Definitionen von Funktionen durch transfinite Rekursion rechtfertigen, z.B. die der Mengen m_α für alle Ordinalzahlen α durch $m_{\alpha+1} = P(m_\alpha)$ und $m_\beta = \bigcup_{\alpha<\beta} m_\alpha$ für Limeszahlen β, so daß die Existenz aller S-Mengen garantiert ist, die wir in 12.1 betrachtet haben. Es läßt sich auch beweisen, daß S die Menge der m_α ist.

Eine Bezugnahme auf Funktionen wie in m7 läßt sich vermeiden, wenn man statt dessen ein *Reflektionsprinzip* verwendet wie

(**) $\Lambda x(x\varepsilon S \supset Vy(y\varepsilon S \wedge x \subset y \wedge \Lambda z(z\varepsilon y \supset (A[z] \equiv A^y[z])))),$

wobei $A^y[z]$ aus $A[z]$ durch Relativierung der Quantoren auf y entsteht, also z.B. durch Ersetzung der Teilausdrücke $VuB[u,z]$ durch $Vu(u\varepsilon y \wedge B[u,z])$. Danach gibt es für jede Eigenschaft $A[z]$ und jedes $x\varepsilon S$ eine Obermenge $y\varepsilon S$, so daß $A[z]$ auf ein $z\varepsilon y$ genau dann zutrifft, wenn die Eigenschaften bei Beschränkung auf y als Universum zutrifft. (Daraus folgen dann m5 bis m7.) (**) ist aber intuitiv kaum einsichtiger als m7.

Man könnte auch das folgende Auswahlaxiom zu **S** hinzunehmen:

m8:* $\Lambda x(x \cap m_0 = \Lambda \supset Vz\Lambda y(y\varepsilon x \wedge y \neq \Lambda \supset V!u(u\varepsilon z \cap y)))$.

Denn nach den übrigen Axiomen gilt, wie wir unten sehen werden, $x\varepsilon m \supset \cup x\varepsilon m$ und das Aussonderungsprinzip $s\varepsilon m \wedge t \subset s \supset t\varepsilon m$. Also existieren alle jene $z \subset \cup x$, für die gilt $\Lambda y(y\varepsilon x \wedge y \neq \Lambda \supset V!u(u\varepsilon z \cap y))$. Mit dem Aussonderungsprinzip läßt sich jedoch m8* nicht beweisen, weil sich keine Aussageform $A[x]$ angeben läßt, mit der sich ein solches z als $\lambda xA[x]$ darstellen ließe, so daß wir nicht beweisen können, daß es (für $x \cap m_0 = \Lambda$) ein $z \subset \cup x$ mit $\Lambda y(y\varepsilon x \wedge y \neq \Lambda \supset V!u(u\varepsilon z \cap y))$ gibt. m8* entspricht aber dem Geist des Aussonderungsaxioms. Wir wollen im folgenden jedoch m8* aus unseren Betrachtungen ausklammern.

Wir haben die Axiome m1 bis m7 intuitiv von den Überlegungen in 12.1 her begründet, d.h. aus dem Gedanken einer induktiven Bestimmung von m, nach dem mit den Elementen einer Klasse auch immer die Klasse selbst existieren soll. Es ist nun zu zeigen, daß m1 bis m7 auch den vollen Gehalt der Gedanken aus 12.1 wiedergeben, und daß S nur die Mengen m_α enthält. Allgemein wollen wir uns einen genaueren Einblick in das System **S** verschaffen, indem wir einige Theoreme beweisen.

Zum Rahmensystem **KK*** der freien klassischen Logik überlegt man sich zunächst leicht, daß in ihm das Deduktionstheorem im Sinne von T5.1-5 gilt sowie das Ersetzungstheorem $A \equiv B \vdash C[A] \equiv C[B]$. Ferner gelten folgende p. l. Gesetze:

t1 a) $A[a] \vdash \Lambda xA[x]$
b) $s\varepsilon m \wedge \neg A[s] \supset \neg \Lambda xA[x]$
c) $s\varepsilon m \wedge A[s] \supset VxA[x]$
d) $B \wedge a\varepsilon m \supset \neg A[a] \vdash B \supset \neg VxA[x]$
e) $A[a] \wedge a\varepsilon m \supset B \vdash VxA[x] \supset B$.

Wir haben schon gesagt, daß sich Individuen bzgl. der Relation $\subset$ und der Operationen $\cup$, $\cap$, $\bigcup$, $\bigcap$, - nach D12.1-1 wie die Nullmenge Λ verhalten. Es gilt also z. B. $s\varepsilon m_0 \supset s \subset t$ und $s\varepsilon m_0 \wedge t \subset s \supset t\varepsilon m_0 \vee t = \Lambda$ für alle Terme s und t. Aus D12.1-1, a1 bis a10, m1 und m4 ergeben sich ferner folgende Sätze:

t2 a) $s\varepsilon m \equiv \bigvee x(x = s)$
b) $s\varepsilon t \supset s\varepsilon m$
c) $\neg m\varepsilon m_0$
d) $m = \lambda x(x = x)$
e) $s \subset m$
f) $s_1,\ldots,s_n\varepsilon m \supset (t\varepsilon \{s_1,\ldots,s_n\} \equiv t = s_1 \vee \ldots \vee t = s_n)$
g) $\neg s\varepsilon m \equiv \{s\} = \Lambda$
h) $\neg s\varepsilon m \supset \{s,t_1,\ldots,t_n\} = \{t_1,\ldots,t_n\}$
i) $\neg s\varepsilon m \equiv \neg s\varepsilon P(s)$
j) $m = P(m)$
k) $m_0 \subset P(s)$
l) $s\varepsilon m_0 \supset P(s) = m_0 \cup \{\Lambda\}$.

(b) erhält man so: Ist $t\varepsilon m_0$, so nach a9 $\neg s\varepsilon t$. Ist $\neg t\varepsilon m_0$, so nach a8 $t = \lambda x(x\varepsilon t)$, also für $s\varepsilon t$ $s\varepsilon\lambda x(x\varepsilon t)$, nach a7 also $s\varepsilon m$. m4 benötigt man nur für (c): Aus $m_0\varepsilon S$ folgt mit m1 $m_0\varepsilon m$, und das stellt im Blick auf a9 einen Widerspruch zur Annahme $m\varepsilon m_0$ dar.

Wir geben nun zunächst Theoreme an, die (mit t2c) aus m1 bis m3 folgen.

t3 a) $s\varepsilon m \wedge t \subset s \supset t\varepsilon m$ (Aussonderungsprinzip)
b) $\bigwedge xy(x\varepsilon S \wedge y\varepsilon S \wedge x\varepsilon y \supset x \subset y)$
c) $\Lambda\varepsilon S \supset m_0 = \Lambda$
d) $S \cap m_0 = \Lambda$
e) $\bigwedge x(x\varepsilon S \supset x = m_0 \vee m_0\varepsilon x)$.

Beweis: (a) Aus $s\varepsilon m$ folgt nach m1, daß es ein $x\varepsilon S$ mit $s \subset x$ gibt. Für $t \subset s$ gilt dann aber auch $t \subset x$, also nach m1 $t\varepsilon m$. (b) Ist $y = m_0$ und $x\varepsilon y$, so $x \subset m_0$. Ist $y \neq m_0$ und $y\varepsilon S$, so gilt nach m2 $\bigwedge x(\bigvee z(z\varepsilon S \wedge z\varepsilon y \wedge (x\varepsilon z \vee x \subset z)) \supset x\varepsilon y)$, also $\bigwedge xz(z\varepsilon S \wedge z\varepsilon y \wedge (x\varepsilon z \vee x \subset z) \supset x\varepsilon y)$, also $\bigwedge z(z\varepsilon S \wedge z\varepsilon y \supset \bigwedge x(x\varepsilon z \vee x \subset z \supset x\varepsilon y))$, also $\bigwedge z(z\varepsilon S \wedge z\varepsilon y \supset z \subset y)$; für $x\varepsilon S$ und $x\varepsilon y$ gilt also $x \subset y$. (c) Das gilt nach m3, denn aus $m_0 \subset \Lambda$ folgt (wegen $\neg m_0\varepsilon m_0$) nach a9 $m_0 = \Lambda$. (d) Aus m3 folgt für $x\varepsilon S$ $m_0 \subset x$. Wäre $x\varepsilon m_0$, so $m_0 \neq \Lambda$, also $\neg m_0 \subset x$. (e) Es sei $x\varepsilon S$ und $x \neq m_0$; dann ist nach (c) $x \neq \Lambda$ und nach (d) $\neg x\varepsilon m_0$, also gibt es ein $y\varepsilon x$, also nach m2 ein $z\varepsilon S$ mit $z\varepsilon x$. Nach m3 gilt $m_0 \subset z$, also nach m2 $m_0\varepsilon x$.

D12.2-2: $F(s) := s \neq \Lambda \wedge \neg s\varepsilon m_o \supset \bigvee x(x\varepsilon s \wedge x \cap s = \Lambda)$ – s ist *fundiert.*

t4: $s\varepsilon S \supset \bigwedge y(y\varepsilon s \supset y \subset s)$

Die S-Mengen sind also transitiv.

Beweis: Wir definieren

a) $f(x) := \Lambda y(x \varepsilon y \supset F(y))$

b) $x^f := \lambda y(y \varepsilon x \wedge f(y))$.

Dann gilt

c) $f(x^f)$.

Denn ist $x^f \varepsilon y$, so $x^f \cap y = \Lambda$, also $F(y)$, oder es gibt ein z: $z \varepsilon x^f \wedge z \varepsilon y$. Dann ist $f(z)$ wegen $z \varepsilon x^f$, und wegen $z \varepsilon y$ gilt nach (a) $F(y)$. Ferner gilt

d) $\Lambda xy(x \varepsilon S \wedge y \varepsilon S \wedge x \varepsilon y \supset x^f \varepsilon y^f)$.

Denn ist $x \varepsilon S$, $y \varepsilon S$ und $x \varepsilon y$, so wegen $x^f \subset x$ nach m2 $x^f \varepsilon y$, falls $y \neq m_0$ ist. Mit $f(x^f)$ nach (c) folgt daraus die Behauptung. Wäre aber $y = m_0$ und $x \varepsilon y$, so nach t3,d $\neg x \varepsilon S$.

Zum Beweis von t4 nehmen wir nun an $y \varepsilon x$ und $x \varepsilon S$. Es ist zu zeigen $y \subset x$. Nach m2 gibt es für $x \neq m_0$ (für $x = m_0$ gilt für $y \varepsilon x$ $y \subset x$ trivialerweise) ein $z_0 \varepsilon S$: $z_0 \varepsilon x \wedge (y \varepsilon z_0 \vee y \subset z_0)$. Ist $y \subset z_0$, so nach t3,b $y \subset x$ (wegen $z_0 \varepsilon x \supset z_0 \subset x$). Es sei nun $y \varepsilon z_0$. Dann ist die Menge $a := \{z \varepsilon x^f: \vee y'(y' \varepsilon S \wedge z = y'^f \wedge y \varepsilon y' \wedge y' \varepsilon x)\} \neq \Lambda$, denn es gilt $z_0^f \varepsilon a$. (Wegen $z_0 \varepsilon x$ gilt nach (d) $z_0^f \varepsilon x^f$ und es gilt $y \varepsilon z_0$ und $z_0 \varepsilon x$.) Wegen $f(z_0^f)$ nach (c) und $z_0^f \varepsilon a$ gibt es nach (a) ein $z \varepsilon a$ mit $z \cap a = \Lambda$. Es gibt also ein z_1: $z_1 \varepsilon S$ und $y \varepsilon z_1 \wedge z_1 \varepsilon x \wedge z = z_1^f$, also $z_1^f \cap a = \Lambda$. Nach m2 gibt es dann ein z_2: $z_2 \varepsilon S \wedge z_2 \varepsilon z_1 \wedge (y \varepsilon z_2 \vee y \subset z_2)$ (*). (Ist $z_1 = m_0$, so wegen $y \varepsilon z_1$ $y \subset x$, und wir sind fertig.) Ist $y \subset z_2$, so wegen $z_2 \varepsilon z_1 \wedge z_1 \varepsilon x$ nach t3,b $y \subset x$. Es gilt aber $\neg y \varepsilon z_2$. Denn nach (*) und (d) gilt $z_2^f \varepsilon z_1^f$. Andererseits ist $z_2 \varepsilon z_1$ und $z_1 \varepsilon x$, also $z_1 \subset x$ nach t3,b und $z_2 \varepsilon x$, also nach (d) $z_o^f \varepsilon x^f$, also für $y \varepsilon z_2$: $z_2^f \varepsilon a$, also $z_1^f \cap a \neq \Lambda$. Das widerspricht aber dem obigen Ergebnis $z_1^f \cap a = \Lambda$.

Aus t4 ergibt sich folgende Variante von m2:

t5: $\Lambda x(x \varepsilon S \wedge x \neq m_0 \supset \Lambda y(y \varepsilon x \equiv \vee z(z \varepsilon S \wedge z \varepsilon x \wedge y \subset z)))$.

t6: $F(s)$.

Beweis: Es sei $s \neq \Lambda$ und $\neg s \varepsilon m_0$. Es gibt also ein $x_0 \varepsilon s$, also nach m1 ein $y_0 \varepsilon S$ mit $x_0 \subset y_0$. Ist $x_0 = \Lambda$ oder $x_0 \subset m_0$, so ist die Behauptung trivial. Denn im letzteren Fall gibt es für $x_0 \cap s \neq \Lambda$ ein $z \varepsilon s$ mit $z \varepsilon m_0$, also $z \cap S = \Lambda$ nach a9. Es sei also $x \neq \Lambda$ und $\neg(x_0 \subset m_0)$, also wegen $x_0 \subset y_0$ $y_0 \neq m_0$. Dann gibt es ein $x_1 \varepsilon x_0$, wegen $x_0 \subset y_0$ also $x_1 \varepsilon y_0$. Nach t5 gibt es also ein $y_1 \varepsilon S$ mit $y_1 \varepsilon y_0$ und $x_1 \subset y_1$. Wir setzen nun $a := \{z^f \varepsilon y_0^f: z \varepsilon y_0 \wedge z \varepsilon S \wedge \vee x(x \varepsilon s \wedge x \subset z)\}$. Dann gilt $y_1^f \varepsilon a$, denn nach (d) im Beweis von t4 gilt wegen $y_1 \varepsilon y_0$ $y_1^f \varepsilon y_0^f$, und für $z = y_1$ und $x = x_1$ ergibt sich die Bedingung im Definiens von a. Nach (c) im Beweis von t4 gilt $f(y_1^f)$, also $\Lambda y(y_1^f \varepsilon y \supset F(y))$, also $F(a)$, denn wegen $y_0 \varepsilon S$ gilt nach m1 $y_0 \varepsilon m$, also nach t3,a wegen $a \subset y_0^f$ $a \varepsilon m$. Es gibt also ein $z \varepsilon a$ mit $z \cap a = \Lambda$ und z_1, x_2: $z_1 \varepsilon S$, $z_1 \varepsilon y_0$, $x_2 \varepsilon s$, $x_2 \subset z_1$ und $z_1^f \cap a = \Lambda$ (*) ($z = z_1^f$). Es soll nun gezeigt werden, daß es kein $z_2 \varepsilon x_2$ gibt mit $z_2 \varepsilon s$, d.h. daß $x_2 \cap s = \Lambda$ ist, woraus dann wegen $x_2 \varepsilon s$ F(s) folgt. Ist $z_1 = m_o$, so gilt wegen $x_2 \subset z_1$ $x_2 \subset m_o$, also $x_2 \cap s = \Lambda$ oder es gibt ein $u \varepsilon s$ mit $u \varepsilon m_o$, also $u \cap s = \Lambda$. Es sei also $z_1 \neq m_o$. Wäre nun für ein z_2 $z_2 \varepsilon x_2$ und $z_2 \varepsilon s$, so nach (*) $z_2 \varepsilon z_1$. Nach t5 gäbe es wegen $z_1 \varepsilon S$ und $z_1 \neq m_o$ dann ein z_3 mit $z_3 \varepsilon S$, $z_3 \varepsilon z_1$ und $z_2 \subset z_3$. Es ist dann $z_3^f \varepsilon z_1^f \cap a$, d.h. es ergibt sich wegen $z_1^f \cap a = \Lambda$ ein Widerspruch. Denn nach (d) im Beweis von t4 folgt aus $z_3 \varepsilon z_1$ $z_3^f \varepsilon z_1^f$, und $z_3^f \varepsilon a$ gilt wegen $z_3^f \varepsilon y_o^f$ – das folgt ebenso aus $z_3 \varepsilon y_o$ und das ergibt sich aus $z_3 \varepsilon z_1$ und $z_1 \varepsilon y_o$, also $z_1 \subset y_o$ nach t3,b –, $z_3 \varepsilon y_o$, $z_3 \varepsilon S$, $z_2 \varepsilon S$ und $z_2 \subset z_3$.

Damit haben wir aus m1 bis m3 das erste Axiom von **ZFF** abgeleitet, aus dem auf dem üblichen Wege folgt, daß es keine unendliche Folge $s_1, s_2, \ldots$ von (nicht notwendig voneinander verschiedenen) Objekten gibt, für die gilt $\ldots, s_{n+1} \varepsilon s_n, \ldots, s_3 \varepsilon s_2, s_2 \varepsilon s_1$. Insbesondere gilt:

t7 a) $\neg s \varepsilon s$
b) $\neg S \varepsilon m$
c) $\neg m \varepsilon m_o$
d) $\neg S \varepsilon m_o$

Beweis: (a) Würde gelten $s \varepsilon s$, so $s \varepsilon m$, nach t2,f also $\Lambda x(x \varepsilon \{s\} \supset x \varepsilon s)$ im Widerspruch zu $F(\{s\})$ nach t6, da ja gilt $\{s\} \neq \Lambda$ und $\neg \{s\} \varepsilon m_o$. (b) Für $S \varepsilon m$ erhielte man nach m1 ein $x \varepsilon S$ mit $S \subset x$, also $x \varepsilon x$ im Widerspruch zu (a). (c) Wäre $m \varepsilon m_o$, so $m \varepsilon m$, im Widerspruch zu (a). (d) Wäre $S \varepsilon m_o$, so $S \varepsilon m$ im Widerspruch zu (b).

Damit haben wir neben den Klassen, die durch Terme $\lambda x A[x]$ dargestellt werden (vgl. a10) auch die Klassen m, m_o und S, die durch Grundterme dargestellt werden, aus m_o ausgeschlossen.

t8 a) $\Lambda xy(x \varepsilon S \wedge y \varepsilon S \supset x \varepsilon y \vee y \varepsilon x \vee x = y)$
b) $\Lambda xy(x \varepsilon S \wedge y \varepsilon S \supset x \subset y \vee y \subset x)$.
c) $t \subset S \wedge t \neq \Lambda \wedge \neg t \varepsilon m_o \supset \mathrm{V}x(x \varepsilon t \wedge \Lambda y(y \varepsilon t \supset x \varepsilon y \vee x = y))$

Beweis: (a) Gäbe es x, $y \varepsilon S$ mit $\neg x \varepsilon y \wedge \neg y \varepsilon x \wedge x \neq y$, so wäre die Menge $s = \lambda y(y \varepsilon S \wedge \mathrm{V}x(x \varepsilon S \wedge \neg x \varepsilon y \wedge x \neq y \wedge \neg y \varepsilon x)) \neq \Lambda$. Nach t6 gilt F(s), also gibt es ein $z \varepsilon s$ – also $z \varepsilon S$ – mit $z \cap s = \Lambda$. Wegen $z \varepsilon s$ ist $s_z := \lambda y(y \varepsilon S \wedge \neg z \varepsilon y \wedge z \neq y \wedge \neg y \varepsilon z) \neq \Lambda$, also gibt es nach t6 ein $w \varepsilon s_z$ mit $w \cap s_z = \Lambda$. (Nach a9 ist $\neg s_z \varepsilon m_o$). Also gilt

(a') $\neg z \varepsilon w \wedge z \neq w \wedge \neg w \varepsilon z \wedge w \varepsilon S$.

Es ist nun

(b') $z \subset w$:

Es sei $x \varepsilon z$ (ist $z = \Lambda$, so gilt $z \subset w$ trivialerweise). Nach t5 gibt es dann ein $z_1 \varepsilon S$:

(c') $z_1 \varepsilon z \wedge x \subset z_1$.

(Ist $z = m_o$, so $z \subset w$ wegen $w \varepsilon S$ und m3.) Wegen $z \cap s = \Lambda$ und $z_1 \varepsilon z$ gilt:

d) $z_1 \varepsilon w \vee z_1 = w \vee w \varepsilon z_1$.

Aus $w = z_1$ folgt $w \varepsilon z$ nach (c'). Aus $w \varepsilon z_1$ folgt ebenfalls $w \varepsilon z$, denn aus $z_1 \varepsilon z$ (vgl. (c')), $z_1 \varepsilon S$, $z \varepsilon S$ folgt nach t4 $z_1 \subset z$, also für $w \varepsilon z_1$ $w \varepsilon z$. Beide Fälle führen so auf einen Widerspruch zu (a'). Aus $z_1 \varepsilon w$ folgt mit (c') $x \varepsilon w$. Denn nach t5 gilt das wegen $w \varepsilon S$, $z_1 \varepsilon S$, $z_1 \varepsilon w$ und $x \subset z_1$. (Wäre $w = m_0$, so würde wegen $z_1 \varepsilon w$ gelten $z_1 \varepsilon m_0$ und $z_1 \varepsilon S$, im Widerspruch zu t3d.) Es gilt also $\Lambda x(x \varepsilon z \supset x \varepsilon w)$, d. h. (b').

(e) $w \supset z$.

Das beweist man ebenso wie (b'). Nach (b') und (e) gilt also $z = w$, im Widerspruch zu (a').

(b) Das folgt aus (a) und t3b. (c) Aus $F(t)$, $t \neq \Lambda$, $\neg t \varepsilon m_0$ folgt, daß es ein $x \varepsilon t$ mit $x \cap t = \Lambda$ gibt. Es gilt also für $y \varepsilon t$ $\neg y \varepsilon x$, d. h. nach (a) $x \varepsilon y \vee x = y$.

Die Relation ε bildet also eine Wohlordnung auf S mit m_0 (nach t3,e) als kleinstem Element.

t9 a) $S \neq \Lambda \supset m_0 \varepsilon S$
b) $m \neq \Lambda \supset m_0 \varepsilon S$

Beweis: (a) Ist $S \neq \Lambda$, so gibt es nach t7,d ein $x \varepsilon S$, also wegen $F(S)$ (nach t6) ein $y \varepsilon S$ mit $y \cap S = \Lambda$, also $\Lambda z(z \varepsilon S \supset \neg z \varepsilon y)$. Ist $y = m_0$, so $m_0 \varepsilon S$; andernfalls ist nach t3,e $m_0 \varepsilon y$. Nach m2 müßte aber $y = \Lambda$ sein wegen $\Lambda z(z \varepsilon S \supset \neg z \varepsilon y)$. (b) Ist $m \neq \Lambda$, so gibt es wegen $\neg m \varepsilon m_0$ (vgl. t2,c) nach m1 ein $x \varepsilon S$, also gilt nach (a) $m_0 \varepsilon S$.

t10 a) $\Lambda xy(x \varepsilon S \wedge y \varepsilon S \wedge x \varepsilon y \supset x \cup P(x) \subset y)$
b) $\Lambda xy(x \varepsilon S \wedge y \varepsilon x \wedge s \subset y \wedge (s \neq \Lambda \vee x \neq m_0) \supset s \varepsilon x)$

Beweis: (a) Es sei $x \varepsilon S$, $y \varepsilon S$ und $x \varepsilon y$. Dann gilt nach m2 wegen $y \neq m_0$ (vgl. a9) für alle z: $z \subset x \supset z \varepsilon y$, also $P(x) \subset y$. Nach t3,b gilt auch $x \subset y$. (b) Es sei $x \varepsilon S$, $y \varepsilon x$ und $s \subset y$. Ist $x \neq m_0$, so gibt es nach t5 ein $z \varepsilon S$ mit $z \varepsilon x$ und $y \subset z$. Wegen $s \subset y$ gilt also auch $s \subset z$, d. h. nach t5 $s \varepsilon x$. Ist $x = m_0$, so gilt für $y \varepsilon x$ $y \varepsilon m_0$, also für $s \subset y$ $s = \Lambda$ oder $s \varepsilon m_0$.

Wir nennen eine Menge $x \varepsilon S$ *Nachfolgermenge* (kurz $Nf(x)$), wenn gilt $\vee y(y \varepsilon S \wedge x = P(y))$, und *Limesmenge* (kurz $Lm(x)$), wenn gilt $x = \cup \lambda y(y \varepsilon S \wedge y \varepsilon x)$ und $x \neq m_0$ (das letztere folgt für $m_0 \neq \Lambda$ aus der Tatsache, daß $\lambda y(y \varepsilon S \wedge y \varepsilon m_0)$, also auch $\cup \lambda y(y \varepsilon S \wedge y \varepsilon m_0)$ leer ist). Dann gilt:

t11 a) $\Lambda x(x \varepsilon S \wedge Nf(x) \supset x \neq m_0)$
b) $\Lambda x(x \varepsilon S \wedge Lm(x) \supset \neg Nf(x))$
c) $\Lambda x(x \varepsilon S \supset x = m_0 \vee Nf(x) \vee Lm(x))$.
d) $\Lambda x(x \varepsilon S \wedge x \neq m_0 \supset (Lm(x) \equiv \Lambda y(y \varepsilon x \supset P(y) \varepsilon x))$.
e) $\Lambda xy(x \varepsilon S \wedge y \varepsilon S \wedge x = P(y) \supset \cup \lambda z(z \varepsilon S \wedge z \varepsilon x) = y)$.

Beweis: (a) Ist $x = P(y)$, so ist $\Lambda \varepsilon x$, also $x \neq m_0$ nach a10. (b) Es sei $x \varepsilon S$ und $Lm(x)$, d. h. $x \neq m_0$, also $\Lambda u(u \varepsilon x \equiv Vy(y \varepsilon S \wedge y \varepsilon x \wedge u \varepsilon y))$ (*). Gäbe es nun ein $y' \varepsilon S$ mit $x = P(y')$, so wäre $y' \varepsilon x$, also gäbe es ein $y \varepsilon S$ mit $y \varepsilon x$ und $y' \varepsilon y$. Dann wäre nach t10,a $P(y') \subset y$, also $x \subset y$, wegen $y \varepsilon x$ also $y \varepsilon y$, im Widerspruch zu t7,a. (c) Es sei $x \varepsilon S$, $x \neq m_0$ und $\neg Nf(x)$, d. h. $\Lambda y(y \varepsilon S \supset x \neq P(y))$, also nach t10,a $\Lambda y(y \varepsilon S \wedge y \varepsilon x \supset \neg x \subset P(y))$. Für alle $y \varepsilon S$ mit $y \varepsilon x$ gibt es also ein $z \varepsilon x$ mit $\neg z \subset y$. Nach t5 gibt es zu z (wegen $x \neq m_0$) ein $z' \varepsilon S$ mit $z' \varepsilon x$ und $z \subset z'$, also wegen $\neg (z \subset y)$ und daher $\neg (z' \subset y)$ nach t3,b und t8a $y \varepsilon z'$. Ist nun $u \subset y$, so nach t5 (wegen $y \varepsilon S$, $y \varepsilon z'$ und t3d ist $z' \neq m_0$) $u \varepsilon z'$. Es gilt also $\Lambda yu(y \varepsilon S \wedge y \varepsilon x \wedge u \subset y \supset Vz(z \varepsilon S \wedge z \varepsilon x \wedge u \varepsilon z))$ (**). Es sei nun $u \varepsilon x$. Nach m2 gibt es dann (wegen $x \neq m_0$) ein $y \varepsilon S$ mit $y \varepsilon x$ und $u \subset y$, also nach (**) $u \varepsilon \cup \lambda y(y \varepsilon S \wedge y \varepsilon x)$. Gilt umgekehrt $u \varepsilon \cup \lambda y(y \varepsilon S \wedge y \varepsilon x)$, so gibt es ein $y \varepsilon S$ mit $y \varepsilon x$ und $u \varepsilon y$, also nach m2 (wegen $x \neq m_0$) $u \varepsilon x$. Es gilt also $x = \cup \lambda y(y \varepsilon S \wedge y \varepsilon x)$, also $Lm(x)$. (d) Es sei $x \varepsilon S$ und $x \neq m_0$. Gilt $Lm(x)$, so gibt es für alle $z \varepsilon x$ $y \varepsilon S$ mit $y \varepsilon x$ und $z \varepsilon y$, also für $y \neq m_0$ nach t5 ein $y' \varepsilon S$ mit $y' \varepsilon y \wedge z \subset y'$, also $P(z) \subset P(y')$ und nach t10a $P(y') \subset y$, also $P(z) \subset y$, also $P(z) \varepsilon P(y)$, und wegen $y \varepsilon x$ $P(y) \subset x$, also $P(z) \varepsilon x$. Ist aber $y = m_0$, so gilt $z \varepsilon m_0$, also $P(z) = m_0 \cup \{\Lambda\}$, und $P(z) \subset y$, also $P(z) \varepsilon P(y)$, woraus man wie oben $P(z) \varepsilon x$ erhält. Gilt umgekehrt $\Lambda y(y \varepsilon x \supset P(y) \varepsilon x)$, so gilt für $z \varepsilon x$ $P(z) \varepsilon x$. Nach t5 gibt es wegen $m_0 \neq x$ dann ein $z' \varepsilon S$ mit $z' \varepsilon x$ und $P(z) \subset z'$, also $z \varepsilon z'$, also $z \varepsilon \cup \lambda y(y \varepsilon S \wedge y \varepsilon x)$. Gilt umgekehrt $z \varepsilon \cup \lambda y(y \varepsilon S \wedge y \varepsilon x)$, gibt es also ein $y \varepsilon S$ mit $y \varepsilon x \wedge z \varepsilon y$, so gilt nach t3,b $z \varepsilon x$. (e) Es sei $x \varepsilon S$, $y \varepsilon S$, $x = P(y)$, also $y \varepsilon x$. Ist dann $z' \varepsilon y$, so gilt $z' \varepsilon \cup \lambda z(z \varepsilon S \wedge z \varepsilon x)$. Und gibt es ein $z \varepsilon S$ mit $z \varepsilon x$ und $z' \varepsilon z$, so gilt wegen $x = P(y)$ $z \subset y$, also $z' \varepsilon y$.

S enthält also höchstens m_0, sowie Nachfolger- und Limesmengen.

Bisher haben wir das Existenzaxiom m4 nur benützt, um $\neg m \varepsilon m_0$ zu erhalten (vgl. t2,c) und m5–m7 noch gar nicht. Aus m4 folgt nach t2,b unmittelbar $m_0 \varepsilon m$ und $\Lambda \varepsilon m$ sowie $s \varepsilon m_0 \supset s \varepsilon m$, da aus $s \varepsilon m_0$ $s \subset m_0$ folgt. Mit diesen Axiomen erhalten wir:

t12 a) $s \varepsilon m \equiv Vx(x \varepsilon S \wedge s \varepsilon x)$
b) $m = \cup S$
c) $t \varepsilon m \equiv Vy(t \varepsilon y)$.

Beweis: (a) Ist $x \varepsilon m$, so gibt es nach m1 ein $y \varepsilon S$ mit $x \subset y$, also $x \varepsilon P(y)$. Nach m5 gilt also $Vz(z \varepsilon S \wedge x \varepsilon z)$. Gilt umgekehrt $z \varepsilon S$ und $x \varepsilon z$, so nach t4 $x \subset z$, also $x \varepsilon m$ nach m1. (b) Das folgt direkt aus (a). (c) Gilt $t \varepsilon a \wedge a \varepsilon m$, so wegen t2b $t \varepsilon m$, also $Vx(t \varepsilon x) \supset t \varepsilon m$, und die Umkehrung folgt aus (b).

$P(x)$ ist die in der ε-Ordnung auf S unmittelbar auf x folgende Menge, d. h. es gilt

t13: $\Lambda xy(x \varepsilon S \wedge y \varepsilon S \wedge y \varepsilon P(x) \supset x = y \vee y \varepsilon x)$.

Beweis: Es sei $x \varepsilon S$, $y \varepsilon S$ und $y \varepsilon P(x)$, also $y \subset x$. Wäre $x \varepsilon y$, so $x \varepsilon x$ im Widerspruch zu t7a. Nach t8a gilt also $x = y \vee y \varepsilon x$.

t14: $\Lambda x(x \varepsilon S \wedge x \neq m_o \supset \cup \lambda y(y \varepsilon S \wedge y \varepsilon x) \varepsilon S)$

Das gilt nach t11,c und d.

$\cup \lambda z(z \varepsilon S \wedge z \varepsilon x)$ ist die in der ε-Ordnung auf S kleinste Menge, die größer ist als alle Elemente einer Menge $x \varepsilon S$ mit $\Lambda y(y \varepsilon x \supset P(y) \varepsilon x)$, d. h. es gilt:

t15: $\Lambda xy(x \varepsilon S \wedge y \varepsilon S \wedge \Lambda z(z \varepsilon x \supset P(z) \varepsilon x) \wedge y \varepsilon \cup \lambda z(z \varepsilon S \wedge z \varepsilon x) \supset y \varepsilon x)$

Beweis: Es sei $x \varepsilon S$, $y \varepsilon S$. Aus $\Lambda z(z \varepsilon x \supset P(z) \varepsilon x)$ folgt nach t11,d Lm(x), d. h. $x = \cup \lambda z(z \varepsilon S \wedge z \varepsilon x)$. Aus $y \varepsilon \cup \lambda z(z \varepsilon S \wedge z \varepsilon x)$ folgt also $y \varepsilon x$.

12.3 Die Äquivalenz von **S** *und* **ZFF**

Die Systeme der axiomatischen Mengenlehre sind aus dem Versuch entstanden, den großartigen Bau der mathematischen Mengenlehre, der auf der Grundlage der naiven K. L. errichtet worden war, möglichst vollständig aus dem Zusammenbruch dieser K. L. durch die Entdeckung der Antinomien zu retten. David Hilbert hat diese Intention treffend formuliert als er sagte: „Aus dem Paradies, das uns Cantor eröffnet hat, wird uns niemand vertreiben können." Die axiomatische Mengenlehre hält an der typenfreien Sprache **K** und an der klassischen P. L. fest (in der die Quantoren zunächst nicht im Sinn einer freien Logik beschränkt werden, also alle Terme Objekte des Grundbereichs bezeichnen sollen), gibt aber das allgemeine Komprehensionsprinzip auf. Das naive Abstraktionsprinzip, nach dem es zu jeder Satzform A[x] eine Klasse λxA[x] gibt, für die gilt

A: $s \varepsilon \lambda x A[x] \equiv A[s]$

läßt sich durch das Komprehensionsprinzip

K: $\vee x \Lambda y(y \varepsilon x \equiv A[y])$ (wo die GV x nicht in A[y] vorkommt)

und das Extensionalitätsprinzip (für einen Grundbereich, der nur Klassen enthält)

E: $\Lambda x(x \varepsilon s \equiv x \varepsilon t) \supset s = t$

ersetzen. Denn nach K und E gilt $\vee ! x \Lambda y(y \varepsilon x \equiv A[y])$, so daß man setzen kann $\lambda x A[x] := \iota x \Lambda y(y \varepsilon x \equiv A[y])$ und damit A erhält. Die Einschränkung von K in der axiomatischen Mengenlehre besteht nun darin, daß dieses generelle Schema durch Spezialfälle für bestimmte Satzformen A[y] ersetzt wird. Der Gedanke ist dabei, grob gesagt, zu große Klassen, die zu den Antinomien führen, wie die Allklasse, die Russellsche Klasse etc. auszuschließen, die in der Mathematik keine

Rolle spielen, und sich auf jene Klassenbildungsgesetze zu beschränken, die man in der Mathematik benötigt.

Das erste System der axiomatischen Mengenlehre wurde 1908 von E. Zermelo formuliert und von A. Fraenkel 1922 weiterentwickelt. Neben diesem Typ Zermelo-Fraenkelscher Mengenlehren gibt es noch einen zweiten Typ von Systemen der axiomatischen Mengenlehre, der auf J. v. Neumann, P. Bernays und K. Gödel zurückgeht; man spricht daher von Mengenlehren vom v. Neumann-Bernays-Gödel-Typ. Sie unterscheiden sich vom ersten Typ dadurch, daß es zwar zu jeder Satzform A[x] eine Klasse $\lambda x A[x]$ gibt, daß aber ein Unterschied zwischen Klassen und Mengen gemacht wird und nur gewisse Klassen als Mengen ausgezeichnet werden; nur Mengen sind Elemente von Klassen. Man kann also die Klasse m aller Mengen durch $m := \lambda x \vee y(x \varepsilon y)$ definieren.

Läßt man keine Individuen zu, so lauten die beiden Grundaxiome, die zur klassischen P. L. mit Identität hinzugenommen werden, so:

K: $\vee x \wedge y(y \varepsilon x \equiv y \varepsilon m \wedge A[y])$, wo x nicht in A[y] vorkommt.

E: $\wedge xy(\wedge z(z \varepsilon x \equiv z \varepsilon y) \supset x = y)$.

Danach kann man setzen $\lambda x A[x] := \iota x \wedge y(y \varepsilon x \equiv y \varepsilon m \wedge A[y])$, und erhält damit

A: $\wedge y(y \varepsilon \lambda x A[x] \equiv y \varepsilon m \wedge A[y])$.

Zu den Grundaxiomen K und E kommen dann Axiome für die Klasse m der Mengen hinzu, die jenen der Mengenlehren vom Zermelo-Fraenkel-Typ entsprechen.

Die folgende Version einer axiomatischen Mengenlehre stellt eine Verbindung zwischen beiden Typen dar: Wir verwenden eine freie Logik, in der nur Mengen und Individuen zum Grundbereich gehören – Individuen lassen wir nun ebenso zu wie in **S**. Klassen, die keine Mengen sind, gehören also nicht zum Grundbereich, über sie wird nicht quantifiziert. Wir können daher den Kalkül **KK*** aus 12.1 verwenden. Er wird nun um Existenzaxiome für Mengen erweitert. Sie lauten:

M0:	$s \varepsilon m_0 \supset s \varepsilon m$	(Individuen existieren)
M1:	$s \varepsilon m \wedge t \varepsilon m \supset \{s,t\} \varepsilon m$	(Paarmengenaxiom)
M2:	$s \varepsilon m \supset \bigcup s \varepsilon m$	(Vereinigungsmengenaxiom)
M3:	$s \varepsilon m \supset P(s) \varepsilon m$	(Potenzmengenaxiom)
M4:	$\vee y(\Lambda \varepsilon y \wedge \wedge x(x \varepsilon y \supset x \cup \{x\} \varepsilon y))$	(Unendlichkeitsaxiom)
M5:	$Fkt(f) \wedge D(f) \varepsilon m \supset W(f) \varepsilon m$	(Ersetzungsaxiom)
M6:	$F(s)$	(Fundierungsaxiom)

Dieses System entspricht jenem von Zermelo-Fraenkel mit dem Fundierungsaxiom. Man bezeichnet es als **ZFF**. Als **ZF** bezeichnet man das System ohne M6, als **Z** das Zermelosche System ohne M5, zu dem man dann das (mit M5 beweisbare) Axiom

M5a: $s \varepsilon m \wedge t \subset s \supset t \varepsilon m$ (Aussonderungsaxiom)

hinzuzunehmen hat.

Wichtig ist auch das *Auswahlaxiom,* das (in einer schwachen Fassung) besagt

M7:* $\Lambda x(x \cap m_0 = \Lambda \supset \mathrm{V}y(\mathrm{Fkt}(y) \wedge \Lambda z(z \varepsilon x \wedge z \neq \Lambda \supset y'z \varepsilon z)).$

Es gibt also zu jeder Menge x, die keine Individuen enthält, eine Funktion, die auf x definiert ist und alle nichtleeren Teilmengen von x auf eins ihrer Elemente abbildet. Dieses Axiom betrachten wir hier nicht. Es ergibt sich jedoch aus m8*. Denn ist $x \cap m_0 = \Lambda$, so gibt es nach m8* ein z, so daß $\Lambda y(y \varepsilon x \wedge y = \Lambda \supset \mathrm{V}!u(u \varepsilon z \cap y))$. Setzen wir nun $y := \{\langle z, u \rangle : (\neg z \varepsilon x \vee z = \Lambda) \wedge u = z \vee z \varepsilon x \wedge z \neq \Lambda \wedge u \varepsilon z \cap y\}$, so gilt Fkt(y), denn $y \subset m x m$ (und $D(y) = m$) und U(y). Ist nun $z_0 \varepsilon x$ und $z_0 \neq \Lambda$, so gilt $y'z_0 = \iota u(u \varepsilon y \cap z_0)$, also $y'z_0 \varepsilon z_0$.[1]

Die Existenzaxiome erscheinen nun, im Gegensatz zu jenen von **S,** als *ad-hoc*-Annahmen: Es ist nicht klar, warum genau diese und nicht andere Mengen existieren sollen. Natürlich läßt sich die Existenz vieler Mengen, an die man dabei denkt, in **ZFF** beweisen, und die Wahl der Axiome ist immer eine Frage der Auswahl. Warum wird aber z. B. (durch M5 bzw. M5a) die Existenz der Allmenge ausgeschlossen; warum ist m keine Menge? Es fehlt hier ein einheitlicher, intuitiv überzeugender Gesichtspunkt zur Bestimmung von m. Daher hat man die axiomatische Mengenlehre lange Zeit als typisches Beispiel eines rein pragmatischen Versuchs zur Vermeidung der Antinomien angesehen. Zudem wird in M4 die Existenz der natürlichen Zahlen axiomatisch gefordert, so daß man nicht von einer Begründung der Arithmetik im Rahmen von **ZFF** sprechen kann.

Es gilt nun aber:

T12.3-1: Die Axiome von **ZFF** sind in **S** beweisbar.

Damit hat man über das System **S** – mit den dort genannten Einschränkungen – einen Weg, die axiomatische Mengenlehre auch intutiv als akzeptabel zu erweisen, und es ist das große Verdienst von D. Scott, diesen Weg aufgezeigt zu haben.

Beweis:

M0: Das folgt aus t2,b.

[1] Die Konsistenz von M7* mit **ZFF** hat K. Gödel in (1940) bewiesen.

M1: Gilt $s\varepsilon m$ und $t\varepsilon m$, so gibt es nach t12,a ein $x\varepsilon S$ mit $s\varepsilon x$ und ein $y\varepsilon S$ mit $t\varepsilon y$. Gilt (vgl. t8,a) z.B. $x\varepsilon y \vee x=y$, so nach t4 $s,t\varepsilon y$, also $\{s,t\}\subset y$, also nach m1 $\{s,t\}\varepsilon m$.

M2: Gilt $s\varepsilon m$, so gibt es nach m1 ein $x\varepsilon S$ mit $s\subset x$, also für $y\varepsilon s$ $y\varepsilon x$, also nach t4 $y\subset x$, also $\bigcup s\subset x$, also nach m1 $\bigcup s\varepsilon m$.

M3: Gilt $s\varepsilon m$, so gibt es nach m1 ein $x\varepsilon S$ mit $s\subset x$, also $P(s)\subset P(x)$, wegen m5 und m1 also $P(s)\varepsilon m$.

M4: Nach m6 gibt es ein $y\varepsilon S$ mit $m_0\varepsilon y$ und $\Lambda z(z\varepsilon y\supset P(z)\varepsilon y)$. Es gilt also $P(m_0)\varepsilon y$, also nach t4 $P(m_0)\subset y$, also $\Lambda\varepsilon y$. Und gilt $z\varepsilon y$, so auch $z\cup\{z\}\varepsilon y$. Denn aus $z\varepsilon y$ folgt $P(z)\varepsilon y$, wegen $z\varepsilon P(z)$ also $\{z\}\subset P(z)$. Nach t5 gibt es ferner wegen $y\neq m_0$ (sonst wäre wegen $m_0\varepsilon y$ $m_0\varepsilon m_0$ im Widerspruch zu t7a) zu $P(z)$ ein $y'\varepsilon S$ mit $y'\varepsilon y$ und $P(z)\subset y'$, also $\{z\}\subset y'$ und (wegen $z\varepsilon P(z)$) $z\varepsilon y'$, also nach t4 $z\subset y'$. Es gilt also $z\cup\{z\}\subset y'$, also nach t5 $z\cup\{z\}\varepsilon y$.

M5: Gilt Fkt(f) und $D(f)\varepsilon m$, so gibt es nach m1 ein $x\varepsilon S$ mit $D(f)\subset x$. Setzt man $f':=f\cup\{\langle z,z\rangle: z\varepsilon x\text{-}D(f)\}$, so gilt Fkt(f') und $D(f')=x$, also gilt nach m7 $\vee y(y\varepsilon S\wedge W(f')\subset y)$, also $W(f')\varepsilon m$. Wegen $W(f)\subset W(f')$ gilt dann nach t3a auch $W(f)\varepsilon m$.

M6: Vgl. t6.

Es gilt nun auch die Umkehrung von T12.3-1:

T12.3-2: Die Axiome m1 bis m7 sind in **ZFF** beweisbar.

Den Beweis können wir hier nur andeuten: In **ZFF** lassen sich die Ordinalzahlen einführen und es läßt sich die Korrektheit der folgenden induktiven Definition der m_α beweisen:

$$m_{\alpha+1}=P(m_\alpha)$$
$$m_\beta=\bigcup_{\alpha<\beta}m_\alpha \text{ für Limeszahlen}$$

Das ist die v. Neumannsche Hierarchie. Setzt man $S=\lambda x\vee\alpha(x=m_\alpha)$, so kann man die Axiome m1 bis m7 beweisen. (Vgl. dazu z. B. Ebbinghaus (1979), Kap. XII.)

Im Rahmen von **ZFF** lassen sich also die Ordinalzahlen definieren, die wir bei unserer heuristischen Überlegung in 12.1 vorausgesetzt haben und es läßt sich die Definition der m_α rechtfertigen. (Da man in **ZFF** auch über Ordinalzahlen quantifizieren kann, kann man die Definition von m_β für Limeszahlen angeben und so auf die Regeln r3* und r4* mit unendlich vielen Prämissen verzichten.)

Einen Widerspruchsfreiheitsbeweis für **S** (oder **ZFF**) gibt es nicht, und das ist auch nicht zu erwarten, da sich nach dem Satz vom K. Gödel in (1931) die Widerspruchsfreiheit eines formalen Systems, das die Arithmetik enthält, nicht mit den Mitteln des Systems selbst beweisen läßt (falls es nicht inkonsistent ist). Die Beweismittel von **ZFF** sind aber die stärksten, über die wir verfügen.

12.4 Rückblick

Wir sind in dieser Arbeit ausgezogen, einen Weg zur Elimination der Antinomien der klassischen Logik durch Zulassung von Wahrheitswertlücken zu suchen, und sind am Ende bei einem System gelandet, in dem das *tertium non datur* uneingeschränkt gilt. Wir wollten eine intuitive Rechtfertigung der Logik angeben, und das Ergebnis ist ausgerechnet die axiomatische Mengenlehre. Der Leser, der den Überlegungen bis hierher gefolgt ist, wird jedoch dieses Ende mit dem Anfang verbinden können:

Wir haben zwei Logiken angegeben, die das Prinzip der Wahrheitsdefinitheit nicht voraussetzen, die minimale und die direkte Logik, und haben sie durch die Stufen von Aussagen-, Prädikaten-, Typen- und Klassenlogik hindurch verfolgt. Diese Logiken sind die angemessenen, wenn Wahrheitswertlücken vorkommen, wie wir zu zeigen versucht haben. Dabei ist die direkte Logik dadurch ausgezeichnet, daß sie auch Bedeutungspostulaten Rechnung trägt. Diese Systeme sind auf allen Stufen Abschwächungen der klassischen Logik. Bei der Diskussion indeterminierter Namen im Abschnitt 7.1 hat sich nun gezeigt, daß eine Sprache mit solchen Namen keine Sprache über Gegenstände ist. Eine Sprache zu verwenden, mit der man nicht über Gegenstände reden kann, ist aber wenig sinnvoll. Daher stellt sich die Frage, ob eine solche Sprache objektivierbar ist, d. h. ob es eine Präzisierung dieser Sprache gibt, in der alle Namen Gegenstände bezeichnen. Bei einfachen Namen kann man das immer voraussetzen. Bei komplexen Termen, insbesondere bei Klassentermen, gibt es eine solche Präzisierung hingegen nur dann, wenn das *tertium non datur* mit den sprachlichen Regeln verträglich ist, zu denen insbesondere die logischen Regeln gehören, die wir ja immer als Bedeutungsregeln für die logischen Ausdrücke (oder Operatoren) formuliert haben. Die Sprache **K** der Klassenlogik ist so, wie sie durch die Regeln der minimalen Klassenlogik nach **MK1** oder durch die Regeln der direkten Klassenlogik nach **DK1** gedeutet wird, z. B. nicht objektiverbar. In der minimalen wie in der direkten Klassenlogik ist also auch das Vorkommen indeterminierter Terme zu berücksichtigen. Das hat uns zu den Systemen der freien minimalen bzw. direkten Klassenlogik **MK2*** und **DK3** geführt. In diesen Systemen wird man m zunächst als eine Klasse bestimmen, für die sεm nur dann gilt, wenn s determiniert ist, und für die umgekehrt sεm auch für möglichst viele determinierte Namen gilt. Wegen des Fehlens eines passenden Induktionsparameters, für den gelten würde, daß die (Unter-)Formeln, aus denen eine Formel sich nach den logischen (= semantischen) Regeln gewinnen läßt, einen kleineren Wert haben als die Formel selbst – insbesondere kann der Wahrheitswert eines Satzes ΛxA[x] von Sätzen A[t] für beliebig komplexe Terme t abhängen –, bleibt auf diesem Weg die

Menge m jedoch eng beschränkt. Im Blick auf die Objektivierbarkeit stellt sich jedoch auch die Aufgabe einer Bestimmung von m, die mit einem unbeschränkten *tertium non datur* verträglich ist. Dabei wird man dann von einer klassischen freien Logik ausgehen. m ist nun natürlich nicht mehr nach dem Gedanken zu bestimmen, daß sεm für determinierte Terme s gelten soll, da ja eine Logik gesucht wird, in der alle Terme determiniert sind. Wir haben in diesem Kapitel gesehen, daß die intuitiv naheliegende induktive Bestimmung von m, nach der, ausgehend von den Individuen, mit den Elementen einer Klasse auch immer die Klasse selbst existiert, zum System **S** der axiomatischen Mengenlehre führt.

Von hier aus gesehen, sind brauchbare Systeme der Klassenlogik, die Wahrheitswertlücken berücksichtigen, Teilsysteme von **S**. Sie sind brauchbar, weil – die Widerspruchsfreiheit von **S** immer vorausgesetzt – sich in ihnen keine Wahrheitswertlücken aus den logischen Regeln ergeben, so daß nur Wahrheitswertlücken Rechnung getragen wird, die sich aus außerlogischen Regeln der Sprache ergeben. Die Sprache **K** bleibt dann – logisch gesehen – objektivierbar.

Wie die semantischen Antinomien zeigen, ergeben sich Wahrheitswertlücken auch bei der Einführung von Namen für objektsprachliche Ausdrücke und eines Wahrheitsprädikats oder eines Erfüllungsprädikats in die Objektsprache. Da hier die Determiniertheit eines Namens oder eines Prädikats, wie wir im Abschnitt 7.5 gesehen haben, auch von außersprachlichen Tatsachen abhängen kann – Wie lautet im Fall des „Lügners" der 537. Satz dieses Buches, was steht im Fall der Antinomie von Berry auf der Tafel? –, kann man hier keine Objektivierbarkeit unter allen Bedingungen verlangen. Hier zeigt sich die Relevanz von Logiken, die nicht auf dem Prinzip vom Ausgeschlossenen Dritten beruhen. Unter normalen Bedingungen, in denen eben niemand behauptet „Dieser Satz ist falsch", in denen der Autor nicht die Falschheit eines seiner Sätze behauptet und niemand eine Tafel in Finslerscher Weise beschreibt, besteht jedenfalls Objektivierbarkeit. Anders in der Klassenlogik: Hier geht es darum, die logischen Regeln nicht so zu formulieren, daß sie selbst indeterminierte Terme und Sätze erzeugen. Daher benötigt man eine Version dieser Logik, die mit dem *tertium non datur* verträglich ist, und die nichtklassischen Systeme müssen Abschwächungen dieser Version sein.

Unser Fazit ist also nicht, daß wir minimale und direkte Logik vergessen können, sondern daß in ihnen die logischen Regeln als solche mit dem *tertium non datur* verträglich sein müssen, daß sie also eine Deutung der Sprache liefern müssen, die in manchen Welten objektivierbar ist, und das erreicht man, wenn die Klasse m im Sinn der axiomatischen Mengenlehre gedeutet wird.

Geht man von einer Deutung der Sprache durch Wahrheitsregeln aus, so ist die generelle Annahme des *tertium non datur,* wie wir im Abschnitt 3.4 sahen, nicht gerechtfertigt. Während man in der Prädikaten- und Typenlogik die generelle Annahme aus der speziellen Annahme ableiten kann, alle Primformeln seien wahr oder falsch, gelingt das in der K. L. nicht. Hier ist das unbeschränkte *tertium non datur* nur mit den semantischen Regeln *verträglich.* Seine Annahme ist also eine Fiktion: Man kann so tun, als sei jeder Satz wahr oder falsch, obwohl für viele Sätze A weder A selbst noch $\neg A$ beweisbar ist, obwohl es also nach den Regeln des Systems tatsächlich indeterminierte Sätze gibt. Von einem konstruktiven oder konzeptualistischen Standpunkt, nach dem die Sätze der Klassenlogik keine objektiven Sachverhalte darstellen, die unabhängig von unseren Festlegungen entweder bestehen oder nicht bestehen, sondern nur durch die Regeln der Sprache Wahrheitswerte erhalten, ist also hier nicht die klassische, sondern nur die direkte Logik angemessen.

Literatur

Ackermann, W.: Widerspruchsfreier Aufbau einer typenfreien Logik, (Erweitertes System). Math. Zeitschr. 55 (1952), 364–384

Curry, H. B.: Foundations of Mathematical Logic, New York 1963

Ebbinghaus, H.: Einführung in die Mengenlehre, Darmstadt [2]1979

Fine, K.: Vagueness, truth and logic, Synthese 30 (1975)

Fitch, F. B.: An extension of basic logic, Journal of Symbolic Logic 13 (1948), 95–106

Fraassen, B. van: Singular terms, truth-value gaps, and free logic, Journal of Philosophy 63 (1966), 481–95

Gentzen, G.: Untersuchungen über das logische Schließen, Math. Zeitschrift 39 (1934), 176–210, 405–431

Gentzen, G.: Die Widerspruchsfreiheit der Stufenlogik, Math. Zeitschr. 41 (1936), 357–366

Gödel, K.: Über formal unentscheidbare Sätze der Principia Mathematica und verwandter Systeme I, Monatshefte f. Math. und Physik 38 (1931), 173–198

Gödel, K.: The consistency of the axiom of choice and of the generalized continuum hypothesis with the axioms of set theory, Annals of Mathematics Studies No. 3, Princeton 1940

Grelling, K. und Nelson, L.: Bemerkungen zu den Paradoxien von Russell und Burali-Forti, Abh. der Fries'schen Schule 2 (1907/08), 300–334

Henkin, L.: Completeness in the theory of types, Journal of Symbolic Logic 15 (1950), 81–91

Hilbert, D.: Die Grundlegung der elementaren Zahlenlehre, Mathematische Annalen 104 (1931), 485–494

Hilbert, D. und Bernays, P.: Grundlagen der Mathematik, 2 Bde. 1934/39, [2]1968/70

Johansson, I.: Der Minimalkalkül, ein reduzierter intuitionistischer Formalismus, Compositio Mathematica 4 (1937), 119–136

Kripke, S.: Outline of a theory of truth, Journal of Philosophy 72 (1975), 690–716

Kutschera, F. v.: Die Vollständigkeit des Operatorensystems $\{\neg, \wedge, \vee, \supset\}$ für die intuitionistische Aussagenlogik im Rahmen der Gentzensemantik, Archiv für math. Logik und Grundlagenforschung 11 (1968), 3–16

Kutschera, F. v.: Ein verallgemeinerter Widerlegungsbegriff für Gentzenkalküle, Archiv für math. Logik und Grundlagenforschung 12 (1969), 104–118

Kutschera, F. v.: Einführung in die intensionale Semantik, Berlin 1976
Kutschera, F. v.: Grundfragen der Erkenntnistheorie, Berlin 1981
Kutschera, F. v. und Breitkopf, A.: Einführung in die moderne Logik, Freiburg [4]1979
Kutschera, F. v.: Valuations for direct propositional logic, Erkenntnis 19 (1983), 253–260
Kutschera, F. v.: Eine Logik vager Sätze, Archiv für mathematische Logik und Grundlagenforschung *24* (1984), 101–18
Leblanc, H. und Hailperin, T.: Non-designating singular terms, Philosophical Review 68 (1959), 239–243
Lorenzen, P.: Einführung in die operative Logik und Mathematik, Berlin [1]1955
Prawitz, D.: Hauptsatz for higher order logic, Journal of Symbolic Logic, 33 (1968), 452–457
Quine, W. V.: Mathematical Logic, Cambridge/Mass. [2]1951
Rescher, N. und Brandom, R.: The Logic of Inconsistency, Oxford 1980
Schütte, K.: Beweistheorie, Berlin [1]1960, [2]1977 (unter d. Titel „Proof Theory")
Schütte, K.: Syntactical and semantical properties of simple type theory, Journal of Symbolic Logic 25 (1960), 305–326 (zitiert als 1960a)
Schütte, K.: Lecture Notes in Mathematical Logic, Bd. I, Dept. of Math., Pennsylvania State University 1962
Scott, D.: Axiomatizing set theory, Proceedings of Symposia in Pure Mathematics, Bd. 13, Teil 2: Axiomatic Set Theory, Providence 1974
Takahashi, M.: A proof of cut-elimination theorem in simple type theory. J. Math. Soc. Japan 19 (1967), 399–410
Takahashi, M.: A system of simple type theory of Gentzen style with inference of extensionality, and the cut-elimination in it. Comment. universitatis Sancti Pauli, Tokyo 18 (1969), 129–147
Tarski, A. Der Wahrheitsbegriff in den formalisierten Sprachen, Studia Philosophica 1 (1936), 261–405; Engl. in Tarski: Logic, Semantics, Metamathematics, Oxford 1956

Symbole, Abkürzungen, Kalküle

Symbole der Objektsprache

(Sie werden auch als metasprachliche Symbole verwendet.)

$\neg$	Negation 1
$\wedge$	Konjunktion 1
$\supset$	Implikation 1, 30f.
$\vee$	Adjunktion 1
$\equiv$	Äquivalenz 1
Λ	Alloperator 80
V	Existenzoperator 81
V!	Es gibt genau ein 138
└	Starke Implikation 46
⊔	Starke Äquivalenz 46
$=$	Identität 128, 169
$\neq$	Ungleichheit 128
ι	Kennzeichnungsoperator 137f.
λ	Klassenoperator 149, 168
ε	Elementschaft 149, 168
Λ	Nullklasse 210
$\subset$	Inklusion 210
$\cup$	Vereinigung 210
$\cap$	Durchschnitt 210
$\bigcup$	Große Vereinigung 210
$\bigcap$	Großer Durchschnitt 210
$\bar{}$	Komplement 210
-	Klassensubtraktion 210
V	Allklasse 210
$\{s_1, \ldots, s_n\}$	Klasse der $s_1, \ldots, s_n$ 210
$\langle s_1, \ldots, s_n \rangle$	n-tupel der $s_1, \ldots, s_n$ 169f., 210
$(s_1, \ldots, s_n)$	vgl. $\langle s_1, \ldots, s_n \rangle$
D	Definitionsbereich 214
F	Fundiertheit 216
f'	Funktionswert 214
Fkt	Funktion 214
P	Potenzmenge 210
R	Relation 214
U	Nacheindeutigkeit 214
W	Wertevorrat 214
x	Cartesisches Produkt 214

Symbole der Metasprache

$\sim$	Falschheit 2
$\rightarrow$	Sequenzenpfeil 5, 33
$S \leftrightarrow T$	Konjunktion von $S \rightarrow T$, $T \rightarrow S$, $\sim S \rightarrow \sim T$, $\sim T \rightarrow \sim S$ 9, 38
$\vdash$	Ableitbarkeit 2f.
$\overline{\Delta}$, $\overline{\overline{\Delta}}$	13, 42, 62, 99
$\geq$	Extension (für Interpretationen und Bewertungen) 26, 93
[ ]	Andeutung bestimmter Vorkommnisse eines Ausdrucks 80
$[A]^s$	s-Beschränkung von A 215
U^n	n-te Cartesische Potenz von U 88
g_P	prädikatenlogischer Grad 152
g_M	typenlogischer Grad 152
w	Das Wahre 25
f	Das Falsche 25
u	Indeterminiertheit 25
C(V)	V ist eine totale Interpretation bzw. Bewertung 27, 51

Abkürzungen

A. L.	Aussagenlogik
a. l.	aussagenlogisch
AV	Ausgezeichnete(s) Vorkommnis(se) 174
FK	Funktionskonstante(n)
FR	Formelreihe 64
FRS	Formelreihen-Satz 69
FV	Formelvorkommnis
gdw.	genau dann, wenn
GK	Gegenstandskonstante(n)
GV	Gegenstandsvariable(n)
HF	Hinterformel (einer Sequenz)
HPF	Hauptformel 12
I. L.	Identitätslogik
i. l.	identitätslogisch
I. V.	Induktionsvoraussetzung
K. L.	Klassenlogik
k. l.	klassenlogisch
NBF	Nebenformel 12
PK	Prädikatkonstante(n)
P. L.	Prädikatenlogik
p. l.	prädikatenlogisch

SK	Satzkonstante(n)
SM	Satzmenge(n)
SQ	Sequenz(en) 5
SS	Sequenzen-Satz (bzw. Sequenzen-Sätze) 23
T. L.	Typenlogik
t. l.	typenlogisch
UA	Unterausdruck 152
UFV	Unterformelvorkommnis 174
VF	Vorderformel (einer Sequenz)

Kalküle

DA	Satzkalkül der direkten Aussagenlogik 2.3
DAO, DA1', DA1, DA2	Sequenzenkalküle der direkten Aussagenlogik 2.2, 2.3
DK1	Sequenzenkalkül der direkten Klassenlogik über der Sprache **K**° 11.1, 11.2
DK2	Sequenzenkalkül der direkten Klassenlogik über der Sprache **K** 11.3
DK3	Sequenzenkalkül der freien direkten Klassenlogik 11.4
DP	Satzkalkül der direkten Prädikatenlogik 5.1
DP$_1$	Satzkalkül der direkten Prädikatenlogik mit Identität 7.2
DP1, DP1°	Sequenzenkalküle der direkten Prädikatenlogik 5.1, 5.2
DP1*	Sequenzenkalkül der freien direkten Prädikatenlogik 7.1
DP1$_1$	Sequenzenkalkül der direkten Prädikatenlogik mit Identität 7.2
DP1$^*_1$	Sequenzenkalkül der freien direkten Prädikatenlogik mit Identität 7.2
G	Kalkül der R-Formeln 2.1
KA	Satzkalkül der klassischen Aussagenlogik 3.1
KA1, KA2	Sequenzenkalküle der klassischen Aussagenlogik 3.1, 3.2
KA3	Formelreihenkalkül der klassischen Aussagenlogik 3.2
KK*	Satzkalkül der klassischen freien Mengenlehre 12.1
KK1	Sequenzenkalkül der naiven Mengenlehre 9.2
KP	Satzkalkül der klassischen Prädikatenlogik 6.1

KP_1	Satzkalkül der klassischen Prädikatenlogik mit Identität 7.2
KP1, KP2	Sequenzenkalküle der klassischen Prädikatenlogik 6.1
KP3	Formelreihenkalkül der klassischen Prädikatenlogik 6.2
$KP1_1$	Sequenzenkalkül der klassischen Prädikatenlogik mit Identität 7.2
KT	Satzkalkül der klassischen Typenlogik 8.3
KT1, KT2	Sequenzenkalküle der klassischen Typenlogik 8.3
KT3	Formelreihenkalkül der klassischen Typenlogik 8.3
MA1, MA2	Sequenzenkalküle der minimalen Aussagenlogik 1.3, 1.4, 1.5
MK1, MK2	Sequenzenkalküle der minimalen Klassenlogik 10.1
$MK1^*$, $MK2^*$	Sequenzenkalküle der freien minimalen Klassenlogik 10.3
MP1	Sequenzenkalkül der minimalen Prädikatenlogik 4.2, 4.3
$MP1_1$	Sequenzenkalkül der minimalen Prädikatenlogik mit Identität 7.2
$MP1^*$	Sequenzenkalkül der freien minimalen Prädikatenlogik 7.1
PA	Satzkalkül der positiven Aussagenlogik 3.3
PA1	Sequenzenkalkül der positiven Aussagenlogik 3.3
S	Satzkalkül der axiomatischen Mengenlehre 12.2
ZFF	Satzkalkül der axiomatischen Mengenlehre 12.3

Sequenzen- und Formelreihenkalküle

Axiome

D	64
I1, I2	130
$I3^*$, $I4^*$	135f., 208
K1–K3	140
RF, RF'	5, 22, 63, 101
TND, TND°	59, 191
WS, WS', WS+, WS°	6, 22, 101

Regeln

HK	Hintere Kontraktion 12, 63
HT	Hintere Vertauschung 12, 63
HV	Hintere Verdünnung 5, 12, 63
TR, TR+, TR+',..	Schnittregeln 5, 12, 14, 63, 174
VK	Vordere Kontraktion 5, 12, 63
VT	Vordere Vertauschung 5, 12, 63
VV	Vordere Verdünnung 5, 12, 63
WS*, WS*+'	Schnittregel für **DK2** 201
HN1–VN2	Negationsregeln 6, 12
HK1–VK2, VK1', HK2'	Konjunktionsregeln 6, 12, 174
HD1–HD2	Adjunktionsregeln 6, 12, 71
HI1–VI2	Implikationsregeln 40, 42
HG1–VG2	Regeln für R-Formeln 34f.
HA1–VA2	Allregeln 82
HA1*–VA2*	Allregeln der freien Logik 124
U1, U2, UA1, UA2	Regeln der unendlichen Induktion 143, 172
UA1*, UA2*	Regeln der unendlichen Induktion der freien Logik 189
HM1–VM2	Abstraktionsregeln 161, 169
HM1*–VM2*	Abstraktionsregeln der freien Logik 189
HM1°–VM2°	Abstraktionsregeln für die direkte Klassenlogik über der Sprache **K°** 195
K, K_1, K_2, K_1', K_2'	Klassische Regeln 59, 74
T, K, V, S, S+	Strukturregeln für Formelreihenkalküle 64
N1, N2	Negationsregeln für Formelreihenkalküle 64
K1, K2	Konjunktionsregeln für Formelreihenkalküle 64
A 1, A2	Allregeln für Formelreihenkalküle 116
M1, M2	Abstraktionsregeln für Formelreihenkalküle 162
HN, VN	Negationsregeln für positive und intuitionistische Logik und **KA2** 63

Satzkalküle

Axiome

A1–A11	44f.
A12	61
A13, A14	71